TUMU
GONGCHENG

应用型本科院校
土木工程专业系列教材
YINGYONGXING BENKE YUANXIAO
TUMU GONGCHENG ZHUANYE XILIE JIAOCAI

U0190618

第二版

钢结构基本原理

GANGJIEGOU JIBEN YUANLI

主　编■齐永胜　赵风华

副主编■孙金坤

主　审■崔　佳

参　编■厉见芬　刘仲洋

重庆大学出版社

内 容 提 要

本书主要讲述钢结构的基本原理和基本构件。全书共分6章,内容包括:绪论(发展、特点及应用、设计方法等)、钢结构的材料、钢结构的连接、钢结构基本构件(受弯构件、轴心受力构件、偏心受力构件)的工作原理和设计方法等。

书末有附录,列出了设计需用的各种数据和系数供查用。各章还列出了本章导读和章后提示,以及必要的设计例题和习题,以便于对重点内容的学习和掌握。

本书除作为本科院校土木工程专业教材外,也可用作相关专业本科、专科以及函授学生的教材,另外还可供有关工程技术人员学习参考。

图书在版编目(CIP)数据

钢结构基本原理/齐永胜,赵风华主编.—2版.—重庆:
重庆大学出版社,2016.2(2018.7重印)
应用型本科院校土木工程专业系列教材
ISBN 978-7-5624-9683-0

Ⅰ.①钢… Ⅱ.①齐…②赵… Ⅲ.①钢结构—高等
学校—教材 Ⅳ.①TU391

中国版本图书馆 CIP 数据核字(2016)第 028424 号

应用型本科院校土木工程专业系列教材
钢结构基本原理
(第二版)

主 编 齐永胜 赵风华
副主编 孙金坤
主 审 崔 佳
责任编辑:刘颖果　　版式设计:林青山
责任校对:邬小梅　责任印制:赵 晟

*

重庆大学出版社出版发行
出版人:易树平
社址:重庆市沙坪坝区大学城西路 21 号
邮编:401331
电话:(023)88617190　88617185(中小学)
传真:(023)88617186　88617166
网址:http://www.cqup.com.cn
邮箱:fxk@ cqup.com.cn(营销中心)
全国新华书店经销
重庆荟文印务有限公司印刷

*

开本:787mm×1092mm　1/16　印张:18　字数:449 千
2016 年 2 月第 2 版　　2018 年 7 月第 7 次印刷
印数:11 121—12 620
ISBN 978-7-5624-9683-0　定价:35.00 元

前 言
（第二版）

　　本书经过几年的教学使用，发现了其中存在的一些问题，积累了更多的经验，也收集了兄弟院校教师提出的合理化建议，有进一步修订的必要。本次对 2010 年出版的《钢结构原理与设计》（上册）进行全面修订，并更名为《钢结构基本原理》。修订内容概括如下：

　　（1）删减了较为烦琐或次要的内容，使教材更加简明易懂，重点内容更加突出，减少了学生学习的困难。

　　（2）根据时代发展的需要，增加了钢混凝土组合结构部分，增加了耐候耐火钢、低合金高强度结构钢等知识，并更新了教材的部分内容。

　　（3）修改了原教材中的文字、计算和图表中的错误，对原来论述不够准确和较难理解的部分重新进行了阐述。

　　（4）更新了教材中涉及的国家标准及相关内容。

　　本书也可用作"3+4"培养体系的钢结构课程的模块化教材，在该体系的高等教育部分使用。

　　本书第二版的主编为常州工学院齐永胜、赵风华，副主编为攀枝花学院孙金坤。参加第二版编写工作的有：常州工学院齐永胜（第 5 章）、赵风华（第 1、3 章及附录部分），河北建筑工程学院刘仲洋（第 2 章）、厉见芬（第 4、6 章），攀枝花学院孙金坤参与了第 5 章的部分编写工作。常州工学院徐肖雨及张泉参加了文本校对等工作。本书的第一版原编写人员还有王新武、张猛，在此表示衷心的感谢。

　　第二版修改较多，内容取舍、论述和前后衔接难免存在不妥之处，敬请同行专家及读者予以指正！

编　者
2015 年 11 月

前　言
（第一版）

　　本教材为应用型本科院校土木工程专业系列教材之一，以"高等学校应用型人才培养体系的创新与实践"为宗旨，结合课程内容、体系改革，将钢结构课程的专业基础及专业教学内容，即钢结构基本原理、钢结构设计几大部分统一考虑，分为上、下两册。上册为钢结构原理部分，属专业基础课内容，主要讲述钢结构的基本原理和基本构件；下册为钢结构设计部分，属专业课内容，主要讲述单层厂房钢结构、大跨房屋钢结构、多高层房屋钢结构及钢结构的制造及防护。另配有《钢结构实践性教学》，作为钢结构课程设计、毕业设计等的指导与示例，以便实践性教学的开展与实施。

　　本教材共分6章，内容包括：绪论（发展、特点、设计方法等）、钢结构材料的力学性能、钢结构的连接、钢结构基本构件（受弯构件、轴心受力构件、拉弯和压弯构件）的工作原理和设计方法等。

　　本教材注重实际应用能力的培养，以建立基本概念、阐述基本理论、解决工程实际问题为重点，尽可能采用通俗易懂的方式阐述钢结构基本原理与常用钢结构的设计方法；同时，本教材加强对基本概念的阐述，不拘于计算公式的推导，对常用钢结构的设计则紧密结合现行规范、规程，列举大量的计算实例，使读者能够学以致用，触类旁通，达到理论与设计应用的融会贯通。

　　本教材除作为应用型本科院校土木工程专业基础课教材外，还可作为相关专业的本科、专科以及函授学生的教材，同时也可作为从事钢结构设计、制造和施工工程技术人员的参考书籍。另外，教材中习题、例题充分考虑了历年国家一、二级注册结构师考试中的题型、考试重点和易设陷阱，可作为注册结构师考试的先期培训教材使用。

　　赵风华、齐永胜任上册主编，王新武任副主编。参加本书编写的有：常州工学院赵风华（第1、3章及附录部分）、常州工学院齐永胜（第5章）、常州工学院厉见芬（第4、6章）、郑州

大学张猛(第 2 章),洛阳理工学院王新武和李凤霞参加了第 3 章的部分编写工作。重庆大学崔佳教授审阅了全稿,并提出许多宝贵的建议和意见,在此表示衷心的感谢。

本书编写过程中得到了重庆大学出版社的大力支持和帮助,书中部分内容还引用了同行专家论著中的成果,在此表示衷心的感谢!另外,常州工学院郭荣华、杨俊等参加了部分文字的校稿工作,在此谨致谢意。

限于编者的水平,教材中难免还有不妥之处,恳请同行专家及读者的不吝指正。

编　者

2009 年 12 月

目 录

1

绪 论

〖**本章导读**〗
1.掌握钢结构的特点和应用范围。
2.了解钢结构的发展状况。
3.熟练掌握钢结构的极限状态设计方法,特别是概率极限状态设计法的基本概念和原理,以及用分项系数的设计表达式进行计算的方法。
4.了解钢材的疲劳破坏现象,掌握影响疲劳的因素和疲劳计算方法。

1.1 钢结构的发展

  钢结构是由生铁结构逐步发展起来的,中国是最早用铁制造承重结构的国家。远在秦始皇时代(公元前二百多年),就有用铁建造的桥墩。以后又在深山峡谷上建造铁链悬桥、铁塔等。公元 65 年(汉明帝时代),已成功地用锻铁(wrought iron)为环,相扣成链,建成世界上最早的铁链悬桥——兰津桥。现存的最早铁链桥之一为云南省永平与保山之间跨越澜沧江的霁虹桥,始建于明朝成化年间(1465—1487 年),后几经重修。著名的中国红军长征经过的四川省泸定大渡河上的泸定桥,建成于 1706 年(清朝康熙四十五年),该桥比美洲 1801 年建造的跨长 23 m 的铁索桥早近百年,比号称世界最早的英格兰 30 m 跨铸铁(cast iron)拱桥也早 74 年。

  中国古代的钢铁结构除铁链桥外,尚有许多纪念性建筑。如公元 694 年(周武氏十一年)在洛阳建成的"天枢",高 35 m,直径 4 m,顶有直径为 11.3 m 的"腾云承露盘",底部有直径约 16.7 m 用来保持天枢稳定的"铁山",相当符合力学原理。目前仍然存在的,建于 967 年(五代

南汉)的广州光孝寺东铁塔以及公元 1061 年(宋代)在湖北荆州玉泉寺建成的 13 层铁塔等。

中国古代在金属结构方面虽有卓越的成就,但由于受到内部的束缚和外部的侵略,相当一段时间内发展较为缓慢。我国在 1907 年才建成了汉阳钢铁厂,年产钢量只有 0.85 万 t。即使这样,我国的工程师和工人仍有不少优秀设计和创造,如 1927 年建成的沈阳黄姑屯机车厂钢结构厂房,1928—1931 年建成的广州中山纪念堂钢结构屋顶,1934—1937 年建成的杭州钱塘江大桥等。

从新中国成立到 20 世纪 90 年代中期,钢结构的应用经历了一个"节约钢材"的阶段,即在土建工程中钢结构只用在钢筋混凝土不能代替的地方,主要原因是钢材短缺。1949 年全国钢产量只有十几万吨,直到 1996 年钢产量超过 1 亿 t,位于世界钢产量的首位,局面才得到根本改变,钢结构的技术政策也从"限制用钢"改为积极合理地推广应用。

20 世纪 50 年代后,钢结构的设计、制造、安装水平有了很大提高,建成了大量钢结构工程,有些在规模和技术上已达到世界先进水平。如采用大跨度网架结构的首都体育馆、上海体育馆、深圳体育馆,大跨度三角拱形式的西安秦始皇陵兵马俑陈列馆,悬索结构的北京工人体育馆、浙江体育馆,高耸结构中的 200 m 高广州广播电视塔、210 m 高上海广播电视塔、194 m 高南京跨江线路塔、325 m 高北京气象桅杆等,板壳结构中有效容积达 54 000 m³ 的湿式储气柜等。

特别是 1978 年我国实行改革开放政策以来,随着钢结构设计理论、制造、安装等方面技术的迅猛发展,各地建成了大量的高层钢结构建筑、轻钢结构、高耸结构、市政设施等。例如上海 88 层的金茂大厦、深圳 69 层的地王大厦、上海 101 层的环球金融中心,以及总建筑面积达 20 万 m² 的上海浦东国际机场,主体建筑东西跨度 288.4 m、南北跨度 274.7 m、建筑高度 70.6 m,可容纳 8 万名观众的上海体育场,建于哈尔滨的黑龙江广播电视塔以及横跨黄浦江的南浦大桥、杨浦大桥等。2008 年北京奥运会及 2010 年上海世界博览会等众多的标志性钢结构建筑,则更显得绚丽多彩。

另外,21 世纪以来我国又相继修订了《钢结构设计规范》(GB 50017—2003)、《冷弯薄壁型钢结构技术规范》(GB 50018—2002)、《钢结构工程施工质量验收规范》(GB 50205—2001)等国家标准。住建部组织 36 项钢结构住宅建筑体系及关键技术研究课题,开展试点工程,并组织编制了《钢结构住宅设计规程》和《低层轻钢装配式住宅技术要点》等。这些条件都极大地促进了我国钢结构建筑的快速健康发展,目前北京、天津、山东、安徽、上海、广东、浙江等地已建了大量低层、多层、高层钢结构住宅试点示范工程,体现了钢结构住宅发展的良好势头。

由此可见,我国钢结构在规范的制定、工程上的应用,以及设计、制造、安装等方面,都已具备较高水平,并步入一个新的历史时期。

1.2　钢结构的特点及应用

▶　1.2.1　钢结构的特点

钢结构是土木工程的主要结构形式之一,它在房屋建筑、地下建筑、桥梁、塔桅、海洋平台、港口建筑、矿山建筑、水工建筑、筒仓及容器管道中得到了广泛应用和迅速发展。钢结构与其他结构相比具有下列特点：

①钢材的强度高,结构质量轻。钢与混凝土、木材相比,虽然密度较大,但其强度要高得多,即密度与强度的比值比混凝土和木材小,在承载力相同的条件下,钢结构构件截面小、质量较轻,便于运输和安装。屋盖结构的质量轻,对抵抗地震作用有利。但另一方面,质轻的屋盖结构对可变荷载的变动比较敏感,荷载超额的不利影响比较大。受有积灰荷载的结构如不注意及时清灰,可能会造成事故。风吸力可能造成钢屋架的拉、压杆反号,设计时不能忽视。设计沿海地区的房屋结构,如果对飓风作用下的风吸力估计不足,则屋面系统有被掀起的危险。

②材质均匀,塑性、韧性好。钢材的弹性模量为 206×10^3 N/mm^2,同时,钢材由钢厂生产,质量控制严格,材质均匀性好,因此钢结构在工程中的实际受力情况和力学计算结果最相符合,工作可靠性高。其次,钢结构的塑性、韧性性能好。塑性好,结构在一般条件下不会因超载而突然断裂;韧性好,结构对动力荷载的适应性强。

③钢结构制安工业化程度高,施工周期短。尽管制造钢结构需要复杂的机械设备和严格的工艺要求,但与其他建筑结构比较,钢结构工业化程度最高,具有良好的装配性,具备成批大件生产和成品精度高等特点。采用工厂制造、工地安装的施工方法,可缩短施工周期,进而为降低造价、提高效益创造条件。

④钢材具有可焊性及不渗漏性,便于做成密闭结构。钢材本身组织致密,且具有良好的焊接性能,当采用焊接连接的钢板结构时,易做到水密气密不渗漏,因此,是制造压力容器、管道,甚至载人太空结构物等的良好材料。

⑤绿色环保。钢材被称为绿色建筑材料或可持续发展的材料,因为采用钢结构可大大减少砂、石、灰的用量,减轻对不可再生资源的破坏。另外,钢结构拆除后可回炉再生循环利用,有的还可以搬迁复用,可大大减少灰色建筑垃圾,因而被誉为"绿色建筑"。

⑥抗震性能好。钢结构自重轻、结构体系较柔,又具有较高的强度和较好的塑性、韧性,抗震能力强。因此在国内外的历次地震中,钢结构损坏最轻,是抗震设防地区特别是强震区的最合适结构。

⑦钢材耐热但不耐火。钢材长期经受 100 ℃ 辐射热时,强度无多大变化,具有一定的耐热性能。但随着温度的升高,强度降低。当温度达 150 ℃ 以上时,就需用隔热层加以保护。钢材不耐火,重要的结构必须注意采取防火措施或喷涂防火涂料,但防火使钢结构造价提高。目前已经开始生产具有一定耐火性能的钢材。宝钢集团研制的耐候耐火钢,在 600 ℃ 时屈服强度下降幅度不大,是其标准值的 1/3,和耐火钢相当。

⑧钢材耐腐蚀性差。钢材在潮湿环境中,特别是处于有腐蚀性介质的环境中容易锈蚀,必须除锈、油漆或镀锌加以保护。钢结构在使用期间还应定期维护,这使得钢结构的维护费用较钢筋混凝土结构高。近年来出现的耐候钢具有较好的抗锈蚀性能,已经逐步推广应用。

⑨钢结构的低温冷脆倾向。钢结构还有一种特殊的破坏情况,即在特定条件下可能出现低应力状态脆性断裂。材质低劣、构造不合理和低温等因素都会促成这种断裂。

由于钢结构具有强度高、质量轻、抗震性能好等诸多优点,钢结构更适应于高层建筑、重型厂房的承重骨架和受动力荷载影响的结构,如有较大锻锤或产生动力作用或其他设备的厂房等。

▶ 1.2.2 钢结构的应用

从新中国成立到 20 世纪 90 年代中期,钢结构的应用经历了一个"节约钢材"阶段,即在土建工程中钢结构只用在钢筋混凝土不能代替的地方。进入 21 世纪后,钢结构的应用日益扩展,例如房屋建筑中,有钢结构厂房、高层钢结构建筑、大跨度钢网架网壳结构、悬索结构等;在公路及铁路上有各种形式的钢桥,如板梁桥、桁架桥、拱桥、悬索桥、斜拉桥等;桅杆及塔架结构则广泛用作输电线塔、电视广播发射塔。此外,还有海上采油平台钢结构、卫星发射钢塔架等。钢结构的应用范围大致有:

（1）大跨度钢结构

大跨度结构对减轻横梁自重有明显的经济效果,轻质高强的钢结构能达到此目的。大跨度钢结构主要用于飞机库、汽车库、火车站、大会堂、体育馆、展览馆、影剧院等,其结构体系主要采用框架结构、网架结构、网壳结构、悬索结构、充气结构、张拉整体结构、膜结构、杂交结构及预应力钢结构等。

我国最早建成的广州中山纪念堂（1928—1931 年）,其屋顶就是钢结构;规模宏大的北京人民大会堂为钢屋架;首都体育馆、上海体育馆、上海文化广场等均采用了大跨度钢网架结构;西安秦始皇陵兵马俑陈列馆采用了跨度为 70 m 的三铰拱钢结构;北京工人体育馆、浙江杭州体育馆分别采用圆形和马鞍形的悬索结构。

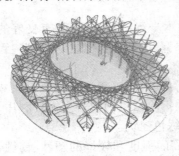

图 1.1　国家体育场——鸟巢

近年来大跨度结构发展很快,首都机场和上海浦东机场都建有大跨度网架机库,遍布各地的体育馆几乎都是各种结构形式的大跨度钢结构。北京 2008 年奥运会体育场馆,如国家体育场即“鸟巢”,是由门式刚桁架围绕碗状看台旋转而成的预应力双向张弦桁架结构,如图 1.1 所示。天津奥林匹克中心体育场的屋顶,为悬挑钢管桁架结构的空间体系,如图 1.2 所示。上海光源工程主体建筑屋盖钢结构,由 8 片异形双向弯曲的“花瓣”旋转而成,造型别致,整体结构宛如“鹦鹉螺”状,如图 1.3 所示。

图 1.2　天津奥林匹克中心体育场

图 1.3　上海光源工程主体建筑

（2）多、高层建筑钢结构

旅馆、饭店、公寓、办公大楼等多层及高层建筑采用钢结构也越来越多,如北京京伦饭店、上海锦江宾馆、深圳地王大厦等都是著名的高层钢结构建筑。上海环球金融中心（见图 1.4）101 层、高 492 m,成为我国内地目前最高的民用建筑。

不仅高层、超高层建筑采用钢结构,甚至 12~16 层小高层建筑,6~8 层多层建筑,也有采用钢结构或薄壁钢管混凝土结构的趋势,钢结构房屋建筑已成为发展方向。

（3）高耸钢结构

高耸结构包括电视塔、微波塔、通信塔、高压输电线路塔、石油化工塔、大气监测塔、火箭发射塔、旅游瞭望塔、钻井塔、排气塔、水塔、烟囱等，而大多数高耸结构均采用钢结构。336 m 高的黑龙江电视塔是我国目前最高的钢结构多功能电视塔，同一类型 200~300 m 的钢塔还有很多。我国在 20 世纪六七十年代建成的大型钢塔桅结构有 200 m 广州电视塔、210 m 上海电视塔、194 m 南京跨越长江输电线路塔、325 m 北京环境气象桅杆。1990 年落成的 212 m 汕头电视塔、260 m 大庆电视塔等也都是钢结构。量大而面广的高耸结构是通信塔和输电塔，随着信息和电力开发，这种 50 m 左右的钢塔将遍布神州大地。

图 1.4　上海环球金融中心

（4）板壳钢结构

要求密闭的容器，如大型储油库、煤气库、炉壳等要求能承受很大内力及温度急剧变化的高炉结构、大直径高压输油管道都是板壳钢结构，还有一些大型水工结构的船闸闸门也是板壳结构。

（5）工业厂房钢结构

钢结构一般用于重型车间的承重骨架，例如冶金工厂的平炉车间、初轧车间、混铁炉车间，重型机器厂的铸钢车间、水压机车间、锻压车间，造船厂的船台车间，飞机制造厂的装配车间，以及其他工厂跨度较大车间的屋盖、吊车梁等。我国鞍钢、武钢、包钢和上海宝钢等几个著名的冶金联合企业的许多车间都采用了各种规模的钢结构厂房，上海重型机器厂水压机车间、上海江南造船厂中也都有高大的钢结构厂房。

（6）轻型钢结构

轻型钢结构通常指由圆钢、小角钢、薄壁型钢或薄钢板焊接而成的结构。轻型钢结构的优点是自重轻、造价低、生产制作工厂化程度高、现场安装工作量小、建设速度快，同时外型美观、内部空旷、建筑面积及空间利用率高，因此在建筑市场极具竞争力。近几年来轻型钢结构在我国发展迅速，其应用范围已从工业厂房、中小型房屋建筑、体育场看台雨篷、小型仓库等向住宅、别墅发展。

（7）桥梁钢结构

由于钢桥建造简便、迅速、易于修复，因此桥梁钢结构越来越多，特别是中等跨度和大跨度的斜拉桥。我国著名的杭州钱塘江大桥（1934—1937 年）是最早自己设计的钢桥，在这之后的武汉长江大桥（1957 年）、南京长江大桥（1968 年）均为钢结构桥梁，其规模和难度都是举世闻名的。上海的南浦大桥、杨浦大桥（主跨 602 m），长江下游的江阴大桥（采用悬索结构，跨长 1 385 m），近年建成的铁路公路两用双层九江大桥，中国第一大跨径悬索桥润扬长江公路大桥（见图 1.5）等，都标志着我国桥梁事业已进入世界先进的技术行列。

（8）移动钢结构

装配式活动房屋、水工闸门、升船机、桥式吊车和各种塔式起重机、龙门起重机、缆索起重机等，这类移动式钢结构随处可见。

图 1.5　润扬长江公路大桥

（9）钢-混凝土组合结构

钢-混凝土组合结构包括压型钢板混凝土组合板、钢-混凝土组合梁、钢骨混凝土结构（也称型钢混凝土结构或劲性混凝土结构）和钢管混凝土结构等形式。

组合结构能充分发挥钢材和混凝土两种材料各自的优点，能节约材料、降低工程造价及加快施工进度，对环境污染较小。目前，组合结构已广泛应用于冶金、造船、电力和交通等部门的建筑中，并以迅猛的势头进入桥梁工程和高层、超高层建筑中。

1.3　钢结构的设计方法

▶　1.3.1　概述

钢结构设计的目的是保证结构和结构构件在充分满足功能要求的基础上安全可靠地工作，即在施工和规定的设计使用年限内能满足预期的安全性、适用性和耐久性的要求，并做到技术先进、经济合理。

最早我国钢结构采用容许应力设计法。直到 1988 年颁布的《钢结构设计规范》（GB J17—88）以及我国现行《钢结构设计规范》（GB 50017—2003，以下简称《规范》），则采用以概率理论为基础，用分项系数表达的极限状态设计法。有关极限状态设计的几点说明如下：

1）设计基准期、设计使用年限

设计基准期是为确定可变作用及与时间有关的材料性能而选用的时间参数。目前所考虑的荷载统计参数，都是按设计基准期 $T = 50$ 年确定的。如设计时需采用其他设计基准期，就必须另行确定在设计基准期内最大荷载的概率分布及相应的统计参数。但必须指出，设计基准期与结构物的寿命虽有一定联系，但不等同。因为当使用年限达到或超过基准期时，并不意味着结构物的报废，只是它的可靠度水平将逐渐降低，即失效概率将逐渐增大。

设计使用年限是在规定的时期内（见表 1.1），房屋建筑在正常设计、正常施工、正常使用和维护下所达到的使用年限，即地基基础工程和主体结构工程"合理使用年限"的具体化。

表 1.1 设计使用年限分类

类 别	设计使用年限/年	示 例	结构重要性系数 γ_0
1	5	临时性结构	≥0.9
2	25	易于替换的结构构件	视情况取值
3	50	普通房屋和构筑物	≥1.0
4	100	纪念性建筑和特别重要的建筑结构	≥1.1

2)建筑结构的安全等级

建筑结构设计时,应根据其破坏可能产生的后果的严重性,采用不同的安全等级。民用建筑钢结构的安全等级(见表 1.2)可按现行《民用建筑等级标准》划分。一般情况下,重要的工业与民用建筑物(如影剧院、体育馆、高层建筑等)划分为一级,一般的工业与民用建筑物划分为二级,次要的建筑物则划分为三级。

表 1.2 建筑结构的安全等级

安全等级	破坏后果	建筑物类型	结构重要性系数 γ_0
一 级	很严重	重要的房屋	≥1.1
二 级	严 重	一般的房屋	≥1.0
三 级	不严重	次要的房屋	≥0.9

▶ 1.3.2 概率极限状态设计法

以概率理论为基础的极限状态设计方法,简称概率极限状态设计法。

1)结构的可靠性

结构的可靠性是指结构在规定时间(基准期)内,在规定条件下(即以正常设计、正常施工、正常使用为条件,不考虑人为过失的影响)完成预定功能的能力。《建筑结构可靠度设计统一标准》(GB 50068—2001,以下简称《统一标准》)规定建筑结构应满足的功能有:

①安全性:即建筑结构应能承受在正常施工和正常使用时可能出现的各种作用,包括荷载和温度变化、基础不均匀沉降以及振动作用等。此外,还应具有在设计规定的偶然事件(如地震、火灾、爆炸、撞击等)发生时及发生后,仍能保持整体稳定的能力。

②适用性:指建筑结构在正常使用条件下具有良好的工作性能。例如,不应有过大的变形和出现影响正常使用的振动等。

③耐久性:指建筑结构在正常维护条件下应具有足够的耐久性能。例如,在基准期内,结构材料的锈蚀或其他腐蚀均不应超过一定限度等。

上述"各种作用"是指凡使结构产生内力和变形的各种原因,如施加在结构上的集中荷载或分布荷载,以及引起结构外加变形或约束变形的原因,例如地震、地基沉降、混凝土收缩、温度变化及焊接等。

建筑结构在规定的正常使用条件下,在预定的基准使用期限内,若其安全性、适用性、耐久性都得到了保证,就是可靠的。建筑结构的这一特性称为结构的可靠性,显然,结构可靠性的定义比安全性更全面。

2)结构的可靠度

设结构的极限状态采用下列极限状态方程描述:

$$Z = g(x_1, x_2, \cdots, x_n) = 0 \tag{1.1}$$

式中,$x_1, x_2, \cdots, x_n$ 为影响结构或构件可靠度的基本变量,系指结构上的各种作用和材料性能、几何参数等。进行结构可靠度分析时,也可采用作用效应和结构抗力作为综合的基本变量,基本变量均可考虑为相互独立的随机变量。

按照概率极限状态设计方法,结构的可靠度定义为:"结构在规定的时间内,在规定的条件下,完成预定功能的概率。"这里所说的"完成预定功能",就是对于规定的某种功能来说结构不失效($Z \geq 0$)。这样,若以 p_r 表示结构的可靠度,则上述定义可表达为:

$$p_r = p(Z \geq 0) \tag{1.2}$$

结构或构件的失效概率记为 p_f,则有:

$$p_f = p(Z < 0) \tag{1.3}$$

并且

$$p_r = 1 - p_f \tag{1.4}$$

因此,结构可靠度的计算可以转换为结构失效概率的计算。可靠的结构设计指的是使失效概率 p_f 小到可以接受的程度,但并不意味着结构绝对可靠。可见,结构可靠度是用结构可靠性的概率来度量。

对结构可靠度的要求与结构的设计基准期长短有关,设计基准期长,可靠度要求就高,反之则低。一般建筑物的设计基准期为 50 年。

3)结构的极限状态

当整个结构或结构的一部分超过某一特定状态就不能满足设计规定的某一功能要求时,此特定状态就称为该功能的极限状态,简言之,由可靠转变为失效的临界状态称为结构的极限状态。结构的极限状态可以分为以下两类:

(1)承载能力极限状态

对应于结构或结构构件达到最大承载能力或不适于继续承载的变形时的状态,即称为承载能力极限状态。当结构或结构构件出现下列状态之一时,则认为超过了承载能力极限状态:

①结构构件或连接因超过材料强度而破坏(包括疲劳破坏),或因过度变形而不适于继续承载;

②整个结构或结构构件的一部分作为刚体失去平衡,如倾覆等;

③结构转变为机动体系;

④结构或结构构件丧失稳定或屈曲;

⑤地基丧失承载能力而破坏。

(2)正常使用极限状态

对应于结构或结构构件达到正常使用或耐久性能的某项规定限值时的状态,即称为正常使用极限状态。当结构或结构构件出现下列状态之一时,则认为超过了正常使用极限状态:

①影响正常使用或影响外观的变形；

②影响正常使用或耐久性能的局部损坏（包括组合结构中混凝土的裂缝）；

③影响正常使用的振动；

④影响正常使用的其他特定状态。

4）概率极限状态设计的基本原理

（1）结构的功能函数

以 R 代表结构的抗力，与构件的截面尺寸、材料强度有关。S 代表荷载对结构的综合效应。那么，当仅有作用效应 S 和结构的抗力 R 两个基本变量时，结构的功能函数可表示为：

$$Z = g(R, S) = R - S \tag{1.5}$$

这一函数为正值时结构可以满足功能要求，为负值时则不能，也就是说：

$$Z = R - S \begin{cases} > 0 & \text{结构处于可靠状态} \\ = 0 & \text{结构达到极限状态} \\ < 0 & \text{结构处于失效状态} \end{cases}$$

传统的定值设计法认为 R 和 S 都是确定性的变量。因此，结构只要按式（1.5）的条件设计，并赋予一定的安全系数，结构就是绝对安全的。但事实并非如此，由于 Z 的随机性，结构失效事故仍时有所闻。

（2）结构或构件的可靠指标

结构或构件的可靠度通常受各种荷载、材料性能、几何参数和计算公式精确性等因素的影响。这些具有随机性的因素称为"基本变量"。对于一般建筑结构，可以归并为上面所说的两个基本变量，即荷载效应 S 和结构抗力 R，并设 S 和 R 的概率统计值均服从正态分布，这样功能函数 $Z = R - S$ 也服从正态分布（就是正态随机变量）。以 μ 代表平均值，以 σ 代表标准差，则根据平均值和标准差的性质可知：

$$\mu_Z = \mu_R - \mu_S \tag{1.6}$$

$$\sigma_Z^2 = \sigma_R^2 + \sigma_S^2 \tag{1.7}$$

已知结构的失效概率表达为：

$$p_f = p(Z < 0)$$

由于标准差都取正值，上式可改写成：

$$p_f = p\left(\frac{Z}{\sigma_Z} < 0\right) \tag{1.8}$$

和

$$p_f = p\left(\frac{Z - \mu_Z}{\sigma_Z} < \frac{-\mu_Z}{\sigma_Z}\right) \tag{1.9}$$

因为 $\dfrac{Z - \mu_Z}{\sigma_Z}$ 服从标准正态分布，所以又可写成：

$$p_f = \phi\left(-\frac{\mu_Z}{\sigma_Z}\right) \tag{1.10}$$

令

$$\beta = \frac{\mu_Z}{\sigma_Z}$$

并用式（1.6）和式（1.7）的值代入，则有：

$$\beta = \frac{\mu_R - \mu_S}{\sqrt{\sigma_R^2 + \sigma_S^2}} \tag{1.11}$$

式(1.10)成为：

$$p_f = \phi(-\beta) \tag{1.12}$$

因为是正态分布，故：

$$p_r = 1 - p_f = \phi(\beta) \tag{1.13}$$

式中，μ_z、σ_z 为 Z 的算术平均值、标准差；β 为可靠指标，如图 1.6 所示。

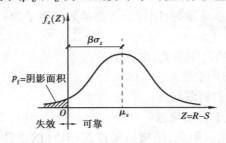

图 1.6　概率密度函数 $f_z(Z)$

由式(1.12)和式(1.13)可见，β 和 p_f(或 p_r)具有数值上的一一对应关系。已知 β 后即可由标准正态分布函数值的表中查得 p_f。图 1.6 给出了 β 和 p_f 之间的对应关系。图中 $f_z(Z)$ 是 Z 的概率密度函数，阴影面积的大小就是 p_f。由于 β 越大，p_f 就越小，也就是结构越可靠，所以求 β 并不要求知道 R 和 S 的分布，只要知道它们的平均值和标准差，就可以由式(1.11)算得 β。

至此，必须选择一个结构最优的 p_f 或目标可靠指标 $[\beta]$，以达到结构可靠与经济最佳的目的。由于 $[\beta]$ 的选择涉及因素非常复杂，理论上难以找到合理的定量分析方法，目前许多国家采用"校准法"来选择 $[\beta]$ 或最优失效概率 $[p_f]$。规范采用的结构构件可靠指标就是通过对规范(GB J17—88)的反演分析找出校准点，确定设计采用的 $[\beta]$，只要知道由式(1.11)算出的 β 值，若 $\beta \geqslant [\beta]$，就认为结构或构件是可靠的。

对钢结构各类主要构件校准的结果，β 一般为 3.16~3.62。《统一标准》规定各类构件的可靠指标见表 1.3，一般的工业与民用建筑的安全等级属于二级。钢结构的强度破坏和大多数失稳破坏都具有延性破坏性质，所以钢结构构件设计的目标可靠指标一般为 3.2。但是也有少数情况，主要是某些壳体结构和圆管压杆及一部分方管压杆失稳时具有脆性破坏特征，对这些构件，可靠指标应取 3.7。

表 1.3　结构构件承载力极限状态设计时采用的可靠指标 β 值和失效概率 p_f 值

安全等级 破坏类型	一　级		二　级		三　级	
	β	p_f	β	p_f	β	p_f
延性破坏	3.7	0.11×10^{-3}	3.2	0.68×10^{-3}	2.7	3.47×10^{-3}
脆性破坏	4.2	0.013×10^{-3}	3.7	0.11×10^{-3}	3.2	0.68×10^{-3}

对于钢结构的连接，《统一标准》未作具体规定，考虑钢结构的连接是以强度破坏作为极限状态，β 值应取得高一些，一般可取为 4.5。对于正常使用极限状态，构件的可靠指标 β 值根据其可逆程度宜取 0~1.5。

▶ 1.3.3　设计表达式

进行结构设计就是要保证实际结构的可靠指标 β 值等于或大于规定的限值(见表 1.3)。

但是直接计算 β 值十分麻烦,同时其中有些与设计有关的统计参数还不容易求得。为使计算简便,《统一标准》规定的设计方法是将对 β 值的控制等效地转化为以分项系数表达的设计表达式。建筑钢结构设计采用承载能力和正常使用两种极限状态下的分项系数表达式,考虑施加在结构上的可变荷载往往不止一种,这些荷载不可能同时达到各自的最大值,因此,还要根据组合荷载效应分布来确定荷载的组合系数 ψ_{ci} 和 ψ。

1)承载能力极限状态表达式

根据结构的功能要求,进行承载能力极限状态设计时,应考虑作用效应的基本组合,必要时尚应考虑作用效应的偶然组合(如火灾、爆炸、撞击、地震等偶然事件的组合)。

(1)基本组合

在荷载(作用)效应的基本组合条件下,式(1.5)可转化为等效的以基本变量标准值、分项系数和组合系数,并以应力形式表达的极限状态公式。按荷载效应基本组合进行强度和稳定性设计时,采用下列两个极限状态设计表达式中最不利值计算。

可变荷载效应控制的组合:

$$\gamma_0\left(\gamma_G\sigma_{Gk}+\gamma_{Q1}\sigma_{Q1k}+\sum_{i=2}^{n}\gamma_{Qi}\psi_{ci}\sigma_{Qik}\right)\leq f \qquad (1.14)$$

永久荷载效应控制的组合:

$$\gamma_0\left(\gamma_G\sigma_{Gk}+\sum_{i=1}^{n}\gamma_{Qi}\psi_{ci}\sigma_{Qik}\right)\leq f \qquad (1.15)$$

对于一般排架、框架结构,式(1.14)可采用下列简化的设计表达式:

$$\gamma_0\left(\gamma_G\sigma_{Gk}+\psi\sum_{i=1}^{n}\gamma_{Qi}\sigma_{Qik}\right)\leq f \qquad (1.16)$$

永久荷载效应控制的组合,仍按式(1.15)进行计算。式中,γ_0 为结构重要性系数(见表1.1和表1.2)。γ_G 为永久荷载分项系数,一般情况下,对式(1.14)取1.2,对式(1.15)则取1.35;但是当永久荷载效应对结构构件承载能力有利时,取为1.0;验算结构倾覆、滑移或漂浮时取0.9。γ_{Q1}、γ_{Qi} 为第一个和第 i 个可变荷载的分项系数,一般情况下可采用1.4,当楼面活荷载标准值大于 $4.0\ kN/m^2$ 的工业建筑,取1.3;当可变荷载效应对结构构件承载能力有利时,应取为0。各项可变荷载中,在结构构件或连接中产生应力最大者为第一个可变荷载。σ_{Gk} 为永久荷载标准值在结构构件截面或连接中产生的应力。σ_{Q1k} 为在基本组合中起控制作用的第一个可变荷载标准值在结构构件截面或连接中产生的应力(该值使计算结果为最大)。σ_{Qik} 为其他第 i 个可变荷载标准值在结构构件截面或连接中产生的应力。ψ_{ci} 为第 i 个可变荷载的组合值系数,其值不应大于1.0,按荷载规范的规定采用。ψ 为简化设计表达式中采用的荷载组合值系数,一般情况下可采用0.9;当只有一个可变荷载时,取1.0。f 为钢材或连接的强度设计值,对钢材,f 为屈服点 f_y 除以材料抗力分项系数 γ_R 的商。钢结构设计中,对于Q235钢,$\gamma_R=1.087$,对于Q345、Q390及Q420钢,$\gamma_R=1.111$;对于端面承压和连接 f 则为极限强度(f_u)除以抗力分项系数 γ_{Ru},即 $f=f_u/\gamma_{Ru}=f_u/1.538$。各种钢材或连接的强度设计值见附录1。

式(1.14)和式(1.15)中,除第一个可变荷载的组合值系数为1.0的楼盖(例如仪器车间仓库、金工车间、轮胎厂准备车间、粮食加工车间等)或屋盖(高楼附近的屋面积灰),必须由式

(1.15)控制设计取 $\gamma_G = 1.35$ 外,其他只有大型混凝土屋面板的重型屋盖以及很特殊情况才有可能由式(1.15)控制设计。

(2)偶然组合

对于荷载的偶然组合,极限状态设计表达式宜按下列原则确定:偶然作用的代表值不乘以分项系数;与偶然作用同时出现的可变荷载,应根据观测资料和工程经验采用适当的代表值,具体应按有关专门规范计算。

2)正常使用极限状态表达式

对于正常使用的极限状态,钢结构设计主要是控制变形和挠度,如梁的挠度、柱顶的水平位移、高层建筑层间相对水平位移等。按正常使用极限状态计算时,应根据不同情况分别采用荷载的标准组合、频遇组合及准永久组合进行计算,并使变形等设计值不超过相应的规定限值。

钢结构只考虑荷载的标准组合,其设计表达式为:

$$v = v_{Gk} + v_{Q1k} + \sum_{i=2}^{n} \psi_{ci} v_{Qik} \leq [v] \tag{1.17}$$

式中, v_{Gk} 为永久荷载的标准值在结构或结构构件中产生的变形值; v_{Q1k} 为起控制作用的第一个可变荷载标准值,在结构或结构构件中产生的变形值(该值使计算结果为最大); v_{Qik} 为其他第 i 个可变荷载标准值,在结构或结构构件中产生的变形值; v 为结构或结构构件的变形值; $[v]$ 为结构或结构构件的变形容许值,取值见附录2。

► 1.3.4 钢材的疲劳和疲劳计算

1)疲劳断裂的概念

疲劳断裂是微观裂缝在连续重复荷载作用下不断扩展直至断裂的脆性破坏。断口可能贯穿于母材,或贯穿于连接焊缝,也可能同时贯穿于母材及焊缝。出现疲劳断裂时,截面上的应力低于材料一次静力荷载作用下的抗拉极限强度 f_u,甚至低于屈服强度,这种现象称为钢的疲劳。

观察表明,钢材疲劳破坏后的截面断口一般具有光滑的和粗糙的两个区域。呈现出半椭圆形光滑部分,表现出裂缝的扩张和闭合过程是由裂缝逐渐发展引起的,说明疲劳破坏经历了一个缓慢的转变过程;裂纹的扩展使截面逐渐被削弱,至截面残余部分不足以抵抗破坏时,构件突然断裂,因有撕裂作用而形成粗糙区,这表明钢材最终断裂一瞬间的脆性破坏性质。因此,疲劳破坏属于脆性破坏,塑性变形极小,是一种没有明显变形的突然破坏,危险性较大。疲劳断裂的过程可分为3个阶段,即裂纹的形成、裂纹缓慢扩展与最后迅速断裂。对建筑钢结构来说,不存在裂纹形成阶段,因为焊缝中经常有微观裂纹或者孔洞、夹渣等缺陷,这些缺陷与微裂纹类似。非焊接结构中,在冲孔、剪边、气割等处也存在微观裂纹。

实践证明,构件的应力水平不高或反复次数不多时,一般不会发生疲劳破坏,计算中不必考虑疲劳的影响。在应力循环中不出现拉应力的部位,也不必计算疲劳。但是,长期承受频繁的反复荷载作用的结构及其连接,例如承受重级工作制吊车的吊车梁等,在设计中就必须考虑结构的疲劳问题。钢结构的疲劳破坏属于高频低应变疲劳,即总应变幅小,但破坏前荷载循环次数多。当荷载循环次数 $N \geqslant 5 \times 10^4$ 时，应进行疲劳验算。

2)应力循环特性及应力幅

连续重复荷载作用下应力从最大到最小重复一周叫作一个循环,应力循环特性常用应力比值 $\rho = \sigma_{min} / \sigma_{max}$ 来表示,以拉应力为正值。当 $\rho = -1$ 时称为完全对称循环,如图 1.7(a)所示;$\rho = 0$ 时称为脉冲循环,如图 1.7(b)所示;ρ 在 0 与 -1 之间称为不完全对称循环,如图 1.7(c)、(d)所示,只是图 1.7(c)以拉应力为主,而图 1.7(d)则以压应力为主。$\rho = 1$ 时相当于静荷载作用。

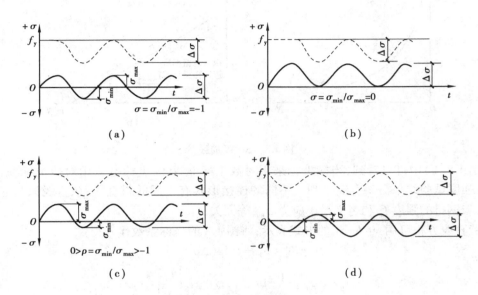

图 1.7 循环应力谱

应力幅 $\Delta\sigma$ 为应力谱(图 1.7 中的实线所示)中最大应力与最小应力之差,即 $\Delta\sigma = \sigma_{max} - \sigma_{min}$ 称为应力幅,表示应力变化的幅度。应力幅总为正值(拉"+",压"-")。如果重复作用的荷载数值不随时间变化,则每一次应力循环中应力幅将保持常量,谓之常幅疲劳。图 1.7 所示的各种应力循环都是常幅应力循环,其疲劳规律较易掌握。此外,还有变幅应力循环,在每次应力循环中,其应力幅值不是常数而是一种随机变量。

钢材的静力强度 f_y 对焊接梁的疲劳强度影响不大,决定一种连接疲劳寿命的因素是应力幅值。而裂缝扩展阶段的裂缝扩展速率主要由应力幅控制,应力幅 $\Delta\sigma$ 是控制各种连接形式疲劳寿命的最主要的应力变量。对于焊接结构,由于焊接加热及随后的冷却,将在截面上产生垂直于截面的残余应力。在焊缝及其附近,主体金属残余拉应力通常达到钢材的屈服点 f_y,而此部位正是形成和发展疲劳裂纹最为敏感的区域。在重复荷载作用下,循环内应力开始处于增大阶段时,焊缝附近的高峰应力将不再增加(只是塑性范围加大),即 $\sigma_{max} = f_y$。之后,循环应力下降到 σ_{min},再升至 $\sigma_{max} = f_y$,即不论应力比 ρ 值多大,焊缝附近的实际应力循环情况均形成在拉应力范围内的 $\Delta\sigma = f_y - \sigma_{min}$ 的循环(图 1.7 中的虚线所示)。所以疲劳强度与名义最大应力和应力比无关,而与应力幅 $\Delta\sigma$ 有关。图 1.7 中的虚线为实际应力谱,实线为名义应力循环应力谱。

3)关于 $\Delta\sigma$-N 曲线

根据试验数据可以画出构件或连接的应力幅 $\Delta\sigma$ 与相应的致损循环次数 N 的关系曲线（见图1.8(a)），按试验数据回归的 $\Delta\sigma$-N 曲线为平均值曲线，这种曲线是疲劳验算的基础。致损循环次数也叫作疲劳寿命。对于一定的疲劳寿命，例如 2×10^6 次，在 $\Delta\sigma$-N 曲线上就有一个与之相对应的应力幅值，在该应力幅值之下循环 2×10^6 次时，构件或连接即破坏。目前国内外都常用双对数坐标轴的方法使曲线改为直线以便于分析，如图1.8(b)所示。

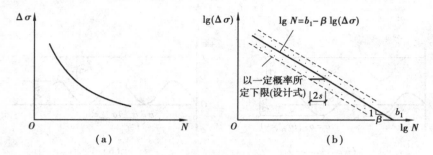

图1.8　$\Delta\sigma$-N 曲线

从图1.8(b)中可以看到，当横坐标采用对数坐标 $\lg N$，纵坐标也采用对数坐标 $\lg(\Delta\sigma)$ 时，疲劳强度试验结果沿斜直线排列。不同的连接形式有不同的斜直线，该直线只与连接形式有关，与钢材的强度 f_y 和名义最小应力 σ_{min} 等无关。

疲劳直线方程可用 $x = b - ay$ 的形式表示，将图1.8的坐标系数代入得：

$$\lg N = b_1 - \beta \lg(\Delta\sigma) \tag{1.18}$$

即

$$\lg(\Delta\sigma) = \frac{1}{\beta}(b_1 - \lg N) = \lg\left(\frac{b_1}{N}\right)^{\frac{1}{\beta}} \tag{1.19}$$

引用适当的安全系数后，可得疲劳容许应力幅的计算式为：

$$[\Delta\sigma] = \left(\frac{C}{N}\right)^{\frac{1}{\beta}} \tag{1.20}$$

式中，N、β 为系数，根据附录7构件和连接分类，按表1.4取用；N 为应力循环次数。

表1.4　参数 C，β

构件和连接类别	1	2	3	4	5	6	7	8
C	$1\,940\times10^{12}$	861×10^{12}	3.26×10^{12}	2.18×10^{12}	1.47×10^{12}	0.96×10^{12}	0.65×10^{12}	0.41×10^{12}
β	4	4	3	3	3	3	3	3
$[\Delta\sigma]_{2\times10^6}/$ $(\text{N}\cdot\text{mm}^{-2})$	176	144	118	103	90	78	69	59

针对一定的疲劳寿命 N，不同构件或连接破坏的应力幅值的大小主要取决于细部构造。细部构造不好致使应力集中大，破坏时的应力幅值就小；反之，细部构造好，以致应力集中小，

则应力幅值就大。应力幅值大,表示抗疲劳性能好。我国《规范》根据细部构造所引起应力集中的程度,将构件和连接划分为 8 类(见图 1.9),其破坏时的应力幅值依次降低。1 类是没有应力集中的主体金属,8 类是应力集中最严重的角焊缝,2 至 7 类则是有不同程度的应力集中的主体金属(详见附录 7)。构件和连接的分类与钢材的种类及其强度级别无关,因为它们带来的影响不大,已经略去。

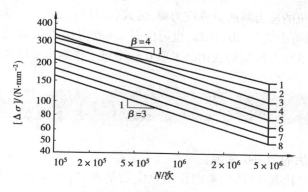

图 1.9　各类结构和连接类别的 $\Delta\sigma\text{-}N$ 曲线

4)疲劳验算

如前所述,直接受到重复荷载作用的构件,如吊车梁、吊车桁架、输送栈桥和某些工作平台梁等以及它们的连接,当应力循环次数 $N \geqslant 5 \times 10^4$ 时应进行疲劳验算。

《规范》规定一般钢结构都是按照以概率为基础的极限状态原则进行验算,但对疲劳部分则规定按容许应力原则进行验算。这是由于现阶段对疲劳裂缝的形成、扩展以至断裂这一过程的极限状态定义,以及有关影响因素的研究还不足的缘故。

永久荷载所产生应力为不变值,没有应力幅。应力幅只由重复作用的可变荷载产生,所以疲劳验算按可变荷载标准值进行。荷载标准值相应于按容许应力原则计算时的荷载。荷载计算中不乘以吊车动力系数,因为验算方法是以试验为依据的,而疲劳试验中已包含了动力的影响。

(1)常幅疲劳

常幅疲劳按式(1.21)进行验算:

$$\Delta\sigma \leqslant [\Delta\sigma] \tag{1.21}$$

式中,$\Delta\sigma$,对焊接结构为应力幅,$\Delta\sigma = \sigma_{max} - \sigma_{min}$;对非焊接部位为计算应力幅,$\Delta\sigma = \sigma_{max} - 0.7\sigma_{min}$,应力以拉为正,压为负。$[\Delta\sigma]$ 为常幅疲劳的容许应力幅,根据构件和连接的类别以及预期的循环次数,按式(1.20)及表 1.4 的系数进行计算。

(2)变幅疲劳

以上分析皆属于常幅疲劳的情况。但在实际中,结构(如厂房吊车梁)所受荷载,其值常小于计算荷载,即随机荷载,因此,应力幅值是一种随机变量。变幅疲劳的应力谱如图 1.10 所示。

《规范》规定,对于没有设计应力谱的变幅疲劳钢

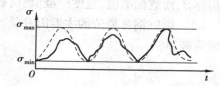

图 1.10　变幅疲劳的应力谱

结构可作为常幅疲劳按式(1.21)及式(1.20)计算,但式(1.20)中的循环次数 N 应根据构件使用中满负荷的程度予以折减。

重级工作制吊车梁和重级、中级工作制吊车桁梁(桁架式吊车梁)的疲劳,由于已积累了一定的实测数据,故可由式(1.21)改为式(1.22)计算:

$$\alpha_f \Delta\sigma \leq [\Delta\sigma]_{2\times10^6} \tag{1.22}$$

式中, $\Delta\sigma$ 为所验算部位的应力幅或折算应力幅,见式(1.21); $[\Delta\sigma]_{2\times10^6}$ 为循环次数 $N=2\times10^6$ 次的容许应力幅,其值可由式(1.20)计算,也可由表1.4查得; α_f 为欠载效应系数,对重级工作制的硬钩吊车取1.0,重级工作制的软钩吊车取0.8,中级工作制吊车取0.5。

章后提示

对钢结构设计方法的学习应掌握:

1.按承载能力极限状态设计时,考虑作用效应的基本组合(必要时尚应考虑作用效应的偶然组合)而对结构或结构构件的强度、稳定性以及连接等进行计算(疲劳计算不同);按正常使用极限状态设计时,考虑作用效应的标准组合(钢与混凝土组合梁尚应考虑准永久组合)而对结构或结构构件的变形进行计算。

2.计算结构构件的强度或稳定性以及连接的强度时,应采用荷载的设计值(荷载标准值乘以荷载分项系数);计算疲劳和变形时,应采用荷载的标准值。

3.直接承受动力荷载的结构,尚应按下列情况考虑动力系数:

①计算强度和稳定性时,动力荷载设计值应乘以动力系数,计算疲劳和变形时不乘以动力系数。

②计算吊车梁或吊车桁架及其制动结构的疲劳和挠度时,按作用在跨间内起重量最大的一台吊车荷载的标准值进行计算,不乘以动力系数。

思考题与习题

1.1 钢结构的特点是什么? 钢结构的主要结构体系有哪些?

1.2 目前我国钢结构主要应用在哪些方面?

1.3 比较钢结构的计算方法与其他结构计算方法的相同点与不同点。

1.4 理解并解释下列各词语:结构极限状态、结构可靠度(可靠概率) p_r 、失效概率 p_f 、可靠指标 β 、荷载标准值、强度标准值、荷载设计值、强度设计值。

1.5 影响钢材疲劳的主要因素是什么? 对承受动力荷载的结构应尽量采取何种措施防止疲劳破坏?

2

钢结构的材料

〖**本章导读**〗

一、本章需掌握、熟悉的基本内容

1.结构用钢对材料性能的要求。

2.衡量钢材强度、塑性和韧性的指标。

3.碳素结构钢和低合金高强度钢的化学成分及作用,焊接结构的含碳量要求。

4.影响钢材性能的因素。

5.钢材的两种破坏形式:塑性破坏和脆性破坏。

6.《规范》推荐的结构用钢材种类及供货要求。

7. 选购钢材的原则和方法。

二、本章重点、难点

1.钢材的两种破坏形式:塑性破坏和脆性破坏。

2.影响钢材性能的因素。

3.钢材的合理选用。

2.1 引言

优良的钢结构是由结构材料、分析设计、加工制造、运输安装、维护使用等多个环节共同决定的。在荷载作用下,结构性能主要受所用材料的性能影响,钢结构材料的合理选择是工程技术人员面对的首要问题。钢材的种类繁多,性能差别很大,通过总结经验和科学分析,技术人员认识到用作钢结构的钢材必须具有较高的强度、足够的变形能力和良好的加工性能。此外,根据结构的特殊工作条件,必要时钢材还应具有适应低温、侵蚀和重复荷载作用等的性能。符合钢结构性能要求的钢材一般只有碳素钢和低合金高强度钢中很小的一部分。

本章将学习钢结构建筑所用材料——结构钢的性能与特性,主要讲述用来评价钢构件的强度、刚度、塑性、韧性等性能的常规力学性能试验知识及性能指标;钢材的破坏形式,主要目的在于强调结构构件破坏的本质;钢材生产和使用过程中各种因素对其性能的影响;现有结构钢材的种类和轧制型钢的截面形式等。

2.2 钢材的主要性能

钢材的主要性能包括力学性能和工艺性能。前者指承受荷载和作用的能力,主要包括强度、塑性、韧性;后者指经受冷加工、热加工和焊接时的性能表现,主要包括冷弯性能、可焊性。

▶ 2.2.1 钢材在静力单轴拉伸时的工作性能

金属材料在室温的静力单轴拉伸试验最具代表性,即采用规定试样(规定形状和尺寸),在规定条件下(规定温度、加载速率等)在试验机上用拉力一次拉伸试样,一直拉至断裂,测定相关力学性能,具体试验内容和要求可依据《金属材料 拉伸试验 第 1 部分:室温试验方法》(GB/T 228.1—2010)的规定进行,试验结果一般用应力-延伸率$(R\text{-}e)$[1]曲线,习惯上称为应力-应变$(\sigma\text{-}\varepsilon)$曲线表示。图 2.1 为具有明显屈服台阶钢材(如低碳钢和低合金钢)的应力-应变曲线。从图中曲线可以看出,其工作特性可以分为以下 5 个阶段:

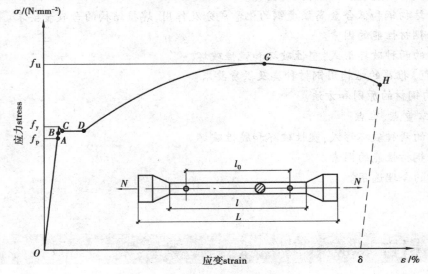

图 2.1　钢材的一次静力单轴拉伸应力-应变曲线

①弹性阶段(OAB 段)。在曲线 OAB 段,其中 OA 段是一条斜直线,A 点对应的应力称为比例极限f_p。在应力略高于比例极限f_p(A 点)的地方,还存在一个弹性极限f_e(B 点),由于f_e

和 f_p 极其接近,通常略去弹性极限的点,这样应力不超过 f_p 时钢材处于弹性阶段,即荷载增加时变形也增加,荷载降到零时(完全卸载)则变形也降到零(回到原点),应力-应变(σ-ε)曲线呈直线关系,符合虎克定律,其斜率 $E = d\sigma/d\varepsilon$ 就是钢材的弹性模量,对建筑结构用钢材一般统一取 $E = 2.06 \times 10^5 \text{ N/mm}^2$。

②弹塑性阶段(BC 段)。当施加应力超过弹性极限 f_e 后,试件变形中都将包含有弹性变形与塑性变形两部分,其中的塑性变形在卸载后不再恢复,故称为残余变形或永久变形。

③屈服阶段(CD 段)。C 点以后,σ-ε 曲线呈锯齿形波动循环,甚至出现荷载不增加而变形仍在继续发展的现象,σ-ε 曲线上形成水平段,即屈服平台。这个阶段称为屈服阶段,也称为塑性流动阶段。

屈服阶段内的实际 σ-ε 曲线,在开始时上下波动较大,波动最高点和最低点分别称为上屈服点(R_{Eh} 或 σ_{sU})和下屈服点(R_{eL} 或 σ_{sL})。大量试验证明,上屈服点受试验条件如加载速度、试件几何尺寸及形状、初偏心等影响较大,而下屈服点则对此不太敏感,各种试验条件下得到的下屈服点比较一致,并且在塑性流动发展到一定程度后,σ-ε 曲线形成稳定的水平线,应力值稳定于下屈服点。从工程设计的安全性考虑,取下屈服点较为合理,但需要说明的是,现行国家标准《碳素结构钢》(GB/T 700—2006)是以上屈服点作为屈服强度,因此实际设计时应区分上、下屈服强度。屈服点或屈服强度用符号 f_y 表示。屈服阶段从开始(图 2.1 中 C 点)到曲线再度上升(图 2.1 中 D 点)的塑性变形范围较大,平台开始时的应变为 0.1% ~ 0.2%,结束时可达 2% ~ 3%,相应的应变幅度称为流幅。流幅越大,说明钢材的塑性越好。屈服点和流幅是钢材的很重要的两个力学性能指标,前者是表示钢材强度的指标,而后者则是表示钢材塑性变形的指标。

④强化阶段(DG 段)。屈服平台结束之后,钢材内部晶粒重新排列,因此又恢复了继续承担荷载的能力,并能抵抗更大的荷载,σ-ε 曲线开始缓慢上升,但此时钢材的弹性并没有完全恢复,塑性特性非常明显,这个阶段称为强化阶段。G 点相应的应力为抗拉强度或极限强度,用符号 f_u 表示。当应力增大到抗拉强度 f_u 时,σ-ε 曲线达到最高点,这时应变已经很大,大约为 15%。

⑤颈缩阶段(GH 段)。当荷载到达极限荷载 f_u 后,试件发生不均匀变形,在试件材料质量较差处,截面出现横向收缩,截面面积开始显著缩小,塑性变形迅速增大,这种现象叫作颈缩现象。此时,荷载不断降低,变形却延续发展,直至到 H 点试件被拉断破坏。颈缩现象的出现和颈缩的程度以及与 H 点上相应的塑性变形是反映钢材塑性性能的重要指标。

应力-应变曲线反映了钢材的强度和塑性两方面的主要力学性能。强度是指材料受力时抵抗破坏的能力,表征钢材强度性能的指标有弹性模量 E、比例极限 f_p、屈服点 f_y 和抗拉强度 f_u 等。钢材的塑性为当应力超过屈服点后,能产生显著的残余变形(塑性变形)而不立即断裂的性质,表征塑性性能的指标为伸长率 $A(\delta)$ 和断面收缩率 $Z(\psi)$。各种力学指标具体如下:

①比例极限 f_p 是 σ-ε 曲线保持直线关系的最大应力值,它受残余应力的影响很大。在材性试件中,一般残余应力很小,f_p 与 f_y 较为接近,而在实际结构构件中,钢材内部经常存在数值较大的自相平衡的残余应力。拉伸时,外加应力与残余应力叠加,或者压缩时外加应力与残余应力叠加,使得部分截面提前屈服,弹性阶段缩短,比例极限减小。比例极限 f_p 在钢结构稳定设计计算中占有重要位置,它是弹性失稳和非弹性失稳的界限。

②屈服强度 f_y 是钢材在结构中能有效发挥作用的应力上界,因而被视为建筑钢材的重要

力学性能指标之一。其意义在于以下几点：

a.应力达到 f_y 时对应的应变值很小，并且与 f_p 对应的应变值较为接近，实际静力强度分析时，可以认为 f_y 是弹性极限。同时，应力达到 f_y 以后，在较大的塑性变形范围内应力不再增加，表示结构暂时失去了继续承担增加荷载的能力。而对于绝大多数结构，塑性流动结束时产生的变形已经很大，早已失去了使用价值，且极易察觉，可及时处理而不致引起严重后果。因此，以 f_y 作为弹性计算时强度的指标，即钢材强度的标准值，并据以确定钢材的强度（抗拉、抗压和抗弯）设计值 f（见 4.1 节和附表 1.1）。

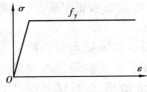

图 2.2　理想弹塑性模型
的应力-应变曲线

b.由于钢材在应力小于 f_y 时接近于理想弹性体，而应力达到 f_y 后在很大变形范围内接近于理想塑性体，因此在实用上常将其应力-应变关系处理为理想弹塑性模型，如图 2.2 所示。以 f_y 为界，$\sigma < f_y$ 时，应力-应变关系为一条斜直线，弹性模量为常数；$\sigma = f_y$ 时，应力-应变关系为一条水平直线，弹性模量为零。此假设为建立钢结构强度计算理论提供了便利条件，并且使计算简单方便。

c.在 f_y 下材料有足够的塑性变形能力来调整构件应力的不均匀分布，可保证构件截面上的应力最终都达到 f_y。因此，一般静力强度计算时，不必考虑应力集中和残余应力的影响。

高强度钢由于没有明显的屈服点，通常以卸载后残余应变为 0.2% 时所对应的应力作为屈服点，记为 $f_{0.2}$。钢结构设计中对以上二者不加区别，统称屈服强度，以 f_y 表示。

③抗拉强度 f_u 对应于拉伸曲线的最高点。抗拉强度是钢材破坏前能够承担的最大应力，因而被视为建筑钢材的另一个重要力学性能指标。它反映了建筑钢材强度储备的大小，虽然达到这个应力时，钢材已由于产生很大的塑性变形而失去使用性能，但是抗拉强度 f_u 高则可增加结构的安全保障。另外，在分析极限承载力时，一般也采用 f_u 作为计算指标。在塑性设计中，允许钢材发展较大塑性以充分发挥效能，这种强度储备尤为重要。强度储备的大小常用 f_y/f_u 表示，称其为屈强比。屈强比可以看作是衡量钢材强度储备的一个系数，屈强比越低，钢材的安全储备越大。因此，规范规定用于塑性设计的钢材屈强比必须满足 $f_y/f_u \leq 0.85$，《建筑抗震设计规范》（GB 50011）也有类似规定。

④伸长率 $A(\delta)$ 常用 δ_5 或 δ_{10} 表示。它对应于拉伸应力-应变曲线最末端（拉断点）的相对塑性变形，等于试件（图 2.1）拉断后的原标距间长度的伸长值（$\Delta l = l_1 - l_0$）)和原标距（l_0）比值的百分率。伸长率反映了钢材的塑性变形能力，被视为建筑钢材的另一个重要力学性能指标。对于厚度较大的试件（直径等于或大于 4 mm 的线材），伸长率 δ 与原标距长度 l_0 和试件中间部分的直径 d_0 的比值有关，例如：对于圆形横截面试件类型，当 $l_0/d_0 = 10$ 时，以 δ_{10} 表示；当 $l_0/d_0 = 5$ 时，以 δ_5 表示。δ 值可按式（2.1）计算：

$$\delta = \frac{l_1 - l_0}{l_0} \times 100\% \tag{2.1}$$

式中，δ 为伸长率；l_0 为试件原标距长度；l_1 为试件拉断后标距间长度。

显然，式（2.1）中 $l_1 - l_0$ 实质上是试件拉断后的残余变形，它与 l_0 之比即为极限塑性应变。建筑钢材的塑性变形能力很强，如碳素结构钢中 Q235 的伸长率 $\delta_5 \approx 26\%$，低合金高强度钢中的 Q345 的伸长率 $\delta_5 \approx 20\%$，可见塑性应变几乎为弹性应变的 100 倍以上，因此钢结构几乎不可能产生纯塑性破坏,因为当结构出现如此大的塑性变形时,早已失去使用价值或已采取补救措施。

对同一种材料,δ_5 和 δ_{10} 在数值上存在一定的差异,一般情况下 $\delta_5 > \delta_{10}$,原因是材料试件拉断后的残余变形,包括均匀塑性变形和颈缩区塑性变形两部分,而颈缩区塑性变形不受标距长度的影响,标距长度越大,颈缩区塑性变形相对值越小,因而极限塑性应变(伸长率)也减小。

⑤断面收缩率 Z(或 ψ)是试样断裂后,横截面积的最大缩减量($S_0 - S_u$)与原始横截面面积(S_0)的比值,按式(2.2)计算:

$$Z = \frac{S_0 - S_u}{S_0} \times 100\%$$

(2.2)

断面收缩率也是衡量钢材塑性变形能力的一个指标。由于伸长率 δ 是由钢材沿长度的均匀变形和颈缩区的集中变形的总和所确定,因此,它不能代表钢材的最大塑性变形能力。断面收缩率才是衡量钢材塑性的一个比较真实和稳定的指标,但因测量困难,产生误差较大,因而钢材塑性指标仍然采用伸长率而不采用断面收缩率作为保证要求。

在实际工程中,结构和构件难免会发生一些缺陷(如应力集中、材质缺陷等)。当钢材具有良好的塑性时,构件缺陷所造成的应力集中可利用塑性变形加以调整,不至于因个别区域损坏而扩展为全构件并导致破坏。尤其是在动力荷载作用下的结构或构件,材料的塑性好坏常是决定结构是否安全可靠的主要因素之一。所以,钢材的塑性指标比强度指标更为重要。

另外,拉伸应力-应变曲线还反映了钢材的弹性模量 E 和硬化开始时应变强化模量 E_{st} 等指标。在线弹性阶段 σ-ε 关系曲线的斜率就是钢材的弹性模量 E,它是结构弹性设计的主要指标。而强化模量 E_{st} 则为强化阶段初期 σ-ε 关系曲线(图 2.1 中 DG 段)的斜率。

▶ 2.2.2 冲击韧性

土木工程设计中,经常遇到由汽车、火车、波浪、厂房吊车等产生的冲击荷载作用。与抵抗冲击作用有关的钢材性能指标是韧性。韧性是钢材在产生塑性变形和断裂过程中吸收能量的能力,断裂时吸收能量越多,钢材韧性越好。钢材在一次拉伸静力荷载作用下拉断时所吸收的能量,如果用单位体积内所吸收的能量来表示,其值正好等于拉伸 σ-ε 曲线与横坐标轴之间的面积。塑性好或强度高的钢材,其 σ-ε 曲线下方的面积较大,所以韧性值大。可见韧性与钢材的塑性有关而又不同于塑性,是钢材强度与塑性的综合表现。

然而对于钢材的韧性,实际工作中并未采用上述的方法进行评定。原因是:实际结构的脆性断裂往往发生在动力荷载条件下和低温下,而结构中的缺陷例如缺口和裂纹,常常是脆性断裂的发源地,因而实用上使用冲击韧性来衡量钢材抗脆断的能力。冲击韧性指标用冲击吸收能量 A_{kv} 或 C_v 表示,单位为 J,通过夏比冲击试验获得。它是判断钢材在冲击荷载作用下是否出现脆性破坏的主要指标之一。

在夏比冲击试验中,标准尺寸试样长度为 55 mm,横截面为 10 mm×10 mm 的方形截面,在试样长度中间有规定几何形状的缺口(V 形或 U 形缺口),缺口背向打击面放置在摆锤式冲击试验机上进行试验(见图 2.3),在摆锤打击下,直至试样断裂,具体试验方法参见《金属材料 夏比摆锤冲击试验方法》(GB/T 229—2007)。按规定方法测定的冲击吸收能量即冲击韧性指标。

冲击韧性与试件缺口形式有关,常用缺口形式为夏比 V 形、夏比钥孔形和梅氏 U 形。我国相关国家标准冲击试验缺口规定应采用夏比 V 形(见图 2.3(b))。

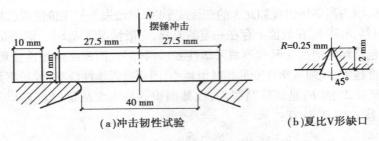

(a)冲击韧性试验　　　　　　　　(b)夏比V形缺口

图2.3　冲击韧性试验示意图

冲击韧性受试验温度影响很显著,温度越低,冲击韧性越低。当温度低于某一临界值时,其值急剧降低。因此,设计处于不同环境温度的重要结构时,尤其是受动力荷载作用的结构时,要根据相应的环境温度对应提出常温(20 ℃)冲击韧性、0 ℃冲击韧性或负温(-20 ℃或-40 ℃)冲击韧性的保证要求。

▶ 2.2.3　冷弯性能

冷弯性能是指钢材在冷加工(即在常温下加工)产生塑性变形时,对发生裂纹的抵抗能力。钢材的冷弯性能常用冷弯试验来检验。

冷弯试验应在配备规定弯曲装置的试验机或压力机上完成,根据试样厚度,按照规定的弯心直径 d 通过弯曲压头连续施加力使其弯曲(见图2.4)。当弯曲至180°时,不使用放大仪器观察,试样弯曲外表面无可见裂纹应评定为"冷弯试验合格";否则,不合格。具体试验方法参见《金属材料 弯曲试验方法》(GB/T 232—2010)。

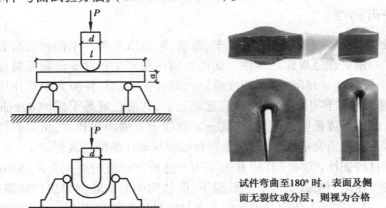

试件弯曲至180°时,表面及侧面无裂纹或分层,则视为合格

图2.4　冷弯试验示意图

冷弯试验不仅能检验钢材的弯曲塑性变形能力,还能暴露出钢材的内部冶金缺陷(晶粒组织、结晶情况和非金属夹杂物分布等缺陷),因此,它是判断钢材塑性变形能力和冶金质量的一个综合试验。承重结构中对钢材冷热加工工艺性能需要有较好要求时,应具有冷弯试验合格保证。

▶ 2.2.4　可焊性

钢材的可焊性是指采用一般焊接工艺即可完成合格的焊缝的性能。其性能的优劣实际上是指钢材在采用一定的焊接方法、焊接材料、焊接工艺参数及一定的结构形式等条件下,获得合格焊缝的难易程度。可焊性分为施工上的可焊性和使用性能上的可焊性。施工上的可焊性指对产生裂纹的敏感性,焊缝和近缝区均不产生裂纹表示性能良好;使用性能上的可焊性是指焊接构件在焊接后的力学性能是否低于母材,焊接接头和焊缝的冲击韧性及近缝区塑性不低于母材性能或具有与母材相同的力学性能表示性能优良。

钢材的可焊性与钢材化学成分含量有关,其中含碳量是影响可焊性的一个重要参数。对于普通碳素结构钢,当其含碳量在 0.27% 以下,以及形成其固定杂质的含锰量在 0.7% 以下,含硅量在 0.4% 以下,硫和磷含量各在 0.05% 以下时,可认为该钢材可焊性良好。对于焊接结构,为了使其有良好的可焊性,通常要求含碳量不应超过 0.2% 。Q235B 的碳含量一般符合这一要求;Q235A 的碳含量略高,一般要求不大于 0.22%,且在保证力学性能的情况下,A 级钢的碳、锰、硅含量不作为交货条件,故焊接结构不宜采用 Q235A 级钢。对于低合金钢,提高钢材强度的合金元素大多也对可焊性有不利影响,可采用碳当量来反映。碳当量是衡量普通低合金钢中各元素对焊后母材的碳化效应的综合性能,按各元素的质量百分比采用下列公式计算,用于指导预热要求和焊接工艺。此式是国际焊接学会提出的,为我国国家标准《钢结构焊接规范》(GB 50661—2011)所采用。

$$CEV(\%) = C + \frac{Mn}{6} + \frac{Cr + Mo + V}{5} + \frac{Cu + Ni}{15}(\%)$$

当钢材的碳当量 $CEV \leq 0.38\%$ 时,在正常工艺操作下,钢材的可焊性很好,Q235 钢属于这一类;当 $CEV > 0.38\%$ 但不超过 0.45% 时,钢材有一定的淬硬倾向,焊接难度为一般等级,Q345 钢属于此类,需要采取适当的预热措施,并注意控制施焊工艺;当 $CEV > 0.45\%$ 时,钢材会有明显的淬硬现象,需采用较高的预热温度和严格控制施焊工艺措施来获得合格的焊缝。

▶ 2.2.5 钢材的其他性能

钢材的其他性能主要包括耐久性、耐火性以及 Z 向性能等。

耐久性是指钢结构能长期经受各种外荷载作用及其材料能长期保证各项力学性能不变劣化的性能。与耐久性有关的因素有以下几个方面:钢材的耐腐蚀性、"时效"现象和疲劳现象。钢材耐腐蚀能力较差,据统计全世界每年有年产量 30%~40% 的钢铁因腐蚀而失效。因此,防腐蚀对节约金属有重大的意义。钢材如暴露在自然环境中不加防护,则将和周围一些物质成分发生作用,形成腐蚀物。腐蚀作用一般分为两类:一类是金属和非金属元素的直接结合,称为"干腐蚀";另一类是在潮湿环境中,钢材同周围非金属物质(如空气和水)结合形成腐蚀物,称为"湿腐蚀"。钢材在大气中腐蚀可能是干腐蚀,也可能是湿腐蚀或两者兼之。腐蚀严重的结构或构件可能造成有效受力截面削弱过大而使结构破坏。防止钢材腐蚀的主要措施是喷涂防锈油漆或涂料(如热津镀锌、热喷锌(铝)复合涂层、环氧富锌底漆和面漆等)来加以保护。近年来也研制了一些耐大气腐蚀的钢材,称为耐候钢,它是在冶炼时加入铜、磷、镍等合金元素来提高抗大气腐蚀能力,其性能要求参见国家标准《耐候结构钢》(GB/T 4171—2008)。此外,对水下或地下钢结构应采取阴极保护措施。钢结构中钢材随着时间的增长,钢材的力学性能有所改善,使钢材强度提高而塑性、韧性降低,有可能造成脆性破坏,这种现象称为"时效"现象。在高温环境下,钢结构长期经受高应力作用时会产生徐变现象,因而造成长期强度降低。钢结构受重复或

交变荷载作用时,当经历一定次数的应力循环后,即使钢材应力低于屈服点也有可能发生破坏的现象,称为钢材的疲劳破坏,它与脆性破坏类似,危害性很大。

耐火性一般是指钢构件或结构,在一定时间内满足标准耐火试验中规定的稳定性、完整性、隔热性和其他预期功能的能力。钢结构耐火性较差,钢材受热时,当温度超过 200 ℃后,材质变化较大,不仅强度总趋势逐步降低,而且还有蓝脆和徐变现象;当温度超过 600 ℃后,钢材进入塑性状态已不能承载。因此,设计规定钢材表面温度超过 150 ℃后即需要加以隔热防护。在火灾中,未加防护的钢结构一般只能维持 20 min 左右。因此,对有防火要求的钢结构,需要按照相应规定采取保温隔热措施,如在钢结构外面包混凝土或其他防火材料,或者在构件表面喷涂防火涂料等。设计中还可以选用建筑用耐火钢,这种钢材是通过一定的技术手段,增加钢材的特殊化学成分(如钼 Mo),使钢材的结构及金相组织发生变化,从而改善钢材内在的耐火性。

需要注意的是国内有些钢铁公司生产耐火钢和耐候耐火钢,但目前还没有这方面的国家标准。

厚度不小于 40 mm 的钢板,当沿厚度方向受拉时(包括外加拉力和因焊接收缩受阻而产生的约束拉应力),由于其内部的非金属夹杂物被压成薄片,在较厚的钢板中会出现分层(夹层)现象,从而使钢材沿厚度方向(Z 向)的受拉性能大大降低。为避免在焊接或 Z 向受力时厚度方向出现层状撕裂,规定厚度方向性能级别和厚度方向拉伸试验的断面收缩率来保证,称之为 Z 向性能要求。厚度方向性能级别是对钢板的抗层状撕裂的能力提供的一种量度,分为 Z15、Z25 和 Z35 三个等级,表示厚度方向断面收缩率(3 个试样的最小平均值)分别不小于 15%、25% 和 35%,其性能要求参见国家标准《H 厚度方向性能钢板》(GB/T 5313—2010)。《低合金高强度结构钢》(GB/T 1591—2008)和《建筑结构用钢板》(GB/T 19879—2005)两标准中都规定可以提供具有厚度方向性能的钢材,目前在高层和超高层钢结构建筑中有着较广泛的应用。

▶ 2.2.6 钢材在复杂应力作用下的工作性能

钢材在单向均匀应力作用下,当应力达到屈服点 f_y 时,钢材屈服而进入塑性状态。但实际钢结构构件在很多情况下往往处于双向或三向应力场(平面应力和立体应力状况)中工作,称之为复杂应力状态。了解复杂应力作用下钢材的 $\sigma\text{-}\varepsilon$ 关系及其破坏条件也是学习钢结构的基本内容之一。

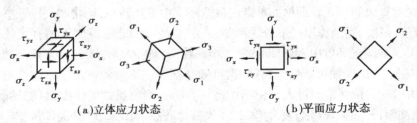

(a)立体应力状态   (b)平面应力状态

图 2.5 钢材单元体上的复杂应力状态

在弹性范围内,钢材的 $\sigma\text{-}\varepsilon$ 关系服从广义虎克定律。在一般情况下,复杂应力状态包括 3 个正应力分量 σ_x、σ_y、σ_z 和 3 个剪应力分量 τ_{xy}、τ_{yz}、τ_{zx},如图 2.5(a)所示。相应地存在 3 个正应变分量 ε_x、ε_y、ε_z 和 3 个剪应变分量 γ_{xy}、γ_{yz}、γ_{zx}。用广义虎克定律表达的复杂应力状态下 $\sigma\text{-}\varepsilon$ 关系如下:

$$\left.\begin{array}{ll} \varepsilon_x = \dfrac{1}{E}\big[\sigma_x - \mu(\sigma_y + \sigma_z)\big] & \gamma_{xy} = \dfrac{1}{G}\tau_{xy} \\[2mm] \varepsilon_y = \dfrac{1}{E}\big[\sigma_y - \mu(\sigma_z + \sigma_x)\big] & \gamma_{yz} = \dfrac{1}{G}\tau_{yz} \\[2mm] \varepsilon_z = \dfrac{1}{E}\big[\sigma_z - \mu(\sigma_x + \sigma_y)\big] & \gamma_{zx} = \dfrac{1}{G}\tau_{zx} \end{array}\right\} \tag{2.3}$$

式中，μ 为钢材横向变形系数（泊松比），在弹性范围内一般取 $\mu = 0.3$；G 为剪切模量，它与弹性模量 E 的关系为 $G = 0.5E/(1+\mu) = 0.385E$。

上述应力-应变场可以采用相应的主应力 σ_1、σ_2、σ_3 和主应变 ε_1、ε_2、ε_3 来表示。主应力和主应变之间的关系为：

$$\left.\begin{array}{l} \varepsilon_1 = \dfrac{1}{E}\big[\sigma_1 - \mu(\sigma_2 + \sigma_3)\big] \\[2mm] \varepsilon_2 = \dfrac{1}{E}\big[\sigma_2 - \mu(\sigma_3 + \sigma_1)\big] \\[2mm] \varepsilon_3 = \dfrac{1}{E}\big[\sigma_3 - \mu(\sigma_1 + \sigma_2)\big] \end{array}\right\} \tag{2.4}$$

从钢结构设计及应用出发，设计者最关心的是复杂应力作用下的钢材破坏条件，也即在什么情况下受复杂应力作用的钢材才算破坏。如前所述，建筑钢材在静力强度分析中可以假设为理想弹塑性材料，其静力强度指标是屈服点，因而单向应力作用下弹性阶段结束，或者钢材开始屈服时，即认为钢材达到了破坏条件。

确定复杂应力状态下钢材的破坏条件实质上就是如何确定屈服条件的问题。大量试验结果表明，建筑钢材的屈服条件最适宜于用能量强度理论来表述。对结构钢而言，采用能量（第四）强度理论，即材料由弹性状态转为塑性状态时的综合强度指标，要用变形时单位体积中由于边长比例变化的能量来衡量。

能量强度理论屈服条件可用应力分量表达为：

$$\sigma_{zs} = \sqrt{\sigma_x^2 + \sigma_y^2 + \sigma_z^2 - (\sigma_x\sigma_y + \sigma_y\sigma_z + \sigma_z\sigma_x) + 3(\tau_{xy}^2 + \tau_{yz}^2 + \tau_{zx}^2)} = f_y \tag{2.5}$$

或者

$$\sigma_{zs} = \sqrt{\dfrac{1}{2}\big[(\sigma_x - \sigma_y)^2 + (\sigma_y - \sigma_z)^2 + (\sigma_z - \sigma_x)^2\big] + 3(\tau_{xy}^2 + \tau_{yz}^2 + \tau_{zx}^2)} = f_y \tag{2.6}$$

若采用主应力分量，可表示为：

$$\sigma_{zs} = \sqrt{\sigma_1^2 + \sigma_2^2 + \sigma_3^2 - (\sigma_1\sigma_2 + \sigma_2\sigma_3 + \sigma_3\sigma_1)} = f_y \tag{2.7}$$

或者

$$\sigma_{zs} = \sqrt{\dfrac{1}{2}\big[(\sigma_1 - \sigma_2)^2 + (\sigma_2 - \sigma_3)^2 + (\sigma_3 - \sigma_1)^2\big]} = f_y \tag{2.8}$$

可见在三向应力（立体应力）作用下，钢材由弹性状态转变为塑性状态（屈服）的条件，可以用折算应力 σ_{zs} 和钢材在单向应力时的屈服点 f_y 相比较来判断。若 $\sigma_{zs} < f_y$，钢材处于弹性阶段；若 $\sigma_{zs} \geqslant f_y$，则钢材处于塑性阶段。

由式（2.8）可见，当 3 个方向的主应力符号相同且差值很小时，即使各个方向主应力可能很大，但折算应力 σ_{zs} 却较小。当 $\sigma_{zs} = f_y$ 时，单方向的最大主应力可能已经远远超过 f_y。可见,当三向主应力均为拉应力时,钢材塑性变形得不到发挥,材料极易发生脆性拉断破坏。因此,在钢结构设计和安装施工时应当使结构构件尽量保持简单应力状态,避免其在复杂应力状态下工作,以充分发挥钢材的工作性能。

实际结构中,三向应力往往有一个方向的应力很小甚至可以忽略不计或等于零,即为平面应力状态,如图 2.5(b)所示。此时 $\sigma_3 = 0$,或者 $\sigma_z = \tau_{xz} = \tau_{yz} = 0$,则式(2.5)和式(2.7)可分别写为:

$$\sigma_{zs} = \sqrt{\sigma_x^2 + \sigma_y^2 - \sigma_x\sigma_y + 3\tau_{xy}^2} = f_y \tag{2.9}$$

$$\sigma_{zs} = \sqrt{\sigma_1^2 + \sigma_2^2 - \sigma_1\sigma_2} = f_y \tag{2.10}$$

在一般钢梁强度计算时,常常碰到梁腹板仅受正应力 σ 和剪应力 τ 共同作用的情况,此时屈服条件为:

$$\sigma_{zs} = \sqrt{\sigma^2 + 3\tau^2} = f_y \tag{2.11}$$

因此,多向应力作用下,钢材强度验算指标要采用折算应力 σ_{zs}。

当平面应力状态下受纯剪切作用时,$\sigma = 0$,屈服条件变为:

$$\sigma_{zs} = \sqrt{3\tau^2} = \sqrt{3}\tau = f_y \tag{2.12}$$

因此,剪切屈服强度为:

$$\tau = \frac{f_y}{\sqrt{3}} = 0.58f_y \tag{2.13}$$

式(2.13)就是《规范》确定钢材抗剪强度设计值的根据。

2.3　钢材的破坏形式

根据屈服情况和塑性变形能力,钢材可以划分成两类材料:塑(延)性材料和脆性材料。有屈服现象的钢材,或者没有明显屈服现象,但能产生较大塑性变形的钢材称为塑(延)性材料,如低碳素结构钢和普通低合金高强度钢等。没有屈服现象,且塑性变形能力很小的钢材称为脆性材料,如高碳钢和铸铁等。

现代钢结构需要用延性材料而不能用脆性材料制造,历史证明,没有显著变形的突然断裂将给房屋、桥梁结构带来灾难性的后果。

对于延性好的钢材,具有两种性质完全不同的破坏形式:即塑(延)性破坏和脆性破坏。

塑性破坏,又称延性破坏,是由于变形过大,超过了材料或构件可能的应变能力而产生的。它的主要特征是结构或构件在破坏前产生较大的、明显可见的塑性变形,而且仅仅在材料或结构构件中的应力超过屈服点 f_y,并达到极限抗拉强度 f_u 以后才发生断裂破坏。塑性破坏在破坏前有很明显的变形,并有较长的变形持续时间,很容易及时发现而采取适当措施予以补救,不致引起严重后果。因此,实际上建筑结构极少发生塑性破坏。塑性破坏后的断口常为杯形,呈纤维状,色泽发暗,呈现剪切破坏特征。

脆性破坏,也称为脆性断裂,其特点是:结构或构件破坏前没有明显变形,平均应力低于极限抗拉强度 f_u,甚至低于屈服点 f_y,破坏时没有明显征兆,脆性破坏断口平齐,并呈有光泽的晶粒状。由于脆性破坏前没有任何预兆,无法及时发现,而且一旦发生,还有可能导致整个结构瞬间塌毁,极易造成人员伤亡和重大经济损失,危险性极大。因此,在设计、施工和使用钢结构时,要特别注意防止脆性破坏发生。

从力学观点来分析,钢材的塑性破坏是由于剪应力超过晶粒抗剪能力而产生,而脆性破坏则是由于拉应力超过晶粒抗拉能力而产生,因此若剪应力先超过晶粒抗剪能力,则将发生塑性破坏;若拉应力先超过晶粒抗拉能力,则将发生脆性破坏。

对于脆性断裂的研究,现阶段主要依据断裂力学的理论。为防止脆性断裂,一般从以下三个方面着手:一是要根据具体情况正确合理选材,选用有足够韧性的钢材;二是尽量减小初始裂纹的尺寸,避免在构造处理中形成类似于裂纹的间隙;三是注意在构造处理上缓和应力集中,以减小应力值。另外,结构形式的合理选择也对防止脆性断裂有一定影响。

2.4 各种因素对钢材主要性能的影响

建筑钢材,例如《规范》推荐采用的碳素结构钢中的 Q235 钢及低合金高强度钢中的 Q345、Q390、Q420 钢等,在一般情况下具有很好的综合机械力学性能,既有较高的强度,又有很好的塑性、韧性、冷弯性能和可焊性等,是理想的承重结构材料。但在一定条件下,它们的性能仍有可能变差,从而导致结构发生脆性断裂破坏。

影响钢材主要性能的因素很多,主要有化学成分、钢材的成材过程、硬化、温度、应力集中和残余应力等。

▶ 2.4.1 化学成分的影响

钢是含碳量*小于 2% 的铁碳合金,含碳量大于 2% 时则为铸铁,俗称生铁。碳素结构钢的基本元素是铁(Fe),约占 99%,此外还有碳(C)和硅(Si)、锰(Mn)等有益元素,以及在冶炼中不易除尽的硫(S)、磷(P)、氧(O)、氮(N)等有害元素。在低合金结构钢中,除上述元素外还掺入通常总量不超过 3% 的合金元素,如铜(Cu)、钒(V)、钛(Ti)、铌(Nb)、铬(Cr)等,以改善其性能。碳和其他元素虽然所占比重不大,但对钢材性能却有着重要影响。

1)碳

在碳素结构钢中,碳是除铁以外最主要的元素,它直接影响钢材的强度、塑性、韧性和可焊性等。随着含碳量的提高,钢材的屈服点和抗拉强度逐渐提高,但塑性和韧性,特别是负温冲击韧性下降。同时,钢材的可焊性、耐腐蚀性能、疲劳强度和冷弯性能也都明显劣化,并增加了低温脆断的可能性。根据碳量的低高区分,可以把碳素钢粗略分为低碳钢、中碳钢和高碳钢。虽然碳是使钢材具有足够强度的最主要元素,但在钢结构中并不采用含碳量很高的钢材,以便保持其他优良性能,所以建筑结构用钢基本上都是低碳钢。一般结构用钢的含碳量不超过0.22%,在焊接结构中钢材含碳量应控制在 0.2% 以下。

2)硅

硅在钢材中是一种有益元素,一般作为脱氧剂加入钢中,以制成质量较高的镇静钢。适

---

* 本章凡以百分率表示的钢中化学元素的含量,如碳(C)、硅(Si)、锰(Mn)、硫(S)、磷(P)、氧(O)、氮(N)、铜(Cu)、钒(V)、钛(Ti)、铌(Nb)、铬(Cr)、镍(Ni)等的含量,均指其质量分数。

量的硅可以使钢材强度大为提高,而对塑性、冲击韧性、冷弯性能及可焊性均无明显不良影响,但含量过高时则会降低钢材抗锈性和可焊性。碳素结构钢中硅的含量不超过 0.35%,低合金高强度结构钢中含量一般不超过 0.5%~0.6%。

3)锰

锰也是一种有益合金元素,它属于弱脱氧剂。适量的锰可以有效地提高钢材强度,消除硫、氧对钢材的热脆影响,改善钢材的热加工性能,并能改善钢材的冷脆倾向,同时又不显著降低钢材的塑性和冲击韧性。锰在碳素结构钢中的含量为 0.3%~0.8%,在低合金高强度结构钢中含量一般为 1.6%~1.7%。但锰可使钢材的可焊性降低,故对其含量有限制。

4)钒、铌和钛

钒、铌和钛亦是有益元素,系添加的合金成分。它能使钢材的晶粒细化,提高钢材的强度和抗锈蚀能力,同时又保持良好的塑性和韧性,但有时有硬化作用。如 Q390(15MnV)可用于船舶、桥梁等荷载较大的焊接结构以及高压容器中。一般在建筑钢材中,钒含量为 0.02%~0.20%,铌含量为 0.06%~0.15%,钛含量为 0.02%~0.20%。

5)铜

铜在碳素结构钢中属于杂质成分。它可以显著改善钢材的抗锈蚀能力,也可以提高钢材的强度,但对可焊性有不利影响。

6)硫

硫是有害杂质元素,它能生成易于熔化的硫与铁的化合物——硫化铁,散布在纯铁体晶粒间层中,当热加工及焊接使温度高达 800~1 000 ℃时,硫化铁熔化从而使钢材变脆并产生裂纹,这种现象称为钢材的"热脆"。此外,硫还能降低钢材的塑性、冲击韧性、疲劳强度、可焊性和抗锈蚀能力等。因此,应严格控制钢材中的硫含量,且质量等级越高,其含量控制越严格。碳素结构钢硫含量一般不超过 0.035%~0.050%。低合金高强度结构钢中不超过 0.020%~0.035%。对高层建筑钢结构用抗层间撕裂钢板(Z 向钢),硫含量更严格要求控制在 0.01%以下。

7)磷

磷也是一种有害元素。磷和纯铁体结成不稳定的固熔体,有增大纯铁体晶粒的害处。磷的存在使钢材的强度和抗锈蚀能力提高,但却严重降低钢材的塑性、冲击韧性、冷弯性能和可焊性,特别是在低温时能使钢材变脆(冷脆),不利于钢材冷加工。因此,磷的含量也应严格控制,同样质量等级越高,其含量控制越严格。碳素结构钢硫含量一般不超过0.035%~0.045%,低合金高强度结构钢中不超过 0.025%~0.035%。

但是,磷在钢材中的强化作用也是十分显著的,有时也利用它的这一强化作用来提高钢材的强度。磷使钢材的塑性、冲击韧性和可焊性等方面的降低,可采用减少钢材中的含碳量的措施来弥补。在一些国家,采用特殊的冶炼工艺,生产高磷钢,其中磷含量最高可达0.08%~0.12%,其含碳量小于 0.09%,从而使磷的有益作用充分发挥,且在一定程度上消除或减弱它的有害作用。

8)氧和氮

氧和氮都属于有害杂质元素。在金属熔化后,它们容易从铁液中逸出,故含量较少。

氧和氮能使钢材变得极脆。氧使钢材发生热脆,其作用比硫更剧烈,钢材含氧量一般应控制在 0.05%以内。氮和磷作用类似,使钢材发生冷脆,一般含氮量不应超过 0.008%。

▶ 2.4.2 成材过程的影响

钢材的化学成分与含量是在冶炼和浇铸这一冶金过程中形成的,钢材的金相组织也是在此过程中形成的,因此,它不可避免地会产生各种冶金缺陷。结构用钢需经过冶炼、浇铸、轧制和矫正等工序才能成材(见图2.6),多道工序对钢材的材性都有一定影响。

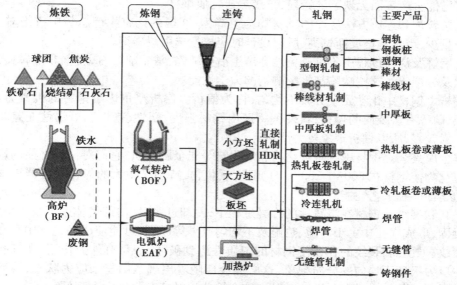

图 2.6　钢铁成材过程示意图

1)冶炼

现阶段,冶炼方法在我国主要有两种:氧气顶吹转炉炼钢法和电炉炼钢法。氧气顶吹转炉炼钢具有投资少、建厂快、生产效率高、原料适应性强等优点,目前已成为炼钢工业的主流方法。电炉冶炼的钢材一般不在建筑结构中使用,因此,在建筑钢结构中主要使用氧气顶吹转炉钢。

冶炼过程主要是控制钢材的化学成分与含量,使其符合相关标准的要求,确定钢材的钢号及保证相应的力学性能。

2)浇铸

把熔炼好的钢液浇铸成钢锭或钢坯有两种方法:一种是浇入铸模做成钢锭,经初轧机制成钢坯,属于传统浇筑方法;另一种是浇入连续浇铸机做成钢坯,即直接利用钢液生产半成品,属于近年来迅速发展的新技术。

传统铸锭过程中因脱氧程度不同,最终成为沸腾钢、镇静钢与特殊镇静钢。在浇铸过程中,向钢液内投入锰作为脱氧剂,由于锰的脱氧能力较差,不能充分脱氧,钢液中还含有较多的氧化铁,浇铸时氧化铁和碳相互作用,形成一氧化碳气体并和氧、氮一块从钢液中逸出,形成钢液剧烈沸腾的现象,称为沸腾钢。沸腾钢浇铸过程中,一氧化碳等气体逸出并带走钢液中热量,使其在钢锭模中冷却很快,许多气体来不及逸出被包在钢锭中,因而使钢材的构造和晶粒粗细不均匀,含氧量高,硫、磷的偏析大,氮是以固溶氮的形式存在。所以沸腾钢的塑性、冲击韧性和可焊性均较差,且容易发生时效和变脆,轧成的钢板和型钢中常有夹层和偏析现象。但沸腾钢生产周期短,耗用脱氧剂少,轧钢时切头很小,成品率高。

镇静钢与特殊镇静钢因浇筑过程中加入强脱氧剂,如硅、铝和钛等,钢液可充分脱氧且晶粒细化;同时,硅或铝等在还原氧化铁的过程中放出大量热量,使钢液冷却缓慢,气体杂质有充分时间逸出,所以偏析等冶金缺陷不严重,但传统的浇筑方法因存在缩孔而成材率较低。

连铸工艺是一种有效的浇铸方法,它可以产出镇静钢而没有缩孔,大幅提高金属收得率,而且可以改善产品质量,使其内部组织均匀、致密、偏析少、性能稳定,表面质量良好。近年来采用连铸已能生产表面无缺陷的铸坯,直接热送轧成钢材。

目前按转炉和连铸方法生产的钢材均为镇静钢,在国内钢材生产总量中占绝对多数,而沸腾钢产量少,市场价格反而偏高,所以设计时应尽量选用镇静钢。

钢在冶炼及浇铸过程中不可避免地会产生冶金缺陷,常见缺陷有偏析、非金属夹杂、气孔和裂纹以及分层等。这些缺陷都将影响钢的力学性能。

①偏析。钢材中化学元素分布不均匀,称为偏析。偏析严重影响钢材的机械力学性能,特别是硫、磷等有害杂质的偏析,将使偏析区内钢材强度、塑性、韧性和可焊性变差。沸腾钢中杂质元素较多,所以偏析现象较为严重。

②非金属夹杂。钢材中含有硫化物和氧化物等非金属杂质,它们对钢材性能的影响极为不利。硫化物使钢材在800~1 200 ℃时变脆;氧化物,特别是粗大的氧化物可严重降低钢材的机械力学性能和工艺性能。

③气孔和裂纹。钢材在浇铸后的冷凝过程中,冷却过快时,内部气体来不及排出完毕,钢材已经凝固,形成气孔。由于冷脆、热脆及不均匀收缩等原因,可能使成品钢材中存在微观或宏观的裂纹。气孔和裂纹的存在使钢材的匀质性遭到破坏,一旦有外力作用,在气孔及裂纹附近产生应力极度不均匀的分布现象,这必然会伴随着出现三向复杂应力状态,因而成为脆性破坏的根源,同时也使钢材的冲击韧性、冷弯性能以及疲劳强度大大降低。

④分层。钢材在轧制时,由于其内部的非金属夹杂物被压成薄片,在其厚度方向形成多个层次,但各层之间仍互相连接,并不脱离,这种现象称为分层。分层使钢材在厚度方向几乎失去抗拉承载能力,所以应注意避免钢材在厚度方向承受拉力作用。同时分层也会严重降低钢材的冷弯性能,在分层的夹缝里还容易侵入潮气,从而引起钢材锈蚀,尤其在应力作用下,钢材锈蚀还会加快,甚至形成裂纹,因而大大降低钢材的韧性、疲劳强度和抗脆断能力。但分层对垂直于钢材厚度方向的抗压强度影响不大。

3）轧制

轧制是在1 200~1 300 ℃高温和压力作用下将钢坯或钢锭热轧成钢板和型钢。轧制过程能使钢材晶粒更加细小而致密,也能使钢锭中的小气泡、裂纹、疏松等缺陷焊合起来,它不仅改变了钢材的形状及尺寸,而且改善了钢材的内部组织,因而也显著提高了钢材的各种机械力学性能。

试验证明,钢材的力学性能与轧制方向有关,沿轧制方向比垂直轧制方向强度高。因此,轧制后的钢材在一定程度上不再是各向同性体,进行钢板拉力试验时,试件应在垂直轧制方向上切取。

试验还证明,轧制的钢材越小(越薄),其强度也越高,塑性和冲击韧性也越好。原因就是型材越小越薄,轧制时辊压次数也越多,钢材晶粒越细密,宏观缺陷越少,强度等性能也越好。《规范》考虑了钢材的这一特性,将钢材按照厚度分为4组,分别取不同的强度设计值,可参见附表1.1。

经过轧制的钢材,由于其内部的非金属夹杂物被压成薄片,在较厚的钢板中会出现分层

（夹层）现象，分层使钢材沿厚度受拉的性能大大降低。因此，对于厚钢板还需进行 Z 方向的材性试验，设计时应注意尽量避免垂直于板面受拉（包括约束应力），以避免在焊接或 Z 向受力时钢材出现层状撕裂。

4）热处理

钢材经冶炼、浇铸和轧制工艺后已经成型，化学成分已经固定，为获得较高强度同时具有良好的塑性和韧性，一般通过对固态产品的温度进行处理——热处理，即通过温度调整改变钢的晶体结构（晶粒尺寸），从而改善其性能。主要的热处理工艺有正火、淬火、回火、退火等。

①正火。正火是将钢材加热到 850～900 ℃，保温适当时间后，在静止的空气中缓慢冷却的热处理工艺。

②淬火。淬火是将金属加热到某一适当温度并保持一段时间，随即浸入淬冷介质中快速冷却的处理工艺。常用的淬冷介质有盐水、水、矿物油、空气等。淬火时的快速冷却会使材料产生严重的内应力（称为残余应力），所以一般配合回火进行处理。

③回火。将经过淬火的钢材重新加热到 650 ℃，保温一段时间后在空气等介质中冷却称为回火。其作用在于减小或消除淬火材料中的残余应力，其硬度和强度无明显降低，延性和韧性提高。

淬火加回火又称调质处理，强度很高的钢材，包括高强螺栓的材料都要经调质处理。

④退火。将钢材加热到一定温度，保持足够时间，然后以适宜速度冷却（放置于加热炉或者其他容器里缓慢冷却）称为退火。其主要作用是增加钢材的塑性和韧性，但强度和硬度均降低。

▶ **2.4.3 影响钢材性能的其他因素**

在钢结构的制造和使用过程中，钢材的性能和各种力学指标还可能受到其他因素的影响，主要包括硬化、环境温度、应力集中、残余应力和荷载类型等方面。

1）硬化

钢材的硬化有两种基本情况：时效硬化和冷作硬化。

（1）时效硬化

轧制形成的钢材随着时间的增长，强度逐渐提高，塑性、韧性降低，脆性增加，这种现象称为时效硬化（或时效现象），俗称老化。这是由于纯铁体的结晶粒内常留有一些数量极少的碳和氮的固熔物质，它们在结晶粒中的存在是不稳定的，随着时间的增加，这些固熔物质逐渐从结晶粒中析出，并形成自由的碳化物和氮化物微粒，散布在纯铁体晶粒的滑移面上，起着阻碍滑移的强化作用，从而约束纯铁体发展塑性变形，使钢材强度（屈服点和抗拉强度）提高，塑性降低，特别是冲击韧性大大降低，钢材变脆。

时效硬化的过程一般很长，在自然条件下时效硬化可从几天延续到几十年。但如果在材料塑性变形后加热（200～300 ℃），可使时效硬化迅速发展，一般仅需几小时就可以完成，这种方法称为人工时效。杂质多、晶粒粗而不均匀的钢材对时效最敏感。为了测定时效后钢材的冲击韧性，常采用人工快速时效的方法：先使钢材产生 10% 左右的塑性变形，再加热至 250 ℃左右并保温 1 h，在空气中冷却后做成试件，然后测定其应变时效后的冲击韧性。预应力钢结构中采用的冷拉低碳钢丝和冷拔低碳钢丝也是人工时效的应用范例。

（2）冷作硬化

钢材在冷加工（常温加工）过程中引起强度提高，同时塑性、韧性降低的现象称为冷作硬化(或应变硬化)。这是由于冷加工时,当钢材在弹性工作阶段时,荷载的间断性重复作用基本上不影响钢材的静力工作性能(疲劳问题除外);但在塑性阶段及其以后,除弹性变形外还有残余变形(塑性变形)产生,此时卸去荷载则弹性变形消除而塑性变形仍保留,第二次加荷载时钢材表现出来的性质将与第一次加荷时不同。如果第一次加载使钢材进入强化阶段,那么第二次加载时的比例极限将提高到第一次加载所达到的最大应力值。此后的 σ-ε 关系曲线沿一次拉伸曲线发展,可用强度得到提高。但由于第一次加载已经消耗掉了部分塑性变形,因而钢材的塑性、韧性下降。这种受第一次加载所产生的塑性变形影响而造成的钢材比例极限提高的现象称为硬化。

钢材的冷加工过程通常有两种基本情况:一是作用于钢材上的应力超过屈服点而小于极限强度,此时只产生永久变形而不破坏钢材的连续性,如辊、压、折、冷拉、冷弯、冷轧、矫正等;二是作用于钢材上的应力超过了极限强度,从而使钢材产生断裂,部分材料脱离主体,如机械剪切、刨、钻、冲孔、铰刀扩孔等。这两种情况都必然产生很大的塑性变形,会使钢材内部发生冷作硬化现象。

冷作硬化会改变钢材的力学性能,即强度(比例极限、屈服点和抗拉强度等)提高,但塑性和冲击韧性降低,出现脆性破坏的可能性也增大,这对钢结构是不利的。简言之,冷硬提高了钢材的强度,但却使钢材变脆,牺牲了塑性,对于承受动力荷载的重要构件,不应使用经过冷硬的钢材。对于重型吊车梁和铁路桥梁等需考虑疲劳影响的构件,在有冷作硬化的部分还需要进行处理,以消除冷作硬化的影响。如为了消除因剪切钢板边缘和冲孔等引起的局部冷作硬化的不利影响,前者可将钢板边缘刨去 3~5 mm,后者可先冲成小孔再用铰刀扩大 3~5 mm,去掉冷作硬化部分。

将经过冷作硬化的钢材放置一段时间之后,还会进一步出现时效硬化的现象,称为应变时效硬化。应变时效硬化是冷作硬化和时效硬化的复合作用结果。

2)环境温度

随着环境温度的变化,钢材的各项性能指标也都将发生显著变化。

(1)正温范围

在常温范围内,当温度升高时,钢材强度和弹性模量基本不变,塑性的变化也不大;当温度超过85 ℃且在200 ℃以下范围时,随着温度继续升高,钢材各项性能指标的变化总趋势是抗拉强度、屈服点及弹性模量均减小,塑性、韧性上升。但在250 ℃左右时,钢材的抗拉强度反而提高到高于常温下的值,而塑性和冲击韧性下降,脆性增加,此现象称为蓝脆现象,此时钢材表面氧化膜呈现蓝色。为防止钢材出现热裂纹,应避免在蓝脆温度范围内进行热加工。当温度超过300 ℃以后,钢材屈服点和极限强度显著下降,塑性变形能力迅速上升。达到600 ℃时,钢材进入热塑状态,强度几乎等于零,失去承载能力。上述正温范围内钢材屈服点 f_y 随温度升高时的变化情形可参见表2.1。

表2.1　正温范围(20~600 ℃)钢材屈服点随温度升高时的变化

温度/℃	20	100	200	300	400	500	600
(f_y/f_{y20})/%	100	95	82	65	40	10	0

注:f_{y20} 为常温(20 ℃)下钢材的屈服点。

（2）负温范围

在低于常温的负温范围内,钢材性能变化的总趋势是:随温度的降低,钢材的强度略有提高,而塑性和冲击韧性显著下降,脆性增加。特别是当温度下降到某一数值时,钢材的冲击韧性突然急剧下降,试件发生脆性破坏,这种现象称为低温冷脆现象。

国外试验资料给出的夏比冲击韧性值与试验温度的关系如图2.7所示。当温度高于T_2时,曲线比较平缓,冲击韧性值受温度影响不很大,钢材产生塑性破坏;当温度低于T_1时,曲线再次趋于平缓,冲击韧性值很小,钢材产生脆性破坏;在$T_1 < T < T_2$范围内,随温度下降,冲击韧性值急剧下降,钢材由塑性破坏转变为脆性破坏,此温度区间称为冷脆转变温度区。该区间内的曲线反弯点(最陡点)所对应的温度T_0称为冷脆转变温度或冷脆临界温度。对一般钢结构材料,常取指定的冲击功A_{kV}值(夏比V形缺口$A_{kV} = 20.7$ N·m)时的相应温度作为冷脆转变温度T_0。

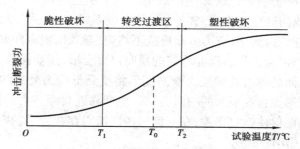

图 2.7　夏比冲击韧性与温度的关系

钢材冲击韧性的优劣,也可以用冷脆转变温度T_0的高低来衡量,T_0越低说明钢材的冲击韧性越好。冷脆转变温度T_0还与钢材的冶金质量有关。对于普通低合金钢$T_0 \approx -50$ ℃;平炉钢$T_0 \approx -30$ ℃;冶金质量较差的空气转炉钢$T_0 \approx +15$ ℃,即其在常温下也有可能产生脆性破坏。因此,设计时,还应注意避免结构在低于钢材冷脆转变温度的环境条件下工作。

3）应力集中

当构件截面的完整性遭到破坏,出现裂纹、孔洞、槽口、凹角、内部缺陷以及截面尺寸突然变化等,此时构件中的应力分布变得极不均匀。在缺陷或截面变化处附近,应力线曲折、密集,出现局部高峰应力,在另外一些区域应力则降低,称为应力集中现象,如图2.8所示。

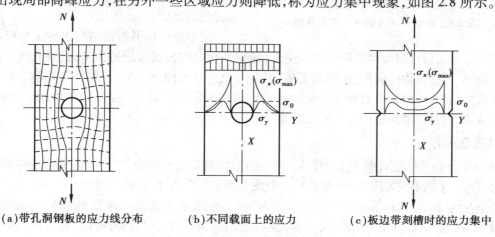

（a）带孔洞钢板的应力线分布　　　（b）不同载面上的应力　　　（c）板边带刻槽时的应力集中

图 2.8　钢材上的应力集中现象

孔洞或缺口边缘处的最大应力 σ_{max} 与净截面的平均应力 σ_0 之比称为应力集中系数,可用 K 表示为:

$$K = \frac{\sigma_{max}}{\sigma_0} \qquad (2.14)$$

图 2.8(a)所示的钢板上开有一个小圆形孔洞,由于圆孔处应力集中,应力曲线弯折,导致应力方向与钢板受力方向不再保持一致,从而产生了横向应力 σ_y,当钢板较厚时,还会产生沿厚度方向的应力 σ_z。图 2.8(b)显示了图 2.8(a)中钢板各不同截面上的应力分布,可见,沿圆孔中心的危险截面上同时存在着双向同号应力 σ_x 和 σ_y,且分布很不均匀;离圆孔稍远的地方,只有应力 σ_x,但分布仍然不均匀;只有远离圆孔的区域,应力 σ_x 才达到均匀分布。图 2.8(c)中,钢板边带有很小的刻槽,此时刻槽附近也产生了明显的应力集中,沿刻槽中心的危险截面上也同时存在着双向同号应力 σ_x 和 σ_y,且分布很不均匀。

上述构件由于存在应力集中,应力分布极度不均匀,导致出现双向或三向同号应力场,这是因为非均匀分布的纵向应力将引起非均匀的横向自由变形,然而构件作为一个整体将促使其内各点均匀变形,因而高应力处的较大横向变形将受到低应力处的约束,同时其还带动低应力处共同变形,从而形成自相平衡的横向力系。也即靠近高峰应力的区域总是存在着同号平面或立体应力场,因而促使钢材变脆;在其他一些区域则存在异号的平面或立体应力场,这些区域有可能提前出现塑性变形。

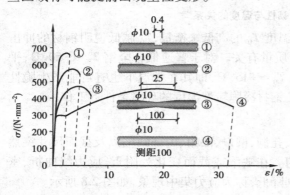

图 2.9 带缺口试件的 σ-ε 关系曲线

由拉力引起的缺口处的三向拉应力场,使钢材处于极端不利的受力状态,材料在主拉应力方向的塑性变形受到很大约束而不宜发挥,因而造成钢材的强度提高,但塑性、韧性明显下降,脆性增加。图 2.9 为几种不同缺口形状的材料试件的 σ-ε 关系曲线,可见,构件截面形状变化越剧烈,应力集中现象越严重,钢材的强度虽然提高,但无明显的屈服点,且伸长率减小,钢材的塑性也大大降低,钢材也就越脆。

应力集中是引起钢结构构件脆性破坏的主要原因之一。设计时应尽量避免截面突变,截面变化处应做成圆滑过渡形,必要时可采取表面加工措施。此外,构件制作、运输和安装过程中,也应尽可能避免刻痕、划伤等缺陷。对承受动力荷载的结构,应力集中对疲劳强度影响很大,故应采取措施避免产生应力集中,如磨平对接焊缝的余高、对角焊缝焊趾进行打磨处理等。

4)残余应力

残余应力为钢材在冶炼、轧制、焊接、冷加工等过程中,由于不均匀冷却、组织构造的变化而在钢材内部产生的不均匀应力。一般在冷却较慢处产生拉应力,冷却较早的地方产生压应力。残余应力是在构件内部自相平衡的应力,与外力无关。一般来说,截面尺寸越大,残余应力也越大。

残余应力虽然是自相平衡的,对结构的静力强度影响不大,但对钢构件在外力作用下的变形、稳定性、抗疲劳等方面都可能产生不利影响。残余应力的存在容易使钢材发生脆性破坏。

5)荷载类型

（1）快速加载的影响

前面讨论的钢材的 $\sigma\text{-}\varepsilon$ 关系曲线是按照规定的标准速度缓慢加载得到的,当加载速度增加,使应变速度超过 3 cm/min 时,$\sigma\text{-}\varepsilon$ 关系曲线将产生显著变化。一般规律是:随加载速度的增加,钢材的弹性模量、屈服点和极限强度均相应提高,但塑性、韧性下降,脆性增加。清华大学进行的快速加载试验结果如下:与缓慢加载相比,当应变速度达到 3～15 cm/min 时,Q235 钢材屈服点提高约 30%,Q345 钢材屈服点提高约 12%。

在弹性范围内快速加载,然后保持荷载不变,而应变则持续增长,待到一定时间后,附加变形才能稳定不变,这时钢材的变形和应力应变之比才是标准试验条件下的实际弹性变形和弹性模量,这种现象称为弹性后效。同理,快速卸载时也能产生弹性后效:荷载快速卸载到零时,应变并不回到零点,而是过一段时间后,弹性变形才完全消失。因此,快速加载→保持荷载不变→快速卸载→过一段时间后,这样一个弹性范围内的应力循环,在 $\sigma\text{-}\varepsilon$ 关系直角坐标系内形成一个弹性变形滞回圈。

加载速度对钢材性能的影响,反映了动载与静载的不同,两者的主要区别就是施荷快慢。在动载快速作用下,材料的变形速度赶不上加载速度,从而在来不及反应的情况下强度得到提高,脆性增加,塑性降低。

（2）重复荷载的影响

当钢材承受连续反复荷载作用时,结构的抗力和性能都会发生重要变化,会出现应力虽然还低于极限强度,甚至还低于屈服点时,结构就会发生破坏,这种现象称为疲劳破坏。钢材在疲劳破坏之前,并没有明显变形,是一种突然发生的断裂,断口平直,所以疲劳破坏属于反复荷载作用下的脆性破坏。

实际上,钢材的疲劳破坏是经过长时间的累积发展过程才出现的,破坏过程可分为 3 个阶段,即裂纹的形成、裂纹缓慢扩展与最后迅速断裂而破坏。由于钢材内部总会有内在的微小缺陷,这些缺陷本身就起着裂纹作用;在反复荷载作用下,微观裂纹逐渐发展成宏观裂纹,构件截面削弱,从而在裂纹根部出现应力集中现象,使材料处于三向拉伸应力状态,塑性变形受到限制,当反复荷载达到一定的循环次数时,材料就会突然断裂破坏。

对于荷载变化不大或不承受频繁反复荷载作用的钢结构,以及虽然承受重复荷载但全部为受压的构件部位,计算中不必考虑疲劳的影响。但对长期承受连续反复荷载的结构,设计时就要考虑钢材的疲劳问题。

2.5　结构钢材的类别及钢材选用

▶　2.5.1　结构钢材的类别及牌号表示法

用于结构的钢材按化学成分、拉伸特性和加工方法分为碳素结构钢、低合金高强度结构钢、优质碳素结构钢等。必要时还可采用特殊性能的钢材,如处于腐蚀性介质中的结构可采用耐候钢;重要的焊接结构为防止钢材层间撕裂可采用厚度方向性能钢板或高层建筑结构用钢板等。下面主要介绍碳素结构钢和低合金高强度结构钢的钢号和性能。

1)碳素结构钢

我国现行国家标准《碳素结构钢》(GB/T 700—2006)根据钢材厚度(直径)≤16 mm 时的屈服强度值,将碳素结构钢分为 Q195、Q215、Q235 和 Q275 四种,其中 Q 是屈服强度中"屈"字汉语拼音的首字母,后接的阿拉伯数字表示屈服强度的大小,单位为 N/mm^2,阿拉伯数字越大,含碳量越高,钢材强度和硬度越高,塑性越低。由于碳素结构钢冶炼成本低廉,并有各种良好的加工性能,所以使用较广泛,其中 Q235 在使用、加工和焊接方面的性能都比较好,是《规范》推荐采用的钢材品种之一。

碳素结构钢分为 A、B、C、D 4 个质量等级,由 A 到 D 质量等级逐渐提高。供货时应提供力学性能(机械性能)质量保证书,其内容为:屈服点(f_y)、抗拉极限强度(f_u)和伸长率(δ_5 或 δ_{10})。还要提供化学成分质保书,其内容为:碳(C)、锰(Mn)、硅(Si)、硫(S)和磷(P)等含量。不同质量等级对冲击韧性(夏比 V 形缺口试件)和冷弯试验的要求也不同。

A 级钢只保证屈服点、抗拉极限强度和伸长率,不作冲击韧性试验要求,对冷弯试验只在需方有要求时才进行。在保证力学性能符合相关规定的情况下,A 级钢的碳、锰、硅含量可以不作为交货条件,但应在质量证明书中注明其含量。

B、C、D 级钢除应保证屈服点、抗拉极限强度和伸长率外,同时还要求提供冷弯试验合格证书。此外,B 级钢要求做常温(20 ℃)冲击韧性试验,C 级钢要求做 0 ℃冲击韧性试验,D 级钢要求做-20 ℃冲击韧性试验。冲击韧性试验采用夏比(V 形缺口)试件,对上述 B、C、D 级钢在其各自不同温度要求下,均要求冲击韧性指标 $A_{kV} \geq 27$ J。不同质量等级对化学成分的要求也有区别。

钢材的牌号由代表屈服强度的字母 Q、屈服强度值、质量等级符号(A、B、C、D)和脱氧方法符号(F、Z、TZ)4 部分按顺序组成。对 Q235 来说,A、B 级钢的脱氧方法可以是 F 或 Z,C 级钢只能是 Z,D 级钢只能是 TZ。有时用 Z 和 TZ 表示牌号时也可以省略。以 Q235 钢为例,各牌号表示的含义如下:

Q235AF——屈服强度为 235 N/mm^2,A 级沸腾钢;

Q235A——屈服强度为 235 N/mm^2,A 级镇静钢;

Q235C——屈服强度为 235 N/mm^2,C 级镇静钢;

Q235D——屈服强度为 235 N/mm^2,D 级特殊镇静钢。

2)低合金高强度结构钢

低合金高强度结构钢是在钢的冶炼过程中适量添加几种合金元素(合金元素总量不超过5%),使钢的强度明显提高。我国现行国家标准《低合金高强度结构钢》(GB/T 1591—2008)采用与碳素结构钢相同的表示方法,仍然根据钢材厚度(直径)≤16 mm 时的屈服强度值,将低合金高强度结构钢分为 Q345、Q390、Q420、Q460、Q500、Q550、Q620、Q690 八种,其中 Q345、Q390、Q420 是《规范》推荐采用的钢材品种。

低合金高强度结构钢供货时应提供力学性能质量保证书,其内容为:屈服强度(f_y)、抗拉极限强度(f_u)、伸长率(δ_5 或 δ_{10})和冷弯试验;还要提供化学成分质保书,其内容为碳(C)、锰(Mn)、硅(Si)、硫(S)、磷(P)、钒(V)、铌(Nb)和钛(Ti)等含量。

与碳素结构钢不同,低合金高强度结构钢的脱氧方法没有沸腾钢,只有镇静钢和特殊镇静钢。因此,其钢材牌号由代表屈服强度的字母 Q、屈服强度值、质量等级符号三部分按顺序组成。与碳素结构钢相比,其质量等级除了相同的 A、B、C、D 4 个等级外,还增加一个等级 E,

由 A 到 E 钢材质量逐渐提高,其中 A、B 级只有镇静钢,C、D、E 级属于特殊镇静钢。以 Q345 和 Q390 为代表举例如下:

Q345B——屈服强度为 345 N/mm²,B 级镇静钢;

Q345C——屈服强度为 345 N/mm²,C 级特殊镇静钢;

Q390A——屈服强度为 390 N/mm²,A 级镇静钢;

Q390E——屈服强度为 390 N/mm²,E 级特殊镇静钢。

不同质量等级对冲击韧性的要求也不同。A 级钢无冲击韧性要求,B 级钢要求做常温 (20 ℃)冲击韧性试验,C 级钢要求做 0 ℃冲击韧性试验,D 级钢要求做-20 ℃冲击韧性试验, E 级钢要求保证-40 ℃时的冲击韧性。冲击韧性试验采用夏比 V 形缺口试件,上述 B、C、D、E 级钢在其各自不同温度要求下,均要求冲击韧性指标 $A_{kv} \geqslant 34$ J。不同质量等级对碳、硫、磷、铝含量的要求也有区别。

由于低合金高强度结构钢具有较高的屈服强度和抗拉强度,也有良好的塑性性能和冲击韧性(尤其是低温冲击韧性),并具有较强的耐腐蚀、耐低温性能,因此采用低合金钢可以节约钢材,减轻结构重量和延长结构使用寿命。

2008 年北京奥运会主场馆"鸟巢"结构即采用了低合金高强度结构钢中的 Q460 钢材。这种钢材屈服强度大,每平方毫米截面上就能承受 46 kg 的压力;低温冲击韧性好,在-40 ℃的低温下仍能保持较好的韧性;焊接性能好,易与母材焊接;厚度大,钢板厚达 110 mm,比国际标准还多 10 mm;抗 Z 向撕裂性能强,而一般钢材只能防横向或竖向撕裂,这种钢还能防 Z 向撕裂。由于"鸟巢"结构设计奇特新颖,钢结构最大跨度达到 343 m,如果使用普通钢材,厚度至少要达到 220 mm,这样"鸟巢"钢结构的总重量将超过 8 万吨,不仅不便运输,更难焊接。因此,从工程实际需求出发,Q460 是最好的选择。这种低合金高强度钢,比通常的建筑钢材强度超出 1 倍,但以前只用在机械方面,如大型挖掘机等,很少在建筑钢结构中使用。Q460 钢材生产难度较大,在韩国、日本等国生产较多,国内近年来主要由位于河南省舞阳市的舞阳钢铁公司加工生产,"鸟巢"所采用的 110 mm 特宽厚钢材就是由舞钢研制生产的。

▶ 2.5.2 钢材的选用

1)选用原则

钢结构设计中首要的一个环节就是选用钢材,其一般原则为:既要使结构安全可靠并满足使用要求,又要最大可能节约钢材,降低造价。不同使用条件,应当有不同的质量要求。在设计钢结构时,应根据结构的特点选用适宜的钢材。选择钢材时应考虑以下因素:

(1)结构重要性

由于使用条件、结构所处部位等方面的不同,结构可以分为重要、一般和次要 3 类,应根据不同情况,有区别地选用钢材的牌号。例如大跨度结构、重级工作制吊车梁、高层或超高层民用建筑等就属于重要结构,应考虑选用优质钢材;普通厂房的屋架和柱等属于一般结构,爬梯、栏杆、平台等则是次要结构,可以选用一些质量稍差的钢材。

(2)荷载情况

按所承受荷载的性质,结构可分为承受静力荷载和承受动力荷载两种。在承受动力荷载的结构或构件中,又有经常满载和不经常满载的区别。因此,荷载性质不同,就应选用不同的

牌号。例如对重级工作制吊车梁，就要选用冲击韧性和疲劳性能好的钢材，如 Q345C 或 Q235C；而对于一般承受静力荷载的结构或构件，如普通焊接屋架及柱等（在常温条件下），可选用 Q235BF。

（3）连接方法

钢结构的连接方法有焊接和非焊接两种。连接方法不同，对钢材质量要求也不同。例如焊接的钢材，由于在焊接过程中不可避免地会产生焊接应力、焊接变形和其他焊接缺陷，在受力性质改变以及温度变化的情况下，容易导致构件产生裂纹，甚至发生脆性断裂，所以焊接钢结构对钢材的化学成分、力学性能和可焊性都有严格要求。但对非焊接结构（如用高强螺栓连接的结构），这些要求就可放宽。

（4）结构所处的温度和环境

结构所处的环境和工作条件，例如室内、室外、温度变化、腐蚀作用等对钢材的影响很大。钢材有低温脆断的特性，低温下钢材的塑性、冲击韧性都显著降低，当温度下降到冷脆温度时，钢材随时都可能突然发生脆性断裂。因此对经常在低温下工作的焊接结构，应选用具有良好抗低温脆断性能的镇静钢。

（5）钢材厚度

薄钢材辊轧次数多，轧制的压缩比大，而较厚的钢材压缩比小，因此，厚度大的钢材不仅强度低，而且塑性、韧性和焊接连接性能也较差。因此，厚钢板的焊接连接，应选用质量较好的钢材。

2）选择钢材的实用方法

选用钢材时，可以分别从强度等级、冲击韧性和冷弯性能等技术要求方面选择，并考虑经济性，结合现行国家标准及产品规格，以及当时当地的具体情况合理选择。

（1）钢材强度等级的选择

钢材强度等级的选择主要有以下方法：

①变形控制的钢结构主体结构材料应选较低强度等级钢材，因为所有钢材弹性模量均相同，而低等级材料的单价低、加工方便、塑性更好。

②强度控制的钢结构主体结构材料选较高强度等级钢材，因为高等级钢材强度高，可以节约钢材、造价和资源。

③对由长细比控制或应力水平较低的辅助性构件（如支撑等），可选较低等级钢材。

④焊接结构不能采用 Q235A，因为其含碳量不能保证。

⑤当焊接量大、施工条件较差，或施工单位经验不足时，不宜选用超过 Q345 的高强度钢材。

（2）钢材质量等级选择的实用方法（选择因子乘积法）

我们知道，钢材质量等级与钢材冲击韧性指标密切相关。冲击韧性指标有 A、B、C、D、E 五级要求，分别对应钢材无冲击韧性要求以及在常温（20 ℃）、0 ℃、−20 ℃、−40 ℃时的冲击韧性所达到的规定标准，其中 Q235 无 E 级要求。因此，能否合理选择钢材质量等级指标，涉及结构的可靠性、造价以及采购材料的便利性，同时也会影响到工期。

为了实用上的方便，将上节选用钢材时的 4 大原则，根据不同分级分别赋值为不同的选择因子（权重因子）μ_1、μ_2、μ_3、μ_4，见表 2.2。

表 2.2 钢结构影响因素及对应的选择因子表

影响因素	结构重要性(μ_1)	荷载情况(μ_2)	连接方法(μ_3)	使用温度(μ_4)	选择因子数值
分 级	次要(三类)	静力	全部螺栓连接、无焊接	0 ℃以上	1
	一般(二类)	一般动力	主要工厂焊接、工地螺栓	最低不低于−20 ℃	2
	特别重要(一类)	疲劳动力	主要现场焊接或高空焊接	低于−20 ℃	3

选用钢材时,可根据具体情况,将表 2.2 所得的 4 个选择因子相乘,即得相应的结构权重因数 $\mu(\mu=\mu_1\mu_2\mu_3\mu_4)$,$\mu$ 与材料质量等级(冲击韧性指标)的对应关系见表 2.3。

表 2.3 结构权重因数(选择因子之积)与对应的钢材质量等级关系表

结构权重因数 $\mu(\mu_1\mu_2\mu_3\mu_4)$	1	2	3~4	6~16	18~24	24~54	54~81
材料质量等级	AF	Ab,BF	A,Bb	B	C	D	E

按照这一分析方法可以综合考虑各种因素对所选钢材材质的要求,并能准确方便地确定材料冲击韧性指标,分析结果也符合现行《规范》的有关规定。由于 Q235 钢没有 E 级,按照表 2.3 计算,当查得用 E 级时,选用 Q235D 即可。

随着生产发展,国家标准及产品规格会不断修改,市场供货情况也会因时因地有所变化,因此选购钢材时还应注意根据现行国家标准及产品规格,以及当时当地具体情况合理选择。

► **2.5.3 钢材的品种和规格**

钢结构所用钢材主要为热轧成型的钢板和型钢,以及冷弯成型的薄壁型钢。

1)热轧钢板

热轧钢板有厚钢板、薄钢板以及扁钢(带钢)等,见表 2.4。钢板在图纸中的表示方法为:"—宽×厚×长"或"—宽×厚",如—450×8×3 100,—450×8,数字后的单位为 mm,常不加注明。数字前面的一短画线表示钢板截面。

表 2.4 热轧钢板

类别	厚度/mm	宽度/mm	长度/m	用 途
厚钢板	4.5~100	600~3 000	4~12	梁、柱、实腹式框架等构件的腹板和翼缘,以及桁架中的节点板
薄钢板	0.35~4	500~1 500	0.5~4	制造冷弯薄壁型钢
扁钢	4~60	12~200	3~9	组合梁的翼缘板、各种构件的连接板、桁架节点板和零件等,螺旋焊接钢管的原材料

2)热轧型钢

建筑钢结构中常用的型钢是角钢、工字钢、槽钢和 H 型钢、钢管等。除 H 型钢和钢管有热轧和焊接成型外,其余型钢均为热轧成型,见表 2.5。

表 2.5　热轧型钢

类	别	表示方法	长度/m	用 途
角钢	等边	肢宽×肢厚（如∟100×10 即为肢宽 100 mm，肢厚 10 mm 的等边角钢）	4～19	组成独立的受力构件，也可作为受力构件之间的连接零件；我国目前生产的最大等边角钢的肢宽为 200 mm，最大不等边角钢两个肢宽分别为 200 mm 和 125 mm
	不等边	两肢的宽度×肢厚（如∟100×80×8 即为长肢宽 100 mm，短肢宽为 80 mm，肢厚 8 mm 的不等边角钢）		
工字钢	普通	号数即为其截面高度的厘米数，对 20 号以上的工字钢，同一号数有 3 种腹板厚度，分别为 a、b、c 3 类。a 类腹板最薄、翼缘最窄、最经济，b 类较厚较宽，c 类最厚最宽，选用时尽量不选 c 类	5～19	在其腹板平面内受弯的构件，或由几个工字钢组成的组合构件。不宜单独用作轴心受压构件或承受斜弯曲和双向弯曲的构件。最大号数为 I63
	轻型			
槽钢	普通	以截面高度厘米数编号，如[12，即截面高度为 120 mm	5～9	屋盖檩条，承受斜弯曲或双向弯曲的构件。最大号数为[40
	轻型			
H 型钢		分为宽翼缘（HW）、中翼缘（HM）、窄翼缘（HN）和 H 型钢柱（HP）。高度（H）×宽度（B）×腹板厚度（t_1）×翼缘厚度（t_2）	6～15（焊接 H 型钢 6～12）	高层建筑、轻型工业厂房和大型工业厂房
T 型钢		宽翼缘 T 型钢（TW）、中翼缘（TM）和窄翼缘（TN）。高度（h）×宽度（B）×腹板厚度（t_1）×翼缘厚度（t_2）		
钢管	热轧无缝	"φ"后面加外径（d）×壁厚（t）来表示。无缝钢管的外径为 32～630 mm	3～12	网架与网壳结构的受力构件，工业厂房和高层建筑、高耸结构的柱子，钢管混凝土组合柱
	焊接	直缝钢管的外径为 19.1～426 mm	3～10	
		螺旋钢管的外径为 219.1～1 420 mm	8～12.5	

3)冷弯薄壁型钢

冷弯薄壁型钢采用薄钢板辊压或冷轧而制成，壁厚一般为 1.5～5 mm，在国外薄壁型钢厚度有加大范围的趋势，如美国可做到 25 mm 厚。由于其壁薄，截面开展能充分利用钢材的强度，节约钢材，因此在轻型钢结构中得到广泛应用。冷弯薄壁型钢用于厂房的檩条、墙梁，也可用作承重柱和梁，但对承重结构的受力构件，其壁厚不宜小于 2 mm。

章后提示

本章是在第 1 章绪论的基础上对钢结构的材料进行介绍和阐述。钢结构设计的首要环节就是选用钢材,设计者必须全面了解结构的各项要求和钢材的性能,并考虑影响钢材性能的各项因素。

1.钢材的性能与其有关影响因素有内在的辩证关系,要获得一方面的良好性能指标,必然会在其他方面作出一定牺牲。

2.钢材的选用还与社会发展息息相关,国家标准及产品规格会不断修改,市场供货情况也会因时因地有所变化,因此选购钢材时还应注意根据现行国家标准及产品规格,以及当时当地具体情况慎重合理地选择。

思考题与习题

2.1 钢材冲击韧性指标的选择要考虑哪些因素?

2.2 在哪几种情况下,要考虑钢结构的温度效应?

2.3 试述导致钢材发生脆性破坏的各种原因。

2.4 根据钢材选用原则,请选择下列结构中的钢材牌号。

(1)在北方严寒地区建造厂房、露天仓库使用非焊接吊车梁、承受起重量 $Q>550$ kN 的中级工作制吊车,试问应选用何种规格钢材?

(2)某厂房采用焊接轻钢结构,室内温度为−15 ℃,试问应选用何种牌号的钢材?

2.5 钢材有哪几项主要机械指标?各项指标可用来衡量钢材哪些方面的性能?

2.6 影响钢材发生冷脆的化学元素是哪些?使钢材发生热脆的化学元素是哪些?

2.7 某钢结构工程施工现场,一构件需要焊接连接,该构件将来工作环境温度最低在 0 ℃以上,设计要求采用 Q235A 钢材,但加工方一时疏忽,加工构件时采用 Q235AF 钢材,而且构件已经安装就位。业主要求施工单位严格按照设计要求更换构件,但更换起来很麻烦。供货方提供了钢材质量证明书,其中注明构件所用材料含碳量为 0.19%。施工单位也在现场取样,并做了 0 ℃时夏比 V 形缺口冲击韧性试验,结果得到冲击韧性指标 $A_{kv}=31$ J,同时也对该材料进行了冷弯试验,结果表明其冷弯性能合格。试问在此种情况下,供货方和施工单位是否可以说服业主不必更换构件?

3

钢结构的连接

〖**本章导读**〗

一、本章需掌握、熟悉的基本内容

1.焊接方法和焊缝连接形式。

2.焊缝缺陷及焊缝质量检验。

3.角焊缝的构造与计算。

4.对接焊缝的构造与计算。

5.螺栓连接的构造。

6.普通螺栓及高强螺栓的工作性能与计算。

二、本章重点、难点

1.角焊缝与对接焊缝的构造与计算。

2.普通螺栓及高强螺栓的工作性能与计算。

3.1 钢结构的连接方法

钢结构是由钢板、型钢等通过连接构成的构件,再通过一定的安装连接而形成的整体结构。因此,连接在钢结构中占有非常重要的地位。钢结构的连接设计必须遵循安全可靠、传力明确、构造简单、安装方便和节约钢材的原则。

钢结构的连接方法有焊缝连接、螺栓连接、铆钉连接和轻型钢结构用的紧固件连接等几种,如图 3.1 所示。

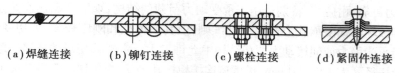

（a）焊缝连接　　　（b）铆钉连接　　　（c）螺栓连接　　　（d）紧固件连接

图3.1　钢结构的连接方法

1）焊缝连接

焊接是将需要连接的钢板，在接合处用高温熔合在一起。焊接连接灵活方便，构造简单，不削弱杆截面，节省钢材，刚度大，密封性好，在工厂易于采用自动化操作，焊接质量有保障，可以得到较为美观和简洁的结构外形，造价也较低。但焊接易产生残余应力和残余变形，对受压构件的局部稳定有影响。此外，现场焊接一般需人工施焊，工作强度大，对疲劳和脆断较为敏感，施工质量较难控制。

从目前钢结构所发生的事故分析看，结构破坏的主要原因是焊接接头的焊缝及热影响区发生断裂，致使结构整体传力发生改变，最终导致强度破坏。由于焊接技术和工艺方面的原因，导致构件制作和结构安装过程中出现质量不符合要求的事件在国内时有发生，有的甚至造成较大经济损失。

2）螺栓连接

螺栓连接可分为普通螺栓连接和高强度螺栓连接两类。其优点是：施工工艺简单，安装方便，特别适用于工地安装连接，工程进度和质量易得到保证；装拆方便，适用于需装拆结构的连接和临时性连接。其缺点是：对构件截面有一定削弱；有时在构造上还须增设辅助连接件，故用料增加，构造较繁；螺栓连接需制孔，拼装和安装时需对孔，工作量增加，且对制造的精度要求较高。

（1）普通螺栓连接

普通螺栓分A、B、C三级。其中A级和B级为精制螺栓，由钢号为5.6级和8.8级的钢材制成，其抗拉强度分别不小于 500 N/mm^2 和 800 N/mm^2，屈强比（屈服强度与抗拉强度的比值）分别为0.6和0.8，且要求配用 I 类孔。C级螺栓为粗制螺栓，由钢号为4.6级和4.8级的钢材制成（其抗拉强度不小于 400 N/mm^2，屈强比分别为0.6和0.8），做工较粗糙，尺寸不很准确，一般配用 II 类孔，即螺栓孔是在零件上一次冲成，而不用钻模钻成。

A级、B级螺栓的成本高，制造安装较困难，一般较少采用。C级螺栓孔径 d_0 比螺栓杆径 d 大 $1.5\sim3.0$ mm，一般情况下，C级螺栓要求：螺栓公称直径 $d \leq 16$ mm 时，d_0 比 d 大 1.5 mm；$d = 18\sim24$ mm 时，d_0 比 d 大 2.0 mm；$d = 27\sim30$ mm 时，d_0 比 d 大 3.0 mm。其连接传递剪力时，连接变形较大，但传递拉力的性能尚好。常用于承受拉力的安装螺栓连接、次要结构的受剪连接以及安装时的临时固定。

（2）高强度螺栓连接

高强度螺栓的性能等级分为8.8级（用45号钢、35号钢制成）和10.9级（用40B钢和20MnTiB钢制成），高强度螺栓抗拉强度分别不低于 800 N/mm^2 和 $1\,000$ N/mm^2，屈强比分别为0.8和0.9。

高强度螺栓连接按受力状况分为摩擦型螺栓连接和承压型螺栓连接两种。摩擦型螺栓连接是只依靠摩擦阻力传力，并以剪力不超过接触面摩擦力作为设计准则，其整体性和连接刚度

好、变形小、受力可靠、耐疲劳,特别适用于承受动力荷载的结构;承压型螺栓连接允许接触面滑移,以连接达到破坏的极限承载力作为设计准则,但其整体性和刚度较差,剪切变形大,动力性能差,只适用于承受静力或间接动力荷载结构中允许发生一定滑移变形的连接。摩擦型螺栓孔径 d_0 应比螺栓杆径 d 大 1.5~2.0 mm,承压型连接螺栓孔径 d_0 应比螺栓杆径 d 大 1.0~1.5 mm。

高强度螺栓连接的缺点是在扳手、材料、制造和安装方面有一些特殊的技术要求,价格较贵。

3)铆钉连接

铆钉连接有热铆和冷铆。热铆是由烧红的钉坯插入构件的钉孔中,然后用铆钉枪或压铆机铆合而成。冷铆是在常温下铆合而成。建筑结构中一般采用热铆。铆钉连接在受力和计算上与普通螺栓连接相仿,其特点是传力可靠,塑性、韧性均较好,但其制造费工费料,且劳动强度高,施工麻烦,打铆时噪声大,劳动条件差,目前已极少采用。

4)轻钢结构的紧固件连接

在冷弯薄壁型轻钢结构中经常采用射钉、自攻螺钉、钢拉铆钉等机械式连接方法,如图 3.2 所示,主要用于压型钢板之间和压型钢板与冷弯型钢等支撑构件之间的连接。

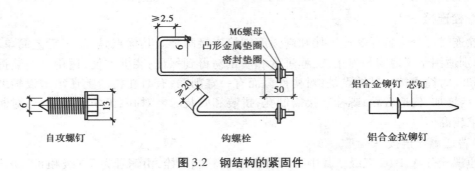

图 3.2   钢结构的紧固件

3.2   焊接方法、焊缝形式及质量检验

▶   3.2.1   焊接方法

钢结构常用的焊接方法是电弧焊,根据操作的自动化程度和焊接时用以保护熔化金属的物质种类,电弧焊分为手工电弧焊、自动或半自动埋弧焊及气体保护焊等。

1)手工电弧焊

手工电弧焊是钢结构中最常用的焊接方法,其设备简单、操作灵活方便,适用于任意空间位置的焊接,应用极为广泛。但生产效率比自动或半自动焊低,质量较差,且变异性大,焊缝质量在一定程度上取决于焊工的技术水平,劳动条件差。

手工电弧焊(见图 3.3)是由焊条、焊钳、焊件、电焊机和导线等组成电路。通电后,在涂有药皮的焊条与焊件间产生电弧,电弧温度可高达 3 000 ℃。在高温作用下,焊条熔化,滴入焊件上被电弧吹成的熔池中,与焊件的熔融金属相互结合,冷却后形成焊缝。同时焊条药皮形成的熔渣和气体覆盖着熔池,防止空气中的氧、氮等气体与熔池中的液体金属接触,避免形成脆性易裂的化合物。

手工焊常用的焊条有碳钢焊条和低合金钢焊条,其牌号有 E43 型、E50 型和 E55 型等。手工电弧焊所用的焊条应与焊件钢材相适应。一般情况下:对 Q235 钢采用 E43 型焊条,对 Q345 钢采用 E50 型焊条,对 Q390 钢和 Q420 钢采用 E55 型焊条。当不同强度的两种钢材连接时,宜采用与低强度钢材相适应的焊条。

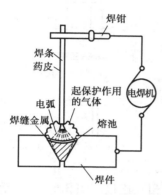

图 3.3　手工电弧焊原理

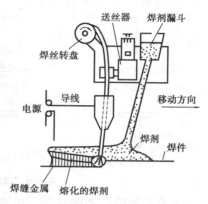

图 3.4　自动焊原理

2)自动或半自动埋弧焊

自动或半自动埋弧焊(见图 3.4)的原理是电焊机可沿轨道按规定的速度移动,外表裸露不涂焊药的焊丝成卷装置在焊丝转盘上,焊剂成散状颗粒装在漏斗中,焊剂从漏斗中流下来覆盖在焊件上的焊剂层中。通电引弧后,因电弧的作用,焊丝、焊件和焊剂熔化,焊剂熔渣浮在熔化的焊缝金属上面,阻止熔化金属与空气的接触,并供给焊缝金属必要的合金元素。随着焊机的自动移动,颗粒状的焊剂不断地由漏斗流下,电弧完全埋在焊剂之内,同时焊丝也自动下降,所以称自动埋弧焊。自动焊焊缝的质量稳定,焊缝内部缺陷很少,所以质量比手工焊高。半自动埋弧焊是人工移动焊机,它的焊缝质量介于自动焊与手工焊之间。

自动焊或半自动焊应采用与被连接件金属强度相匹配的焊丝与焊剂。

3)气体保护焊

气体保护焊的原理是在焊接时用喷枪喷出的惰性气体或二氧化碳气体在电弧周围形成局部保护层,防止有害气体侵入焊缝并保证了焊接过程中的稳定。操作时可用自动或半自动焊方式。图 3.5 为二氧化碳气体保护焊机。

气体保护焊的焊缝熔化区没有熔渣形成,能够清楚地看到焊缝的成型过程。由于热量集中,焊接速度较快,焊件熔深大,所能形成的焊缝强度比手工电弧焊高,且具有较高的抗腐蚀性,适于全方位的焊接。

图 3.5　二氧化碳气体保护焊机

但气体保护焊操作时须在室内避风处,若在工地施焊则须搭设防风棚。

▶ 3.2.2 焊缝形式

1)焊接连接形式

焊接连接按所被连接构件的相对位置,可分为对接、搭接、T形连接和角连接4种形式。这些连接所用的焊缝主要由对接焊缝和角焊缝两种,如图3.6所示。在具体应用时,应根据连接的受力情况、结构制造、安装和焊接条件进行适当选择。

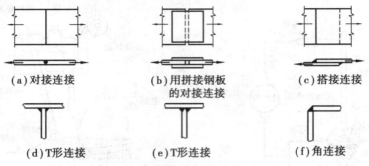

图 3.6　焊件连接的形式

对接连接主要用于厚度相同或相近的两构件间的相互连接。图3.6(a)所示为对接连接,由于被连接的两构件在同一平面内,因而传力较均匀平顺,没有明显的应力集中,且用料经济,但是焊件边缘需要加工,对所连接的两块板的间隙和坡口尺寸有严格要求。

图3.6(b)所示为用双层盖板和角焊缝的对接连接,这种连接受力情况复杂,传力不均匀,且费料;但因不需要开坡口,所以施工简便,所连接的两块板的间隙大小不需要严格控制。

图3.6(c)所示为用角焊缝的搭接连接,特别适用于不同厚度构件的连接。这种连接传力不均匀、材料较费,但构造简单、施工方便,目前还被广泛应用。

图3.6(d)所示为用角焊缝的T形连接,焊件间存在缝隙,截面突变,应力集中现象严重,疲劳强度较低,可用作承受静荷载或间接承受动荷载结构的连接。

图3.6(e)所示为用K形坡口焊缝的T形连接,用作直接承受动力荷载的结构,如重级工作制吊车梁,其上翼缘与腹板的连接。

图3.6(f)所示为用角焊缝的角连接,主要用来制作箱形截面的连接。

2)焊缝形式

对接焊缝按所受力的方向,分为正对接焊缝和斜对接焊缝,如图3.7(a)、(b)所示。角焊缝分为正面角焊缝、侧面角焊缝和斜焊缝,如图3.7(c)所示。

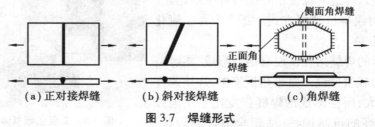

图 3.7　焊缝形式

角焊缝按沿长度方向的布置分为连续角焊缝和断续角焊缝两种,如图3.8所示。连续角焊缝的受力性能较好,断续角焊缝的起、灭弧处容易引起应力集中,重要结构应避免采用,只能用于一些次要构件的连接或受力很小的连接中。断续角焊缝的焊段长度 $l_1 \geq 10h_f$ 或 50 mm,其净距应满足:对受压构件,$l \leq 15t$;对受拉构件,$l \leq 30t$,t 为较薄焊件的厚度。

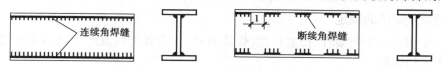

图 3.8　连续角焊缝和断续角焊缝

焊缝按施焊位置分为平焊、横焊、竖焊、仰焊,如图 3.9 所示。平焊也称俯焊,施焊方便,质量易保证;立焊、横焊施焊要求焊工的操作水平较平焊高一些,质量较平焊低;仰焊的操作条件最差,焊缝质量最不易保证,因此设计和制造时应尽量避免采用仰焊。不过,目前一些钢结构公司已掌握了全方位施焊的技术要点,能满足各种位置、各种条件下的焊接要求。

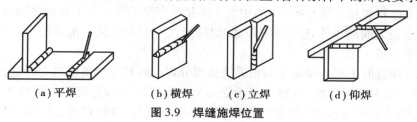

| (a)平焊 | (b)横焊 | (c)立焊 | (d)仰焊 |

图 3.9　焊缝施焊位置

▶ 3.2.3　焊缝质量检验

1)焊缝缺陷

焊缝缺陷是指在焊接过程中产生于焊缝金属或其附近热影响区钢材表面或内部的缺陷。常见的缺陷有裂纹、焊瘤、烧穿、弧坑、气孔、夹渣、咬边、未熔合、未焊透,以及焊缝尺寸不符合要求、焊缝成形不良等,如图 3.10 所示。

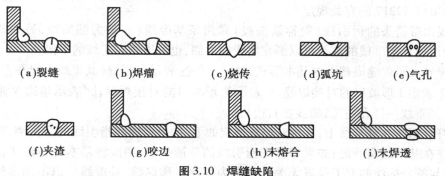

| (a)裂缝 | (b)焊瘤 | (c)烧传 | (d)弧坑 | (e)气孔 |
| (f)夹渣 | (g)咬边 | (h)未熔合 | (i)未焊透 |

图 3.10　焊缝缺陷

2)焊缝质量检查与验收

焊缝缺陷的存在使焊缝的受力面积削弱,并在缺陷处引起应力集中,所以对连接的强度、冲击韧性及冷弯性能等均有不利影响。因此,焊缝质量的验收非常重要。

焊缝质量检验一般可采用外观检查和内部无损检验,前者检查外观缺陷和几何尺寸,后者检查内部缺陷。内部无损检验目前广泛采用超声波检验。另外还可采用 X 射线和 γ 射线透照或拍片检验。

焊缝质量级别按《验收规范》分为三级。三级焊缝只要求对全部焊缝做外观检查;二级焊缝除要求对全部焊缝做外观检查外,还要求对 20%焊缝做超声波等无损伤检查;一级焊缝要求对全部焊缝做外观检查和无损伤检查。各项检查结果都应符合相应级别的质量标准。

3)焊缝质量等级的规定

《规范》根据结构的重要性、荷载特性、焊缝形式、工作环境以及应力状态等情况,对焊缝质量等级作了具体规定。

①在需要进行疲劳计算的构件中,凡对接焊缝均应焊透,其质量等级为:作用力垂直于焊缝长度方向的横向对接焊缝或 T 形对接与角接组合焊缝,受拉时应为一级,受压时应为二级;作用力平行于焊缝长度方向的纵向对接焊缝应为二级。

②不需要计算疲劳的构件中,凡要求与母材等强的对接焊缝应予焊透,其质量等级为:当受拉时应不低于二级,受压时宜为二级。

③重级工作制和起重量 $Q \geqslant 50$ t 的中级工作制吊车梁的腹板与上翼缘之间以及吊车桁架上弦杆与节点板之间的 T 形连接要求焊透,焊缝形式一般为对接与角接的组合焊缝,其质量等级不应低于二级。

④不要求焊透的 T 形连接采用的角焊缝或部分焊透的对接与角接组合焊缝,以及搭接连接采用的角焊缝,其质量等级为:对直接承受动力荷载且需要验算疲劳的结构和吊车起重量 $Q \geqslant 50$ t 的中级工作制吊车梁,焊缝的外观质量标准应符合二级;对其他结构,焊缝的外观质量标准可为三级。

▶ 3.2.4 焊缝符号及标注方法

在钢结构施工图上,要用焊缝符号标明焊缝的形式、尺寸和辅助要求。根据国家标准《焊缝符号表示法》(GB/T 324—2008)和《建筑结构制图标准》(GB/T 50105—2010)的规定,完整的焊缝符号包括基本符号、指引线、补充符号、尺寸符号及数据等。符号的比例、尺寸及标注位置参见 GB/T 12212 的有关规定。

引出线由带箭头的指引线(简称箭头线)和两条基准线(一条为细实线,另一条为细虚线)两部分组成。基准线的虚线可以画在实线的上侧,也可以画在实线的下侧。

基本符号表示焊缝横截面的基本形式或特征,如▷表示角焊缝(其垂线一律在左边,斜线在右边);‖表示 I 形坡口的对接焊缝;Ⅴ表示 Ⅴ 形坡口的对接焊缝;▷表示单边 Ⅴ 形坡口的对接焊缝(其垂线一律在左边,斜线在右边)。

基本符号标注在基准线上,其相对位置规定如下:如果焊缝在指引线的箭头侧,则应将基本符号标注在基准线实线侧;如果焊缝在指引线的非箭头侧,则应将基本符号标注在基准线虚线侧,这与符号标注的上下位置无关。如果为双面对称焊缝,基准线可以不加虚线。箭头线相对于焊缝位置一般无特别要求,对有坡口的焊缝,箭头线应指向带有坡口的一侧。

补充符号是补充说明焊缝某些特征的符号,如:□表示三面围焊;○表示周边焊缝;▶表示在工地现场施焊的焊缝(其旗尖指向基准线的尾部);□表示焊缝底部有垫板;〈是尾部符号,它标注在基准线的尾端,是用来标注需要说明的焊接工艺方法和相同焊缝数量。

焊缝的基本符号、补充符号均用粗实线表示,并与基准线相交或相切。但尾部符号除外,尾部符号用细实线表示,并且在基准线的尾端。

焊缝尺寸标注在基准线上。这里应注意的是,不论箭头线方向如何,有关焊缝横截面的尺寸(如角焊缝的焊脚尺寸 h_f)统一标在焊缝基本符号的左边,有关焊缝长度方向的尺寸(如焊缝长度)则统一标在焊缝基本符号的右边。此外对接焊缝中有关坡口的尺寸应标在焊缝基本符号的上侧或下侧。

焊缝符号及示例见表 3.1。

表 3.1　焊缝符号及示例

名　称		示意图	符号	示　例
基本符号	对接焊缝	I 形		‖	
		V 形		∨	
		单边 V 形		∨	
		K 形		K	
	角焊缝			◁	
	塞焊缝			⊓	

续表

名　称	示意图	符号	示　例
三面围焊符号	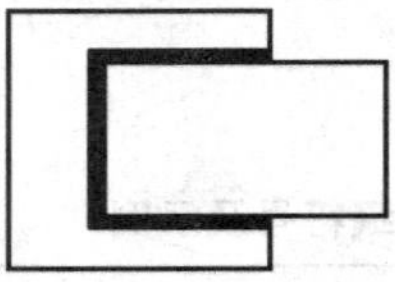	⊏	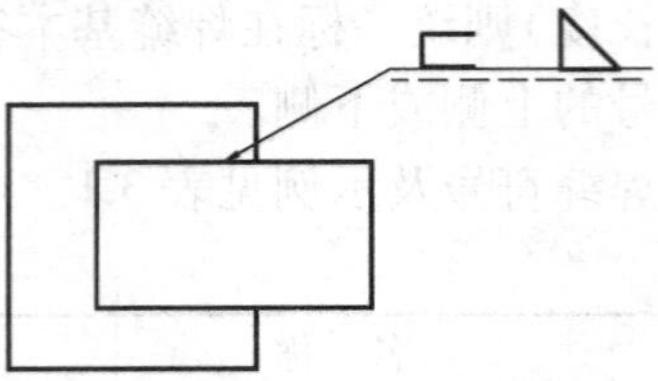
周边焊缝符号	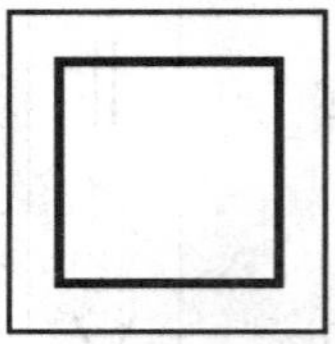	○	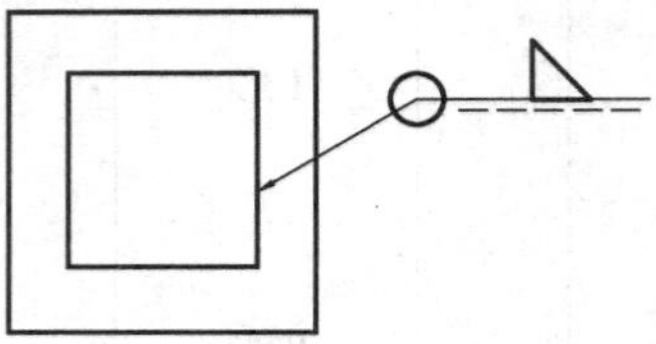
工地现场焊符号		 ▶	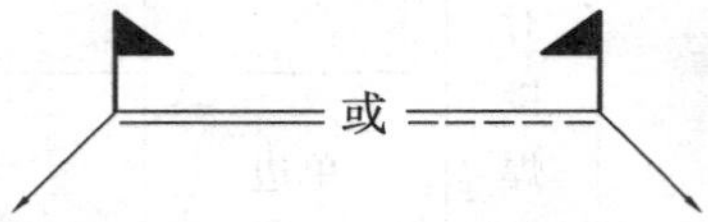 或
焊缝底部有垫板的符号		 ▭	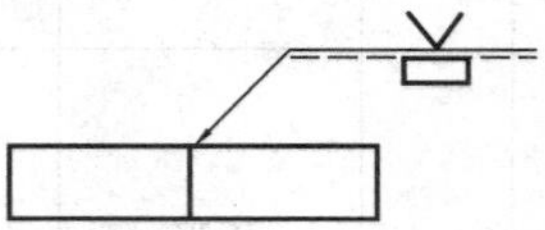
尾部符号		＜	

(表格最左侧纵向合并单元格：补充符号)

3.3　对接焊缝连接

▶ 3.3.1　对接焊缝的构造

对接焊缝按焊缝是否焊透,分为焊透焊缝和未焊透焊缝。一般采用焊透焊缝,当板件厚度较大而内力较小时,才可以采用未焊透焊缝。由于未焊透焊缝应力集中和残余应力严重,故对于直接承受动力荷载的构件不宜采用未焊透焊缝。

对接焊缝的焊件边缘常需加工成坡口,故又称坡口焊缝。坡口形式和尺寸应根据焊件厚度和施焊条件来确定。按照保证焊缝质量、便于施焊和减小焊缝截面的原则,根据《钢结构焊接规范》(GB 50661—2011)中推荐的焊接接头基本形式和尺寸,常见的坡口形式有 I 形、单边 V 形、V 形、J 形、U 形、K 形和 X 形等,如图 3.11 所示。

焊件较薄(手工焊 $t=3\sim6$ mm,自动埋弧焊 $t=6\sim10$ mm)时,不开坡口,而采用 I 形坡口,如图 3.11(a)所示;中等厚度焊件(手工焊 $t=6\sim16$ mm,自动埋弧焊 $t=10\sim20$ mm),宜采用有

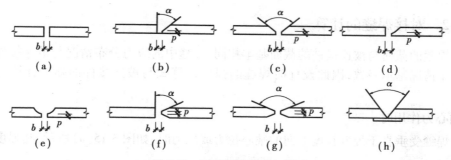

图 3.11　对接焊缝的坡口形式

适当斜度的单边 V、U 形或 J 形坡口,如图 3.11(b)、(c)、(d)所示;较厚焊件(手工焊 $t \geq$ 16 mm,自动埋弧焊 $t \geq 20$ mm),宜采用 U 形、K 形或 X 形坡口,如图 3.11(e)、(f)、(g)所示。U 形、K 形或 X 形坡口与 V 形坡口相比,截面面积小,但加工费工。V 形和 U 形坡口焊缝主要为正面焊,但对反面焊根应清根补焊,以达到焊透。若不具备补焊条件,或因装配条件限制间隙过大时,应在坡口下面预设垫板,来阻止熔化金属流淌和使根部焊透,如图 3.11(h)所示。K 形和 X 形坡口焊缝均应清根双面施焊。图 3.11 中 p 称为钝边,可起托住熔化金属的作用;b 为间隙,可使焊缝有收缩余地并且各斜坡口组成一个施焊空间,使焊条得以运转,焊缝能够焊透。

　　当用对接焊缝拼接不同宽度或厚度的焊件,且差值超过 4 mm 以上时,应分别在宽度方向或厚度方向从一侧或两侧做成坡度≤1:2.5 的斜坡,如图 3.12 所示,使截面平缓过渡,减少应力集中。直接承受动力荷载且需要进行疲劳计算的结构,变宽、变厚处的斜角坡度不应大于1:4。

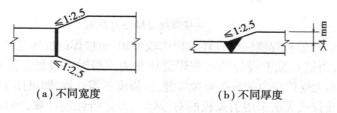

(a)不同宽度　　　　　　(b)不同厚度

图 3.12　不同宽度或厚度钢板的拼接

　　钢板的拼接当采用纵横两方向的对接焊缝时,可采用十字形交叉(见图 3.13(a))或采用 T 形交叉(见图 3.13(b))。当为 T 形交叉时,交叉点的间距不得小于 200 mm。

　　对接焊缝两端因起弧和灭弧影响,常不易焊透而出现凹陷的弧坑,此处极易产生应力集中和裂纹现象。为消除以上不利影响,施焊时应在焊缝两端设置引弧板,如图 3.14 所示。引弧板材质与被焊母材相同,焊接完毕后用火焰切除,并将焊缝端头修磨平整。当某些情况下无法采用引弧板时,每条焊缝计算长度应为实际长度减 2t(t 为较薄焊件厚度)。

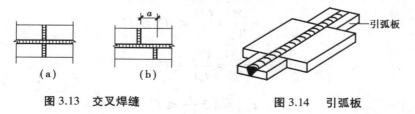

(a)　　　　　　(b)

图 3.13　交叉焊缝　　　　　图 3.14　引弧板

▶ 3.3.2 对接焊缝的计算

对接焊缝的截面与被连接件的截面基本相同,焊缝中的应力分布情况与被连接件截面中的应力分布情况基本一致,因此设计时焊缝的强度计算式与被连接件的强度计算式也基本相同。

1)轴心力作用时

对接焊缝受垂直于焊缝长度方向的轴心拉力或压力时,如图 3.15(a)所示,其强度应按式(3.1)计算:

$$\sigma = \frac{N}{l_w t} \leqslant f_t^w \ \text{或} f_c^w \tag{3.1}$$

式中,N 为轴心拉力或压力设计值。l_w 为焊缝的计算长度,当采用引弧板时,取焊缝实际长度;当未采用引弧板时,每条焊缝取实际长度减去 $2t$。t 为在对接接头中取连接件的较小厚度,T 形接头取腹板厚度。f_t^w、f_c^w 为对接焊缝的抗拉、抗压强度设计值,按附表 3.2 采用。

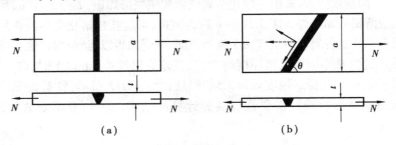

图 3.15 对接焊缝受轴心力作用

由钢材的强度设计值和焊缝强度设计值相比较可知,对接焊缝抗压及抗剪强度设计值均与连接件钢材的相同,而抗拉强度设计值只在焊缝质量为三级时才较低。因此采用引弧板施焊时,质量为一、二级和无受拉应力的三级对接焊缝,其强度不需计算,即可用于构件的任何部位。

质量为三级的受拉或无法采用引弧板的对接焊缝需进行强度计算,当计算不满足要求时,可将其移到受力较小处,不便移动时可改用二级焊缝或采用三级斜焊缝,如图 3.15(b)所示。《规范》规定,当斜焊缝与作用力间的夹角 θ 符合 $\tan \theta \leqslant 1.5(\theta \leqslant 56°)$ 时,强度可不作计算。

2)弯矩、剪力共同作用时

(1)矩形截面

图 3.16(a)所示为矩形截面在弯矩与剪力共同作用下的对接焊缝。由于焊缝截面是矩形,由材料力学可知,最大正应力与最大剪应力不在同一点上,因此应分别验算其最大正应力和剪应力:

$$\sigma_{max} = \frac{M}{W_w} = \frac{6M}{l_w^2 t} \leqslant f_t^w \ \text{或} f_c^w \tag{3.2}$$

$$\tau_{max} = \frac{VS_w}{I_w t} \leqslant f_v^w \tag{3.3}$$

或

$$\tau_{max} = 1.5 \frac{V}{I_w t} \leqslant f_f^w \tag{3.3a}$$

式中,M 为计算截面处的弯矩设计值;W_w 为焊缝计算截面的截面模量;V 为计算截面处的剪力设计值;S_w 为焊缝计算截面对中和轴的最大面积矩;I_w 为焊缝计算截面对中和轴的惯性矩;f_v^w 为对接焊缝的抗剪强度设计值。

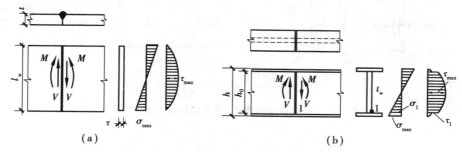

图 3.16 对接焊缝受弯矩、剪力共同作用

(2)工字形截面

图 3.16(b)所示为工字形截面在弯矩与剪力共同作用下的对接焊缝。截面中的最大正应力和最大剪应力亦不在同一点上,也应按式(3.2)和式(3.3)分别进行验算。在工字形焊缝截面翼缘与腹板相交处,同时受有较大的正应力 σ_1 和剪应力 τ_1,还应验算其折算应力:

$$\sqrt{\sigma_1^2 + 3\tau_1^2} \leqslant 1.1 f_t^w \tag{3.4}$$

式中,σ_1 为工字形焊缝截面翼缘与腹板相交处的弯曲正应力,$\sigma_1 = \dfrac{M}{W_w} \cdot \dfrac{h_0}{h} = \sigma_{max} \dfrac{h_0}{h}$;$\tau_1$ 为工字形焊缝截面翼缘与腹板相交处的剪应力,$\tau_1 = \dfrac{VS_1}{I_w t_w}$;$S_1$ 为工字形截面受拉(或受压)翼缘对截面中和轴的面积矩;t_w 为工字形截面腹板厚度;1.1 为考虑最大折算应力只发生在焊缝局部,因此该点的设计强度提高 10%。

3)弯矩、剪力和轴心力共同作用时

(1)矩形截面

图 3.17(a)所示为在弯矩、剪力、轴心力共同作用下的矩形截面对接焊缝。焊缝截面的最大正应力在焊缝的端部,其值为轴心力和弯矩产生的应力之和,最大剪应力在截面的中和轴上。因此应分别验算其最大正应力和剪应力:

$$\sigma_{max} = \sigma_N + \sigma_M = \frac{N}{l_w t} + \frac{M}{W_w} \leqslant f_t^w \text{ 或 } f_c^w \tag{3.5}$$

$$\tau_{max} = \frac{VS_w}{I_w t} \leqslant f_v^w \tag{3.5a}$$

在截面中和轴上,有 σ_N 和 τ_{max} 同时作用,还应验算其折算应力:

$$\sqrt{\sigma_N^2 + 3\tau_{max}^2} \leqslant 1.1 f_t^w \tag{3.6}$$

(2)工字形截面

图 3.17(b)所示为在弯矩、剪力、轴心力共同作用下的工字形截面对接焊缝。同理,应分别按下列公式验算工字形截面的最大正应力、最大剪应力和折算应力:

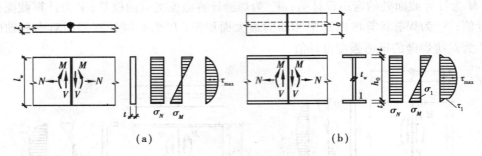

图 3.17 对接焊缝受弯矩、剪力和轴心力共同作用

$$\sigma_{max} = \sigma_M \pm \sigma_N = \frac{M}{W_w} \pm \frac{N}{A_w} \leqslant f_t^w \text{ 或 } f_c^w \tag{3.7}$$

$$\tau_{max} = \frac{VS_w}{I_w t_w} \leqslant f_v^w \tag{3.7a}$$

$$\sqrt{(\sigma_N + \sigma_1)^2 + 3\tau_1^2} \leqslant 1.1f_t^w \tag{3.8}$$

$$\sqrt{\sigma_N^2 + 3\tau_{max}^2} \leqslant 1.1f_t^w \tag{3.9}$$

式中，A_w 为焊缝计算截面面积；σ_1、τ_1 取值同式(3.4)。

▶ 3.3.3 部分熔透的对接焊缝

在钢结构设计中，当遇到板件较厚，而板件间连接受力较小时，可以采用部分熔透的对接焊缝(见图 3.18)，如用 4 块较厚的钢板焊成箱形截面轴压柱时，由于焊缝主要起联系作用，就可以采用部分熔透的坡口焊缝(见图 3.18(f))。在此情况下，用焊透的坡口焊缝并非必要，而采用角焊缝则外形不平整，因而采用如图所示的部分熔透的坡口焊缝为好。

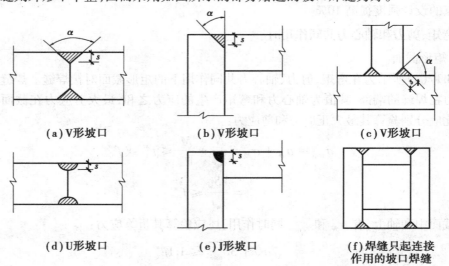

(a)V形坡口   (b)V形坡口   (c)V形坡口

(d)U形坡口   (e)J形坡口   (f)焊缝只起连接
作用的坡口焊缝

图 3.18 部分熔透的对接焊缝

当垂直于焊缝长度方向受力时，因部分焊透处的应力集中带来不利的影响，对于直接承

受动力荷载的连接不宜采用;但当平行于焊缝长度方向受力时,其影响较小可以采用。

部分熔透的对接焊缝,由于它们未焊透,只起类似于角焊缝的作用,设计中应按角焊缝的计算式(3.11)、式(3.12)和式(3.13)进行计算,在垂直于焊缝长度方向的压力作用下,取 β_f = 1.22,其他情况取 β_f = 1.0。其有效厚度应按以下规定取值:

①V 形坡口:当 $\alpha \geqslant 60°$ 时,$h_e = s$;当 $\alpha < 60°$ 时,$h_e = 0.75\ s$。

②单边 V 形和 K 形坡口:当 $\alpha = 45°±5°$ 时,$h_e = s-3$。

③U 形和 J 形坡口:$h_e = s$。

s 为坡口深度,即根部至焊缝表面(不考虑余高)的最短距离(mm);α 为 V 形、单边 V 形或 K 形坡口角度。

当熔合线处焊缝截面边长等于或接近于最短距离 s 时(图 3.18 中(b)、(c)、(e)),抗剪强度设计值应按角焊缝的强度设计值乘以 0.9 采用。

【例 3.1】 计算如图 3.19 所示牛腿与柱的对接焊缝连接,已知牛腿翼缘宽度为 130 mm,厚度为 12 mm,腹板高 200 mm、厚 10 mm。牛腿承受竖向力设计值 V = 150 kN,e = 150 mm,钢材 Q345,E50 型焊条,手工焊,焊缝质量标准为三级,不采用引弧板。

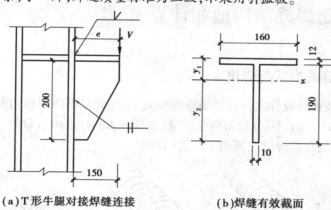

（a）T 形牛腿对接焊缝连接　　　（b）焊缝有效截面

图 3.19 例 3.1 图对接焊缝

【解】 根据钢板厚度和焊缝质量等级查附表 3.2,f_t^w = 185 N/mm^2,f_c^w = 310 N/mm^2。因施焊时无引弧板,翼缘焊缝的计算长度为 106 mm,腹板焊缝的计算长度为 190 mm。焊缝的有效截面如图 3.19(b)所示。

焊缝有效截面几何特征值计算:

$$y_1 = \frac{10.6 \times 1.2 \times 0.6 + 19.0 \times 1.0 \times 10.7}{10.6 \times 1.2 + 19.0 \times 1.0}\ \text{mm} = 6.65\ \text{mm}$$

$$y_2 = (19.0 + 1.2 - 6.65)\ \text{mm} = 13.55\ \text{mm}$$

$$I_x = \frac{1}{12} \times 19.0^3\ \text{cm}^4 + 19.0 \times 1 \times 4.05^2\ \text{cm}^4 + \frac{10.6}{12} \times 1.2^3\ \text{cm}^4 + 10.6 \times 1.2 \times 6.05^2\ \text{cm}^4$$

$$= 1\ 350.34\ \text{cm}^4$$

力在焊缝形心处产生剪力和弯矩,验算翼缘上边缘处焊缝拉应力:

$$V = F = 170\ \text{kN} \qquad M = V \cdot e = 150\ \text{kN} \times 0.15\ \text{m} = 22.5\ \text{kN·m}$$

$$\sigma = \frac{M \cdot y_1}{I_x} = \frac{22.5 \times 66.5 \times 10^6}{1\,350.34 \times 10^4} \text{ N/mm}^2 = 110.8 \text{ N/mm}^2 < f_t^w = 265 \text{ N/mm}^2$$

验算腹板下端焊缝压应力：

$$\sigma = \frac{M \cdot y_2}{I_x} = \frac{22.5 \times 135.5 \times 10^6}{1\,350.34 \times 10^4} \text{ N/mm}^2 = 225.78 \text{ N/mm}^2 < f_c^w = 310 \text{ N/mm}^2$$

为简化计算，可认为剪力由腹板焊缝单独承担，剪应力按均匀分布考虑：

$$\tau = \frac{V}{A_w} = \frac{150 \times 10^3}{190 \times 10} \text{ N/mm}^2 = 78.95 \text{ N/mm}^2$$

腹板下端点正应力、剪应力均较大，故需验算腹板下端点的折算应力：

$$\sigma = \sqrt{225.78^2 + 3 \times 78.95^2} \text{ N/mm}^2 = 263.96 \text{ N/mm}^2$$

$$< 1.1 f_t^w = 1.1 \times 265 \text{ N/mm}^2 = 291.5 \text{ N/mm}^2$$

焊缝强度满足要求。

3.4 直角角焊缝的构造和计算

▶ 3.4.1 角焊缝的形式与强度

角焊缝是沿着被连接板件之一的边缘施焊而成，角焊缝根据两焊脚边的夹角可分为直角角焊缝（见图 3.20（a）、（b）、（c））和斜角角焊缝（见图 3.20（d）、（e）、（f））。在钢结构中，最常用的是直角角焊缝，斜角角焊缝主要用于钢管结构中。

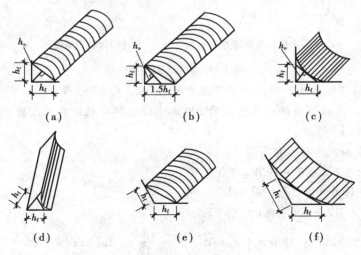

（a）　　　　　　　　（b）　　　　　　　　（c）

（d）　　　　　　　　（e）　　　　　　　　（f）

图 3.20 角焊缝截面

直角角焊缝按其截面形式可分为普通型、平坦型和凹面型 3 种，分别如图 3.20（a）、（b）、（c）所示。钢结构一般采用普通型角焊缝，但其力线弯折较多，应力集中严重。对直接承受动力荷载的结构，为使传力平顺，正面角焊缝宜采用平坦型，侧面角焊缝宜采用凹面型。

普通型角焊缝截面的两个直角边长 h_f 称为焊脚尺寸。试验表明,直角角焊缝的破坏常发生在 45°喉部截面,通常认为直角角焊缝是以 45°方向的最小截面作为有效截面或称计算截面。其截面厚度称为有效厚度或计算厚度 h_e,直角角焊缝的计算厚度 $h_e = 0.7h_f$,凹面型和平坦型焊缝的 h_f 和 h_e 按图 3.20(b)、(c)采用。

角焊缝按其长度方向和外力作用方向的不同,可分为平行于力作用方向的侧面角焊缝,垂直于力作用方向的正面角焊缝和与力作用方向成斜交的斜向角焊缝,如图 3.21 所示。

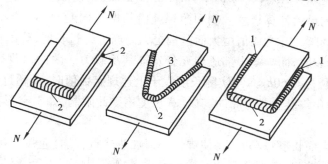

图 3.21 角焊缝与作用力方向的关系
1—侧面角焊缝;2—正面角焊缝;3—斜向角焊缝

▶ ### 3.4.2 角焊缝的构造

①最小焊脚尺寸。如果焊件较厚而焊缝的焊脚尺寸过小,将导致施焊时冷却速度过快,可能产生淬硬组织,使焊缝附近主体金属产生裂纹。《规范》规定,图 3.22(a)中的 h_{fmin} 应满足下式要求:

$$h_{fmin} \geq 1.5\sqrt{t_{max}}$$

式中,t_{max} 为较厚焊件厚度(mm)。埋弧自动焊的热量集中,熔深较大,h_{fmin} 可减小 1 mm;T 形连接的单面角焊缝,可靠性较差,h_{fmin} 应增加 1 mm;当焊件厚度 ≥ 4 mm 时,h_{fmin} 应与焊件厚度相同。

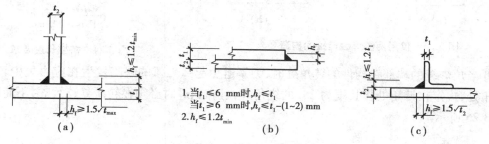

图 3.22 角焊缝的焊脚尺寸

②最大焊脚尺寸。焊件较薄,角焊缝的焊脚尺寸过大,焊接时热量输入过大,焊件将产生较大的焊接残余应力和残余变形,较薄焊件易烧穿。板件边缘的角焊缝与板件边缘等厚时,施焊时易产生咬边现象。《规范》规定:

$$h_{fmax} \leq 1.2t_{min}$$

式中,t_{min} 为较薄焊件厚度(钢管结构除外),如图 3.22(a)所示。

对图 3.22(b) 所示板件(厚度为 t_1)边缘的角焊缝 h_{fmax}，尚应符合下列要求：

a. 当 $t > 6$ mm 时，$h_{fmax} \leq t_1 - (1 \sim 2)$ mm；

b. 当 $t \leq 6$ mm 时，$h_{fmax} \leq t_1$。

③不等焊脚尺寸。当焊件厚度相差较大，且采用等焊脚尺寸无法满足最大和最小焊脚尺寸的要求时，可采用不等焊脚尺寸，即与较薄焊件接触的焊脚尺寸满足 $h_f \leq 1.2t_1$，与较厚焊件接触的焊脚尺寸满足 $h_f \geq 1.5\sqrt{t_2}$，其中 $t_2 > t_1$，如图 3.22(c) 所示。

④侧面角焊缝的最大计算长度。侧面角焊缝沿长度方向受力不均匀，两端大而中间小，且随焊缝长度与其焊脚尺寸之比值增大而差别更大。当焊缝过长时，焊缝两端应力可能达到极限，两端首先出现裂缝，而焊缝中部还未充分发挥其承载力。因而，《规范》规定，侧面角焊缝的最大计算长度取 $l_w \leq 60h_f$。当实际长度大于上述规定数值时，其超过部分在计算中不予考虑；若内力沿侧面角焊缝全长分布时，其计算长度不受此限制，如工字形截面柱或梁的翼缘与腹板的连接焊缝等。

⑤角焊缝焊脚大而长度过小时，将使焊件局部加热严重，并且起弧灭弧的弧坑相距太近，以及可能产生的其他缺陷，使焊缝不够可靠。因此，《规范》规定，$l_w \geq 8h_f$ 且 $l_w \geq 40$ mm。

⑥当板件端部仅用两侧面角焊缝连接时，为避免应力传递的过分弯折而使构件中应力不均匀，《规范》规定，侧面角焊缝长度 $l \geq b$，如图 3.23(a) 所示。为避免焊缝横向收缩时引起板件拱曲太大，如图 3.23(b) 所示，《规范》规定，$b \leq 16t$（$t > 12$ mm）或 200 mm（$t \leq 12$ mm），t 为较薄焊件厚度。当宽度 b 不满足此规定时，应加正面角焊缝。

⑦在搭接连接中，为了减少焊缝收缩产生的残余应力以及偏心产生的附加弯矩，规定搭接长度 $l_d \geq 5t_{min}$，且不得小于 25 mm，如图 3.24 所示。

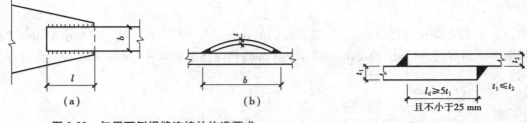

图 3.23　仅用两侧焊缝连接的构造要求　　　　　图 3.24　搭接长度要求

⑧当角焊缝的端部在构件的转角处时，为了避免起弧灭弧的缺陷发生在应力集中较严重的转角处，规定在转角处作长度为 $2h_f$ 的绕角焊，且在施焊时必须在转角处连续焊，不能断弧，如图 3.25 所示。

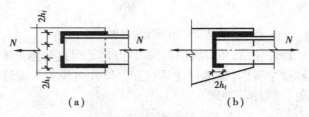

图 3.25　角焊缝的绕角焊

▶ 3.4.3 角焊缝的计算

1)角焊缝的应力状态

在轴心力 N 作用下,侧面角焊缝主要承受由剪力 $V=N$ 产生的平行于焊缝长度方向的剪应力,在弹性阶段,沿焊缝长度方向的剪应力两端大而中间小,焊缝越长越不均匀。但侧面角焊缝的塑性变形能力较好,两端出现塑性变形后,产生应力重分布,在规范规定的长度内,应力分布趋于均匀。因此,计算时按均匀分布考虑。侧面角焊缝的破坏常由两端开始,在出现裂纹后,通常沿45°喉部截面迅速断裂。

正面角焊缝在轴心力 N 作用下,应力沿焊缝长度方向分布比较均匀,两端比中间略低,但应力状态比侧面角焊缝复杂,两焊脚边均有正应力和剪应力,且分布不均匀,在45°喉部截面上则有剪应力 $\tau_\perp$ 和正应力 $\sigma_\perp$。由于焊缝根部应力集中严重,因此裂纹首先从焊缝根部产生,随即整条焊缝断裂,破坏形式可能沿焊缝的焊脚剪坏或拉坏,或计算截面断裂破坏。正面角焊缝刚度大、塑性差,破坏时变形小,但强度比侧面角焊缝高。

2)直角角焊缝强度计算的基本公式

由于角焊缝受力后的应力分布很复杂,且正面角焊缝与侧面角焊缝工作差别很大,很难用精确的方法计算。实际计算时采用简化的方法,假定角焊缝的破坏截面在最小截面(45°喉部截面),其计算厚度为 $h_e = h_f \cos 45° = 0.7 h_f$,其面积为 $h_e l_w$,l_w 为角焊缝的计算长度,该截面称为角焊缝的计算截面。并假定截面上的应力沿焊缝长度方向均匀分布。

《规范》规定角焊缝计算式为:

$$\sqrt{\left(\frac{\sigma_f}{\beta_f}\right)^2 + \tau_f^2} \leqslant f_f^w \tag{3.10}$$

式中,σ_f 为按焊缝有效截面计算,垂直于焊缝长度方向的应力;τ_f 为按焊缝有效截面计算,平行于焊缝长度方向的应力;β_f 为正面角焊缝的强度设计值增大系数,《规范》规定:对承受静力荷载或间接承受动力荷载的结构取1.22,对直接承受动力荷载的结构取1.0;f_f^w 为角焊缝强度设计值,按附表1.2采用。

3)角焊缝受轴心力作用时的计算

当作用力(拉力、压力、剪力)通过角焊缝群的形心时,可认为焊缝的应力为均匀分布。因作用力方向与焊缝长度方向间关系的不同,故在应用式(3.10)计算时应分别为:

①侧面角焊缝或作用力平行于焊缝长度方向的焊缝:

$$\tau_f = \frac{N}{h_e \sum l_w} \leqslant f_f^w \tag{3.11}$$

式中,l_w 为角焊缝的计算长度,对每条焊缝等于实际长度减去 $2h_f$。

②正面角焊缝或作用力垂直于焊缝长度方向的焊缝:

$$\sigma_f = \frac{N}{h_e \sum l_w} \leqslant \beta_f f_f^w \tag{3.12}$$

③两个方向的力共同作用的角焊缝,应分别计算两个方向力作用下的 σ_f 和 τ_f,然后按式

(3.10)计算。

④周围角焊缝。图 3.21 所示为由侧面、正面和斜向角焊缝组成的周围角焊缝。假设破坏时各部分都达到了各自的极限强度,可按式(3.13)计算:

$$\frac{N}{\sum (\beta_f h_e l_w)} \leqslant f_f^w \tag{3.13}$$

对承受静力或间接动力荷载的结构,式(3.13)中 β_f 按下列规定采用:侧面角焊缝部分取 $\beta_f = 1.0$;正面角焊缝部分取 $\beta_f = 1.22$;斜向角焊缝部分按 $\beta_f = \beta_{f\theta} = 1/\sqrt{1 - \dfrac{\sin^2\theta}{3}}$,$\beta_{f\theta}$ 称为斜向角焊缝强度增大系数,其值在 1.0~1.22。表 3.2 列出了轴心力与焊缝长度方向的夹角 θ 与 $\beta_{f\theta}$ 的关系。对直接承受动力荷载的结构则一律取 $\beta_f = 1.0$。

表 3.2　$\beta_{f\theta}$ 值

θ	0°	20°	30°	40°	45°	50°	60°	70°	80°~90°
$\beta_{f\theta}$	1	1.02	1.04	1.08	1.10	1.11	1.15	1.19	1.22

【例 3.2】　试设计图 3.26(a)所示一双层盖板的对接接头。已知钢板截面为 230×14,盖板截面为 2—190×10,承受轴心力的设计值为 800 kN(静力荷载),钢材为 Q235,焊条 E43 型,手工焊。

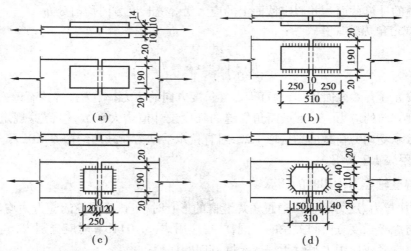

图 3.26　例 3.2 图(单位:mm)

【解】　确定角焊缝的焊脚尺寸 h_f:

取　$h_f = 8 \text{ mm} \leqslant h_{f\text{max}} = t - (1 \sim 2) \text{ mm} = 10 \text{ mm} - (1 \sim 2) \text{mm} = 8 \sim 9 \text{ mm}$

$$< 1.2 t_{\min} = 1.2 \times 10 \text{ mm} = 12 \text{ mm}$$

$$> h_{f\min} = 1.5\sqrt{t_{\max}} = 1.5 \times \sqrt{14} \text{ mm} = 5.6 \text{ mm}$$

由附表 1.2,查得角焊缝强度设计值 $f_f^w = 160 \text{ N/mm}^2$。

(1)采用侧面角焊缝(见图 3.26(b))

因用双层盖板,接头一侧共有 4 条焊缝,每条焊缝所需的计算长度为:

$$l_w = \frac{N}{4h_e f_f^w} = \frac{800 \times 10^3 \text{ N}}{4 \times 0.7 \times 8 \text{ mm} \times 160 \text{ N/mm}^2} = 223.2 \text{ mm}, \text{ 取 } l_w = 230 \text{ mm}$$

盖板总长 $L = [(230 + 2 \times 8) \times 2 + 10]$ mm $= 502$ mm,取 $L = 510$ mm

$$l_w = 230 \text{ mm} < 60h_f = 60 \times 8 = 480 \text{ mm}$$
$$> 8h_f = 8 \times 8 = 64 \text{ mm}$$

$$l = 250 \text{ mm} > b = 190 \text{ mm}$$

$t = 10$ mm < 12 mm 且 $b = 190$ mm,满足构造要求。

(2)采用三面围焊(见图 3.26(c))

正面角焊缝所能承受的内力 N' 为:

$$N' = 2 \times 0.7 \times h_f l'_w \beta_f f_f^w = 2 \times 0.7 \times 8 \text{ mm} \times 190 \text{ mm} \times 1.22 \times 160 \text{ N/mm}^2 = 415\,386 \text{ N}$$

接头一侧所需侧缝的计算长度为:

$$l'_w = \frac{N - N'}{4h_e f_f^w} = \frac{800\,000 - 415\,386}{4 \times 0.7 \times 8 \times 160} \text{ mm} = 107.3 \text{ mm}$$

盖板总长 $L = [(107.3+8) \times 2 + 10]$ mm $= 240.6$ mm,取 250 mm。

(3)采用菱形盖板(见图 3.26(d))

为使传力较平顺和减小拼接盖板四角处焊缝的应力集中,可将拼接盖板做成菱形。连接焊缝由 3 部分组成,取 2 条正面角焊缝 $l_{w1} = 110$ mm,4 条侧缝 $l_{w2} = (110-8)$ mm $= 102$ mm,4 条斜缝 $l_{w3} = \sqrt{40^2 + 40^2}$ mm ≈ 56 mm。

其承载力分别为:

正面角焊缝: $N_1 = \beta_f h_e \sum l_w f_f^w = 1.22 \times 0.7 \times 8 \text{ mm} \times 2 \times 110 \text{ mm} \times 160 \text{ N/mm}^2 = 240\,486 \text{ N}$

侧缝: $N_2 = h_e \sum l_w f_f^w = 0.7 \times 8 \text{ mm} \times 4 \times 102 \text{ mm} \times 160 \text{ N/mm}^2 = 365\,568 \text{ N}$

斜焊缝 $\theta = 45°$,由表 3.2 查得 $\beta_{f\theta} = 1.1$,则斜缝:

$$N_3 = h_e \sum l_w \beta_{f\theta} f_f^w = 0.7 \times 8 \text{ mm} \times 4 \times 56 \text{ mm} \times 1.1 \times 160 \text{ N/mm}^2 = 220\,774 \text{ N}$$

连接一侧共能承受的内力为: $N_1 + N_2 + N_3 = 826.8 \text{ kN} > 800 \text{ kN}$

所需拼接盖板总长: $L = [(40+110) \times 2 + 10]$ mm $= 310$ mm,比采用三面围焊的矩形盖板的长度有所增加,但减小了应力集中现象,改善了连接的工作性能。

4)角钢连接的角焊缝计算

在钢桁架中,杆件一般采用角钢,各杆件与连接板用角焊缝连接在一起,连接焊缝可以采用两面侧焊、三面围焊和 L 形围焊 3 种形式,如图 3.27 所示。为了避免焊缝偏心受力,焊缝传递的合力作用线应与角钢的轴线重合。

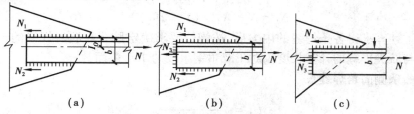

图 3.27 角钢与钢板的角焊缝连接

（1）采用两侧面角焊缝连接（见图 3.27(a)）

虽然轴心力通过截面形心，由于截面形心到角钢肢背和肢尖的距离不等，因此，肢背焊缝和肢尖焊缝承担的内力也不相等。设 N_1、N_2 分别为角钢肢背和肢尖焊缝承担的内力，由平衡条件 $\sum M = 0$，可得：

$$N_1 = \frac{b - z_0}{b} N = K_1 N \tag{3.14}$$

$$N_2 = \frac{z_0}{b} N = K_2 N \tag{3.15}$$

式中，b 为角钢肢宽；z_0 为角钢的形心轴到肢背的距离，由型钢表查得；K_1、K_2 为角钢肢背与角钢肢尖焊缝的内力分配系数，可按表 3.3 的近似值取用。

表 3.3　角钢角焊缝内力分配系数

角钢类型		等边角钢	不等边角钢 （短边相连）	不等边角钢 （长边相连）
连接情况				
分配 系数	角钢肢背 K_1	0.70	0.75	0.65
	角钢肢尖 K_2	0.30	0.25	0.35

（2）采用三面围焊连接（见图 3.27(b)）

先根据构造要求选取正面角焊缝的焊脚尺寸 h_{f3}，计算其所能承担的内力 N_3（设截面为双角钢组成的 T 形截面）：

$$N_3 = 2 \times 0.7 h_f b \beta_f f_f^w \tag{3.16}$$

由平衡条件可得：

$$N_1 = K_1 N - \frac{N_3}{2} \tag{3.17}$$

$$N_2 = K_2 N - \frac{N_3}{2} \tag{3.18}$$

（3）采用 L 形围焊（见图 3.27(c)）

令式(3.18)中的 $N_2 = 0$，可得：

$$N_3 = 2K_2 N \tag{3.19}$$

$$N_1 = N - N_3 = (1 - 2K_2)N \tag{3.20}$$

根据以上计算求得各条焊缝的内力后，按构造要求确定肢背与肢尖焊缝的焊脚尺寸，可计算出肢背与肢尖焊缝的计算长度。对于双角钢组成的 T 形截面：

肢背的一条侧面角焊缝长

$$l_{w1} = \frac{N_1}{2 \times 0.7 h_{f1} f_f^w} \tag{3.21}$$

肢尖的一条侧面角焊缝长

$$l_{w2} = \frac{N_2}{2 \times 0.7 h_{f2} f_f^w} \tag{3.22}$$

式中，h_{f1} 为角钢肢背焊缝的焊脚尺寸；h_{f2} 为角钢肢尖焊缝的焊脚尺寸。

每条侧面角焊缝的实际长度，根据施焊情况和连接类型确定：用围焊相连（三面围焊或 L 形围焊），焊缝的实际长度为 $l = l_w + h_f$；两侧面角焊缝连接，每条侧面角焊缝的实际长度为 $l = l_w + 2h_f$；绕角焊的侧面角焊缝，其焊缝实际长度为 $l = l_w$（绕角焊缝长度 $2h_f$ 不计入计算长度）。

【例 3.3】 图 3.28 所示为角钢与节点板的三面围焊连接，轴心力设计值 $N = 800$ kN（静力荷载），角钢为 2∟110×10，与厚度为 12 mm 的节点板连接，钢材为 Q235，手工焊，采用 E43 型焊条。试确定所需焊缝焊脚尺寸和焊缝长度。

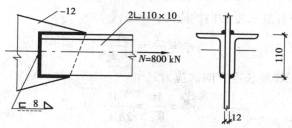

图 3.28 例 3.3 图

【解】 设角钢肢背、肢尖及端部焊缝尺寸相同，取：

$$h_f = 8 \text{ mm} \leqslant t - (1 \sim 2)\text{mm} = 10 \text{ mm} - (1 \sim 2)\text{mm} = 8 \sim 9 \text{ mm}$$

$$< 1.2 t_{min} = 1.2 \times 10 \text{ mm} = 12 \text{ mm}$$

$$> 1.5 \sqrt{t_{max}} = 1.5 \times \sqrt{12} \text{ mm} \approx 5.2 \text{ mm}$$

由附表 1.2 查得，角焊缝强度设计值 $f_f^w = 160 \text{ N/mm}^2$。由表 3.3 查得，焊缝内力分配系数为：$K_1 = 0.70$，$K_2 = 0.30$。

正面角焊缝所能承受的内力 N_3 为：

$$N_3 = 2h_e l_{w3} \beta_f f_f^w = 2 \times 0.7 \times 8 \text{ mm} \times 110 \text{ mm} \times 1.22 \times 160 \text{ N/mm}^2 = 240.5 \text{ kN}$$

角钢肢背和肢尖焊缝承受的内力分别为：

$$N_1 = K_1 N - \frac{N_3}{2} = \left(0.7 \times 800 - \frac{240.5}{2}\right) \text{ kN} = 440 \text{ kN}$$

$$N_2 = K_2 N - \frac{N_3}{2} = \left(0.30 \times 800 - \frac{240.5}{2}\right) \text{ kN} = 120 \text{ kN}$$

肢背和肢尖焊缝需要的实际长度为：

$$l_1 = \frac{N_1}{2h_e f_f^w} + 8 \text{ mm} = \left(\frac{440 \times 10^3}{2 \times 0.7 \times 8 \times 160} + 8\right) \text{ mm} = 254 \text{ mm，取 260 mm。}$$

$$l_2 = \frac{N_2}{2h_e f_f^w} + 8 \text{ mm} = \left(\frac{120 \times 10^3}{2 \times 0.7 \times 8 \times 160} + 8\right) \text{ mm} = 75 \text{ mm，取 80 mm。}$$

5）弯矩、剪力和轴心力共同作用时 T 形连接的角焊缝计算

图 3.29（a）所示为一受斜向偏心拉力 F 作用的角焊缝连接的 T 形接头。将作用力 F 分解并向焊缝群的形心简化，角焊缝同时承受轴心力 $N = F_x$、剪力 $V = F_y$ 和弯矩 $M = Ve$ 的共同作

用。焊缝计算截面上的应力分布如图3.29(b)所示,图中 A 点应力最大为危险点。

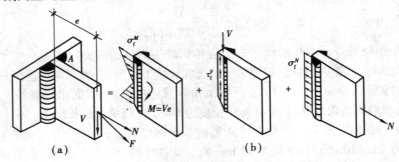

图 3.29 弯矩、剪力和轴心力共同作用时 T 形连接的角焊缝

由 N 产生的垂直于焊缝长度方向的应力:

$$\sigma_f^N = \frac{N}{A_w} = \frac{N}{2h_e l_w} \tag{3.23}$$

由 M 产生的垂直于焊缝长度方向的应力:

$$\sigma_f^M = \frac{M}{W_w} = \frac{6M}{2h_e l_w^2} \tag{3.24}$$

由 V 产生的平行于焊缝长度方向的应力:

$$\tau_f^V = \frac{V}{A_w} = \frac{V}{2h_e l_w} \tag{3.25}$$

代入式(3.10),焊缝上 A 点的应力应满足:

$$\sqrt{\left(\frac{\sigma_f^N + \sigma_f^M}{\beta_f}\right)^2 + \tau_f^2} \leqslant f_f^w \tag{3.26}$$

仅有弯矩和剪力共同作用时,焊缝上 A 点的应力应满足:

$$\sqrt{\left(\frac{\sigma_f^M}{\beta_f}\right)^2 + \tau_f^2} \leqslant f_f^w \tag{3.27}$$

式中, A_w 为角焊缝的有效截面面积; W_w 为角焊缝的有效截面模量。

【例3.4】 一 T 形连接,如图3.30所示。已知 $F = 500$ kN(静力荷载), $e = 100$ mm, $f_f^w = 160$ N/mm², $h_f = 10$ mm,钢材为 Q235,焊条 E43 型。试验算焊缝承载力是否满足要求。

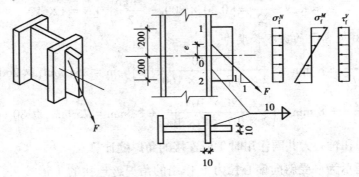

图 3.30 例 3.4 图

【解】 将 F 向焊缝群的形心简化,得:轴力 $N = \dfrac{F}{\sqrt{2}}$,剪力 $V = \dfrac{F}{\sqrt{2}}$ 和弯矩 $M = Ne = \dfrac{Fe}{\sqrt{2}}$。由 N 产生 σ_f^N,V 产生 τ_f^V,M 产生 σ_f^M,并假定 σ_f^N、τ_f^V 在焊缝有效截面上均匀分布。

由应力分析可知截面最上端 1 点最危险。

$$\sigma_f^N = \frac{N}{2h_e l_w} = \frac{500 \times 10^3/\sqrt{2}}{2 \times 0.7 \times 10 \times (400 - 2 \times 10)} \text{ N/mm}^2 = 66 \text{ N/mm}^2$$

$$\tau_f^V = \frac{V}{2h_e l_w} = \frac{500 \times 10^3/\sqrt{2}}{2 \times 0.7 \times 10 \times (400 - 2 \times 10)} \text{ N/mm}^2 = 66 \text{ N/mm}^2$$

$$\sigma_f^M = \frac{6M}{2h_e l_w^2} = \frac{6 \times (500 \times 10^3/\sqrt{2}) \times 100}{2 \times 0.7 \times 10 \times (400 - 2 \times 10)^2} \text{ N/mm}^2 = 105 \text{ N/mm}^2$$

代入式(3.26)得:

$$\sqrt{\left(\frac{\sigma_f^N + \sigma_f^M}{\beta_f}\right)^2 + \tau_f^2} = \sqrt{\left(\frac{66 + 105}{1.22}\right)^2 + 66^2} \text{ N/mm}^2 = 155 \text{ N/mm}^2 \leq f_f^w = 160 \text{ N/mm}^2$$

满足要求,焊缝安全。

6)焊接梁翼缘焊缝的计算

如图 3.31(a)所示 3 块叠放的受弯板材,如果这 3 块板材之间的接触面上无摩擦力存在或克服摩擦力之后,则在横向荷载作用下各板将分别产生如图 3.31(b)所示的变形,各板之间产生相互错动。若要保证各板的整体工作,不产生相互错动,则如图 3.31(c)所示,必须在板与板之间加上焊缝等适当的连接材料,用来承担各板之间产生的剪力作用。

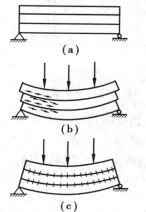

图 3.31 叠放板材的弯曲变形

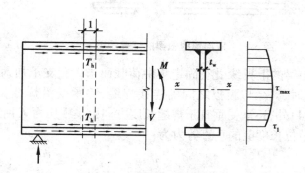

图 3.32 翼缘焊缝所受的剪力

同样的道理,由翼缘和腹板焊接而成的工字形截面梁,梁弯曲时,由于相邻截面中作用在翼缘截面的弯曲正应力有差值,在翼缘与腹板间将产生水平剪应力(见图 3.32),因此,需要通过连接焊缝保证截面的整体工作。

工字形截面梁弯曲剪应力在腹板上成抛物线状分布(见图 3.32),腹板边缘(与翼缘交点)的剪应力为:

$$\tau_1 = \frac{VS_1}{I_x t_w} \tag{3.28}$$

式中,V 为所计算截面处梁的剪力;I_x 为所计算截面处梁截面对 x 轴的惯性矩;S_1 为上翼缘板（或下翼缘板）对梁截面中和轴的面积矩。

根据剪应力互等定理,焊接工字钢（见图3.32）翼缘和腹板接触面间沿梁轴单位长度的水平剪力为:

$$T_h = \tau_1 t_w = \frac{VS_1}{I_x t_w} \cdot t_w \times 1 = \frac{VS_1}{I_x} \tag{3.29}$$

当腹板与翼缘板用角焊缝连接时,为了保证连接焊缝截面的整体工作,角焊缝有效截面上承受的剪应力 τ_f 不应超过角焊缝强度设计值 f_f^w,即:

$$\tau_f = \frac{T_h}{2 \times 0.7 h_f \times 1} = \frac{VS_1}{1.4 h_f I_x} \leqslant f_f^w \tag{3.30}$$

需要的焊脚尺寸为:

$$h_f \geqslant \frac{VS_1}{1.4 I_x f_f^w} \tag{3.31}$$

具有双层翼缘板的梁,当计算外层翼缘板与内层翼缘板之间的连接角焊缝时（见图3.33）,式(3.31)中的 S_1 应取外层翼缘板对梁中和轴的面积矩;计算内层翼缘板与腹板之间的连接角焊缝时,则 S_1 应取内外两层翼缘板对梁中和轴的面积矩之和。

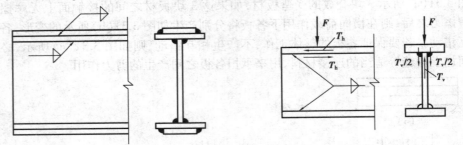

图 3.33　双层翼缘板梁的连接焊缝　　　　图 3.34　双向剪力作用下的翼缘焊缝

当梁的上翼缘受有固定集中荷载而未设置支承加劲肋时,或受有移动集中荷载（如吊车轮压）时,翼缘与腹板之间的连接焊缝,除承受沿焊缝长度方向的水平剪力 T_h 的作用（见图3.34）外,还承受垂直于焊缝长度方向由集中压力 F 所产生的垂直剪力 T_v 的作用。

单位长度上的垂直剪力为:

$$T_v = \sigma_c \cdot t_w \times 1 = \frac{\psi F}{t_w l_z} t_w \times 1 = \frac{\psi F}{l_z} \tag{3.32}$$

式中有关符号见式(4.7)。

在 T_v 作用下,两条焊缝相当于正面角焊缝,其应力为:

$$\sigma_f = \frac{T_v}{2h_e \times 1} = \frac{\psi F}{1.4 h_f l_z} \tag{3.33}$$

因此,受局部压应力的翼缘与腹板之间连接焊缝应按下式计算强度:

$$\sqrt{\left(\frac{\sigma_f}{\beta_f}\right)^2 + \tau_f^2} \leqslant f_f^w \tag{3.34}$$

将式(3.30)和式(3.33)代入式(3.34),整理可得:

$$h_f \geqslant \frac{1}{1.4f_f^w}\sqrt{\left(\frac{\psi F}{\beta_f l_z}\right)^2 + \left(\frac{VS_1}{I_x}\right)^2} \tag{3.35}$$

式中,β_f 为系数,对直接承受动力荷载的梁(如吊车梁),$\beta_f = 1.0$;对其他梁,$\beta_f = 1.22$。设计时可首先假定一焊脚尺寸 h_f,然后进行验算。

【例 3.5】 如图 3.35 所示,计算焊接梁的翼缘连接焊缝,钢材为 Q235B,手工焊,采用 E43 型焊条。

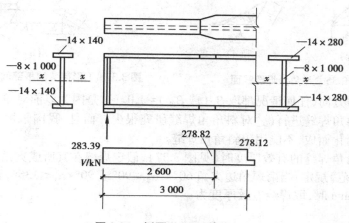

图 3.35 例题 3.5 图(单位:mm)

【解】 首先依据端部剪力计算,该处剪力最大。依式(3.31)可以计算所需焊缝的焊脚尺寸为:

$$h_f \geqslant \frac{VS_1}{1.4I_x f_f^w} = \frac{283.39 \times 10^3 \times 14 \times 1.4 \times 50.7 \times 10^3}{1.4 \times 160 \times 167\,430 \times 10^4}\ mm = 0.75\ mm$$

其次,再依变截面处剪力计算,该处的 S_1 比梁端大,其剪力为 278.82 kN。
由式(3.31)算得:

$$h_f \geqslant \frac{278.82 \times 10^3 \times 28 \times 1.4 \times 50.7 \times 10^3}{1.4 \times 160 \times 268\,193 \times 10^4}\ mm = 0.92\ mm$$

需要焊缝焊脚尺寸很小,按照构造要求,应满足:

$$h_f \geqslant 1.5\sqrt{t} = 1.5\sqrt{14}\ mm = 5.6\ mm$$

且不大于较薄焊件厚度的 1.2 倍,取用 $h_f = 6$ mm,沿梁全长满焊。

3.5 斜角角焊缝的构造和计算

两焊脚边的夹角不是 90° 的角焊缝称为斜角角焊缝,如图 3.36 所示。这种焊缝往往用于料仓壁板、管形构件等的端部 T 形连接,如图 3.37 所示。

斜角角焊缝的计算方法与直角焊缝相同,应按式(3.10)~式(3.13)计算,只是应注意以下两点:

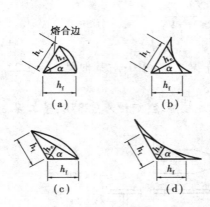

图 3.36　斜角角焊缝截面　　　　图 3.37　T 形接头的根部间隙和焊缝截面

①不考虑应力方向，任何情况都取 β_f（或 $\beta_{f\theta}$）= 1.0。这是因为以前对角焊缝的试验研究一般都是针对直角角焊缝进行的，对斜角角焊缝研究很少。而且，我国采用的计算公式也是根据直角角焊缝简化而成，不能用于斜角角焊缝。

②在确定斜角角焊缝的有效厚度时（见图 3.37），假定焊缝在其所成夹角的最小斜面上发生破坏。因此《规范》规定：当两焊角边夹角 $60° \le \alpha_2 \le 90°$ 或 $90° < \alpha_1 \le 135°$，且根部间隙（b、b_1 或 b_2）不大于 1.5 mm 时，取焊缝有效厚度为：

$$h_e = h_f \cos \frac{\alpha}{2} \tag{3.36}$$

当根部间隙大于 1.5 mm 时，焊缝有效厚度取为：

$$h_e = \left[h_f - \frac{b(\text{或 } b_1 b_2)}{\sin \alpha} \right] \cos \frac{\alpha}{2} \tag{3.37}$$

任何根部间隙都不得大于 5 mm。当图 3.37（a）中的 $b_1 > 5$ mm 时，可将端板切割成图 3.37（b）的形式。

3.6　焊接应力和焊接变形

▶ 3.6.1　焊接应力和变形的成因

钢结构经过焊接加工后，都会发生一定的形状改变，这就是焊接变形。焊接变形产生的主要原因是由于焊接过程中对焊件进行了局部、不均匀的加热，以及随后的不均匀冷却作用，结构本身或外加的刚性约束作用，通过力、温度和组织等因素的变化，而在焊接接头区产生了不均匀的塑性变形。焊缝的纵向和横向缩短是引起各种复杂变形的根本原因。影响焊接结构变形的因素有：焊缝在结构中的位置、结构刚性、焊接顺序、焊接电流、焊接速度等。它们可用线能量来表示，焊接线能量越大，焊接变形也越大。此外，焊接方向和操作方法对焊接变形也有一定影响。

焊接残余应力按其与焊缝长度方向或厚度方向的关系可分为纵向残余应力、横向残余应力和厚度方向残余应力。

（1）纵向残余应力

纵向残余应力是指沿焊缝长度方向的应力。在两块钢板上施焊时，钢板上产生不均匀的温度场，焊缝附近温度最高可达 1 600 ℃，形成温度高峰，其邻近区域温度较低，而且下降很快。不均匀的温度场使焊缝及母材纤维产生不均匀的自由伸长，温度高的部分自由伸长大，温度低的部分自由伸长小。但焊件是一个整体，具有一定的刚度，组成纤维不能按温度曲线而自由伸长。焊缝及附近母材都处于热塑状态，纤维受到压缩，但不产生应力，即热塑变形。焊缝及附近母材冷却后恢复弹性，收缩受到限制将导致焊缝金属纵向受拉，两侧钢板因焊缝收缩牵制而受压，形成如图 3.38(b)所示的纵向焊接残余应力分布。无外加约束的情况下，焊接残余应力是自相平衡的内应力。

（2）横向残余应力

横向残余应力产生的原因：一是焊缝纵向收缩，使两块钢板趋向于反方向的弯曲变形，但钢板已焊成一体，于是两块钢板的中间产生横向拉应力，两端产生压应力，如图 3.38(c)所示。二是由于焊缝在施焊过程中冷却时间不同，先焊的部分已经凝固，阻止后焊部分在横向自由膨胀，使其产生横向的塑性压缩变形。冷却时，后焊部分的收缩受到已凝固的部分限制而产生横向拉应力，而先焊部分则产生横向压应力，因应力自相平衡，更远处的部分则受拉应力，如图 3.38(d)所示。

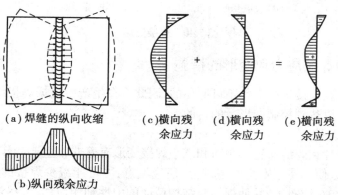

（a）焊缝的纵向收缩　（c）横向残余应力　（d）横向残余应力　（e）横向残余应力

（b）纵向残余应力

图 3.38　焊接残余应力

（3）厚度方向残余应力

在厚钢板的焊接连接中，外层焊缝因散热快而先冷却硬结，中间后冷却而收缩受到限制，从而可能形成沿厚度方向的残余应力，如图 3.39 所示。这样焊缝内可能出现纵向残余应力 σ_x、横向残余应力 σ_y 和厚度方向残余应力 σ_z。若这 3 种应力形成同号三向应力，将大大降低连接的塑性。

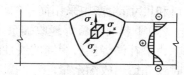

图 3.39　厚度方向残余应力

▶ 3.6.2　焊接应力对结构性能的影响

残留在焊接构件中的焊接应力（又称为焊接残余应力）会降低接头区实际承受荷载的能力，特别是当构件承受动载疲劳荷载时，有可能发生低应力破坏。对于厚壁结构的焊接接头、立体交叉焊缝的焊接区或存在焊接缺陷的区域，由于焊接残余应力使材料的塑性变形能力下降，会造成构件发生脆性破裂。焊接残余应力在一定条件下会引起裂纹，有时还会导致产品返修或报废。如果在工作温度下材料的塑性较差，由于焊接拉伸应力的存在，会降低结构的强度，缩短使用寿命。

焊接残余变形有纵向和横向的收缩变形、弯曲变形、角变形和扭曲变形等,如图 3.40 所示。通常,焊件的焊接残余变形和残余应力是同时存在的,有时焊接残余变形的危害比残余应力的危害还要大。焊接残余变形使焊件或部件的尺寸改变,降低装配质量,甚至使产品直接报废。另外,由于角变形、弯曲变形和扭曲变形使构件承受荷载时产生附加应力,因而会降低构件的实际承载能力,导致事故的发生。

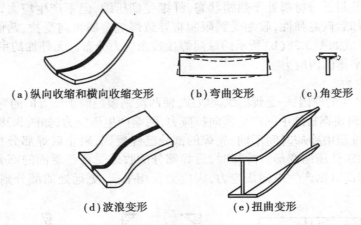

(a)纵向收缩和横向收缩变形　　(b)弯曲变形　　(c)角变形

(d)波浪变形　　　　　(e)扭曲变形

图 3.40　焊接变形

▶ 3.6.3　减少焊接应力和变形的措施

由于焊接变形在焊接生产中是不可避免的,因此应在生产中根据焊接结构的具体形式选用一种或几种方法以达到控制变形量的目的。

(1)重视结构设计

合理的结构设计和焊缝布置对预防和减小焊接变形有着非常重要的作用。设计中,在考虑节约材料、制造方便和使用安全的基础上,还应注意:尽可能减少焊接的数量,减小焊缝的长度;焊缝应尽可能对称布置,并使焊缝与结构截面的中性轴相对称;应尽量采用较小的焊缝坡口和尺寸;生产中采用简单的焊接胎具和夹具。

(2)下料时预留焊缝收缩余量

为了补偿焊接后焊缝的线性缩短,可通过试验方法或对焊缝收缩量进行估计,在备料加工时预先留出收缩余量。

由于焊缝的收缩量与很多因素有关,很难用计算的方法来确定其收缩量,只能依靠工艺试验,积累大量的数据来估算变形量。估算时下列因素可供参考:

①线膨胀系数大的材料,焊后线性收缩量较大。不锈钢和铝的线膨胀系数比低碳钢大,所以焊接变形也较大。

②焊缝的纵向收缩量随焊缝长度的增加而增加,焊缝的横向收缩量则随着焊缝宽度的增加而增加。一般纵向收缩以每米焊缝的收缩量来计算,横向收缩以每道焊缝的收缩量来计量。焊件在自由状态下,手工电弧焊同一焊缝的横向收缩量相当于 2~4 m 长焊缝的纵向收缩量。因此,当焊缝不太长时,焊缝的横向收缩量是主要的。

③角焊缝的横向收缩比对接焊缝的横向收缩量要小。

④断续焊缝比连续焊缝的收缩量小。

⑤多层焊时，第一层引起的收缩量最大，第二层收缩量约为第一层收缩量的20%，第三层是5%~15%，最后几层更小。

⑥有夹具固定条件下的焊缝收缩量比没有夹具固定条件下的焊缝收缩量减小40%~70%，其数值与夹具的刚性拘束度有关。

（3）反变形法

为了抵消焊接变形，在进行焊件装配时，预先将焊件向与焊接变形相反的方向进行人为变形，这种方法称为反变形法。由于焊接条件的变化，焊接结构的变形量是不同的。因此，在实际生产中如何确定反变形量是极其重要而又十分复杂的问题。通常只能依赖大量的试验数据或实践经验的积累。一般来说，板材对接焊时，角变形的大小与板材厚度、板材宽度、焊接线能量等因素有关。

（4）选择合理的装配焊接顺序

把结构适当地分成部件，分别装配焊接，然后再拼焊成整体，使不对称的焊缝或收缩量较大的焊缝能比较自由地收缩而不影响整体结构。按这个原则生产复杂大型的焊接结构既有利于控制焊接变形，又能扩大作业面，缩短生产周期。

（5）刚性固定法

一般来说，刚性大的焊件焊接变形较小。利用外加刚性拘束以减小焊接变形的方法称为刚性固定法或抑制法。刚性固定法可以利用焊接夹具，在焊件上压置重物或将焊件固定在刚性平台上，它能有效地减小焊接变形。但是必须指出，采用刚性固定法焊接后，一般会在焊件内产生较大的焊接内应力。因此，对于裂缝倾向较大的工件或焊接材料，不宜采用刚性固定法来控制焊接变形。

（6）热调整法

热调整法是利用减少焊接线能量缩小加热区，或使不均匀加热和冷却尽可能趋于均匀化，以达到减小焊接变形的目的。具体来说，采用小电流、快焊速、不摆焊法，用小直径焊条代替大直径焊条，用多层多道焊代替单道焊，用热能集中的气体保护焊、电弧焊代替热能分散的气焊，采用强迫冷却散热法代替一般的空气冷却等，都是利用减小线能量来控制焊接变形的方法。采用从中间向两端焊、逆向分段焊、跳焊法、多名焊工对称焊接、预热焊等，则都是利用使不均匀加热和冷却尽可能趋于均匀化，从而减小焊接变形的方法。

（7）锤击法

由于焊接变形主要是焊缝发生不均匀的纵向收缩和横向收缩所引起的，所以，对焊缝及其周围区域进行适当压延或锻打，使其展宽展长，以补偿焊缝的收缩，也可控制和减小焊接变形。但是应注意，对于脆性的焊接接头，应避免在敏感温度下进行锤击。

在实际生产中，往往是根据焊接结构的具体形式和尺寸、材料的焊接性能、焊接条件、经济性等因素，综合考虑选择一种或几种方法来控制和减小结构的焊接变形。

图3.41（a）所示的长焊缝采用分段退焊等，图3.41（b）所示的厚焊缝采用分层焊，图3.41（c）所示的钢板分块拼焊，图3.41（d）所示的工字形截面按对角跳焊，是采用合理的焊接次序来减小焊接变形的方法。图3.42所示，施焊前给构件一个与焊接变形相反的变形，使之与焊接所引起的变形相抵消，也是减少最终焊接变形量的一种措施。

对于已经变形的构件，应进行矫正。矫正变形的方法，实质上就是以新的变形去抵消原来产生的变形。常用的方法有机械法和加热法两种。

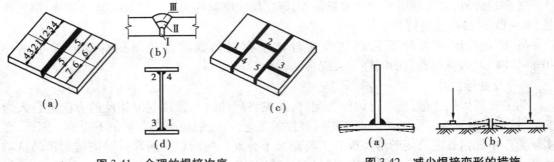

图 3.41　合理的焊接次序　　　　　图 3.42　减少焊接变形的措施

（1）机械法矫正

机械法矫正即是利用人力或机械的作用来矫正变形。矫正弯曲变形可用锤击、压床压、螺栓拉、千斤顶等；矫正波浪变形可用沿焊缝进行锻打或用滚压设备辗压焊缝。

（2）加热法矫正

火焰矫正法是利用金属受火焰局部加热后的收缩所引起的新的变形来矫正焊接变形的方法。火焰矫正法的关键是掌握火焰局部加热所引起变形的规律。决定火焰矫正效果的因素主要是火焰加热的位置和加热量。不同的加热位置可以矫正不同方向的变形；不同的加热量可以获得不同的矫正变形效果。加热温度一般为 300~800 ℃，采用中性火焰。火焰矫正的加热方式有点状加热、线状加热、三角形加热等。点状加热直径与板厚有关，一般不小于15 mm。加热点间距与变形量有关，变形量越大，间距应越小，一般在 50~100 mm。线状加热时，由于被加热体沿加热线的横向收缩一般大于纵向收缩，因此要充分发挥横向收缩的作用。横向收缩量随加热线宽度的增加而增加，加热线宽度一般为钢板厚度的 0.5~2 倍。三角形加热时，三角形的底边在被矫正钢板的边缘，顶端朝内。三角形加热的面积较大，常用于矫正厚度较大、刚性较强的构件弯曲变形。应注意对于加热后性能有明显下降的材料，不宜采用火焰矫正法。

3.7　螺栓的连接构造

▶ 3.7.1　螺栓的排列

1）螺栓的规格

钢结构工程中采用的普通螺栓形式为六角头型，其代号用字母 M 与公称直径的毫米数表示，建筑工程中常用 M16、M20、M24 等。

钢结构施工图采用的螺栓及孔的图例，见表 3.4。

表 3.4　孔及螺栓图例

名称	永久螺栓		安装螺栓		高强度螺栓		圆形螺栓孔		长圆形螺栓孔	
图例										

注：①细"+"线表示定位线；

　　②必须标注螺栓直径及孔径。

2)螺栓的排列方式

螺栓在构件上的排列通常采用并列和错列两种形式,如图 3.43 所示。并列形式简单,但栓孔对截面削弱较大;错列形式紧凑,可减少截面削弱,但排列较繁。螺栓的排列应尽量整齐、紧凑及便于安装紧固。

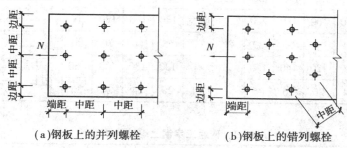

(a)钢板上的并列螺栓   (b)钢板上的错列螺栓

图 3.43 钢板上螺栓的排列

无论采用哪种排列方法,螺栓间距及螺栓到构件边缘的距离应考虑下列要求:

①受力要求:为避免钢板端部被剪断,螺栓的端距不应小于 $2d_0$,d_0 为栓孔径。对受压构件,当沿作用力方向的栓距过大时,在被连接的板件间易发生张口或鼓曲现象。因此,从受力的角度规定了最大和最小的容许间距。

②构造要求:若栓距及线距过大,则构件接触面不够紧密,潮气易侵入缝隙而发生锈蚀,因此规定了螺栓的最大容许间距。

③施工要求:要保证有一定的空间,便于转动螺栓扳手,因此规定了螺栓最小容许间距。

根据以上要求,《规范》规定的螺栓中心间距及边距的最大、最小限值,见表 3.5。

表 3.5 钢板上的螺栓容许间距

名　　称	位置和方向			最大容许距离（取两者的较小值）	最小容许距离
中心间距	外排（垂直内力方向或顺内力方向）			$8d_0$ 或 $12t$	$3d_0$
	中间排	垂直内力方向		$16d_0$ 或 $24t$	
		顺内力方向	构件受压力	$12d_0$ 或 $18t$	
			构件受拉力	$16d_0$ 或 $24t$	
中心至构件边缘的距离	顺内力方向			$4d_0$ 或 $8t$	$2d_0$
	垂直内力方向	剪切边或手工气割边			$1.5d_0$
		轧制边、自动切割或锯割边	高强度螺栓		
			其他螺栓或铆钉		$1.2d_0$

注:①d_0 为螺栓孔或铆钉孔直径,t 为外层较薄板件的厚度;

②钢板边缘与刚性构件(如角钢、槽钢等)相连的螺栓最大间距,可按中间排的数值采用。

型钢(普通工字钢、角钢和槽钢)上的螺栓排列,除了满足表 3.5 要求外,还要注意避免在靠近截面倒角和圆角处打孔,并需分别符合表 3.6、表 3.7 和表 3.8 的要求。

表 3.6　角钢上螺栓线距表　　　　　　单位:mm

单行排列	肢宽	45	50	56	63	70	75	80	90	100	110	125
	e	25	30	30	35	40	40	45	50	55	60	70
	d_{0max}	13.5	13.5	15.5	17.5	20	22	22	24	24	26	26

双行错列	肢宽	125	140	160	180	200	双行并列	肢宽	140	160	180	200
	e_1	55	60	70	70	80		e_1	55	60	70	80
	e_2	90	100	120	140	160		e_2	120	130	140	160
	d_{0max}	24	24	26	26	26		d_{0max}	20	24	24	26

表 3.7　普通工字钢上螺栓线距表　　　　　　单位:mm

型　号	10	12.6	14	16	18	20	22	25	28	32	36	40	45	50	56	63
翼缘 e_{min}	35	40	40	50	55	60	65	65	70	75	80	80	85	90	95	95
翼缘 d_{0max}	11.5	11.5	13.55	15.5	17.5	17.5	20	22	22	24	24	26	26	26	26	26
腹板 c_{min}	40	40	45	45	45	50	50	55	60	60	65	70	75	75	75	75
腹板 d_{0max}	9.5	11.5	13.5	15.5	17.5	17.5	20	22	22	22	24	24	24	26	26	26

表 3.8　普通槽钢上螺栓线距表　　　　　　单位:mm

型　号	5	6.3	8	10	12.6	14	16	18	20	22	25	28	32	36	40
翼缘 e_{min}	20	22	25	28	30	35	35	40	40	45	45	45	50	55	60
翼缘 d_{0max}	11.5	11.5	13.5	15.5	17.5	17.5	20	22	22	22	24	24	24	26	26
腹板 c_{min}	—	—	—	35	40	45	50	50	55	55	55	60	65	70	75
腹板 d_{0max}	—	—	—	11.5	13.5	17.5	20	22	22	22	22	24	24	26	26

注：d_{0max} 为最大孔径。

▶ 3.7.2　螺栓的构造

螺栓连接除了满足上述螺栓排列的容许间距外,根据不同情况尚应满足下列构造要求:

①为使连接可靠,每一杆件在节点上以及拼接接头的一端,不宜少于 2 个永久性螺栓。但根据实践经验,对于组合构件的缀条,其端部连接可采用一个螺栓。

②对直接承受动力荷载的普通螺栓连接应采用双螺帽或其他防止螺帽松动的有效措施。例如采用弹簧垫圈,或将螺帽和螺杆焊死等方法。

③C 级螺栓与孔壁有较大间隙,宜用于沿其杆轴方向受拉的连接。承受静力荷载结构的次要连接、可拆卸结构的连接和临时固定构件用的安装连接中,也可用 C 级螺栓承受剪力。但在重要的连接中,例如:吊车梁或制动梁上翼缘与柱的连接,由于传递制动梁的水平支承反力,同时受到反复动力荷载作用,不得采用 C 级螺栓。制动梁与吊车梁上翼缘的连接,承受着反复的水平制动力和卡轨力,应优先采用高强度螺栓。柱间支撑与柱的连接,以及在柱间支

撑处吊车梁下翼缘的连接等承受剪力较大的部位,均不得采用 C 级螺栓承受剪力。

④沿杆轴向受拉的螺栓连接中的端板(法兰板),应适当加强其刚度(如加设加劲肋),以减少撬力对螺栓抗拉承载力的不利影响。

⑤由于型钢的抗弯刚度较大,采用高强度螺栓连接时,不易使摩擦面紧密贴合,故其拼接件宜采用钢板,以保证预拉力的建立。

⑥在高强度螺栓连接范围内,构件接触面的处理方法应在施工图中说明。

3.8 普通螺栓连接的工作性能和计算

普通螺栓连接按螺栓传力方式,可分为受剪螺栓、受拉螺栓及拉力和剪力共同作用的螺栓连接。图 3.44(a)为受剪螺栓,依靠螺栓杆的承压和抗剪来传力;图 3.44(b)所示外力平行于螺栓杆,该螺栓为受拉螺栓。

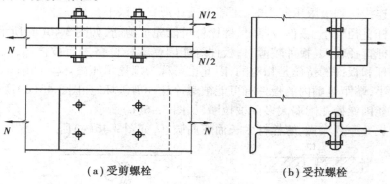

(a)受剪螺栓　　　　　　　　　　(b)受拉螺栓

图 3.44　剪力螺栓与拉力螺栓

▶ 3.8.1 普通螺栓的抗剪连接

1)抗剪连接的工作性能

抗剪连接是最常见的螺栓连接。若以图 3.45(a)所示的螺栓连接试件做抗剪试验,可得出试件上 a、b 两点之间的相对位移 δ 与作用力 N 的关系曲线,如图 3.45(b)所示。由此关系曲线可见,试件由零载一直加载至连接破坏的全过程,经历了以下 4 个阶段:

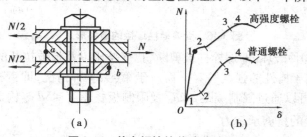

(a)　　　　　　　　　　(b)

图 3.45　单个螺栓抗剪试验结果

(1)摩擦传力的弹性阶段

在施加荷载之初,荷载较小,荷载靠构件间接触面的摩擦力传递,螺栓杆与孔壁之间的间隙

保持不变,连接工作处于弹性阶段,在 N-δ 图上呈现出 0—1 斜直线段。但由于板件间摩擦力的大小取决于拧紧螺帽时螺杆中的初始拉力,一般来说,普通螺栓的初拉力很小,故此阶段很短。

（2）滑移阶段

当荷载增大,连接中的剪力达到构件间摩擦力的最大值,板件间产生相对滑移,其最大滑移量为螺栓杆与孔壁之间的间隙,直至螺栓与孔壁接触,相应于 N-δ 曲线上的 1—2 水平段。

（3）栓杆传力的弹性阶段

荷载继续增加,连接所承受的外力主要靠栓杆与孔壁接触传递。栓杆除主要受剪力外,还有弯矩和轴向拉力,而孔壁则受到挤压。由于栓杆的伸长受到螺帽的约束,增大了板件间的压紧力,使板件间的摩擦力也随之增大,所以 N-δ 曲线呈上升状态。达到"3"点时,曲线开始明显弯曲,表明螺栓或连接板达到弹性极限,此阶段结束。

（4）弹塑性阶段

荷载继续增加, N-δ 曲线升势趋缓,荷载达到"4"点后开始下降,剪切变形迅速增大,直到剪切破坏。显然"4"点所对应的为极限承载力状态。

受剪螺栓连接达到极限承载力时,可能的破坏形式有以下 5 种:

①当螺栓杆直径较小、板件较厚时,螺栓杆可能先被剪断,如图 3.46(a)所示。

②当螺栓杆直径较大、板件较薄时,板件可能因受螺栓杆挤压而被挤坏,如图 3.46(b)所示。由于螺栓杆和板件的挤压是相对的,因此也可称为螺栓承压破坏。

③端距太小,端距范围内的板件有可能被螺栓杆冲剪破坏,如图 3.46(d)所示。

④板件可能因螺栓孔削弱太多而被拉断,如图 3.46(c)所示。

⑤连接的板叠厚度太大,螺栓杆太长而弯曲破坏,如图 3.46(e)所示。

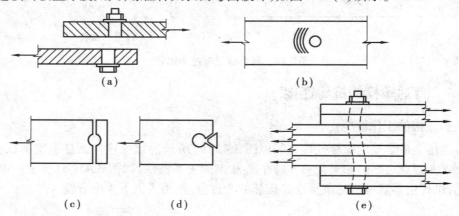

图 3.46　受剪螺栓连接的破坏形式

上述第①、②、③种破坏,即螺栓杆被剪断、孔壁挤压以及板被拉断的情况要进行计算,且第③种破坏的计算属于构件的强度验算。而对于第④、⑤种情况,即钢板冲剪破坏和螺栓杆弯曲破坏两种形式,可以通过限制端距 $\geqslant 2d_0$ 及限制板叠厚度 $\leqslant 5d$ 等构造措施来保证。

2）单个普通螺栓的抗剪承载力

普通螺栓的受剪承载力主要由栓杆受剪和孔壁承压两种破坏形式确定,因此应分别计算后取其小值进行设计。计算时按照如下假定:

①栓杆受剪计算时,假定螺栓受剪面上的剪应力均匀分布。

②孔壁承压计算时,假定承压应力沿栓杆直径平面均匀分布,如图 3.47 所示。

受剪承载力设计值:
$$N_v^b = n_v \frac{\pi d^2}{4} f_v^b \tag{3.38}$$

承压承载力设计值:
$$N_c^b = d \sum t \cdot f_c^b \tag{3.39}$$

式中,n_v 为螺栓受剪面数(见图 3.48),单剪 $n_v = 1.0$,双剪 $n_v = 2.0$,四剪 $n_v = 4.0$;d 为螺栓杆直径;$\sum t$ 为在同一方向承压构件总厚度的较小值,如图 3.48(b)中,对于双剪面 $\sum t$ 取 $(a + c)$ 或 b 的较小值;f_v^b、f_c^b 为普通螺栓的抗剪、承压强度设计值,由附录 1 附表 1.3 查取,单个受剪螺栓的承载力设计值取 N_v^b 和 N_c^b 的最小值 N_{min}^b。

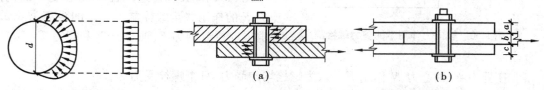

图 3.47　螺栓承压的计算
　　　　　承压面积

图 3.48　剪力螺栓的剪切面数和承压厚度

3)普通螺栓群抗剪连接计算

（1）普通螺栓群轴心受剪

试验证明,当连接处于弹性阶段时,螺栓群中各螺栓受力并不均匀,两端大而中间小(见图 3.49),超过弹性阶段出现塑性变形后,因内力重分布使各螺栓受力趋于均匀。但当构件的节点处或拼接缝的一侧螺栓很多,且沿受力方向的连接长度 l_1 过大时,端部的螺栓会因受力过大而首先破坏,随后依次向内发展逐个破坏(即所谓解钮扣现象)。因此《规范》规定,当 l_1 大于 $15d_0$ 时,应将螺栓的承载力乘以折减系数 η 予以降低,即 $\eta = 1.1 - \dfrac{l_1}{150d_0} \geq 0.7$。这样,在设计时,当外力 N 通过螺栓群形心时,可认为诸螺栓平均分担轴心力,所需螺栓数目 n 为:

$$n = \frac{N}{N_{min}^b} \tag{3.40}$$

式中,N 为作用于螺栓群的轴心力设计值。

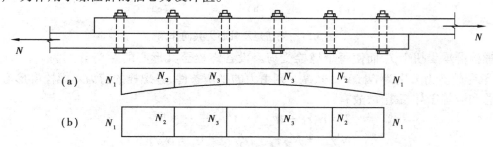

图 3.49　螺栓群的不均匀受力状态

当 $l_1 > 15d_0$ 时,所需抗剪螺栓数目 n 为:

$$n = \frac{N}{\eta N_{min}^b} \tag{3.41}$$

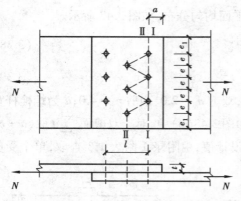

图 3.50　轴向力作用下的剪力螺栓群

由于螺栓孔削弱了板件的截面,为防止板件在净截面上被拉断,需要验算净截面的强度(见图 3.50),其表达式为:

$$\sigma = \frac{N}{A_n} \leq f \tag{3.42}$$

式中,A_n 为构件净截面面积,按螺栓排列形式取 Ⅰ—Ⅰ 或 Ⅱ—Ⅱ 截面进行计算。

(2)普通螺栓群偏心受剪

图 3.51 所示为普通螺栓群偏心受剪的情形,剪力 F 的作用线至螺栓群中心线的距离为 e,故螺栓群同时受到剪力 F、轴心力 N 和扭矩 $T=Fe$ 的联合作用。

在剪力 F、轴心力 N 作用下可认为螺栓均匀受力,每个螺栓受力为:

$$N_{1x}^N = \frac{N}{n}, \quad N_{1y}^V = \frac{V}{n} \tag{3.43}$$

在扭矩 $T=Fe$ 作用下,一般都是先布置好螺栓,再计算受力最大螺栓所承受的剪力和一个抗剪螺栓的承载力设计值进行比较。计算时假定:

①被连接构件是刚性的,而螺栓则是弹性的。

②各螺栓绕螺栓群形心 O 旋转(见图 3.51(c)),其受力大小与其至螺栓群形心的距离 r_i 成正比,力的方向与此距离相垂直。

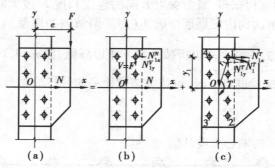

图 3.51　受扭矩及轴心力共同作用

螺栓群承受扭矩 T,而使每个螺栓受剪。设各螺栓至其形心的距离分别为 $r_1, r_2, r_3, \cdots, r_n$,所承受的剪力分别为 $N_1^T, N_2^T, \cdots, N_n^T$,则由力的平衡条件,各螺栓的剪力对螺栓群形心 O 的力矩总和应等于外扭矩 T,故有:

$$T = N_1^T r_1 + N_2^T r_2 + N_3^T r_3 + \cdots + N_n^T r_n$$

由于

$$N_1^T / r_1 = N_2^T / r_2 = N_3^T / r_3 = \cdots = N_n^T / r_n$$

代入上式

$$T = \frac{N_1^T}{r_1}(r_1^2 + r_2^2 + \cdots + r_n^2) = \frac{N_1^T}{r_1} \sum_{i=1}^{a} r_i^2$$

即最大剪力为:

$$N_1^T = \frac{Tr_1}{\sum r_i^2} = \frac{Tr_1}{\sum x_i^2 + \sum y_i^2} \tag{3.44}$$

在扭矩 T 作用下,螺栓 1、2、3、4 受力最大为 N_1^T,其在 x、y 两个方向的分力为:

$$N_{1x}^T = N_1^T \frac{y_1}{r_1} = \frac{Ty_1}{\sum x_i^2 + \sum y_i^2} \tag{3.45}$$

$$N_{1y}^T = N_1^T \frac{x_1}{r_1} = \frac{Tx_1}{\sum x_i^2 + \sum y_i^2} \tag{3.46}$$

以上各力对螺栓来说都是剪力,故受力最大螺栓 1 承受的合力 N_1 应满足下式:

$$N_1^{T \cdot N \cdot V} = \sqrt{(N_{1x}^T + N_{1x}^N)^2 + (N_{1y}^T + N_{1y}^V)^2} \leqslant N_{\min}^b \tag{3.47}$$

当螺栓群布置成一狭长带时,即当 $y_1 > 3x_1$ 时,由于 $\sum x_i^2 \ll \sum y_i^2$,可近似地取 $\sum x_i^2 = 0$;同理,当 $x_1 > 3y_1$ 时,近似地取 $\sum y_i^2 = 0$,则上述 N_1^T 可近似地按下式计算:

当 $y_1 > 3x_1$ 时

$$N_1^T \approx N_{1x}^T = \frac{Ty_1}{\sum y_i^2} \tag{3.48}$$

当 $x_1 > 3y_1$ 时

$$N_1^T \approx N_{1y}^T = \frac{Tx_1}{\sum x_i^2} \tag{3.49}$$

【例 3.6】 试验算一受斜向拉力设计值 $F = 120$ kN 作用的 C 级普通螺栓连接的强度(见图 3.52)。螺栓 M20,钢材 Q235。

【解】 (1)单个螺栓的承载力设计值

由附录 1 附表 1.3 查得 $f_v^b = 140$ N/mm², $f_c^b = 305$ N/mm²

$$N_v^b = n_v \frac{\pi d^2}{4} f_v^b = 1 \times \frac{\pi \times (20 \text{ mm})^2}{4} \times 140 \text{ N/mm}^2$$
$$= 43\,982 \text{ N} = 43.98 \text{ kN}$$

$$N_c^b = d \sum t \cdot f_c^b = 20 \text{ mm} \times 10 \text{ mm} \times 305 \text{ N/mm}^2$$
$$= 61\,000 \text{ N} = 61 \text{ kN}$$

所以应按 $N_{\min}^b = N_v^b = 43.98$ kN 进行验算。

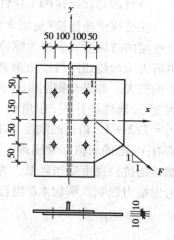

图 3.52 例 3.6 图

(2)内力计算

将 F 简化到螺栓群形心 O,则作用于螺栓群形心 O 的轴力 N、剪力 V 和扭矩 T 分别为:

$$N = \frac{F}{\sqrt{2}} = \frac{120}{\sqrt{2}} \text{ kN} = 84.85 \text{ kN}$$

$$V = \frac{F}{\sqrt{2}} = \frac{120}{\sqrt{2}} \text{ kN} = 84.85 \text{ kN}$$

$$T = Ve = 84.85 \text{ kN} \times 150 \text{ mm} = 12\,728 \text{ kN·mm}$$

(3)螺栓强度验算

在上述的 N、V 和 T 作用下,"1"号螺栓最为不利,对该螺栓进行验算。

$$\sum x_i^2 + \sum y_i^2 = (6 \times 100^2 + 4 \times 150^2) \text{ mm}^2 = 150\,000 \text{ mm}^2$$

$$N_{1x}^N = \frac{N}{n} = \frac{84.85}{6} \text{ kN} = 14.142 \text{ kN}$$

$$N_{1y}^V = \frac{V}{n} = \frac{84.85}{6} \text{ kN} = 14.142 \text{ kN}$$

$$N_{1x}^T = \frac{Ty_1}{\sum x_i^2 + \sum y_i^2} = \frac{12\,728 \times 150}{150\,000} \text{ kN} = 12.728 \text{ kN}$$

$$N_{1y}^T = \frac{Tx_1}{\sum x_i^2 + \sum y_i^2} = \frac{12\,728 \times 100}{150\,000} \text{ kN} = 8.485 \text{ kN}$$

螺栓"1"承受的合力为：

$$
\begin{aligned}
N_1^{T \cdot N \cdot V} &= \sqrt{(N_{1x}^N + N_{1x}^T)^2 + (N_{1y}^V + N_{1y}^T)^2} \\
&= \sqrt{(14.142 + 12.728)^2 + (14.142 + 8.485)^2} \text{ kN} \\
&= 35.13 \text{ kN} < N_{min}^b = 43.98 \text{ kN}（满足）
\end{aligned}
$$

▶ 3.8.2 普通螺栓的抗拉连接

1）普通螺栓抗拉的工作性能

在受拉螺栓连接（见图 3.53）中，外力趋向于将被连接构件拉开而使螺栓受拉，故受拉螺栓连接的破坏形式表现为螺栓杆被拉断。在图 3.53 所示的顶接连接中，构件 A 的拉力 T 先由剪力螺栓传递给拼接角钢 B，然后通过拉力螺栓传递给 C。角钢的刚度对螺栓的拉力大小影响很大。如果角钢刚度不很大，在 $T/2$ 作用下角钢的一个肢（与拉力螺栓垂直的肢）发生较大变形，起杠杆作用，在角钢外侧产生反力 V，如图 3.53（b）所示，V 称为撬力。螺栓受力 $P_f = T/2 + V$，角钢的刚度越小，撬力越大。该撬力还与螺杆直径、螺栓位置、连接总厚度等因素有关，准确求值非常困难。目前采用不考虑反力 V，即螺栓拉力只采用 $P_f = T/2$，而将拉力螺栓的抗拉强度适当降低。为了简化计算，我国《规范》将螺栓的抗拉强度设计值降低 20% 来考虑撬力影响。例如 4.6 级普通螺栓（Q235 钢制作），取抗拉强度设计值为：

$$f_t^b = 0.8f = 0.8 \times 215 \text{ N/mm}^2 = 170 \text{ N/mm}^2$$

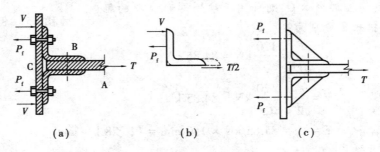

（a） （b） （c）

图 3.53　拉力螺栓受力状态

一般来说，只要按构造要求取翼缘板厚度 $t \geq 20$ mm，而且螺栓间距不要过大，这样简化处理是可靠的。如果翼缘板太薄时，可采用加劲肋加强翼缘，如在角钢中设加劲肋或增加角钢厚度等。

2) 单个普通螺栓的抗拉承载力

单个普通螺栓的抗拉承载力按式(3.50)计算：

$$N_t^b = \frac{\pi d_e^2}{4} f_t^b \tag{3.50}$$

式中，d_e 为普通螺栓或锚栓螺纹处的有效直径，其取值见表 3.9；f_t^b 为普通螺栓或锚栓的抗拉强度设计值，按附录 1 附表 1.3 采用。

表 3.9　螺栓的有效面积

螺栓直径 d/mm	螺距 p/mm	螺栓有效直径 d_e/mm	螺栓有效面积 A_0/mm^2	螺栓直径 d/mm	螺距 p/mm	螺栓有效直径 d_e/mm	螺栓有效面积 A_0/mm^2
16	2	14.123 6	156.7	52	5	47.309 0	1 758
18	2.5	15.644 5	192.5	56	5.5	50.839 9	2 030
20	2.5	17.654 5	244.8	60	5.5	54.893 99	2 362
22	2.5	19.654 5	303.4	64	6	58.370 8	2 676
24	3	21.185 4	352.5	68	6	62.370 8	3 055
27	3	24.185 4	459.4	72	6	66.370 8	3 460
30	3.5	26.716 3	560.6	76	6	70.370 8	3 889
33	3.5	29.716 3	693.6	80	6	74.370 8	4 344
36	4	32.247 2	816.7	85	6	79.370 8	4 948
39	4	35.247 2	975.8	90	6	84.370 8	5 591
42	4.5	37.778 1	1 121	95	6	89.370 8	6 273
45	4.5	40.778 1	1 306	100	6	94.370 8	6 995
48	5	43.309 0	1 473				

3) 普通螺栓群的受拉连接计算

(1) 螺栓群轴心受拉

图 3.54 示螺栓群轴心受拉，由于垂直于连接板的肋板刚度很大，当设计拉力 N 通过螺栓群形心时，通常假定各个螺栓平均受拉，则连接所需要的螺栓数目为：

$$n = \frac{N}{N_t^b} \tag{3.51}$$

(2) 螺栓群承受弯矩作用

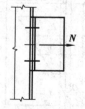

图 3.54　**螺栓群承受轴心拉力**

图 3.55 所示为一工字形截面柱翼缘与牛腿用螺栓的连接，螺栓群在弯矩作用下受拉(图中的剪力 V 通过承托板传递)，其连接的上部牛腿与翼缘有分离趋势。按弹性设计法，在弯矩作用下，离中和轴越远的螺栓所受拉力越大，而压力则由弯矩指向一侧的部分牛腿端板通过挤压传递给柱身，设中和轴至端板受压边缘的距离为 c，如图

3.55(a)所示。但受拉螺栓截面只是孤立的几个螺栓点,而端板受压区则是宽度较大的实体矩形截面,如图 3.55(c)所示。因此,实际计算时可近似地取中和轴位于最下排螺栓 O 处,即认为连接变形为绕 O 处水平轴转动,螺栓拉力与 O 点算起的纵坐标 y 成正比。

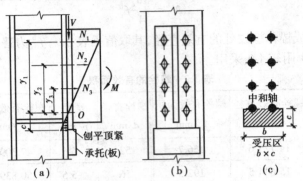

图 3.55 弯矩作用下抗拉螺栓群的受力情况

设各排螺栓所受拉力为 $N_1^M, N_2^M, N_3^M, \cdots, N_n^M$,顶排螺栓"1"所受拉力最大。转动轴 O 到各排螺栓的距离分别为 $y_1, y_2, y_3, \cdots, y_n$,并偏安全地忽略了力臂很小的端板压力形成的力矩,认为外弯矩只与螺栓拉力产生的弯矩平衡。这样,由平衡条件和基本假定得:

$$M = N_1^M y_1 + N_2^M y_2 + N_3^M y_3 + \cdots + N_n^M y_n \tag{a}$$

$$\frac{N_1^M}{y_1} = \frac{N_2^M}{y_2} = \frac{N_3^M}{y_3} = \cdots = \frac{N_n^M}{y_n}$$

螺栓 i 的拉力为:

$$N_i^M = \frac{N_1^M y_i}{y_1} \tag{b}$$

将式(b)代入式(a)经整理后,可得:$N_1^M = \dfrac{M y_1}{\sum y_i^2}$

设计时要求受力最大的最外排螺栓所受拉力 N_1^M 不超过单个螺栓的抗拉承载力设计值,即

$$N_1^M = \frac{M y_1}{\sum y_i^2} \leqslant N_t^b \tag{3.52}$$

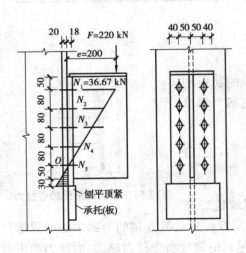

图 3.56　例 3.7 图

式中,M 为弯矩设计值;y_1、y_i 分别为最外排螺栓"1"和第 i 排螺栓到转动轴 O 的距离,转动轴通常取在弯矩指向一侧最外排螺栓处。

【例 3.7】 牛腿用 C 级螺栓以及支托与柱连接,支托受剪(见图 3.56),承受竖向荷载(设计值)$F = 220$ kN,偏心距 $e = 200$ mm。试设计其螺栓连接。已知构件和螺栓均采用 Q235 钢材,螺栓为 M20,栓孔21.5 mm。

【解】 牛腿的剪力 $V = F = 220$ kN,由端板刨平顶紧于支托传递;弯矩 $M = Fe = 220 \times 0.2 = 44$ kN·m,由螺栓连接传递,使螺栓受拉。若初步

假定螺栓布置如图 3.56 所示,对最下排螺栓 O 轴取矩,最大受力螺栓的拉力为:

$$N_1 = \frac{My_1}{\sum y_i^2} = \frac{40 \times 0.32}{2 \times (0.08^2 + 0.16^2 + 0.24^2 + 0.32^2)} \text{ kN} = 36.7 \text{ kN}$$

单个螺栓的抗拉承载力设计值为:

$$N_t^b = A_e f_t^b = 245 \times 170 \text{ kN} = 41.7 \text{ kN}$$

即所假定螺栓连接满足设计要求,确定采用。

（3）螺栓群受弯矩和轴力共同作用

图 3.57 所示为弯矩 M 和轴力 N 共同作用下的螺栓群,其受力情况有两种,即 M / N 较小时和 M / N 较大时。

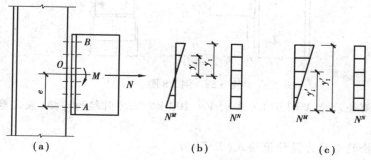

图 3.57　在弯矩和轴力共同作用下拉力螺栓群的受力情况

①当 M/N 较小时,构件 B 绕螺栓群的形心 O 转动,如图 3.57(b)所示。在 M 作用下,螺栓受力最大的为 $N^M = \dfrac{My_1}{\sum y_i^2}$;在轴力 N 作用下,螺栓受力 $N^N = \dfrac{N}{n}$。螺栓群的最大和最小螺栓受力为:

$$N_{max} = \frac{N}{n} + \frac{My_1}{\sum y_i^2} \tag{3.53a}$$

$$N_{min} = \frac{N}{n} - \frac{My_1}{\sum y_i^2} \tag{3.53b}$$

式中,n 为螺栓数;y_i 为各螺栓到螺栓群形心 O 点的距离;y_1 为 y_i 中的最大值。

当由式(3.53b)算得的 $N_{min} > 0$ 时,说明所有螺栓均受拉,构件 B 绕螺栓群的形心 O 转动。最大受力螺栓应满足如下要求:

$$N_{max} \leqslant N_t^b \tag{3.54}$$

式中,N_{max} 为在 M 和 N 共同作用下螺栓的最大拉力,按式(3.53a)计算。

②当由式(3.53b)算得的 $N_{min} < 0$ 时,由于 M / N 较大,在弯矩 M 作用下构件 B 绕 A 点（底排螺栓）转动,如图 3.57(c)所示,螺栓的最大受力为:

$$N_{max} = \frac{(M + Ne)y_1'}{\sum y_i'^2} \tag{3.55}$$

式中,e 为轴向力到螺栓转动中心（图 3.57 的 A 点）的距离;y_i' 为各螺栓到 A 点的距离;y_1' 为 y_i' 中的最大值。

【例3.8】 设有一牛腿,用C级螺栓连接于钢柱上,牛腿下有一支托板受剪力,如图3.58 所示。钢材为Q235钢,螺栓采用M20,栓距70 mm,荷载 $V = 100$ kN,作用点距离柱翼缘表面为200 mm,水平轴向力 $N = 120$ kN。验算螺栓强度和支托焊缝。采用焊条E43型,角焊缝强度设计值 $f_f^w = 160$ N/mm^2。

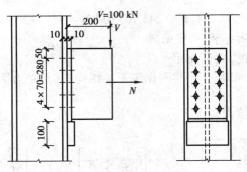

图3.58 例3.8图

【解】 C级螺栓承受 $N = 120$ kN 和由 $V = 100$ kN 及其引起的弯矩,假定剪力 $V = 100$ kN 完全由支托承担。

一个受拉螺栓的承载力设计值按式(3.50)为:

$$N_t^b = \frac{\pi d_e^2}{4} f_t^b = \frac{\pi \times (17.654\ 5\ \text{mm})^2}{4} \times 170\ \text{N/mm}^2 = 41\ 615\ \text{N}$$

先假定牛腿绕螺栓群形心转动,最外排的螺栓拉力按式(3.53b)计算:

$$N_{min} = \frac{N}{n} - \frac{My_1}{\sum y_i^2} = \left(\frac{120 \times 10^3}{10} - \frac{100 \times 10^3 \times 200 \times 140}{4 \times (70^2 + 140^2)} \right) \text{N}$$

$$= (12\ 000 - 28\ 570)\text{N} < 0$$

计算结果说明连接下部受压,这时构件应绕底排螺栓转动,顶排螺栓则按式(3.55)计算,得:

$$N_{max} = \frac{(M + Ne)y_1'}{\sum y_i'^2} = \frac{(100 \times 10^3 \times 200 + 120 \times 10^3 \times 140) \times 280}{2 \times (70^2 + 140^2 + 210^2 + 280^2)} \text{N}$$

$$= 35\ 050\ \text{N} < 41\ 615\ \text{N}(满足)$$

支托承受剪力 $V = 100$ kN,假设用焊缝 $h_f = 8$ mm,按式(3.25)计算:

$$\tau_f = \frac{V}{2h_e l_w} = \frac{100 \times 10^3\ \text{N}}{2 \times 0.7 \times 8\ \text{mm} \times (100 - 2 \times 8)\ \text{mm}} = 106.3\ \text{N/mm}^2 < 160\ \text{N/mm}^2$$

计算结果 $\tau_f < f_f^w$,满足。

▶ 3.8.3 普通螺栓受剪力和拉力的联合作用

图3.59所示是螺栓同时受拉、受剪的常用形式,这种连接有两种算法。

1)当不设置支托或支托仅起安装作用时

当不设支托时,螺栓不仅受拉力,还承受竖向剪力。试验研究结果表明,同时承受剪力和拉力作用的普通螺栓有两种可能破坏形式:一是螺栓杆受剪受拉破坏,二是孔壁承压破坏。

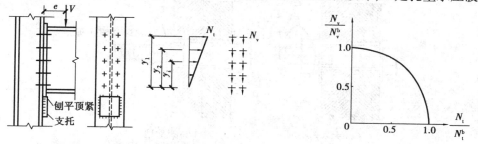

图 3.59 拉-剪联合作用的螺栓　　　　　图 3.60 剪力和拉力的相关曲线

大量的试验结果表明,当将拉-剪联合作用的螺栓杆处于极限承载力时的拉力和剪力,分别除以各自单独作用时的承载力,所得到的关于 N_t/N_t^b 和 N_v/N_v^b 的相关曲线,近似为圆曲线(见图 3.60)。于是,《规范》规定:同时承受剪力和杆轴方向拉力的普通螺栓,应分别符合下列公式的要求:

验算拉-剪作用

$$\sqrt{\left(\frac{N_v}{N_v^b}\right)^2 + \left(\frac{N_t}{N_t^b}\right)^2} \leqslant 1 \qquad (3.56)$$

验算孔壁承压

$$N_v = \frac{V}{n} \leqslant N_c^b \qquad (3.57)$$

式中,N_v、N_t 为一个螺栓所承受的剪力和拉力设计值;N_v^b、N_t^b 为一个螺栓的螺杆抗剪和抗拉的承载力设计值;N_c^b 为一个螺栓的孔壁承压承载力设计值。

2)当设置支托,并且支托与端板刨平顶紧时

当设支托时剪力 V 由支托承受,螺栓只受弯矩引起的拉力,按式(3.53)至式(3.55)计算。支托与柱翼缘的角焊缝按下式计算:

$$\tau_f = \frac{\alpha V}{0.7 h_f \sum l_w} \leqslant f_f^w$$

式中,α 为考虑剪力对焊缝的偏心影响系数,可取 1.25~1.35。

3.9　高强度螺栓连接的工作性能和计算

▶ 3.9.1　高强度螺栓的预拉力

1)高强度螺栓预拉力的建立方法

我国现有大六角头型和扭剪型两种高强度螺栓。大六角头型和普通六角头粗制螺栓相同,如图 3.61(a)所示。扭剪型的螺栓头与铆钉头相仿,但在它的螺纹端头设置了一个梅花卡头和一个能够控制紧固扭矩的环形槽沟,如图 3.61(b)所示。

高强度螺栓的预拉力,是通过扭紧螺帽实现的。一般采用扭矩法、转角法或扭掉螺栓尾部梅花卡头法(扭剪型)控制预拉力。

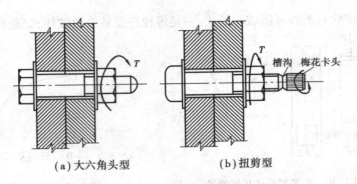

(a)大六角头型　　　　　　　(b)扭剪型

图 3.61　高强度螺栓

（1）扭矩法

采用可直接显示扭矩的特制扳手,如指针式扭力(测力)扳手或预置式扭力(定力)扳手,目前用得多的是电动扭矩扳手。扭矩法是通过控制拧紧力矩来实现控制预拉力。拧紧力矩可由试验确定,应使施工时控制的预拉力为设计预拉力的 1.1 倍。根据事先测定的扭矩和螺栓拉力之间的关系施加扭矩,并计入必要的超张拉值。此法往往由于螺纹条件、螺帽下的表面情况以及润滑情况等因素的变化,使扭矩和拉力间的关系变化幅度较大。当采用电动扭矩扳手时,所需要的施工扭矩 T_f 为:

$$T_f = kP_f d \tag{3.58}$$

式中,P_f 为设计时规定的螺栓施工预拉力,为设计预拉力的 $1/0.9$ 倍;k 为扭矩系数平均值,由供货厂方给定,施工前复验;d 为高强度螺栓直径。

为了克服板件和垫圈等的变形,基本消除板件之间的间隙,使拧紧力矩系数有较好的线性度,从而提高施工控制预拉力值的准确度,在安装大六角头高强度螺栓时,应先按拧紧力矩的 50% 进行初拧,然后按 100% 拧紧力矩进行终拧。对于大型节点在初拧之后,还应按初拧力矩进行复拧,然后再进行终拧。

扭矩法的优点是较简单、易实施、费用少,但由于连接件和被连接件的表面和拧紧速度的差异,测得的预拉力值误差大且分散,一般误差为±25%。

（2）转角法

转角法分初拧和终拧两步。初拧是先用普通扳手使被连接构件相互紧密贴合。终拧是以初拧的贴紧位置为起点,根据按螺栓直径和板叠厚度所确定的终拧角度,用强有力的扳手旋转螺母,拧至预定角度值时,螺栓的拉力即达到了所需的预拉力数值。

（3）扭剪型高强度螺栓的控制方法

扭剪型高强度螺栓是我国 20 世纪 60 年代开始研制,20 世纪 80 年代制定出标准的新型连接件之一。如图 3.61(b)所示,螺栓头为盘头,螺纹段端部有一个承受拧紧反力矩的十二角体和一个能在规定力矩下剪断的断颈槽。其受力特征与一般高强度螺栓相同,只是施加预拉力的方法为用拧断螺栓梅花头切口处截面来控制预拉力数值。该高强度螺栓具有强度高、安装简单和质量易于保证、可以单面拧紧、对操作人员没有特殊要求等优点。

扭剪型高强度螺栓连接副的安装需用特制的电动扳手,该扳手有两个套头,一个套在螺母六角体上,另一个套在螺栓的十二角体上。拧紧时,对螺母施加顺时针力矩,对螺栓十二角体施加大小相等的逆时针力矩,使螺栓断颈部分承受扭剪,其初拧力矩为拧紧力矩的相应的安装力矩,即为拧紧力矩 50%,复拧力矩等于初拧力矩,终拧至断颈槽处剪断为止,安装后一般不拆卸。

2)预拉力值的确定

高强度螺栓预拉力设计值由式(3.59)计算:

$$P = 0.9 \times 0.9 \times 0.9 A_e f_u / 1.2 = 0.607\ 5\ A_e f_u \tag{3.59}$$

式中 f_u 为螺栓材料经热处理后的最低抗拉强度,对于 8.8 级螺栓, $f_u = 830\ \text{N/mm}^2$;对于 10.9 级螺栓, $f_u = 1\ 040\ \text{N/mm}^2$。 A_e 为高强度螺栓的有效截面面积。

式(3.59)中系数 1.2 是考虑拧紧螺栓时扭矩对螺杆的不利影响系数。因拧紧螺帽时螺栓同时受到由预拉力引起的拉应力和由螺纹力矩引起的扭转剪应力作用。折算应力为:

$$\sqrt{\sigma^2 + 3\tau^2} = \eta\sigma \tag{3.60}$$

根据试验分析,系数 η 在 1.15~1.2,取平均值为 1.2。式(3.59)中另外 3 个 0.9 系数则分别考虑:螺栓材质的不定性系数;补偿螺栓紧固后有一定松驰引起预拉力损失;式中未按 f_y 计算预拉力,而是按 f_u 作为标准值计算,取值应适当降低。

按式(3.59)计算并经适当调整,即得《规范》规定的预拉力设计值 P,见表 3.10。

表 3.10　单个高强度螺栓的预拉力 P　　　　　单位:kN

螺栓的强度等级	螺栓的公称直径/mm								
	GB 50018 规范			GB 50017 规范					
	M12	M14	M16	M16	M20	M22	M24	M27	M30
8.8 级	45	60	80	80	125	150	175	230	280
10.9 级	55	75	100	100	155	190	225	290	355

▶ 3.9.2　高强度螺栓连接的摩擦面抗滑移系数

摩擦型高强度螺栓连接完全依靠被连接构件间的摩擦阻力传力,而摩擦阻力的大小除了螺栓的预拉力外,与被连接构件材料及其接触面的表面处理方法所确定的摩擦面抗滑移系数 μ 有关。试验表明,此系数值有随连接构件接触面间的压紧力减小而降低的现象,故与物理学中的摩擦系数有区别。

我国规范推荐采用的接触面处理方法有:喷砂(丸)、喷砂(丸)后涂无机富锌漆、喷砂(丸)后生赤锈和钢丝刷除浮锈或对干净轧制表面不作处理等。规范规定的各种处理方法相应的摩擦面抗滑移系数 μ 值详见表 3.11 和表 3.12。

表 3.11　摩擦面的抗滑移系数 μ 值(GB 50017)

在连接处构件接触面的处理方法	构件的钢号		
	Q235 钢	Q345 钢或 Q390 钢	Q420 钢
喷砂(丸)	0.45	0.50	0.50
喷砂(丸)后涂无机富锌漆	0.35	0.40	0.40
喷砂(丸)后生赤锈	0.45	0.50	0.50
钢丝刷消除浮锈或未经处理干净轧制表面	0.30	0.35	0.40

表 3.12　摩擦面的抗滑移系数 μ 值（GB 50018）

在连接处构件接触面的处理方法	构件的钢号	
	Q235 钢	Q345 钢
喷砂（丸）	0.40	0.45
热轧钢材轧制表面清除浮锈	0.30	0.35
冷轧钢材轧制表面清除浮锈	0.25	—

注：除锈方向应与受力方向相垂直。

由于冷弯薄壁型钢构件板壁较薄，其抗滑移系数均较普通钢结构的有所降低。

钢材表面经喷砂除锈后，表面看来光滑平整，实际上金属表面尚存在着微观的凹凸不平，高强度螺栓连接在很高的压紧力作用下，被连接构件表面相互啮合，钢材强度和硬度越高，这种啮合面产生滑移的力就越大，因此，μ 值与钢种有关。

试验证明，摩擦面涂红丹后 $\mu < 0.15$，即使经处理后仍然很低，故严禁在摩擦面上涂刷红丹。另外，在潮湿或淋雨条件下拼装连接，也会降低 μ 值，故应采取有效措施保证连接处表面的干燥。

▶ 3.9.3　高强度螺栓连接的工作性能

高强度螺栓连接按受力特征，分为摩擦型高强度螺栓和承压型高强度螺栓两种；按外力的作用不同，分为螺栓承受剪力和拉力两种情况。下面分述其工作性能。

1）高强度螺栓摩擦型连接的抗剪性能

由图 3.45 可以看出，由于高强度螺栓连接有较大的预拉力，从而使被连板叠中有很大的预压力，当连接受剪时，主要依靠摩擦力传力的高强度螺栓连接的抗剪承载力可达到 1 点。这就是摩擦型高强度螺栓连接与普通螺栓连接的重要区别，即摩擦型高强度螺栓连接单纯依靠被连接构件间的摩擦阻力传递剪力，以剪力等于摩擦力为承载能力的极限状态。

2）高强度螺栓承压型连接的抗剪性能

承压型高强度螺栓连接的传力特征是剪力超过摩擦力时，构件间发生相对滑移，螺栓杆身与孔壁接触并开始受剪和孔壁承压。另一方面，摩擦力随外力继续增大而逐渐减弱，到连接接近破坏时，剪力全由杆身承担。承压型高强度螺栓以螺栓或钢板破坏为承载能力的极限状态，可能的破坏形式和普通螺栓相同。这种螺栓连接还应以不出现滑移作为正常使用的极限状态。

由图 3.45 可以看出，通过 1 点后，连接产生了滑移，当栓杆与孔壁接触后，连接又可继续承载直到破坏。如果连接的承载力只用到 1 点，即为高强度螺栓摩擦型连接；如果连接的承载力用到 4 点，即为高强度螺栓承压型连接。

3）高强度螺栓的抗拉性能

高强度螺栓在承受外拉力前，螺杆中已有很高的预拉力 P，板层之间则有压力 C，而 P 与 C 维持平衡，如图 3.62（a）所示。当对螺栓施加外拉力 N_t，则栓杆在板层之间的压力未完全消失前被拉长，此时螺杆中拉力增量为 ΔP，同时把压紧的板件拉松，使压力 C 减少 ΔC，如图 3.62（b）所示。计算表明，当加于螺杆上的外拉力 N_t 为预拉力 P 的 80% 时，螺杆内的拉力增加很少,因此可认为此时螺杆的预拉力基本不变。同时由试验得知,当外加拉力大于螺杆的预拉力时,卸荷后螺杆中的预拉力会变小,即发生松弛现象。但当外加拉力小于螺杆预拉力的 80%时,则无松弛现象发生。也就是说,被连接板件接触面间仍能保持一定的压紧力,可以假定整个板面始终处于紧密接触状态。

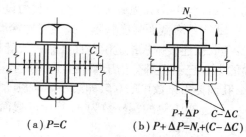

(a) $P = C$ (b) $P + \Delta P = N_t + (C - \Delta C)$

图 3.62 高强度螺栓受拉

在直接承受动力荷载的结构中,由于高强度螺栓连接受拉时的疲劳强度较低,每个高强度螺栓的外拉力不宜超过 $0.5P$。当需考虑撬力影响时,外拉力还得降低。

▶ 3.9.4 高强度螺栓群摩擦型连接的抗剪计算

1)摩擦型连接中高强度螺栓抗剪承载力设计值

摩擦型连接的承载力取决于构件接触面的摩擦力,而此摩擦力的大小与螺栓所受预拉力和摩擦面的抗滑移系数以及连接的传力摩擦面数有关。摩擦型高强度螺栓承受剪力时的设计准则是外力不得超过摩擦阻力。每个螺栓的摩擦阻力应该是 $n_f \mu P$,因此,单个摩擦型高强度螺栓的抗剪承载力设计值为:

$$N_v^b = 0.9 n_f \mu P \tag{3.61}$$

式中,0.9 为抗力分项系数 γ_R 的倒数,即取 $\gamma_R = 1/0.9 = 1.111$;n_f 为传力摩擦面数,单剪时 $n_f = 1$,双剪时 $n_f = 2$;μ 为摩擦面的抗滑移系数,按表 3.11、表 3.12 采用;P 为单个高强度螺栓的预拉力,按表 3.10 采用。

试验证明,低温对摩擦型连接高强度螺栓抗剪承载力无明显影响,但当温度 $t = 100 \sim 150 \, ^\circ\!C$ 时,螺栓的预拉力将产生温度损失,故应将摩擦型连接高强度螺栓的抗剪承载力设计值降低 10%;当 $t > 150 \, ^\circ\!C$ 时,应采取隔热措施,以使连接温度在 150 ℃ 或 100 ℃ 以下。

2)高强度螺栓群的抗剪计算

(1)高强度螺栓群的轴心受剪(见图 3.63)

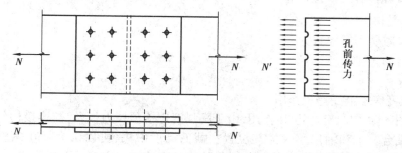

图 3.63 轴力作用下的高强度螺栓连接

①轴力 N 通过螺栓群形心,所需螺栓数为:

$$n \geqslant \frac{N}{N_v^b} \tag{3.62}$$

式中，N_v^b 为单个高强螺栓的受剪承载力设计值，按式(3.61)计算。

②构件净截面强度验算。高强度螺栓摩擦型连接中的构件净截面强度计算与普通螺栓连接不同，被连接钢板最危险截面在第一排螺栓孔处，如图3.63所示。但在这个截面上，连接所传递的力 N 已有一部分由于摩擦力作用在孔前传递，所以净截面上的拉力 $N' < N$。根据试验结果，孔前传力系数可取 0.5，即第一排高强度螺栓所分担的内力已有 50%在孔前摩擦面中传递。

设连接一侧的螺栓数为 n，所计算截面(最外排螺栓处)上的螺栓数为 n_1，则构件净截面所受力为：

$$N' = N - 0.5 \frac{N}{n} n_1 = N\left(1 - 0.5 \frac{n_1}{n}\right) \tag{3.63}$$

净截面强度计算公式为：

$$\sigma = \frac{N'}{A_n} \leqslant f \tag{3.64}$$

通过以上分析可以看出，在高强度螺栓连接中，开孔对构件截面的削弱影响较普通螺栓连接小，因此使用高强度螺栓连接也是节约钢材的一个途径。

此外，由于 $N' < N$，所以除对有孔截面进行验算外，还应对毛截面进行验算，即应验算 $\sigma = N/A \leqslant f$。

(2)高强度螺栓群的非轴心受剪

高强度螺栓群在扭矩作用时及扭矩、剪力、轴心力共同作用时的抗剪高强度螺栓计算方法与普通螺栓相同，只是用高强度螺栓的承载力设计值进行计算。

▶ 3.9.5 高强度螺栓摩擦型连接的抗拉计算

1)摩擦型连接中高强度螺栓抗拉承载力设计值

如前所述，在外拉力 N(设计值)作用下，高强度螺栓受拉。为提高高强度螺栓连接在承受拉力作用时能使被连接板间保持一定的压紧力，《规范》规定在杆轴方向承受拉力的高强度螺栓摩擦型连接中，单个高强度螺栓受拉承载力设计值为：

$$N_t^b = 0.8P \tag{3.65}$$

2)高强度螺栓群的抗拉计算

(1)轴心受拉

轴心受拉时所需螺栓数为：

$$n \geqslant \frac{N}{N_t^b} = \frac{N}{0.8P} \tag{3.66}$$

(2)高强度螺栓群受弯矩作用

假定在图3.64中只有弯矩 M 作用，由于高强度螺栓预拉力很大，被连接构件的接触面一直保持紧密贴合。中和轴像梁一样其位置在截面高度中央，可以认为就在螺栓群形心轴线上。这种情况以板不被拉开为条件，因此，最外排的螺栓拉力应满足下列公式：

$$N_{t1}^M = \frac{M y_1}{\sum y_i^2} \leqslant N_t^b = 0.8P \tag{3.67}$$

式中，y_1 为最外排螺栓至螺栓群中心的距离；y_i 为第 i 排螺栓至螺栓群中心的距离。

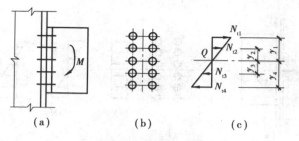

图 3.64　承受弯矩的高强度螺栓连接

（3）高强度螺栓群偏心受拉

受拉高强度螺栓摩擦型连接受偏心拉力 N 作用时,如前所述,只要螺栓最大拉力不超过 $0.8P$,连接件接触面就能保证紧密结合。因此不论偏心力矩的大小,均可按受拉普通螺栓连接当 M/N 较小的受拉情况计算,即:

$$N_{\max} = \frac{N}{n} + \frac{Ne}{\sum y_i^2} y_1 \leqslant N_t^b \tag{3.68}$$

式中, $N_t^b = 0.8P$。

▶ **3.9.6　高强度螺栓摩擦型连接承受拉力、弯矩和剪力的共同作用**

图 3.65 所示为摩擦型高强度螺栓连接,随着外拉力的增大,板件间的挤压力由 P 减至 $P-N_t$。试验研究表明,这时接触面的抗滑移系数 μ 值也有所降低,而且 μ 值随 N_t 的增大而减小,每个螺栓的抗剪承载力也随之减小。试验结果表明,外加剪力 N_v 和拉力 N_t 与高强螺栓的受拉、受剪承载力设计值之间具有线性相关关系,故《规范》规定,当高强度螺栓摩擦型连接同时承受摩擦面间的剪力和螺栓杆轴方向的外拉力时,其承载力应按下式计算:

$$\frac{N_v}{N_v^b} + \frac{N_t}{N_t^b} \leqslant 1 \tag{3.69}$$

式（3.69）可改写为:

$$N_v = N_v^b \left(1 - \frac{N_t}{N_t^b}\right)$$

将 $N_v^b = 0.9 n_f \mu P$, $N_t^b = 0.8P$ 代入上式,得:

$$N_{v,t}^b = 0.9 n_f \mu (P - 1.25 N_t) \tag{3.70}$$

即考虑外拉力这一影响时,对同时承受剪力和拉力的摩擦型高强度螺栓连接,抗滑移系数 μ 仍用原值,而将 N_t 增大为 $1.25 N_t$,故每个螺栓的受剪承载力设计值为:

$$N_{v(ti)}^b = 0.9 n_f \mu (P - 1.25 N_{ti}) \tag{3.71}$$

整个连接的抗剪承载力为各个螺栓抗剪承载力的总和。这样为保证连接安全承受剪力 V,要求:

$$V \leqslant \sum_{i=1}^{n} N_{v(ti)}^b = \sum_{i=1}^{n} 0.9 n_f \mu (P - 1.25 N_{ti}) = 0.9 n_f \mu \left(nP - 1.25 \sum_{i=1}^{n} N_{ti}\right) \tag{3.72}$$

式中, n 为连接中的螺栓数; N_{ti} 为受拉区第 i 个螺栓所受外拉力。

如图 3.65 所示,在弯矩和拉力共同作用下,高强度螺栓群中的拉力各不相同,即:

$$N_{ti} = \frac{N}{n} \pm \frac{M y_i}{\sum y_i^2} \tag{3.73}$$

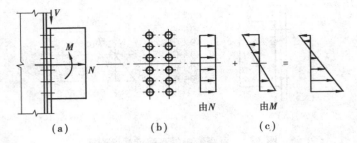

图 3.65　同时受拉剪摩擦型高强度螺栓连接

在式(3.72)中,只考虑螺栓拉力对抗剪承载力的不利影响,未考虑受压区板层间压力增加的有利作用,故按该式计算的结果是略偏安全的。

此外,设计时还应保证螺栓最大拉力 $N_{ti} \leqslant 0.8P$。

【例 3.9】　如图 3.66 所示为工字形截面柱翼缘与牛腿用高强度螺栓摩擦型连接。连接件钢材为 Q235,螺栓为 8.8 级,M20,接触面采用喷砂处理,试验算该螺栓连接是否满足要求(图中内力均为设计值)。

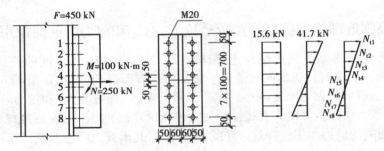

图 3.66　例 3.9 图

【解】　(1)受拉区各螺栓所受的外拉力

由表 3.10 查得:$P = 125$ kN;由表 3.11 查得:$\mu = 0.45$。

$$N_{t1} = \frac{N}{n} + \frac{My_1}{\sum y_i^2} = \left[\frac{250}{16} + \frac{100 \times 10^2 \times 35}{2 \times (35^2 + 25^2 + 15^2 + 5^2) \times 2} \right] \text{kN}$$

$$= (15.6 + 41.7)\text{kN} = 57.3 \text{ kN} < 0.8P = 0.8 \times 125 \text{ kN} = 100 \text{ kN}$$

$$N_{t2} = \left(15.6 + 41.7 \times \frac{25}{35} \right) \text{kN} = 45.4 \text{ kN}$$

$$N_{t3} = \left(15.6 + 41.7 \times \frac{15}{35} \right) \text{kN} = 33.5 \text{ kN}$$

$$N_{t4} = \left(15.6 + 41.7 \times \frac{5}{35} \right) \text{kN} = 21.6 \text{ kN}$$

$$N_{t5} = \left(15.6 - 41.7 \times \frac{5}{35} \right) \text{kN} = 9.6 \text{ kN}$$

$$N_{t6} = \left(15.6 - 41.7 \times \frac{15}{35} \right) \text{kN} = -2.3 \text{ kN}$$

同理可得 N_{t7}、N_{t8} 均小于 0（受压区），故 N_{t6}、N_{t7}、N_{t8} 均按 $N_{ti} = 0$ 计算。

（2）验算连接承载力

端板沿受力方向的连接长度 $l_1 = 70$ cm $> 15d_0 = 15 \times 2.2 = 33$ cm，故螺栓的抗剪承载力设计值应按下列折减系数进行折减：

$$\eta = 1.1 - \frac{l_1}{150d_0} = 1.1 - \frac{70}{150 \times 2.2} = 0.89$$

$$\sum_{i=1}^{n} N_{ti} = 2 \times (57.3 + 45.4 + 33.5 + 21.6 + 9.6)\,\text{kN} = 334.8\ \text{kN}$$

$$\sum_{i=1}^{n} N_{v(ti)}^{b} = 0.9 n_f \mu \left(nP - 1.25 \sum_{i=1}^{n} N_{ti} \right) \eta$$

$$= 0.9 \times 1 \times 0.45 \times (16 \times 125 - 1.25 \times 334.8) \times 0.89\ \text{kN}$$

$$= 570.1\ \text{kN} > V = 450\ \text{kN}（满足）$$

▶ 3.9.7 高强度螺栓承压型连接的计算

1）受剪连接的承载力

前已述及，受剪高强度螺栓承压型连接以栓杆受剪破坏或孔壁承压破坏为极限状态，容许被连接构件之间产生滑移，故其抗剪连接计算方法与受剪普通螺栓连接相同，仍可用式（3.38）和式（3.39）计算单个螺栓的抗剪承载力设计值，只是应采用承压型连接高强度螺栓的强度设计值。当剪切面在螺纹处时，承压型连接高强度螺栓的抗剪承载力应按螺纹处的有效截面计算。但对于普通螺栓，其抗剪强度设计值是根据连接的试验统计数据而定的，试验时不分剪切面是否在螺纹处，故计算抗剪强度设计值时用公称直径。

承压型连接中高强度螺栓采用的钢材与摩擦型连接中的高强度螺栓相同，预应力也相同，但构件接触面可以不处理，仅需清除油污及浮锈。

2）受拉连接承载力

承压型连接高强度螺栓沿杆轴方向受拉时与受拉摩擦型相同，每个高强度螺栓的抗拉承载力设计值为 $N_t^b = \dfrac{\pi d_e^2}{4} f_t^b$，《规范》给出了相应强度级别的螺栓抗拉强度设计值 $f_t^b \approx 0.48 f_u^b$，即抗拉承载力的计算公式与普通螺栓相同，只是抗拉强度设计值不同。

3）同时受剪和受拉连接的承载力

同时承受剪力和杆轴方向拉力的高强度螺栓承压型连接计算方法与普通螺栓连接相同，即：

验算拉-剪作用

$$\sqrt{\left(\frac{N_v}{N_v^b}\right)^2 + \left(\frac{N_t}{N_t^b}\right)^2} \leqslant 1 \qquad\qquad (3.74)$$

验算孔壁承压

$$N_v = \frac{V}{n} \leqslant \frac{N_c^b}{1.2} \qquad\qquad (3.75)$$

式中，N_v、N_t 为某个高强度螺栓所承受的剪力和拉力设计值；N_v^b、N_t^b、N_c^b 为一个高强度螺栓的

抗剪、抗拉和承压承载力设计值。

对于同时受剪和受拉的承压型高强度螺栓,要求螺栓所受剪力 N_v 不得超过孔壁承压承载力设计值除以 1.2。这是考虑由于在剪应力单独作用下,高强度螺栓对板层间产生强大压紧力。当板层间的摩擦力被克服,螺杆与孔壁接触时,板件孔前区形成三向压应力场,因而承压型连接高强度螺栓的承压强度比普通螺栓高得多,两者相差约 50%。当承压型连接高强度螺栓受有杆轴拉力时,板层间的压紧力随外拉力的增加而减小,因而其承压强度设计值也随之降低。为了计算简便,《规范》规定,只要有外拉力存在,就将承压强度除以 1.2 予以降低,而未考虑承压强度设计值变化幅度随外拉力大小而变化这一因素。因为所有高强度螺栓的外拉力一般均不大于 0.8P。此时,可认为整个板层间始终处于紧密接触状态,采用统一除以 1.2 的做法来降低承压强度,一般能保证安全。

各种受力情况的单个螺栓承载力设计值的计算式汇总于于表 3.13 中,以便对照和应用。

表 3.13　单个螺栓承载力设计值

序号	螺栓种类	受力状态	单个螺栓的承载力设计值	备注
1	普通螺栓	受剪	$N_v^b = n_v \dfrac{\pi d^2}{4} f_v^b$ $N_c^b = d \sum t \cdot f_c^b$	N_{min}^b 为 N_v^b 与 N_c^b 中的较小值
		受拉	$N_t^b = A_e f_t^b$	
		兼受剪拉	$\sqrt{\left(\dfrac{N_v}{N_v^b}\right)^2 + \left(\dfrac{N_t}{N_t^b}\right)^2} \leq 1$ $N_v \leq N_c^b$	
2	摩擦型连接高强度螺栓	受剪	$N_v^b = 0.9 n_f \mu P$	
		受拉	$N_t^b = 0.8P$	
		同时受剪和受拉	$N_{v,t}^b = 0.9 n_f \mu (P - 1.25 N_t)$ 或 $\dfrac{N_v}{N_v^b} + \dfrac{N_t}{N_t^b} \leq 1$ $N_t^b = 0.8P$	
3	承压型连接高强度螺栓	受剪螺栓	$N_v^b = n_v \dfrac{\pi d^2}{4} f_v^b$ $N_c^b = d \sum t \cdot f_c^b$	① N_{min}^b 为 N_v^b 与 N_c^b 中的较小值; ② 当剪切面在螺纹处时, $N_v^b = n_v A_e f_v^b$
		受拉螺栓	$N_t^b = A_e f_t^b$	
		同时受剪和受拉的螺栓	$\sqrt{\left(\dfrac{N_v}{N_v^b}\right)^2 + \left(\dfrac{N_t}{N_t^b}\right)^2} \leq 1$ $N_v \leq \dfrac{N_c^b}{1.2}$	

3.10 轻钢结构紧固件连接的构造和计算

▶ 3.10.1 紧固件连接的构造

1）一般构造要求

紧固件常用抽芯铆钉（拉铆钉）、自攻螺钉和射钉等，一般用于薄壁型钢结构连接中，应满足下述构造要求：

①抽芯铆钉的适用直径为 2.6～6.4 mm，在受力蒙皮结构中宜选用直径不小于 4 mm 的抽芯铆钉；自攻螺钉的适用直径为 3.0～8.0 mm，在受力蒙皮结构中宜选用直径不小于 5 mm 的自攻螺钉。

②参考国外的相关规范，并根据试验结果归纳，自攻螺钉连接在板件上的预制孔径 d_0 的经验公式为：

$$d_0 = 0.7d + 0.2t_t \tag{3.76}$$

且

$$d_0 \leqslant 0.9d \tag{3.77}$$

式中，d 为自攻螺钉的公称直径，mm；t_t 为被连接板的总厚度，mm。

③抽芯铆钉（拉铆钉）和自攻螺钉的钉头部分应靠在较薄的板件一侧。连接件的中距和端距不得小于连接件直径的 3 倍，边距不得小于连接件直径的 1.5 倍。受力连接中的连接件不宜少于 2 个。

④射钉只用于薄板与支撑构件（即基材如檩条）的连接。射钉的间距不得小于射钉直径的 4.5 倍，且其中距不得小于 20 mm，到基材的端部和边缘的距离不得小于 15 mm，射钉的适用直径为 3.7～6.0 mm。

射钉的穿透深度（指射钉尖端到基材表面的深度，如图 3.67 所示）应不小于 10 mm。

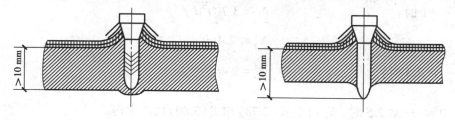

图 3.67　射钉的穿透深度

⑤在抗拉连接中，自攻螺钉和射钉的钉头或垫圈直径不得小于 14 mm，且应通过试验保证连接件由基材中的拔出强度不小于连接件的抗拉承载力设计值。

2）基材及被连钢板的强度及厚度要求

基材的屈服强度应不小于 150 N/mm²，被连钢板的最大屈服强度应不大于 360 N/mm²。基材和被连钢板的厚度应满足表 3.14 和表 3.15 的要求。

表 3.14　被连钢板的最大厚度　　　　　　　　　　单位:mm

射钉直径	≥ 3.7	≥ 4.5	≥ 5.2
单一方向			
单层被固定钢板最大厚度	1.0	2.0	3.0
多层被固定钢板最大厚度	1.4	2.5	3.5
相反方向			
所有被固定钢板最大厚度	2.8	5.0	7.0

表 3.15　基材的最小厚度　　　　　　　　　　单位:mm

射钉直径	≥ 3.7	≥ 4.5	≥ 5.2
最小厚度	4.0	6.0	8.0

▶ 3.10.2　紧固件的强度计算

1)紧固件受剪计算

通常,在轻型钢结构中,采用抽芯铆钉或自攻螺钉将压型钢板与支撑构件(如檩条和墙梁等)连接在一起。当紧固件能牢固地将压型钢板与其支撑构件连接时,压型钢板面层除能承受法向于它的面外荷载之外,还可与支撑构件一起承受面内的剪力,这一效应称为受力蒙皮作用,此时紧固件承受剪力作用。试验研究表明,紧固件受剪的破坏形式主要是薄板被挤坏或被撕裂。《规范》(GB 50018)规定,当连接件受剪时,每个连接件所承受的剪力应不大于按下列公式计算的抗剪承载力设计值。

对于抽芯铆钉和自攻螺钉:

当 $\dfrac{t_1}{t} = 1$ 时:　　　　　　$N_v^f = 3.7\sqrt{t^3 d}\, f$ 　　　　　　　　　(3.78)

且　　　　　　　　　　　　$N_v^f \leqslant 2.4tdf$ 　　　　　　　　　(3.79)

当 $\dfrac{t_1}{t} \geqslant 2.5$ 时:　　　　$N_v^f = 2.4tdf$ 　　　　　　　　　(3.80)

当 $1.0 \leqslant \dfrac{t_1}{t} \leqslant 2.5$ 时, N_v^f 可由式(3.78)和式(3.80)插值求得。

式中, N_v^f 为一个连接件的抗剪承载力设计值,N; d 为铆钉或螺钉直径,mm; t 为较薄板(钉头接触侧的钢板)的厚度,mm; t_1 为较厚板(在现场形成钉头一侧的板或钉尖侧的板)的厚度,mm; f 为被连接钢板的抗拉强度设计值,N/mm²。

对于射钉:　　　　　　　　　　$N_v^f = 3.7tdf$ 　　　　　　　　　(3.81)

式中, t 为被固定的单层钢板的厚度,mm; d 为射钉直径,mm; f 为被固定钢板的抗拉强度设计值,N/mm²。

当抽芯铆钉或自攻螺钉用于压型钢板端部与支撑构件(如檩条)连接时,其抗剪承载力设计值应乘以折减系数 0.8。

2)紧固件受拉计算

风力是反复荷载的根本起因,在风吸力作用下,压型钢板上下波动,使紧固件承受反复荷载作用,常引起钉头部位的疲劳破坏。因此考虑风荷载组合时紧固件承载力降低。

根据大量的试验结果得到,静荷载和反复荷载作用下,自攻螺钉和射钉连接抗拉强度的计算公式。《规范》(GB 50018)规定,在压型钢板与冷弯型钢等支撑构件之间的连接件杆轴方向受拉的连接中,每个自攻螺钉或射钉所受的拉力应不大于按下列公式计算的抗拉承载力设计值。

当只受静荷载作用时: $\quad\quad\quad N_t^f = 17tf$ (3.82)

当受含有风荷载的组合荷载作用时: $\quad N_t^f = 8.5tf$ (3.83)

式中, N_t^f 为一个自攻螺钉或射钉的抗拉承载力设计值,N; t 为紧挨钉头侧的压型钢板厚度,mm,应满足 $0.5\ mm \leqslant t \leqslant 1.5\ mm$; f 为被连接钢板的抗拉强度设计值,N/mm²。

当连接件位于压型钢板波谷的一个四分点时,如图 3.68(b)所示,其抗拉承载力设计值应乘以折减系数 0.9;当两个四分点均设置连接件时,如图 3.68(c)所示,则应乘以折减系数 0.7。

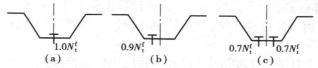

$$1.0N_t^f \qquad 0.9N_t^f \qquad 0.7N_t^f \quad 0.7N_t^f$$
$$(a) \qquad\qquad (b) \qquad\qquad (c)$$

图 3.68 压型钢板连接示意图

自攻螺钉所受的拉力应不大于按式(3.84)计算的抗拉承载力设计值:

$$N_t^f = 0.75t_c df$$ (3.84)

式中, d 为自攻螺钉的直径,mm; t_c 为钉杆的圆柱状螺纹部分钻入基材中的深度,mm; t_c 应大于 0.9 mm; f 为基材的抗拉强度设计值,N/mm²。

3)紧固件同时承受拉力和剪力的计算

试验研究表明,紧固件在拉、剪共同作用下的承载力符合圆曲线相关方程。《规范》(GB 50018)规定,同时承受剪力和拉力作用的自攻螺钉和射钉连接,应符合式(3.85)的要求:

$$\sqrt{\left(\frac{N_v}{N_v^f}\right)^2 + \left(\frac{N_t}{N_t^f}\right)^2} \leqslant 1$$ (3.85)

式中, N_v、N_t 为一个连接件所承受的剪力和拉力设计值; N_v^f、N_t^f 为一个连接件的抗剪和抗拉承载力设计值。

章后提示

本章主要介绍了钢结构连接的基本类型,重点介绍了焊缝连接的形式、构造及计算,其次对焊缝缺陷及质量检验等进行了介绍;同时也重点介绍了螺栓连接的工作性能、构造要求及计算方法。

钢结构建筑的关键就在节点上,而焊缝连接和螺栓连接是目前钢结构节点中应用非常普遍的连接方法,学习过程中应清楚了解焊缝、螺栓的施工质量对钢结构建筑整体质量的影响。

思考题与习题

3.1　钢结构常用的连接方法有哪几种？各有什么优点？

3.2　焊缝可能存在哪些缺陷？如何进行焊缝质量检查？

3.3　焊缝的质量分几个等级？与钢材等强度的受拉和受弯对接焊缝须采用几级？

3.4　轴心受拉的对接焊缝在什么情况下须进行强度验算？

3.5　角焊缝的构造要求有哪些？

3.6　角焊缝的基本计算公式 $\sqrt{\left(\dfrac{\sigma_f}{\beta_f}\right)^2 + \tau_f^2} \le f_f^w$ 中 σ_f、τ_f 和 β_f 如何确定？

3.7　残余应力对结构有哪些影响？

3.8　普通螺栓的受剪螺栓连接有哪几种破坏形式？用什么方法可以防止？

3.9　普通螺栓群在偏心力作用时的受拉螺栓计算怎样区分大小偏心？计算有什么不同？

3.10　在弯矩作用下的螺栓连接,其旋转中心,对于普通螺栓连接和高强度螺栓连接有何不同？为什么？

3.11　在受剪连接中使用普通螺栓连接和高强度螺栓摩擦型连接,对构件开孔截面进行净截面强度验算时有什么不同？

3.12　高强度螺栓承压型连接和高强度螺栓摩擦型连接有什么区别和联系？

3.13　受拉板件(Q345 钢,—420×22),工地采用高强度螺栓摩擦型连接(M20,10.9 级, $\mu = 0.45$),试判定图 3.69 所示哪种拼接形式板件的承载力最高？

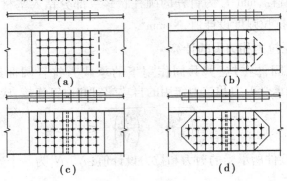

(a)　　　　　　　　(b)

(c)　　　　　　　　(d)

图 3.69　题 3.13 图

3.14　验算图 3.70 所示的钢板对接焊缝。已知轴心拉力设计值 $N = 450$ kN(静荷载),材料为 Q235,焊条为 E43 型,手工电弧焊,焊缝质量为三级,施焊时采用引弧板。

3.15　验算图 3.71 所示柱与牛腿连接的对接焊缝。已知:静力荷载 $F = 200$ kN(设计值),偏心距 $e = 150$ mm。钢材为 Q390,采用 E55 型焊条,手工焊,焊缝质量为二级,施焊时采用引弧板。

3.16　设计一双盖板的钢板对接接头。图 3.72 所示,已知钢板截面为 400×12,承受的轴心拉力设计值 $N = 900$ kN(静力荷载),钢材为 Q345,焊条采用 E50 型,手工焊。

3.17　图 3.73 所示的连接,已知:轴心拉力设计值 $N = 550$ kN(静荷载),材料为 Q345,焊条 E50 型,手工焊。

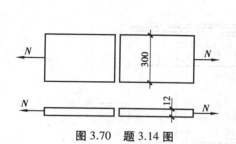

图 3.70　题 3.14 图

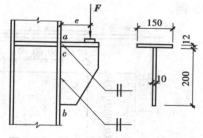

图 3.71　题 3.15、题 3.18 图（单位:mm）

（1）只用侧面角焊缝相连,设计角钢与节点板间的角焊缝 A;

（2）计算节点板与端板的角焊缝"B"需要的焊脚尺寸 h_f。

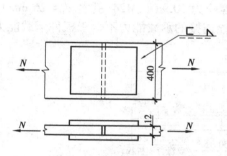

图 3.72　题 3.16、题 3.21 图（单位:mm）

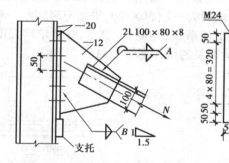

图 3.73　题 3.17、题 3.22 图（单位:mm）

3.18　将题 3.15 的连接改用角焊缝,试验算连接强度。

3.19　图 3.74 所示箱形柱的柱脚,采用 Q235 钢,手工焊 E43 型焊条,柱底端刨平,沿柱四周用角焊缝与柱底板焊接。试求其直角焊缝的焊脚尺寸 h_f。

3.20　试计算图 3.75 所示连接所能承受的最大荷载设计值 F（静力荷载）。钢材为 Q235,焊条采用 E43 型,手工焊,焊脚尺寸 $h_f = 10$ mm。焊缝端部绕角焊 $2h_f$,不考虑弧坑的影响。

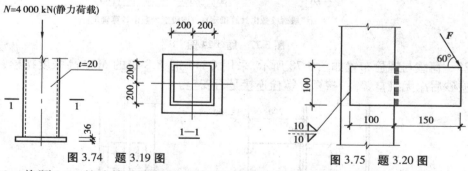

图 3.74　题 3.19 图　　　　　　　　　　　　图 3.75　题 3.20 图

3.21　将题 3.16 的连接改为螺栓连接,试分别按下述两种情况设计该连接。

（1）采用普通型 C 级螺栓,M20;

（2）采用 10.9 级摩擦型高强度螺栓,M16,构件接触面喷砂（丸）后涂无机富锌漆。

3.22　试计算题 3.17 连接中端板与柱连接的 C 级普通螺栓的强度。螺栓 M24,钢材 Q345（剪力完全由支托承担）。

3.23　如图 3.76 所示连接,采用 M20（$d = 20$ mm）的 10.9 级高强度螺栓。求此连接能承受的 F_{max} 值。要求分别按摩擦型和承压型连接计算(钢板表面未处理,仅用钢丝刷清理浮锈,

钢板仍为 Q235 钢)。

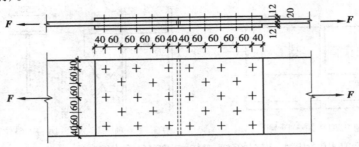

图 3.76 题 3.23 图

3.24 工地拼接实腹梁的受拉翼缘板,采用高强度螺栓摩擦型连接,如图 3.77 所示。受拉翼缘板的截面为—1 050×100,采用 Q345 钢。高强螺栓为 10.9 级、M24(孔径 $d_0 = 26$ mm),摩擦面的抗滑移系数 $\mu = 0.4$。试求,在要求高强度螺栓连接的承载能力不低于板件承载能力的条件下,所需要的拼接螺栓数目。

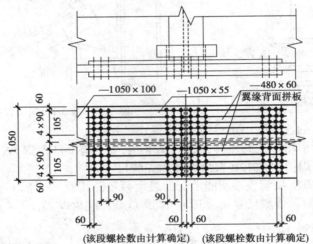

图 3.77 题 3.24 图

3.25 荷载与螺栓布置如图 3.78 所示,采用 Q345 钢、8.8 级的 M20 高强度螺栓,构件接触面经喷砂后涂无机富锌漆,核算该螺栓连接是否安全。

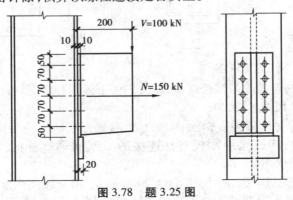

图 3.78 题 3.25 图

4

受弯构件

〖**本章导读**〗

一、本章需掌握、熟悉的基本内容

受弯构件的设计应综合考虑承载能力和正常使用两种极限状态,包括强度、变形、整体稳定和局部稳定四方面的内容。

本章需掌握梁的强度、变形、整体稳定和局部稳定的计算方法,以及影响其承载能力和变形的主要因素。

二、本章重点、难点

本章重点是实腹式受弯构件(包括型钢梁和焊接组合梁)的设计要点。难点是梁的稳定分析及腹板屈曲后强度的利用。

4.1 概 述

承受横向荷载的构件称为受弯构件,有实腹式和格构式两类。在钢结构中,实腹式受弯构件也常称为梁,在土木工程领域应用十分广泛,例如房屋建筑中的楼屋盖梁、檩条、墙梁、吊车梁以及工作平台梁(见图4.1)、桥梁。

▶ **4.1.1 实腹式受弯构件——梁**

钢梁按截面形式可分为型钢梁和焊接组合梁两类。型钢梁构造简单、制造省工、成本较低,因此,在跨度与荷载不大时应优先采用。但当荷载或跨度较大时,由于轧制条件的限制,

型钢梁的尺寸、规格不能满足要求时,就必须采用由几块钢板或型钢组成的焊接组合梁,如图 4.2(g)～(j)所示,以满足承载力和变形需要。

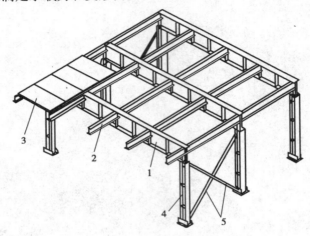

图 4.1　工作平台梁格
1—主梁;2—次梁;3—平台面板;4—柱;5—支撑

　　型钢梁大多采用热轧工字钢(见图 4.2(a))、H 型钢(见图 4.2(b))和槽钢(见图 4.2(c)),其中工字钢和窄翼缘 H 型钢截面为双轴对称,受力性能好,与其他构件连接也较方便,应用最广。槽钢因其截面剪力中心在腹板外侧,弯曲时容易同时产生扭转,受力不利,设计时应在构造上采取措施。热轧型钢梁腹板的厚度较大,用钢量较多。对于某些受弯构件,如檩条、墙梁等,也可采用比较经济的冷弯薄壁型钢(见图 4.2(d)～(f)),但其防腐要求较高。

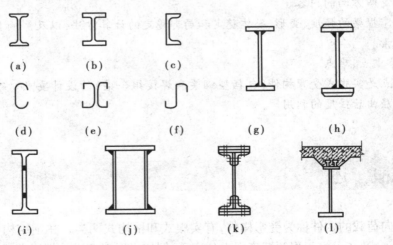

图 4.2　梁的截面类型

　　对跨度和动力荷载较大的梁,如果采用单层厚钢板但质量不能满足焊接结构或动力荷载要求时,可采用摩擦型高强度螺栓或铆接连接的组合截面,如图 4.2(k)所示。此外,在桥梁、楼屋盖、平台结构中,常采用钢与混凝土组合梁(见图 4.2(l)),以充分发挥钢材抗拉性能好、混凝土抗压强度高的特点,组合梁的设计将在后续有关课程中介绍。

▶ 4.1.2　格构式受弯构件——桁架

　　与实腹梁相比,其特点是以弦杆代替翼缘、以腹杆代替腹板,而在各节点将腹杆和弦杆连接。这样,桁架整体受弯时,弯矩表现为上下弦杆的轴心压力和拉力,剪力则表现为各腹杆的轴心压力或拉力。钢桁架可以根据不同使用要求制成所需的外形,对跨度和高度较大的构件,其钢材用量比实腹梁减少较多,而刚度却增加较多。但其缺点是杆件和节点较多,构造较复杂,制造较为费工。

　　与实腹梁一样,平面钢桁架在土木工程中应用很广泛,例如建筑工程中的屋架(见图 4.3(a)~(c))、托架、桁架式吊车梁,桥梁中的桁架桥,还有其他领域,如起重机臂架、水工闸门和海洋平台的主要受弯构件等。大跨度屋盖结构中采用的钢网架,以及各种类型的塔桅结构(见图 4.3(d)),则属于空间钢桁架。

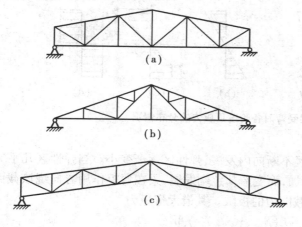

图 4.3　桁架的形式

4.2　受弯构件的强度和变形

▶ 4.2.1　实腹式受弯构件(梁)的强度计算

　　构件的强度是指构件截面上某一点的应力或整个截面上的内力值,在构件破坏前达到所用材料强度极限的程度。对于钢梁,要保证强度安全,就要保证钢梁净截面的抗弯强度和抗剪强度不超过所用钢材的抗弯和抗剪强度极限。对于工形、箱形等截面的梁,在集中荷载处,还要求腹板边缘局压强度满足要求。在某些情况下,还需对弯曲应力、剪应力及局压应力共同作用下的折算应力进行验算。现分述如下。

1)梁的抗弯强度

　　受弯的钢梁可视为理想弹塑性体,截面中的应变始终符合平截面假定,弯曲应力随弯矩增加而变化,其发展过程可分为弹性、弹塑性和塑性 3 个阶段。

（1）弹性工作阶段

当弯矩 M_x 较小时，截面上的弯曲应力 σ 呈三角形直线分布，如图 4.4（b）所示，其边缘纤维最大应力 $\sigma = M_x/W_{nx}$，这个阶段可持续达到屈服点 f_y。对于需要计算疲劳强度的梁，以此阶段作为计算依据，其相应的最大弯矩为：

$$M_{xe} = f_y W_{nx} \tag{4.1}$$

式中，M_{xe} 为梁的弹性极限弯矩；W_{nx} 为梁对 x 轴的净截面（弹性）模量。

（2）弹塑性工作阶段

超过弹性极限后，如果弯矩继续增加，截面外缘部分进入塑性状态，中央部分仍保持弹性。此时截面弯曲应力不再保持三角形直线分布，而是呈折线分布，如图 4.4（c）所示。《规范》把此阶段作为梁抗弯强度计算的依据。

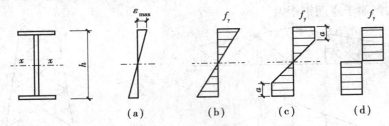

图 4.4　梁受弯时各阶段正应力的分布情况

（3）塑性工作阶段

随弯矩 M_x 增大，梁截面的塑性区不断向内发展，弹性区逐渐变小。当弹性区几乎完全消失时（见图 4.4（d）），弯矩 M_x 不再增加，而变形却急剧发展，梁在弯矩作用方向绕该截面中和轴自由转动，形成"塑性铰"，达到承载能力的极限。其最大弯矩为：

$$M_{xp} = f_y(S_{1nx} + S_{2nx}) = f_y W_{pnx} \tag{4.2}$$

式中，S_{1nx}、S_{2nx} 分别为中和轴以上、以下净截面对中和轴 x 的面积矩；$W_{pnx} = S_{1nx} + S_{2nx}$，为梁对 x 轴的净截面（塑性）模量。

由式（4.1）、式（4.2）得，塑性铰弯矩 M_{xp} 与弹性极限弯矩 M_{xe} 之比为：

$$\gamma_F = \frac{M_{xp}}{M_{xe}} = \frac{W_{pnx}}{W_{nx}} \tag{4.3}$$

γ_F 称为截面形状系数，其与截面的几何形状有关，而与材料的性质、外荷载都无关。γ_F 越大，表明在弹性阶段以后梁的承载能力越大。

矩形截面 $\gamma_F = 1.5$；圆形截面 $\gamma_F = 1.7$；圆管截面 $\gamma_F = 1.27$；工字形截面绕强轴（x 轴）时 $\gamma_F = 1.07 \sim 1.17$，绕弱轴（$y$ 轴）时 $\gamma_F = 1.5$。对于矩形截面而言，γ_F 值说明在边缘纤维屈服后，由于内部塑性变形，截面还能继续承担超过 50% M_{xe} 的弯矩。

显然，在计算梁的抗弯强度时，考虑截面塑性发展比不考虑要节省钢材。然而是否采用塑性设计，还应考虑以下因素：

①梁的挠度影响：塑性引起挠度过大，可能会影响梁的正常使用。

②剪应力的影响：当最大弯矩所在的截面上有剪应力作用时，将提早出现塑性铰，因此截面同一点上弯曲应力和剪应力共同作用时，应以折算应力是否大于等于屈服极限 f_y 来判断钢材是否达到塑性状态。

③局部稳定的影响:超静定梁在形成塑性铰和内力重分配过程中,要求在塑性铰转动时能保证受压翼缘和腹板不丧失局部稳定。

④疲劳的影响:梁在连续重复荷载作用下,可能会发生突然的脆性断裂,这与缓慢的塑性破坏完全不同。

因此,我国《规范》规定:对于受压翼缘自由外伸宽度 b 与其厚度 t 之比超过 $13\sqrt{235/f_y}$ 而不超过 $15\sqrt{235/f_y}$ 的梁,应采用弹性设计;对于需要计算疲劳的梁宜采用弹性设计;对于不直接承受动力荷载的固端梁、连续梁等超静定梁,可以采用塑性设计(详见《规范》第9章)。

梁的抗弯强度按下列规定计算:

在单向弯矩 M_x 作用下

$$\frac{M_x}{\gamma_x W_{nx}} \leq f \tag{4.4}$$

在双向弯矩 M_x 和 M_y 作用下

$$\frac{M_x}{\gamma_x W_{nx}} + \frac{M_y}{\gamma_y W_{ny}} \leq f \tag{4.5}$$

式中,M_x、M_y 为绕 x 轴和 y 轴的弯矩(对工字形截面,x 轴为强轴,y 轴为弱轴)。W_{nx}、W_{ny} 为对 x 轴和 y 轴的净截面模量。γ_x、γ_y 为截面塑性发展系数,对工字形截面,$\gamma_x = 1.05$,$\gamma_y = 1.20$;对箱形截面,其 $\gamma_x = \gamma_y = 1.05$;对其他截面,可按表4.1采用。$f$ 为钢材的抗弯强度设计值,见附录1附表1.1。

表 4.1　截面塑性发展系数 γ_x、γ_y 值

项　次	截　面	γ_x	γ_y
1	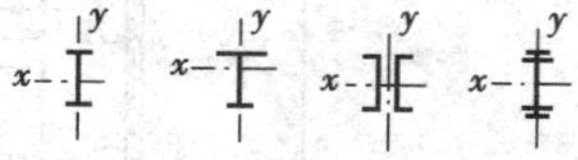	1.05	1.2
2	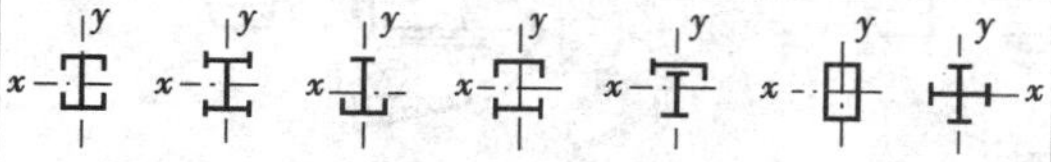		1.05
3	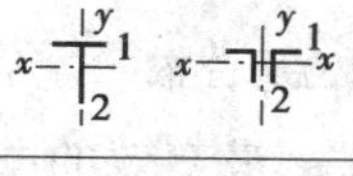	$\gamma_{x1} = 1.05$ $\gamma_{x2} = 1.2$	1.2
4	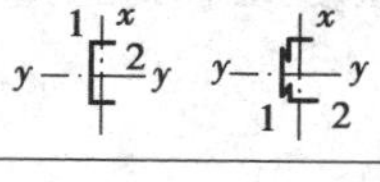		1.05
5	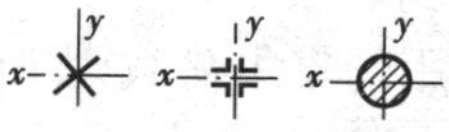	1.2	1.2
6	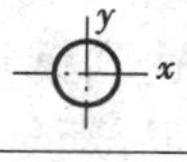	1.15	1.15
7	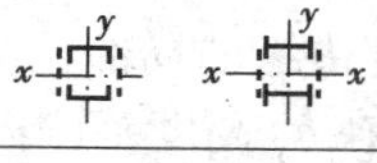	1.0	1.05
8	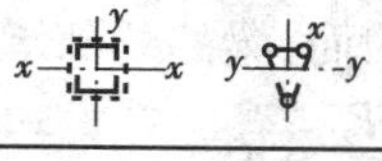		1.0

γ_x、γ_y是考虑截面部分发展塑性的系数,与式(4.3)的截面形状系数γ_F的含义有差别,故称为"截面塑性发展系数"。当梁受压翼缘的自由外伸宽度b与其厚度t之比大于$13\sqrt{235/f_y}$而不超过$15\sqrt{235/f_y}$时,应取$\gamma_x=1.0$。f_y为钢材牌号所指屈服点,即不分钢材厚度一律取为:Q235钢,235 N/mm²;Q345钢,345 N/mm²;Q420钢,420 N/mm²。需要计算疲劳的梁,宜取$\gamma_x=\gamma_y=1.0$。

由上述内容可知,当梁的抗弯强度不够时,最有效的办法是增大梁截面的高度,也可以增大其他任一尺寸。

2)梁的抗剪强度

工字形和槽形截面梁的剪应力分布如图4.5所示,最大剪应力在腹板中和轴处。《规范》规定以截面最大剪应力达到钢材的抗剪屈服极限作为抗剪承载能力极限状态。由此,对于绕强轴(x轴)受弯的梁,其抗剪强度按式(4.6)计算:

$$\tau = \frac{VS}{I_x t_w} \leq f_v \tag{4.6}$$

式中,V为计算截面沿腹板平面作用的剪力;S为计算剪应力处以上(或以下)毛截面对中和轴的面积矩;I_x为毛截面绕强轴(x轴)的惯性矩;t_w为腹板厚度;f_v为钢材的抗剪强度设计值,见附录1附表1.1。

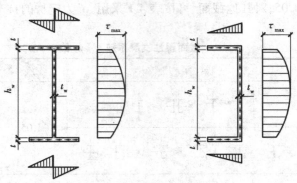

图4.5 梁剪应力分布

从剪应力分布情况可以看出,提高梁抗剪强度最有效的办法是增大腹板面积,即增加腹板高度h_w或厚度t_w。

3)梁的局部承压强度

当工形、箱形截面梁上受有沿腹板平面作用的集中荷载(如吊车的轮压、支座反力等),且该荷载处未设置支承加劲肋时(见图4.6(a)、(b)),集中荷载通过翼缘传给腹板,则腹板边缘集中荷载作用处会有很高的局部横向压应力,可能达到钢材的抗压屈服极限,为保证这部分腹板不致受压破坏,应验算腹板计算高度边缘处的局部承压强度。在集中荷载作用下,翼缘类似支承于腹板上的弹性地基梁,腹板计算高度边缘的局部压应力分布如图4.6(c)所示。

计算时,假定集中荷载从作用处以1:2.5(在h_y高度范围内)和1:1(在h_R高度范围内)的比例扩散,均匀分布于腹板计算高度边缘。因而,梁的局部承压强度可按式(4.7)计算:

$$\sigma_c = \frac{\psi F}{t_w l_z} \leq f \tag{4.7}$$

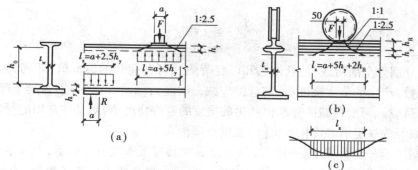

图 4.6　梁局部承压应力

式中，F 为集中荷载，对动力荷载应考虑动力系数。ψ 为集中荷载增大系数，对重级工作制吊车轮压，$\psi=1.35$；对其他荷载，$\psi=1.0$。l_z 为集中荷载在腹板计算高度边缘的假定分布长度，对跨中集中荷载，$l_z=a+5h_y+2h_R$；对梁端支座反力，$l_z=a+2.5h_y$。a 为集中荷载沿梁跨度方向的支承长度，对吊车轮压可取为 50 mm。h_y 为自梁承载的顶面至腹板计算高度边缘的距离。h_R 为轨道的高度，对梁顶面无轨道时 $h_R=0$。

腹板的计算高度 h_0：对轧制型钢梁，为腹板与上、下翼缘相交界处两内弧起点间距离，如图 4.6（a）所示；对焊接组合梁，为腹板高度；对铆接（或高强度螺栓连接）组合梁，为上、下翼缘与腹板连接的铆钉（或高强度螺栓）线间最近距离。

当局部承压强度不足时，在固定集中荷载处（包括支座处），应设置支承加劲肋予以加强；对移动集中荷载，则只能修改梁截面，加大腹板厚度。

4）梁在复杂应力作用下的强度计算

在梁的腹板计算高度边缘处，当同时受有较大的弯曲正应力、剪应力和局部压应力，或同时受有较大的弯曲正应力和剪应力（如连续梁中部支座处或梁的翼缘截面改变处等）时，应按式（4.8）验算该处的折算应力：

$$\sqrt{\sigma^2+\sigma_c^2-\sigma\sigma_c+3\tau^2}\leqslant\beta_1 f \qquad (4.8)$$

σ、τ、σ_c 为腹板计算高度边缘同一点上同时产生的弯曲正应力、剪应力和局部压应力。τ、σ_c 应分别按式（4.6）、式（4.7）左端表达式计算。σ 按式（4.9）计算：

$$\sigma=\frac{M_x}{I_{nx}}y_1 \qquad (4.9)$$

式中，σ 和 σ_c 均以拉应力为正值，压应力为负值；I_{nx} 为梁净截面惯性矩；y_1 为所计算点至梁中和轴的距离；β_1 为验算折算应力的强度设计值增大系数。

β_1 的取值：当 σ 与 σ_c 异号时，取 $\beta_1=1.2$；当 σ 与 σ_c 同号或 $\sigma_c=0$ 时，取 $\beta_1=1.1$。因为当 σ 与 σ_c 异号时，其塑性变形能力比当 σ 与 σ_c 同号时大，故前者的 β_1 值大于后者。

▶ 4.2.2　梁的变形计算

梁的变形用荷载作用下的挠度大小来度量，如挠度太大，则不能保证正常使用。如：楼盖梁的挠度超过正常使用的某一限值时，一方面会给人产生不舒服和不安全的感觉，另一方面可能使其上部的楼面及下部的抹灰开裂，影响结构的正常使用；吊车梁挠度过大，会加剧吊车运行时的冲击和振动，甚至使吊车运行困难等。因此，《规范》规定梁的挠度分别不能超过下

列限值,即:

$$v_T \leqslant [v_T] \tag{4.10a}$$
$$v_Q \leqslant [v_Q] \tag{4.10b}$$

式中,v_T、v_Q 分别为全部荷载(包括永久和可变荷载)、可变荷载的标准值(不考虑荷载分项系数和动力系数)产生的最大挠度(如有起拱应减去拱度);$[v_T]$、$[v_Q]$ 分别为梁全部荷载(包括永久和可变荷载)、可变荷载的标准值产生的挠度的容许挠度值,对某些常用的受弯构件,《规范》根据实践经验规定的容许挠度值$[v]$见附录2附表2.1。

【例4.1】 有一工作平台,如图4.1所示。其梁格布置如图4.7所示,平台承受的荷载为板自重3.5 kN/m²,活荷载9.5 kN/m²(标准值),次梁采用热轧普通工字型钢,其规格为I40a,材料是Q235,平台铺板与次梁连牢。试验算次梁的强度和刚度。

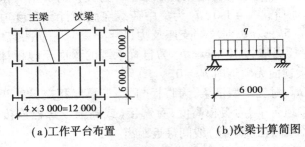

图 4.7 例题 4.1 梁格

(a)工作平台布置　　　　(b)次梁计算简图

【解】 由题意知,次梁承受3.0 m宽度范围内的平台荷载作用,从附录8附表8.4中查出型钢I40a的自重为67.6 kg/m,即0.662 kN/m,次梁承受的荷载为(恒、活荷载的分项系数分别取1.2、1.3):

荷载类型	标准值	设计值
平台板恒荷载	3.5 kN/m²×3.0 m=10.5 kN/m	10.5 kN/m×1.2=12.6 kN/m
平台活荷载	9.5 kN/m²×3.0 m=28.5 kN/m	28.5 kN/m×1.3=37.05 kN/m
次梁自重	0.662 kN/m	0.662 kN/m×1.2=0.79 kN/m
小　计	q_k=39.662 kN/m	q=50.44 kN/m

次梁内力　　　$M_{max} = ql^2/8 = 50.44 \times 6^2/8$ kN·m $= 226.98$ kN·m

$\qquad\qquad\qquad V_{max} = ql/2 = 50.44 \times 6/2$ kN $= 151.32$ kN

查附录8附表8.4,型钢I40a的截面特征参数:$I_x=21\,700\times10^4$ mm⁴,$W_x=1\,090\times10^3$ mm³,$S_x=636\times10^3$ mm³,$h=400$ mm,$b=142$ mm,$t=16.5$ mm,$t_w=10.5$ mm,$r=12.5$ mm。

1)次梁的强度验算

(1)抗弯强度

最大正应力发生在次梁跨中截面:

$$\sigma_{max} = \frac{M_{max}}{\gamma_x W_x} = \frac{226.98 \times 10^6}{1.05 \times 1\,090 \times 10^3} \text{ N/mm}^2 = 198.3 \text{ N/mm}^2 < f = 215 \text{ N/mm}^2$$

（2）抗剪强度

按次梁与主梁叠接，则最大剪应力发生在次梁端部截面：

$$\tau_{max} = \frac{V_{max} S_x}{I_x t_w} = \frac{151.32 \times 10^3 \times 636 \times 10^3}{21\,700 \times 10^4 \times 10.5} \text{ N/mm}^2 = 42.2 \text{ N/mm}^2 < f_v = 125 \text{ N/mm}^2$$

（3）梁支座处局部承压强度

设主梁支承次梁的长度 $a = 80$ mm，不设置支承加劲肋，则应计算支座处局部承压强度。

$$h_y = t + r = (16.5 + 12.5) \text{mm} = 29 \text{ mm}$$

$$l_z = a + 2.5h_y = (80 + 2.5 \times 29) \text{mm} = 152.5 \text{ mm}$$

$$\sigma_c = \frac{\psi V_{max}}{t_w l_z} = \frac{1.0 \times 151.32 \times 10^3}{10.5 \times 152.5} \text{ N/mm}^2 = 94.5 \text{ N/mm}^2 < f = 215 \text{ N/mm}^2$$

该次梁没有弯矩和剪力都同时较大的截面，虽然支座处的剪力和局部承压应力都较大，但弯应力 $\sigma = 0$，故不再计算折算应力。

2）次梁的变形验算

（1）全部荷载标准值产生的挠度

$$\frac{v_T}{l} = \frac{5}{384}\frac{q_k l^3}{EI} = \frac{5}{384} \times \frac{39.662 \times 6\,000^3}{2.06 \times 10^5 \times 21\,700 \times 10^4} = \frac{1}{400} < \frac{[v_T]}{l} = \frac{1}{250}$$

（2）可变荷载标准值产生的挠度

$$\frac{v_Q}{l} = \frac{5}{384}\frac{q_{Qk} l^3}{EI} = \frac{5}{384} \times \frac{28.5 \times 6\,000^3}{2.06 \times 10^5 \times 21\,700 \times 10^4} = \frac{1}{723} < \frac{[v_Q]}{l} = \frac{1}{300}$$

结论：从上述计算结果看出，该平台中所选择的次梁能满足强度和变形要求。

4.3　受弯构件的整体稳定

▶ 4.3.1　受弯构件整体稳定的概念

为了提高抗弯强度，节省钢材，钢梁截面一般做成高而窄的形式，受荷方向刚度大，侧向刚度较小，在梁的最大刚度平面内，当荷载较小时，梁的弯曲平衡状态是稳定的。然而，如果梁的侧向支撑较弱，随着荷载的增大，在弯曲应力尚未达到钢材的屈服点之前，突然发生侧向弯曲和扭转变形，使梁丧失继续承载的能力而破坏，这种现象称为梁的侧向弯扭屈曲或整体失稳，如图 4.8 所示。梁能维持稳定平衡状态所承受的最大荷载或最大弯矩，称为临界荷载或临界弯矩。

钢梁整体失稳从概念上讲是由于梁内存在较大的纵向弯曲压应力，在刚度较小方向发生的侧向变形会引起附加侧向弯矩，从而进一步加大侧向变形，反过来又增大附加

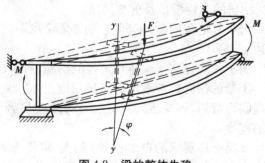

图 4.8　梁的整体失稳

侧向弯矩。但钢梁内有半个截面是弯曲拉应力,趋向于把受拉翼缘和截面受拉部分拉直(亦即减小侧向变形)而不是压屈。由于受拉翼缘对受压翼缘侧向变形的牵制和约束,梁整体失稳总是表现为受压翼缘发生较大侧向变形和受拉翼缘发生较小侧向变形的弯扭屈曲。由此可见,增强梁受压翼缘的侧向稳定性是提高梁整体稳定性的有效方法。

由于梁的整体失稳是在强度破坏之前突然发生的,失稳前没有明显的征兆,因此必须特别注意。

▶ 4.3.2 梁整体稳定的临界弯矩

根据以上介绍可知,设计钢梁除了要保证强度、刚度要求外,还应保证梁的整体稳定性,即梁的荷载弯矩不得超过临界弯矩 M_{cr}。M_{cr} 要用二阶分析方法求得,即假定梁是一根理想的直梁,受荷产生下挠的同时,还因侧向干扰有微小的侧弯和扭转。然后在此变形位置上写出梁的平衡方程,解得满足此平衡方程的弯矩就是梁的整体稳定临界弯矩 M_{cr}。

对于两端铰支的双轴对称工字形截面梁,按弹性稳定理论用二阶分析方法可得:

$$M_{cr} = \beta \frac{\sqrt{EI_y GI_t}}{l} \tag{4.11}$$

β 为梁的侧扭曲系数,见表 4.2。对双轴对称工字形截面,其表达式如下:

$$\beta = \pi \sqrt{1 + \pi^2 \left(\frac{h}{2l}\right)^2 \frac{EI_y}{GI_t}} = \pi \sqrt{1 + \pi^2 \psi}$$

而

$$\psi = \left(\frac{h}{2l}\right)^2 \frac{EI_y}{GI_t}$$

表 4.2 双轴对称工字形截面简支梁侧扭曲系数 β 值

荷载种类	β 值	备 注
纯弯曲	$\pi \sqrt{1+\pi^2\psi}$	表中的"∓"号,"−"用于荷载作用在上翼缘,"+"用于荷载作用在下翼缘
均布荷载	$1.13\pi(\sqrt{1+11.9\psi} \mp 1.44\sqrt{\psi})$	
跨中央一个集中荷载	$1.35\pi(\sqrt{1+12.9\psi} \mp 1.74\sqrt{\psi})$	

式中,EI_y、GI_t 分别为截面抗弯刚度、抗扭刚度;l 为梁受压翼缘的自由长度(受压翼缘相邻两侧向支承点之间的距离);I_y 为梁对 y 轴(弱轴)的毛截面惯性矩;I_t 为梁截面扭转惯性矩;E、G 为钢材的弹性模量及剪变模量。

对于其他截面梁,不同支承情况或在不同荷载作用下的临界弯矩也可推导得出,不再赘述。

为了找到提高梁整体稳定性的措施,对式(4.11)进行分析,可以得到下述结论:

①梁的侧向抗弯刚度 EI_y、抗扭刚度 GI_t 越大,临界弯矩 M_{cr} 越大。因此,增大 I_y 可以有效提高临界弯矩,而受压翼缘宽度对 I_y 影响显著,故在保证局部稳定性的条件下,宜增大受压翼缘的宽度。

②梁受压翼缘的自由长度 l 越大,临界弯矩 M_{cr} 越小。因此,应在受压翼缘部位适当设置侧向支撑,减小梁受压翼缘侧向计算长度。

③荷载作用类型及其作用位置对临界弯矩有影响,表 4.2 说明跨中央作用一个集中荷载时临界弯矩最大,纯弯曲时临界弯矩最小,而荷载作用在下翼缘比作用于上翼缘的临界弯矩 M_{cr} 大。这是因为:荷载作用在上翼缘时(见图 4.9(a)),在梁产生微小侧向位移和扭转的情况下,荷载 P 将产生绕剪力中心的附加扭矩 Pe,并对梁侧向弯曲和扭转起促进作用,使梁加速丧失整体稳定;反之,当荷载 P 作用在梁的下翼缘时(见图 4.9(b)),将产生反方向的附加扭矩 Pe,有利于阻止梁的侧向弯曲和扭转,延缓梁丧失整体稳定。

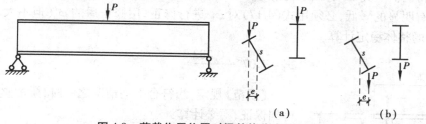

图 4.9 荷载作用位置对梁整体稳定的影响

▶ **4.3.3 梁整体稳定性的计算**

根据梁整体稳定临界弯矩 M_{cr} 可得截面上临界应力为:

$$\sigma_{cr} = \frac{M_{cr}}{W_x} = \beta \sqrt{\frac{EI_y GI_t}{l \, W_x}} \tag{4.12}$$

式中,σ_{cr} 为梁丧失整体稳定时临界应力;W_x 为按受压纤维确定的梁对 x 轴的毛截面模量。

为保证梁整体稳定,要求梁在荷载设计值作用下最大正应力 σ 应满足下式要求,即:

$$\sigma = \frac{M_x}{W_x} \leqslant \frac{\sigma_{cr}}{\gamma_R} = \frac{\sigma_{cr}}{f_y} \frac{f_y}{\gamma_R} = \varphi_b f \tag{4.13}$$

由此可得单向受弯构件的整体稳定计算公式为:

$$\sigma = \frac{M_x}{\varphi_b W_x} \leqslant f \tag{4.14}$$

式中,M_x 为绕强轴(x 轴)作用的最大弯矩;$\varphi_b = \sigma_{cr}/f_y$ 为梁的整体稳定系数。

在两个主平面内同时受有弯矩作用的双向受弯构件,其整体失稳亦将在弱轴侧向弯扭屈曲,但理论分析较为复杂,一般按经验近似计算。

《规范》规定,在两个主平面内受弯的 H 型钢截面和工字形截面构件,按式(4.15)计算:

$$\frac{M_x}{\varphi_b W_x} + \frac{M_y}{\gamma_y W_y} \leqslant f \tag{4.15}$$

式中,M_x、M_y 为绕强轴(x 轴)、弱轴(y 轴)作用的最大弯矩;W_x、W_y 为按受压纤维确定的对 x 轴、y 轴的毛截面模量;φ_b 为绕强轴弯曲所确定的梁整体稳定系数;γ_y 是对弱轴的截面塑性发展系数,见表 4.1。

关于梁整体稳定系数 φ_b,由于临界应力理论公式比较繁杂,不便应用,故《规范》简化成实用的计算公式,见附录 3。如各种荷载作用的双轴或单轴对称等截面组合工字形以及 H 型钢简支梁的整体稳定系数 φ_b,其实用计算公式为:

$$\varphi_b = \beta_b \frac{4\,320}{\lambda_y^2} \frac{Ah}{W_x} \left[\sqrt{1 + \left(\frac{\lambda_y t_1}{4.4h}\right)^2} + \eta_b \right] \frac{235}{f_y} \tag{4.16}$$

式中，β_b 为梁整体稳定的等效临界弯矩系数，按附录3附表3.1采用；λ_y 为梁在侧向支承点间对截面弱轴（y 轴）的长细比，$\lambda_y=l_1/i_y$，i_y 为梁毛截面对 y 轴的截面回转半径；A 为梁的毛截面面积；h、t_1 为梁截面的全高和受压翼缘厚度；η_b 为截面不对称影响系数，按附录3式（附3.1）采用，对双轴对称截面 $\eta_b=0$；f_y 为钢材屈服强度。

需要注意：各种截面的受弯构件（包括轧制工字形钢梁），其整体稳定系数都是按弹性稳定理论求得的。研究证明，当求得的 $\varphi_b>0.6$ 时，受弯构件已进入弹塑性工作阶段，整体稳定临界应力有明显的降低，必须用式（4.17）对 φ_b 进行修正，用修正后的 φ_b'（但不大于1.0）代替 φ_b 进行梁的整体稳定计算。

$$\varphi_b'= 1.07 - \frac{0.282}{\varphi_b} \tag{4.17}$$

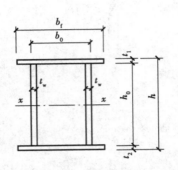

图 4.10 箱形截面梁

《规范》规定，当符合下列情况之一时，梁的整体稳定可以得到保证，不必计算：

①有铺板（各种钢筋混凝土板和钢板）密铺在梁的受压翼缘上并与其牢固连接，能阻止梁受压翼缘的侧向位移时。

②H 型钢或工字形截面简支梁受压翼缘的自由长度 l_1（同前 l）与其宽度 b 之比不超过表 4.3 所规定的数值时。

③箱形截面简支梁，截面尺寸（见图 4.10）满足 $h/b_0\leq6$，且 $l_1/b_0\leq95\cdot(235/f_y)$ 时。

表 4.3 H 型钢或等截面工字形截面简支梁不需计算整体稳定性的最大 l_1/b 值

钢 号	跨中无侧向支承点的梁		跨中受压翼缘有侧向支承点的梁，不论荷载作用于何处
	荷载作用在上翼缘	荷载作用在下翼缘	
Q235	13.0	20.0	16.0
Q345	10.5	16.5	13.0
Q390	10.0	15.5	12.5
Q420	9.5	15.0	12.0

注：其他钢号的梁不需计算整体稳定性的最大 l_1/b 值，应取 Q235 钢的数值乘以 $\sqrt{235/f_y}$。

【例4.2】 某一平台梁格，梁格布置及平台承受的荷载见例题4.1。若平台铺板不与次梁连牢，钢材为 Q235，假设次梁的截面为窄翼缘 H 型钢，规格为 HN496×199×9×14。试验算该次梁的整体稳定性。

【解】 平台荷载计算同例题4.1。其结果如下：

荷载类型	标准值	设计值
平台板恒荷载	3.5 kN/m²×3.0 m=10.5 kN/m	10.5 kN/m×1.2=12.6 kN/m
平台活荷载	9.5 kN/m²×3.0 m=28.5 kN/m	28.5 kN/m×1.3=37.05 kN/m
次梁自重（H 型钢表查得）	0.779 kN/m	0.779 kN/m×1.2=0.935 kN/m
	$q_k=39.779$ kN/m	$q=50.6$ kN/m

次梁内力：
$$M_{max} = \frac{ql^2}{8} = 50.6 \times \frac{6^2}{8} \text{ kN·m} = 227.7 \text{ kN·m}$$

$$V_{max} = \frac{ql}{2} = 50.6 \times \frac{6}{2} \text{ kN} = 151.8 \text{ kN}$$

查附录 8 附表 8.6，HN496×199×9×14 的截面特征参数：$A = 101.3 \text{ cm}^2$，$I_x = 41\ 900 \times 10^4 \text{ mm}^4$，$W_x = 1\ 690 \times 10^3 \text{ mm}^3$，$h = 496 \text{ mm}$，$b = 199 \text{ mm}$，$t_1 = 9 \text{ mm}$，$t_2 = 14 \text{ mm}$，$i_y = 42.7 \text{ mm}$。

由于平台铺板不与次梁连牢，因此需要计算次梁整体稳定性。对 H 型钢，应按式(4.16)计算 φ_b。

$$\xi = \frac{l_1 t_1}{b_1 h} = \frac{6\ 000 \times 14}{199 \times 496} = 0.85 \quad （受压翼缘厚度 t_1 是 H 型钢表中的 t_2 值）$$

查附表 3.1：$\beta_b = 0.69 + 0.13\xi = 0.69 + 0.13 \times 0.85 = 0.80$

H 型钢为双轴对称截面，$\eta_b = 0$，$\lambda_y = l_1/i_y = 600/4.27 = 140.5$，故：

$$\varphi_b = \beta_b \frac{4\ 320}{\lambda_y^2} \frac{Ah}{W_x} \sqrt{1 + \left(\frac{\lambda_y t_1}{4.4h}\right)^2}$$

$$= 0.80 \times \frac{4\ 320}{140.5^2} \times \frac{101.3 \times 49.6}{1\ 690} \sqrt{1 + \left(\frac{140.5 \times 1.4}{4.4 \times 49.6}\right)^2} = 0.7$$

因 $\varphi_b = 0.7 > 0.6$，应按下式修正：

$$\varphi_b' = 1.07 - \frac{0.282}{\varphi_b} = 1.07 - \frac{0.282}{0.70} = 0.667$$

验算整体稳定：

$$\frac{M_x}{\varphi_b' W_x} = \frac{227.7 \times 10^6}{0.667 \times 1\ 690 \times 10^3} \text{ N/mm}^2 = 202 \text{ N/mm}^2 < f = 215 \text{ N/mm}^2$$

结论：上述计算结果表明，该次梁均能满足强度、刚度和整体稳定要求。

思考：通过本例题的计算，试说出工作平台中次梁承载能力是由什么条件决定的？采取什么措施能够降低次梁用钢量？

4.4　受弯构件的局部稳定和腹板加劲肋的设计

▶ 4.4.1　受弯构件局部稳定的概念

在进行受弯构件截面设计时，为了节省钢材，提高强度、整体稳定性和刚度，常选择高、宽而较薄的截面。然而，如果板件过于宽薄，构件中的部分薄板会在构件发生强度破坏或丧失整体稳定之前，由于板中压应力或剪应力达到某一数值（即板的临界应力）后，受压翼缘或腹板可能突然偏离其原来的平面位置而发生显著的波形屈曲（见图 4.11），这种现象称为构件丧失局部稳定性。

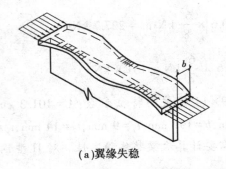

(a)翼缘失稳　　　　　　　　　　(b)腹板失稳

图 4.11　受弯构件局部失稳的现象

当翼缘或腹板丧失局部稳定时,虽然不会使整个构件立即失去承载能力,但薄板局部屈曲部位会迅速退出工作,构件整体弯曲中心偏离荷载的作用平面,使构件的刚度减小,强度和整体稳定性降低,以致构件发生扭转而提早失去整体稳定。因此,设计受弯构件时,选择的板件不能过于宽薄。

热轧型钢板件宽厚比较小,都能满足局部稳定要求,不需要计算。对于冷弯薄壁型钢梁的受压或受弯板件,宽厚比不超过规定的限制时,认为板件全部有效;当超过此限制时,则只考虑一部分宽度有效(称为有效宽度),应按《冷弯薄壁型钢结构技术规范》(GB 50018)规定计算。

本节主要叙述普通钢结构焊接组合梁中受压翼缘和腹板的局部稳定。

▶ 4.4.2　受压翼缘的局部稳定

对于理想的薄板(即理想的平板,所受荷载无初偏心),如图 4.12 所示,按弹性理论可得板的局部稳定临界应力通用公式为:

$$\sigma_{cr} = k \frac{\pi^2 E}{12(1-v^2)}\left(\frac{t}{b}\right)^2 \tag{4.18}$$

式中,t 为板的厚度;b 为板的宽度;v 为钢材的泊松比;k 为板的屈曲系数,与板的应力状态及支承情况有关,各种情况下的 k 值见表 4.4。

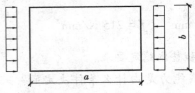

图 4.12　四边简支均匀受压板

表 4.4　板的屈曲系数 k

项　次	支承情况	应力状态	k	备　注
1	四边简支	两平行边均匀受压	$k_{min} = 4$	
2	三边简支一边自由	两平行简支边均匀受压	$k = 0.425 + \left(\dfrac{b}{a}\right)^2$	a、b 为板边长,a 为自由边长
3	四边简支	两平行边受弯	$k_{min} = 23.9$	
4	两平行边简支另两边固定	两平行简支边受弯	$k_{min} = 39.6$	

续表

项 次	支承情况	应力状态	k	备 注
5	四边简支	一边局部受压	当 $\frac{a}{b} \leqslant 1.5$, $k = \left(4.5\frac{b}{a} + 7.4\right)\frac{b}{a}$ 当 $\frac{a}{b} > 1.5$, $k = \left(11 - 0.9\frac{b}{a}\right)\frac{b}{a}$	a、b 为板边长，a 与压应力方向垂直
6	四边简支	四边均匀受剪	当 $\frac{a}{b} \leqslant 1$, $k = 4.0 + 5.34\left(\frac{b}{a}\right)^2$ 当 $\frac{a}{b} > 1$, $k = 4.0\left(\frac{b}{a}\right)^2 + 5.34$	a、b 为板边长，b 为短边长

 焊接组合梁的受压翼缘板可以视为受均布压应力作用,如图 4.13 所示。根据单向均匀受压板的临界应力公式(4.18)及表 4.4 第 2 栏,并考虑梁翼缘纵向压应力由于残余应力等影响,已进入弹塑性阶段,弹性模量已降为 $0.5E$, k 取最小值 0.425 来计算 σ_{cr},同时为充分发挥材料强度,须保证在构件发生强度破坏之前翼缘板不丧失局部稳定。因此,要求翼缘板的临界应力 $\sigma_{cr} \geqslant f_y$,即:

$$\sigma_{cr} = 0.425 \times \frac{\pi^2 \times 0.5E}{12(1 - v^2)}\left(\frac{t}{b}\right)^2 \geqslant f_y \tag{4.19}$$

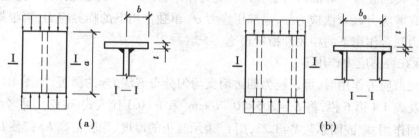

图 4.13 焊接组合梁的受压翼缘板

 将 $E = 206 \times 10^3 \text{ N/mm}^2$ 和 $v = 0.3$ 代入可得《规范》给出的翼缘宽厚比的验算公式:

$$\frac{b}{t} \leqslant 13\sqrt{\frac{235}{f_y}} \tag{4.20}$$

式中,b 为翼缘板的自由外伸宽度;t 为翼缘板的厚度。

 当计算梁抗弯强度取 $\gamma_x = 1.0$ 时,b/t 可放宽至 $15\sqrt{235/f_y}$。

 箱形梁翼缘板(见图 4.13(b))在两腹板之间无支承的部分,相当于四边简支单向均匀受压板,根据式(4.18)和表 4.4 第 1 栏,$k = 4.0$,弹性模量已降为 $0.5E$,由 $\sigma_{cr} \geqslant f_y$ 得:

$$\frac{b_0}{t} \leqslant 40\sqrt{\frac{235}{f_y}} \tag{4.21}$$

 实际工程中钢梁应根据实际按式(4.20)、式(4.21)验算受压翼缘板的局部稳定性。

4.4.3 腹板的局部稳定

1)焊接组合梁腹板局部稳定理论

为使梁截面设计更加经济合理,梁腹板通常做得高而薄,因此,局部稳定问题较为突出。梁腹板的应力状态比较复杂,主要受有三角形分布的弯曲应力 σ、抛物线形分布的剪应力 τ、沿高度衰减较快的局部压应力 σ_c。从 3 种应力在梁截面上的分布情况看,腹板主要承受剪应力 τ 作用,其次是弯曲应力 σ 和局部压应力 σ_c。在剪应力单独作用下,腹板在 45°方向产生主应力,主拉应力和主压应力在数值上都等于剪应力。在主压应力作用下,腹板失稳形式如图 4.14(a)所示,为大约 45°方向倾斜的凸凹波形;在弯曲正应力单独作用下,腹板的失稳形式如图 4.14(b)所示,凸凹波形的中心靠近其压应力合力的作用线;在局部压应力单独作用下,腹板失稳形式如图 4.14(c)所示,产生一个靠近横向压应力作用边缘的鼓曲面。

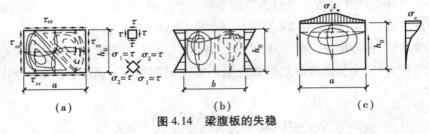

图 4.14 梁腹板的失稳

焊接组合梁的腹板一般都同时受有几项应力作用,各项应力差异较大,研究起来较困难。通常分别研究剪应力 τ、弯曲应力 σ、局部压应力 σ_c 单独作用下的临界应力,再根据试验研究建立三项应力联合作用下的相关性稳定理论。

(1)腹板在纯剪应力作用下

腹板在纯剪应力作用时,可以视为四边简支均匀分布剪应力 τ 的薄板,如图 4.14(a)所示。按式(4.18)及表 4.4 第 6 栏,将 $E = 206 \times 10^3 \text{ N/mm}^2$ 和 $v = 0.3$ 代入式(4.18),并考虑翼缘对腹板的弹性嵌固作用,取嵌固系数 $\chi = 1.23$,用 t_w 表示腹板的厚度,用腹板高 h_0 代替 b,则:

$$\tau_{cr} = \chi k \frac{\pi^2 E}{12(1-v^2)}\left(\frac{t_w}{h_0}\right)^2 = 1.23 \times \left(5.34 + \frac{4}{(a/h_0)^2}\right)\frac{\pi^2 \times 206 \times 10^3}{12(1-0.3^2)}\left(\frac{t_w}{h_0}\right)^2 \text{ N/mm}^2$$

$$= 123\left(\frac{100 t_w}{h_0}\right)^2 \text{ N/mm}^2 \tag{4.22}$$

上式按弹性分析求得,而腹板的实际失稳状态属于弹塑性屈曲,根据试验结果,板在纯剪作用下弹塑性屈曲的临界应力为:

$$\tau_{cr,ep} = \sqrt{\tau_{cr}\tau_p} \tag{4.23}$$

而 $\tau_p = 0.8 f_{vy} = 0.8 f_y/\sqrt{3}$,若要求 $\tau_{cr,ep}$ 不低于 f_{vy},则:

$$\tau_{cr,ep} = \sqrt{123 \times \left(\frac{100 t_w}{h_0}\right)^2 \times \frac{0.8 f_y}{\sqrt{3}}} \geq \frac{f_y}{\sqrt{3}}$$

上式经整理后得:

$$\frac{h_0}{t_w} \leqslant 85 \sqrt{\frac{235}{f_y}} \tag{4.24}$$

（2）腹板在纯弯曲应力作用下

腹板在纯弯曲应力作用时，其屈曲变形如图4.14（b）所示，按式（4.18）及表4.4第3栏，将 $E = 206 \times 10^3$ N/mm² 和 $v = 0.3$ 代入式（4.18），并考虑翼缘对腹板的弹性嵌固作用，取嵌固系数 $\chi = 1.61$，其临界应力为：

$$\sigma_{cr} = \chi\, k\, \frac{\pi^2 E}{12(1-v^2)}\left(\frac{t_w}{h_0}\right)^2 = 1.61 \times 23.9 \times \frac{\pi^2 \times 206 \times 10^3}{12 \times (1-0.3^2)}\left(\frac{t_w}{h_0}\right)^2 \text{N/mm}^2$$

$$= 715\left(\frac{100 t_w}{h_0}\right)^2 \text{N/mm}^2 \tag{4.25}$$

若要求 σ_{cr} 不低于 f_y，则由 $715\left(\dfrac{100 t_w}{h_0}\right)^2 \geqslant f_y$ 可得：

$$\frac{h_0}{t_w} \leqslant 174 \sqrt{\frac{235}{f_y}} \tag{4.26}$$

（3）腹板在局部压应力作用下

在梁的横向集中荷载作用下，会使腹板的一个边缘受压，属于单侧受压板，按式（4.18）及表4.4第5栏（取 $a/h_0 = 2$），将 $E = 206 \times 10^3$ N/mm² 和 $v = 0.3$ 代入式（4.18），并考虑翼缘对腹板的弹性嵌固作用，取嵌固系数 $\chi = 1.3$，可得其临界应力为：

$$\sigma_{c,cr} = k\chi\, \frac{\pi^2 E}{12(1-v^2)}\left(\frac{t_w}{h_0}\right)^2 = 166\left(\frac{100 t_w}{h_0}\right)^2 \text{N/mm}^2 \tag{4.27}$$

若要求 $\sigma_{c,cr}$ 不低于 f_y，则由 $166\left(\dfrac{100 t_w}{h_0}\right)^2 \geqslant f_y$ 可得：

$$\frac{h_0}{t_w} \leqslant 84 \sqrt{\frac{235}{f_y}} \tag{4.28}$$

由式（4.24）、式（4.26）、式（4.28）可得出以下结论：

①当 $h_0/t_w \leqslant 84\sqrt{235/f_y}$ 时，腹板在局部压应力下不会局部失稳；当 $h_0/t_w \leqslant 85\sqrt{235/f_y}$ 时，腹板在剪应力下不会局部失稳；当 $h_0/t_w \leqslant 174\sqrt{235/f_y}$ 时，腹板在弯曲应力下不会局部失稳。因此，《规范》偏安全地规定 $h_0/t_w \leqslant 80\sqrt{235/f_y}$ 时，可不设加劲肋（$\sigma_c = 0$）或按构造设加劲肋（$\sigma_c \neq 0$）。

②当 h_0/t_w 在 $(84 \sim 174)\sqrt{235/f_y}$ 范围内时，可能发生剪应力或局部压应力引起的失稳。理论和试验分析认为，此时设置横向加劲肋（见图4.15（a）），并取横向加劲肋间距 $a \leqslant 2h_0$ 最为有效。因此，《规范》偏安全地规定 h_0/t_w 在 $(80 \sim 170)\sqrt{235/f_y}$ 应设置横向加劲肋，并按布置横向加劲肋以后的腹板区格进行计算，保证局部稳定。

③当 h_0/t_w 超过 $174\sqrt{235/f_y}$ 时，除剪应力和局部压应力外，腹板还可能因弯曲应力引起失稳，此时沿板纵向（弯曲应力方向）在凹凸变形顶点附近设置纵向加劲肋最为有效。因此，《规范》规定当 $h_0/t_w > 170\sqrt{235/f_y}$ 时，应同时设置横向及纵向加劲肋（见图4.15（b）、（c）），纵

向加劲肋应靠近腹板受压边缘 $h_1 = (1/5 \sim 1/4)h_0$ 布置,同时还应按布置加劲肋以后的腹板区格进行计算,保证局部稳定。

2)焊接组合梁腹板局部稳定验算

为了提高腹板的局部稳定性,可采取下列措施:增加腹板的厚度;设置合适的加劲肋,加劲肋作为腹板的支撑,以提高其临界应力。后一措施往往是比较经济的。

加劲肋的布置形式如图 4.15 所示。图 4.15(a)仅布置横向加劲肋,图 4.15(b)同时布置横向和纵向加劲肋,图 4.15(c)除布置横向和纵向加劲肋外还布置短加劲肋。纵、横向加劲肋交叉处切断纵向加劲肋,让横向加劲肋贯通,并尽可能使纵向加劲肋两端支撑于横向加劲肋上。

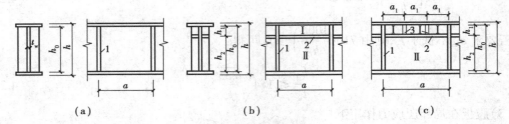

图 4.15 腹板加劲肋的布置

1—横向加劲肋;2—纵向加劲肋;3—短加劲肋

横向加劲肋主要防止由剪应力和局部压应力可能引起的腹板失稳,纵向加劲肋主要防止由弯曲压应力可能引起的腹板失稳,短加劲肋主要防止由局部压应力可能引起的腹板失稳。梁腹板的主要作用是抗剪,相比之下,剪应力最容易引起腹板失稳。因此,3 种加劲肋中横向加劲肋是最常采用的。

设置加劲肋后,腹板被划分成若干个四边支承的矩形板区格,这些板区格一般都同时受有弯曲正应力、剪应力,有时还有局部压应力,要逐一验算。如果验算不满足要求,或富余过多,还应调整间距重新布置加劲肋,然后再作验算直到合适为止。

(1)仅配置横向加劲肋加强的腹板

腹板在两个横向加劲肋之间的区格,同时受有弯曲正应力 σ、剪应力 τ,可能还有一个边缘压应力 σ_c 共同作用,如图 4.16 所示,此时采用综合考虑 3 种应力共同作用的经验近似稳定相关公式。对于仅用横向加劲肋的腹板,如图 4.15(a)所示,《规范》规定按下列稳定相关公式计算其局部稳定性:

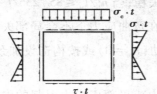

图 4.16 腹板受三种应力同时作用

$$\left(\frac{\sigma}{\sigma_{cr}}\right)^2 + \left(\frac{\tau}{\tau_{cr}}\right)^2 + \frac{\sigma_c}{\sigma_{c,cr}} \leq 1.0 \qquad (4.29)$$

式中,σ 为所计算腹板区格内,由平均弯矩产生的腹板计算高度边缘的弯曲压应力;τ 为所计算腹板区格内,由平均剪力产生的腹板平均剪应力,$\tau = V/(h_0 t_w)$,h_0 为腹板高度;σ_c 为腹板计算高度边缘的局部压应力,应按式(4.7)计算,但式中的 $\psi = 1.0$;σ_{cr}、$\sigma_{c,cr}$、τ_{cr} 分别为在 σ、σ_c、τ 单独作用下板的临界应力(弹塑性)。

上述的 τ_{cr}、σ_{cr}、$\sigma_{c,cr}$ 计算公式是在弹性条件下推导出的,事实上,腹板工作可能处于弹塑性状态,因此,应对这些临界应力作相应的弹塑性修正。

首先,引入一个参数 λ,称其为腹板的通用高厚比,在腹板单独受弯、受剪、受局部压力时,分别用 λ_b、λ_s、λ_c 表示,则:

$$\left.\begin{array}{l} \lambda_b = \sqrt{\dfrac{f_y}{\sigma_{cr}}} \\[3mm] \lambda_s = \sqrt{\dfrac{f_{vy}}{\tau_{cr}}} \\[3mm] \lambda_c = \sqrt{\dfrac{f_y}{\sigma_{c,cr}}} \end{array}\right\} \tag{4.30}$$

式中,λ_b 为用于腹板受弯计算时的通用高厚比;λ_s 为用于腹板受剪计算时的通用高厚比;λ_c 为用于腹板受局部压力计算时的通用高厚比。

①计算 σ_{cr}。

由式(4.30)得: $\qquad\qquad \lambda_b^2 = \dfrac{f_y}{\sigma_{cr}}$

将式(4.25)中的 σ_{cr} 代入上式,并取 $2h_c = h_0$ 得:

当梁受压翼缘扭转受到约束时 $\qquad \lambda_b = \dfrac{2h_c/t_w}{177}\sqrt{\dfrac{f_y}{235}}$ (4.31a)

当梁受压翼缘扭转未受到约束时 $\qquad \lambda_b = \dfrac{2h_c/t_w}{153}\sqrt{\dfrac{f_y}{235}}$ (4.31b)

式中,h_c 为梁腹板弯曲受压区高度,对双轴对称截面 $2h_c = h_0$。

则 σ_{cr} 按下列公式计算:

当 $\lambda_b \leqslant 0.85$ 时 $\qquad\qquad\qquad \sigma_{cr} = f$ (4.32a)

当 $0.85 < \lambda_b \leqslant 1.25$ 时 $\qquad\quad \sigma_{cr} = [1 - 0.75(\lambda_b - 0.85)]f$ (4.32b)

当 $\lambda_b > 1.25$ 时 $\qquad\qquad\qquad \sigma_{cr} = \dfrac{1.1f}{\lambda_b^2}$ (4.32c)

②计算 τ_{cr}。

同样 $\qquad\qquad\qquad\qquad \lambda_s^2 = \dfrac{f_{vy}}{\tau_{cr}} = \dfrac{f_y}{\sqrt{3}\,\tau_{cr}}$

将式(4.22)中的 τ_{cr} 代入上式,得:

当 $\dfrac{a}{h_0} \leqslant 1.0$ 时 $\qquad\qquad \lambda_s = \dfrac{h_0/t_w}{41\sqrt{4 + 5.34\left(\dfrac{h_0}{a}\right)^2}}\sqrt{\dfrac{f_y}{235}}$ (4.33a)

当 $\dfrac{a}{h_0} > 1.0$ 时 $\qquad\qquad \lambda_s = \dfrac{h_0/t_w}{41\sqrt{5.34 + 4(h_0/a)^2}}\sqrt{\dfrac{f_y}{235}}$ (4.33b)

则 τ_{cr} 按下列公式计算:

当 $\lambda_s \leqslant 0.8$ 时 $\qquad \tau_{cr} = f_v$ $\qquad$ (4.34a)

当 $0.8 < \lambda_s \leqslant 1.2$ 时 $\qquad \tau_{cr} = [1 - 0.59(\lambda_s - 0.8)]f_v$ $\qquad$ (4.34b)

当 $\lambda_s > 1.2$ 时 $\qquad \tau_{cr} = \dfrac{1.1f_v}{\lambda_s^2}$ $\qquad$ (4.34c)

③计算 $\sigma_{c,cr}$。

$$\lambda_c^2 = \frac{f_y}{\sigma_{c,cr}}$$

将式(4.27)中的 $\sigma_{c,cr}$ 代入上式,得:

当 $0.5 \leqslant \dfrac{a}{h_0} \leqslant 1.5$ 时 $\qquad \lambda_c = \dfrac{h_0/t_w}{28\sqrt{10.9 + 13.4(1.83 - a/h_0)^3}}\sqrt{\dfrac{f_y}{235}}$ $\qquad$ (4.35a)

当 $1.5 < \dfrac{a}{h_0} \leqslant 2.0$ 时 $\qquad \lambda_c = \dfrac{h_0/t_w}{28\sqrt{18.9 - 5a/h_0}}\sqrt{\dfrac{f_y}{235}}$ $\qquad$ (4.35b)

则 $\sigma_{c,cr}$ 按下列公式计算:

当 $\lambda_c \leqslant 0.9$ 时 $\qquad \sigma_{c,cr} = f$ $\qquad$ (4.36a)

当 $0.9 < \lambda_c \leqslant 1.2$ 时 $\qquad \sigma_{c,cr} = [1 - 0.79(\lambda_c - 0.9)]f$ $\qquad$ (4.36b)

当 $\lambda_c > 1.2$ 时 $\qquad \sigma_{c,cr} = \dfrac{1.1f}{\lambda_c^2}$ $\qquad$ (4.36c)

(2)同时配置横向和纵向加劲肋加强的腹板

如图 4.17 所示,设置横向和纵向加劲肋的腹板,其纵向加劲肋将腹板分隔成两个区格,其局部稳定性计算如下。

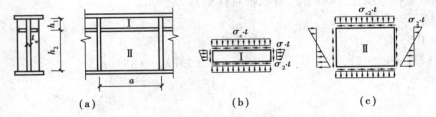

图 4.17　同时用横向和纵向加劲肋加强的腹板

①受压翼缘与纵向加劲肋之间的区格Ⅰ:此区格的受力情况与图 4.17(b)接近,按式(4.37)计算其局部稳定性。

$$\frac{\sigma}{\sigma_{cr1}} + \left(\frac{\tau}{\tau_{cr1}}\right)^2 + \left(\frac{\sigma_c}{\sigma_{c,cr1}}\right)^2 \leqslant 1.0 \qquad (4.37)$$

式中的 σ_{cr1}、$\sigma_{c,cr1}$、τ_{cr1} 具体计算如下:

a.σ_{cr1} 按式(4.32)计算,但式中 λ_b 用 λ_{b1} 代替。而 λ_{b1} 的计算是取屈曲系数 $k = 5.13$,并取嵌固系数 $\chi = 1.4$(梁受压翼缘扭转受到约束)和 $\chi = 1.0$(梁受压翼缘扭转未受到约束),按式(4.25)和式(4.30)得出的,即:

当梁受压翼缘扭转受到约束时 $\qquad \lambda_{b1} = \dfrac{h_1/t_w}{75}\sqrt{\dfrac{f_y}{235}}$ $\qquad$ (4.38a)

当梁受压翼缘扭转未受到约束时
$$\lambda_{b1} = \frac{h_1/t_w}{64}\sqrt{\frac{f_y}{235}} \tag{4.38b}$$

式中，h_1 为纵向加劲肋至腹板计算高度受压边缘的距离。

b. τ_{cr1} 按式（4.34）计算，但式中 h_0 改为 h_1。

c. $\sigma_{c,cr1}$ 计算：该区格宽高比一般都比较大（通常大于4），可视为上下两边支承的均匀受压板，取腹板的有效宽度为 h_1 的 2 倍。当受压翼缘扭转未受到约束时，上下两端均视为铰支，计算长度为 h_1；当受压翼缘扭转受到完全约束时，则计算长度取 $0.7h_1$。按式 $\lambda_b^2 = f_y/\sigma_{cr}$ 计算，并将 λ_b 改写成 λ_{c1}，即：

当梁受压翼缘扭转受到约束时
$$\lambda_{c1} = \frac{h_1/t_w}{56}\sqrt{\frac{f_y}{235}} \tag{4.39a}$$

当梁受压翼缘扭转未受到约束时
$$\lambda_{c1} = \frac{h_1/t_w}{40}\sqrt{\frac{f_y}{235}} \tag{4.39b}$$

$\sigma_{c,cr1}$ 按式（4.32）计算（但将式中 λ_b 改写成 λ_{c1}），即：

当 $\lambda_{c1} \leqslant 0.85$ 时 $\qquad\qquad \sigma_{c,cr1} = f$ $\qquad\qquad\qquad$ (4.40a)

当 $0.85 < \lambda_{c1} \leqslant 1.25$ 时 $\qquad \sigma_{c,cr1} = [1 - 0.75(\lambda_{c1} - 0.85)]f$ $\qquad$ (4.40b)

当 $\lambda_{c1} > 1.25$ 时 $\qquad\qquad\quad \sigma_{c,cr1} = \dfrac{1.1f}{\lambda_{c1}^2}$ $\qquad\qquad\qquad$ (4.40c)

②受拉翼缘与纵向加劲肋之间的区格Ⅱ：该区格的受力情况与图 4.17（c）接近，稳定条件可按式（4.29）近似计算，具体如下：

$$\left(\frac{\sigma_2}{\sigma_{cr2}}\right)^2 + \left(\frac{\tau}{\tau_{cr2}}\right)^2 + \frac{\sigma_{c2}}{\sigma_{c,cr2}} \leqslant 1.0 \tag{4.41}$$

式中，σ_2 为所计算腹板区格内，由平均弯矩产生的腹板在纵向加劲肋处的弯曲压应力，根据正应力直线分布规律可得 $\sigma_2 = \left(1 - \dfrac{2h_1}{h_0}\right)\sigma$；$\tau$ 同前；σ_{c2} 为腹板在纵向加劲肋处的横向压应力，取 $0.3\sigma_c$。

a. σ_{cr2} 按式（4.32）计算，但式中 λ_b 用 λ_{b2} 代替。而 λ_{b2} 的计算是取屈曲系数 $k = 47.6$，并取嵌固系数 $\chi = 1.0$，按式（4.25）和式（4.30）得出的，即：

$$\lambda_{b2} = \frac{h_2/t_w}{194}\sqrt{\frac{f_y}{235}} \tag{4.42}$$

式中，h_2 为纵向加劲肋至腹板计算高度受拉边缘的距离，即 $h_2 = h_0 - h_1$。

b. τ_{cr2} 按式（4.33）、式（4.34）计算，但式中 h_0 改为 h_2。

c. $\sigma_{c,cr2}$ 按式（4.35）、式（4.36）计算，但式中 h_0 改为 h_2，当 $a/h_2 > 2$ 时，取 $a/h_2 = 2$。

（3）同时用横向加劲肋、纵向加劲肋和在受压区设置短加劲肋加强的腹板

如图 4.15（c）所示，除设置横向、纵向加劲肋外，在受压翼缘和纵向加劲肋之间又设有短加劲肋，其区格的局部稳定性按式（4.37）计算，公式中的 σ_{cr1}、$\sigma_{c,cr1}$、τ_{cr1} 均按该式要求的公式计算，但凡涉及的 h_0 和 a 改为 h_1 和 a_1（a_1 为短加劲肋间距），计算 $\sigma_{c,cr1}$ 时所用的 λ_{c1} 改按下式进行：

当梁受压翼缘扭转受到约束时
$$\lambda_{c1} = \frac{a_1/t_w}{87}\sqrt{\frac{f_y}{235}} \qquad (4.43a)$$

当梁受压翼缘扭转未受到约束时
$$\lambda_{c1} = \frac{a_1/t_w}{73}\sqrt{\frac{f_y}{235}} \qquad (4.43b)$$

对 $a_1/h_1 > 1.2$ 的区格，上式右侧应乘以 $1/(0.4+0.5a_1/h_1)^{\frac{1}{2}}$。

▶ 4.4.4 腹板加劲肋的设计

设置加劲肋作为腹板的支撑，能够显著提高腹板的局部稳定性。具体做法是：先判断是否需要设置加劲肋，然后初步布置加劲肋，按上述方法计算各区格板的各种作用应力和相应的临界应力，使其满足临界条件。这种方法要进行多次试算才能使设计较为合理。另外，也可以由上节所介绍的焊接组合梁腹板局部稳定理论直接导出加劲肋的布置。

1）腹板加劲肋的布置原则

①当 $h_0/t_w \leqslant 80\sqrt{235/f_y}$ 时，对有局部压应力（$\sigma_c \neq 0$）的梁，应按构造配置横向加劲肋；但对无局部压应力（$\sigma_c = 0$）的梁，可不配置加劲肋。

②当 $h_0/t_w > 80\sqrt{235/f_y}$ 时，应配置横向加劲肋。其中，当 $h_0/t_w > 170\sqrt{235/f_y}$ 时（受压翼缘扭转受到约束，如连有刚性铺板、制动板或焊有钢轨时）或 $h_0/t_w > 150\sqrt{235/f_y}$（受压翼缘扭转未受到约束）时，或按计算需要时，应在弯曲应力较大区格的受压区增加配置纵向加劲肋。局部压应力很大的梁，必要时尚应在受压区配置短加劲肋。

任何情况下，h_0/t_w 均不应超过 250。此处 h_0 为腹板的计算高度（对单轴对称，当确定是否要配置纵向加劲肋时，h_0 应取腹板受压区高度 h_c 的 2 倍），t_w 为腹板的厚度。

③梁的支座处和上翼缘受有较大固定集中荷载处，宜设置支承加劲肋。

梁腹板加劲肋宜在腹板两侧对称配置，也可单侧配置，但支承加劲肋、重级工作制吊车梁的加劲肋不应单侧配置。横向加劲肋的最小间距应为 $0.5h_0$，最大间距应为 $2h_0$（对无局部压应力的梁，当 $h_0/t_w \leqslant 100$ 时，可采用 $2.5h_0$）。纵向加劲肋至腹板计算高度受压边缘的距离应在 $h_0/5 \sim h_0/4$ 范围内。短加劲肋的最小间距应为 $0.75h_1$。

2）加劲肋的构造和截面尺寸

加劲肋应有足够的刚度才能作为腹板的可靠支撑，所以对加劲肋的截面尺寸和截面惯性矩应有一定要求。

双侧成对布置的腹板横向加劲肋的外伸宽度 b_s 和厚度 t_s（见图4.18）应满足下列要求：

外伸宽度
$$b_s \geqslant \frac{h_0}{30}+40 \text{ mm} \qquad (4.44a)$$

厚度
$$t_s \geqslant \frac{b_s}{15} \qquad (4.44b)$$

单侧布置的腹板横向加劲肋，外伸宽度应比上式增大20%，厚度不应小于其外伸宽度的 1/15。

当同时采用横向和纵向加劲肋加强腹板时，横向加劲肋还作为纵向加劲肋的支撑，在纵、

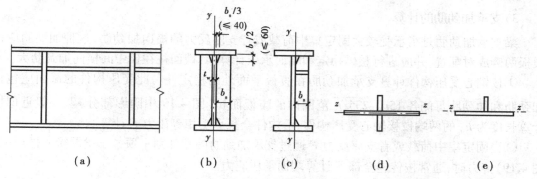

图 4.18　腹板加劲肋

横加劲肋相交处,应切断纵向加劲肋而使横向加劲肋直通。此时,横向加劲肋的截面尺寸除应符合上述规定外,其截面对腹板纵轴的惯性矩(对 z—z 轴,见图 4.18),尚应符合下式要求:

$$I_z \geqslant 3h_0 t_w^3 \tag{4.45}$$

纵向加劲肋的截面惯性矩(对 y—y 轴),应符合下列公式的要求:

当 $a/h_0 \leqslant 0.85$ 时
$$I_y \geqslant 1.5h_0 t_w^3 \tag{4.46a}$$

当 $a/h_0 > 0.85$ 时
$$I_y \geqslant \left(2.5 - 0.45\frac{a}{h_0}\right)\left(\frac{a}{h_0}\right)^2 h_0 t_w^3 \tag{4.46b}$$

短加劲肋的外伸宽度应取横向加劲肋外伸宽度的 0.7~1.0 倍,厚度不应小于短加劲肋外伸宽度的 1/15。

用型钢(H 型钢、工字钢、槽钢、肢尖焊于腹板的角钢)做成的加劲肋,其截面惯性矩不得小于相应钢板加劲肋的惯性矩。

计算加劲肋截面惯性矩时,双侧成对配置的加劲肋应以腹板中心线为轴线,在腹板一侧配置的加劲肋应以与加劲肋相连的腹板边缘线为轴线。

为了避免焊缝交叉,减小焊接应力,在加劲肋端部应切成斜角,宽约 $b_s/3$ 但≤40 mm、高约 $b_s/2$ 但≤60 mm,如图 4.18 所示。对直接承受动力荷载的梁(如吊车梁),中间横向加劲肋下端不应与受拉翼缘焊接(如果焊接,将降低受拉翼缘的疲劳强度),一般在距受拉翼缘 50~100 cm 处断开,如图 4.19(b)所示。在纵、横加劲肋相交处,纵向加劲肋的端部也应切成斜角。

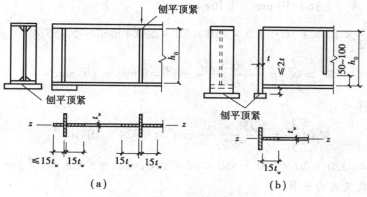

图 4.19　支承加劲肋

3）支承加劲肋的计算

梁支承加劲肋是指承受较大固定集中荷载或者支座反力的横向加劲肋，这种加劲肋应在腹板两侧成对配置，并应进行整体稳定和端面承压计算，其截面往往比中间横向加劲肋大。

①按轴心受压构件计算支承加劲肋在腹板平面外的稳定性。此受压构件的截面应包括加劲肋和加劲肋每侧各 $15t_w\sqrt{235/f_y}$ 范围内的腹板面积（图 4.19 中阴影部分）。一般近似按计算长度为 h_0 的两端铰接轴心受压构件，沿构件全长承受相等压力 F 计算。

②当固定集中荷载或者支座反力 F 通过支承加劲肋的端部刨平顶紧于梁翼缘或柱顶（见图 4.19）传力时，通常按传递全部 F 计算端面承压应力。

$$\sigma_{ce} = \frac{F}{A_{ce}} \leqslant f_{ce} \tag{4.47}$$

式中，F 为集中荷载或支座反力；A_{ce} 为端面承压面积；f_{ce} 为钢材端面承压强度设计值。

突缘支座的伸出长度不得大于加劲肋厚度的 2 倍，如图 4.19（b）所示。

③支承加劲肋与腹板的连接焊缝，应按承受全部集中力或支座反力 F 进行计算。一般采用角焊缝连接，计算时假定应力沿焊缝长度均匀分布。

当集中荷载很小时，支承加劲肋可按构造设计而不用计算。

【例 4.3】 如图 4.1 工作平台，梁格布置尺寸及平台承受的荷载见例题 4.1。假设次梁采用规格为 HN496×199×9×14 的 H 型钢，主梁的计算简图和截面尺寸如图 4.20（a）、（b）所示，钢材为 Q235。试验算该主梁的局部稳定性并设计加劲肋。

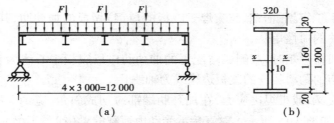

图 4.20 主梁的计算简图及截面尺寸

【解】 由题意知，主梁是等截面，其截面特征参数为：

截面面积 $A = (1\ 160 \times 10 + 2 \times 320 \times 20)\ \text{mm}^2 = 2.44 \times 10^4\ \text{mm}^2$

腹板面积 $A_w = 1\ 160 \times 10\ \text{mm}^2 = 1.16 \times 10^4\ \text{mm}^2$

$$I_x = \left(\frac{1}{12} \times 10 \times 1\ 160^3 + 2 \times 320 \times 20 \times 590^2\right)\ \text{mm}^4 = 5.756 \times 10^9\ \text{mm}^4$$

$$W_x = \frac{I_x}{y_{max}} = \frac{5.756 \times 10^9}{600}\ \text{mm}^3 = 9.593 \times 10^6\ \text{mm}^3$$

腹板受压边缘处

$$W_1 = \frac{I_x}{y_1} = \frac{5.756 \times 10^9}{580}\ \text{mm}^3 = 9.924 \times 10^6\ \text{mm}^3$$

$$S_x = (320 \times 20 \times 590 + 580 \times 10 \times 290)\ \text{mm}^3 = 5.458 \times 10^6\ \text{mm}^3$$

1）主梁的荷载及内力计算

由例题 4.2 计算知，水平次梁传给主梁的荷载（包括次梁自重）：

$$F = 2 \times \frac{ql}{2} = 2 \times \frac{50.6 \times 6}{2} \text{ kN} = 303.6 \text{ kN}$$

主梁单位长度的自重： $\quad q_{Gk} = A \rho_g g = 244 \times 10^{-4} \times 7\,850 \times 9.8 \times 10^{-3} \text{ kN/m}$
$$= 1.88 \text{ kN/m}$$

考虑加劲肋等重量采用构造系数1.2，则：
$$q_{Gk} = 1.2 \times 1.88 \text{ kN/m} = 2.256 \text{ kN/m}$$

主梁单位长度的自重荷载设计值： $q = 1.2 \times 2.256 \text{ kN/m} = 2.7 \text{ kN/m}$

主梁最大剪力（支座处）：

$$V_{max} = \frac{3}{2}F + \frac{ql}{2} = \left(\frac{3}{2} \times 303.6 + \frac{2.7 \times 12}{2} \right) \text{ kN} = 472 \text{ kN}$$

最大弯矩（跨中）：

$$M_{max} = \frac{RL}{2} - \frac{qL^2}{8} - Fb = \left(472 \times \frac{12}{2} - 2.7 \times \frac{12^2}{8} - 303.6 \times 3 \right) \text{ kN·m} = 1\,870.2 \text{ kN·m}$$

主梁的剪力和弯矩图如图4.21所示。

2）主梁的局部稳定性计算

（1）翼缘的局部稳定性

翼缘板的自由外伸宽度：

$$b = \frac{320 - 10}{2} = 155 \text{ mm}$$

翼缘的外伸宽度与厚度比 $b/t = 155/20 = 7.75 < 13\sqrt{235/f_y}$ ，满足局部稳定性要求并可以考虑截面部分塑性发展。

（2）腹板的局部稳定性

主梁腹板的高厚比 $h_0/t_w = 1\,160/10 = 116$ ，大于 $80\sqrt{235/f_y}$ ，但小于 $170\sqrt{235/f_y}$ （有刚性铺板，受压翼缘扭转受到约束），故应配置横向加劲肋。

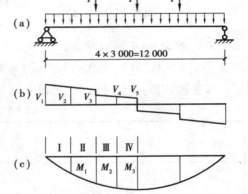

图4.21 主梁的内力图

从工作平台结构布置看，应在主梁端部支座和主梁与次梁连接处布置支承加劲肋，按构造要求横向加劲肋的间距应为 $a \geqslant 0.5h_0 = 580 \text{ mm}$ ， $a \leqslant 2h_0 = 2 \times 1\,160 \text{ mm} = 2\,320 \text{ mm}$ 。故在两个次梁与主梁连接处之间应增设一个横向加劲肋，加劲肋之间的间距取为 $a = 1.5 \text{ m}$ ，加劲肋成对布置于腹板两侧，如图4.22所示。

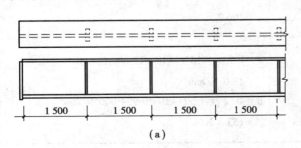

（a）

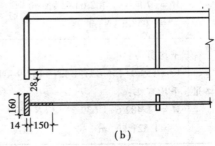

（b）

图4.22 加劲肋的布置

腹板局部稳定性的计算:仅布置横向加劲肋,应按式(4.29)计算各区格腹板的局部稳定。由于$\sigma_c=0$,故按下式计算:

$$\left(\frac{\sigma}{\sigma_{cr}}\right)^2 + \left(\frac{\tau}{\tau_{cr}}\right)^2 \leqslant 1$$

临界应力计算:

①σ_{cr}计算。由于主梁受压翼缘扭转受到约束,λ_b应按式(4.31a)计算:

$$\lambda_b = \frac{2h_c/t_w}{177}\sqrt{\frac{f_y}{235}} = \frac{\dfrac{1\,160}{10}}{177} = 0.66 < 0.85$$

则σ_{cr}按式(4.32a)计算:$\sigma_{cr}=f=215\ \text{N/mm}^2$

②τ_{cr}的计算。$a/h_0=1\,500/1\,160=1.3>1.0$,$\lambda_s$应按式(4.33b)计算:

$$\lambda_s = \frac{h_0/t_w}{41\sqrt{5.34+4\left(\dfrac{h_0}{a}\right)^2}}\sqrt{\frac{f_y}{235}} = \frac{\dfrac{1\,160}{10}}{41\sqrt{5.34+4\left(\dfrac{1\,160}{1\,500}\right)^2}} = 1.02 > 0.8$$

则τ_{cr}按公式(4.34b)计算:

$$\tau_{cr} = [1-0.59(\lambda_s-0.8)]f_v = [1-0.59(1.02-0.8)]\times125\ \text{N/mm}^2 = 108.8\ \text{N/mm}^2$$

各区格计算:为便于比较,把图4.21所示4个区格计算过程及结果列于表4.5中。

表4.5　腹板局部稳定计算

区格	内　力	应　力	计算结果
区格Ⅰ	平均剪力: $V=(471.6+467.6)/2\ \text{kN}=469.6\ \text{kN}$ 平均弯矩: $M=(704.4+0)/2\ \text{kN}\cdot\text{m}=352.2\ \text{kN}\cdot\text{m}$	$\tau=V/h_0t_w=469.6\times10^3/11\,600\ \text{N/mm}^2$ $=40.5\ \text{N/mm}^2$ $\sigma=M/W_1=352.2\times10^6/9\,924\,000\ \text{N/mm}^2$ $=35.5\ \text{N/mm}^2$	满足
区格Ⅱ	平均剪力: $V=(467.6+463.5)/2\ \text{kN}=465.6\ \text{kN}$ 平均弯矩: $M=(704.4+1\,402.6)/2\ \text{kN}\cdot\text{m}$ $=1\,053.5\ \text{kN}\cdot\text{m}$	$\tau=V/h_0t_w=465.6\times10^3/11\,600\ \text{N/mm}^2$ $=40.14\ \text{N/mm}^2$ $\sigma=M/W_1=1\,053.5\times10^6/9\,924\,000\ \text{N/mm}^2$ $=106.2\ \text{N/mm}^2$	满足
区格Ⅲ	平均剪力: $V=(159.9+155.85)/2\ \text{kN}=157.9\ \text{kN}$ 平均弯矩: $M=(1\,402.6+1\,639.5)/2\ \text{kN}\cdot\text{m}$ $=1\,521\ \text{kN}\cdot\text{m}$	$\tau=V/h_0t_w=157.9\times10^3/11\,600\ \text{N/mm}^2$ $=13.6\ \text{N/mm}^2$ $\sigma=M/W_1=1\,521\times10^6/9\,924\,000\ \text{N/mm}^2$ $=153.3\ \text{N/mm}^2$	满足

续表

区格	内　力	应　力	计算结果
区格Ⅳ	平均剪力： $V=(155.85+151.8)/2 \text{ kN}=153.8 \text{ kN}$ 平均弯矩： $M=(1\ 639.5+1\ 870.2)/2 \text{ kN}\cdot\text{m}$ $=1\ 754.9 \text{ kN}\cdot\text{m}$	$\tau=V/h_0 t_w=153.8\times10^3/11\ 600 \text{ N/mm}^2$ $=13.3 \text{ N/mm}^2$ $\sigma=M/W_1=1\ 754.9\times10^6/9\ 924\ 000 \text{ N/mm}^2$ $=176.8 \text{ N/mm}^2$	满足
计算公式	$\left(\dfrac{\sigma}{\sigma_{cr}}\right)^2+\left(\dfrac{\tau}{\tau_{cr}}\right)^2\leqslant 1$ $(\sigma_c=0,\sigma_{cr}=215,\tau_{cr}=108.8)$		

事实上，可以根据主梁受力特点，只对不利区格进行计算。

3) 主梁加劲肋的设计

横向加劲肋采用对称布置，其尺寸为：

外伸宽度　　$b_s\geqslant\dfrac{h_0}{30}+40 \text{ mm}=\left(\dfrac{1\ 160}{30}+40\right) \text{ mm}=78.7 \text{ mm}$　取 $b_s=90 \text{ mm}$

厚度　　　　$t_s\geqslant\dfrac{b_s}{15}=\dfrac{90}{15} \text{ mm}=6 \text{ mm}$　取为 6 mm

加劲肋布置如图 4.22 所示。

梁支座采用突缘支座形式。支座支承加劲肋采用 $160 \text{ mm}\times14 \text{ mm}$。

支承加劲肋的计算：如图 4.22(b) 中阴影所示。

$$A=(160\times14+150\times10) \text{ mm}^2=3.74\times10^3 \text{ mm}^2$$

$$I_x=\left(\frac{1}{12}\times14\times160^3+\frac{1}{12}\times150\times10^3\right) \text{ mm}^4=4.79\times10^6 \text{ mm}^4$$

$$i=\sqrt{\frac{I}{A}}=\sqrt{\frac{4.79\times10^6}{3.74\times10^3}} \text{ mm}=35.8 \text{ mm}$$

$$\lambda=\frac{h_0}{i}=\frac{116}{3.58}=32.4$$

查表得 $\varphi=0.844$，则：

$$\frac{R}{\varphi A}=\frac{471.6\times10^3}{0.844\times37.4\times10^2} \text{ N/mm}^2=149.4 \text{ N/mm}^2<f=215 \text{ N/mm}^2$$

支座加劲肋端部刨平顶紧，其端部承压应力：

$$\sigma_{ce}=\frac{R}{A_{ce}}=\frac{471.6\times10^3}{14\times160} \text{ N/mm}^2=210.5 \text{ N/mm}^2\leqslant f_{ce}=325 \text{ N/mm}^2$$

支承加劲肋与腹板用直角角焊缝连接，焊脚尺寸：

$$h_f=\frac{R}{0.7\sum l_w\cdot f_f^w}=\frac{471.6\times10^3}{0.7\times2\times1\ 160\times160} \text{ mm}=1.8 \text{ mm}$$

取 $h_f=8 \text{ mm}$。

4.5　焊接组合梁腹板考虑屈曲后强度的设计

对于四边支承的理想平板而言,屈曲后还有很大的承载能力,一般称之为屈曲后强度。板件的屈曲后强度主要来自于平板中间的横向张力,它能牵制纵向受压变形的发展,因而板件屈曲后还能继续承受荷载。因此,承受静力荷载和间接承受动力荷载的焊接组合梁宜考虑利用腹板屈曲后强度,可仅在支座处和固定集中荷载处设置支承加劲肋,或再设置中间横向加劲肋,其高厚比达到 $250\sqrt{235/f_y}$,而不必设置纵向加劲肋。这样,腹板可以做得更薄,以获得更好的经济效果。

▶ 4.5.1　梁腹板屈曲后的承载能力

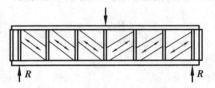

图 4.23　腹板的张力场作用

梁腹板屈曲后强度的计算采用张力场的概念。假定:①屈曲后腹板中的剪力一部分由小挠度理论计算出的抗剪力承担;②另一部分由斜张力场作用(薄膜效应)承担,而翼缘的弯曲刚度小,不能承担腹板斜张力场产生的垂直分力作用。这样,腹板屈曲后的实腹式受弯构件如同一榀桁架,如图 4.23 所示,翼缘可视为弦杆,张力场带如同桁架的斜拉杆,而横向加劲肋则起到竖杆的作用。

1)腹板屈曲后的抗剪承载力

由基本假定①知,腹板屈曲后的抗剪承载力 V_u 应为屈曲剪力 V_{cr} 和张力场剪力 V_t 之和,即:

$$V_u = V_{cr} + V_t \tag{4.48}$$

屈曲剪力 $V_{cr}=h_0 t_w \tau_{cr}$。根据基本假定②,可以认为力是通过宽度为 s 的带形张力场以拉应力为 σ_t 的效应传到加劲肋上的(事实上,带形场以外部分也有少量薄膜应力),如图 4.24 所示。

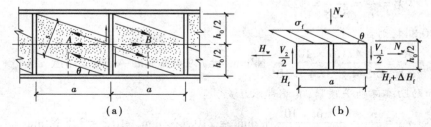

(a)　　　　　(b)

图 4.24　张力场作用下的剪力

这些拉应力对屈曲后腹板的变形起到牵制作用,从而提高了承载能力。拉应力所提供的剪力,即张力场剪力 V_t 就是腹板屈曲后的抗剪承载能力 V_u 的提高部分。

根据上述理论分析和试验研究,我国《规范》规定,抗剪承载力设计值 V_u 应按下列公式计算:

当 $\lambda_s \leqslant 0.8$ 时 $\qquad V_u = h_0 t_w f_v \qquad\qquad$ (4.49a)

当 $0.8 < \lambda_s \leqslant 1.2$ $\qquad V_u = h_0 t_w f_v [1 - 0.5(\lambda_s - 0.8)]$ $\qquad$ (4.49b)

当 $\lambda_s > 1.2$ 时 $\qquad V_u = 0.95 h_0 t_w f_v / \lambda_s^{1.2}$ $\qquad$ (4.49c)

式中,λ_s 为用于抗剪计算的腹板通用高度比,按式(4.33)计算。当组合梁仅配置支座加劲肋时,取式(4.33b)中 $h_0/a = 0$。

2)腹板屈曲后的抗弯承载力 M_{eu}

由上述内容可知,腹板屈曲后考虑张力场的作用,抗剪承载力比按弹性理论计算的承载力有所提高。但由于弯矩作用下的受压区屈曲后不能承担弯曲压应力,使梁的抗弯承载力有所下降,但下降不多。我国《规范》建议采用下列近似公式计算抗弯承载力设计值 M_{eu}。

$$M_{eu} = \gamma_x a_e W_x f \qquad\qquad (4.50)$$

$$a_e = 1 - \frac{(1 - \rho) h_c^3 t_w}{2 I_x} \qquad\qquad (4.51)$$

式中,α_e 为梁截面模量折减系数;I_x 为按梁截面全部有效计算的绕 x 轴的惯性矩;W_x 是按梁截面全部有效计算的绕 x 轴的截面模量;h_c 为按梁截面全部有效计算的腹板受压区高度;γ_x 为梁截面塑性发展系数;ρ 为腹板受压区有效高度系数。

当 $\lambda_b \leqslant 0.85$ 时 $\qquad \rho = 1.0$ $\qquad\qquad$ (4.52a)

当 $0.85 < \lambda_b \leqslant 1.25$ 时 $\qquad \rho = 1 - 0.82(\lambda_b - 0.85)$ $\qquad$ (4.52b)

当 $\lambda_b > 1.25$ 时 $\qquad \rho = \dfrac{1 - 0.2/\lambda_b}{\lambda_b}$ $\qquad\qquad$ (4.52c)

λ_b 为用于腹板受弯计算时的通用高厚比,按式(4.31)计算。

▶ 4.5.2 组合梁考虑腹板屈曲后强度的计算

承受静力荷载和间接承受动力荷载的组合梁宜考虑腹板屈曲后强度,腹板在横向加劲肋之间的各区段,通常同时承受弯矩和剪力。此时,腹板屈曲后对梁的承载力影响比较复杂,剪力 V 和弯矩 M 的相关性可以用某种曲线表达。我国《规范》采用如图 4.25 所示的剪力 V 和弯矩 M 无量纲化相关曲线。

用数学表达式描述图 4.25 中曲线段 AB,即得到考虑腹板屈曲后强度的计算公式:

$$\left(\frac{V}{0.5 V_u} - 1 \right)^2 + \frac{M - M_f}{M_{eu} - M_f} \leqslant 1.0 \qquad (4.53)$$

$$M_f = \left(A_{f1} \frac{h_1^2}{h_2} + A_{f2} h_2 \right) f \qquad (4.54)$$

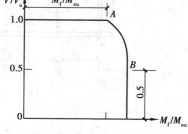

图 4.25 剪力 V 和弯矩 M 相关曲线

式中,M、V 为梁的同一截面上同时产生的弯矩和剪力设计值,当 $V < 0.5 V_u$ 时,取 $V = 0.5 V_u$,当 $M < M_f$ 时,取 $M = M_f$;V_u、M_{eu} 为梁的抗剪和抗弯承载力设计值,按式(4.49)和式(4.50)计算;M_f 为梁两翼缘所承担的弯矩设计值;A_{f1}、h_1 为较大翼缘的截面面积及其形心至梁中和轴的距离;A_{f2}、h_2 为较小翼缘的截面面积及其形心至梁中和轴的距离。

▶ 4.5.3 考虑腹板屈曲后强度梁的加劲肋设计

考虑腹板屈曲后强度的梁,即使腹板高厚比超过 $170\sqrt{235/f_y}$,也只设置横向加劲肋。通常先布置支承加劲肋,当仅布置支承加劲肋不能满足式(4.53)要求时,应在两侧成对布置中间横向加劲肋。横向加劲肋的间距应满足考虑腹板屈曲后的强度条件式(4.53)的要求,同时也应满足构造要求,一般可采用 $a=(1.0\sim1.5)h_0$。

中间横向加劲肋和上端有集中荷载作用的中间支承加劲肋的截面尺寸应满足式(4.44)的要求。同时,中间加劲肋还受到斜向张力场的竖向分力 N_s 和水平分力 H_w 的作用(见图4.24(b)),而水平分力 H_w 可以认为由翼缘承担,即图4.24(b)中 ΔH_f 已将 H_w 考虑在内,因此,这类加劲肋只按轴心受力构件计算其在腹板平面外的稳定性。事实上,我国《规范》在计算中间加劲肋所受轴心力时,考虑了张力场拉力的水平分力的影响,规定按下式计算:

中间横向加劲肋 $\qquad\qquad N_s = V_u - h_0 t_w \tau_{cr}$ $\qquad\qquad$ (4.55a)

中间支承加劲肋 $\qquad\qquad N_s = V_u - h_0 t_w \tau_{cr} + F$ $\qquad\qquad$ (4.55b)

式中,V_u 按式(4.49)计算;τ_{cr} 按式(4.34)计算;h_0 为腹板高度;F 为作用在中间支承加劲肋上端的集中荷载。

对于梁支座加劲肋,当腹板在支座旁的区格利用屈曲后强度,除承受梁支座反力 R 外,还必须考虑张力场斜拉力的水平分力 H 的作用:

$$H = (V_u - h_0 t_w \tau_{cr})\sqrt{1 + \left(\frac{a}{h_0}\right)^2} \qquad\qquad (4.56)$$

式中 a 的取值:对设置中间横向加劲肋的梁,取支座端区格的加劲肋间距 a_1,如图4.26(a)所示;对不设中间横向加劲肋的腹板,取支座至跨内剪力为零点的距离。

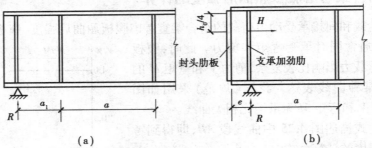

图 4.26 梁端构造

H 的作用点在距腹板计算高度上边缘 $h_0/4$ 处,如图4.26(b)所示。因此,应按压弯构件计算支座加劲肋的强度和在腹板平面外的稳定性。此压弯构件的截面和计算长度同一般支座加劲肋。

当支座加劲肋在梁外延的端部加设封头肋板(见图4.26(b))可以简化,将支座加劲肋按承受支座反力 R 的轴心压杆计算,封头肋板的截面面积则不应小于按式(4.57)计算的数值:

$$A_c = \frac{3h_0 H}{16ef} \qquad\qquad (4.57)$$

式中,e 为支座加劲肋与封头肋板的距离,如图4.26(b)所示;f 为钢材强度设计值。

4.6 受弯构件的截面设计

常用的受弯构件截面形式主要是型钢梁和焊接组合梁,型钢梁设计比较简单,本节主要介绍工程中应用较多的焊接组合梁的截面设计方法。

1)初选截面

当梁的内力较大时,需要采用焊接组合梁。组合梁常采用三块钢板焊接而成的工字形截面。设计时,首先要初步估算梁的截面高度、腹板厚度和翼缘尺寸,再进行验算。初选截面可按下述方法进行。

(1)梁的截面高度

梁截面高度是一个重要尺寸,确定梁的截面高度应考虑建筑高度、刚度条件和经济条件。

建筑高度是指梁格底面到铺板顶面之间的高度,它往往由生产工艺和使用要求决定。有了建筑高度要求,也就决定了梁的最大高度 h_{max}。如果没有建筑高度要求,可不必规定最大梁高。

刚度条件决定了梁的最小高度 h_{min}。刚度条件是要求梁在全部荷载标准值作用下的挠度 $v \le [v_T]$。

现以承受均布荷载(全部荷载设计值为 q,包括永久荷载与可变荷载)作用的单向受弯简支梁为例,推导最小梁高。梁的挠度按荷载标准值 $q_k(=q/1.3)$ 计算。

$$\frac{v_T}{l} = \frac{5}{384} \frac{q_k l^3}{EI_x} = \frac{5}{384} \frac{q l^3}{1.3 EI_x} = \frac{5}{48} \frac{(q l^2/8)(h/2)}{I_x} \frac{2l}{1.3 Eh} = \frac{5}{1.3 \times 24} \frac{\sigma l}{Eh} \le \frac{[v_T]}{l}$$

若此梁的抗弯强度充分发挥作用,可令 $\sigma = f$,由上式可求得:

$$h_{min} = \frac{f}{1.285 \times 10^6} \frac{l}{[v_T]/l} \tag{4.58}$$

梁的经济高度是指满足一定条件(强度、刚度、整体稳定和局部稳定)、用钢量最少的梁高度。对楼盖和平台结构来说,组合梁一般用做主梁。由于主梁的侧向有次梁支撑,整体稳定不是最主要的,所以梁的截面一般由抗弯强度控制。

下面根据经济条件,以等截面对称工字形组合梁(图4.27)为例介绍经济梁高的推导方法。

梁的单位长度用钢量 g 是翼缘用钢量 g_f 与腹板及加劲肋用钢量 g_w 之和,即:

$$g = g_f + g_w = \gamma_g(2A_f + 1.2A_w) \tag{4.59}$$

式中,A_f 为翼缘截面面积,$A_f = bt$;A_w 为腹板截面面积,$A_w = h_w t_w$;γ_g 为钢材的容重;1.2 为考虑腹板有加劲肋等构造的增大系数。

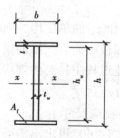

图 4.27 焊接组合梁的截面尺寸

截面惯性矩：

$$I_x = W_x \frac{h}{2} = 2A_f \left(\frac{h_1}{2}\right)^2 + \frac{1}{12}h_w^3 t_w$$

式中，h_1 为上下翼缘中心之间的距离。考虑到 $h \approx h_1 \approx h_w$，则每个翼缘需要的截面积：

$$A_f = \frac{W_x}{h_w} - \frac{1}{6}h_w t_w \tag{4.60}$$

代入式（4.59），并根据经验取 $t_w = \sqrt{h_w}/11$（式中 t_w、h_w 均以厘米为单位），得到：

$$g = \gamma_g \left(\frac{2W_x}{h_w} + 0.079\sqrt{h_w^3}\right)$$

g 为最小的条件是 $\dfrac{\mathrm{d}g}{\mathrm{d}h_w} = 0$，即：

经济梁高：

$$h_{ec} \approx h_w = (16.9W_x)^{2/5} \approx 3W_x^{2/5} \tag{4.61}$$

经济梁高也可按经验公式计算：

$$h_{ec} = 7\sqrt[3]{W_x} - 30 \tag{4.62}$$

上述两式中的 h_{ec} 的单位为 cm、W_x 的单位为 cm^3。对一般单向受弯构件，W_x 可按式（4.63）估算：

$$W_x = \frac{M_x}{\gamma_x f} \tag{4.63}$$

实际采用的梁高应小于由建筑高度决定的最大梁高 h_{max}，大于由刚度条件决定的最小梁高 h_{min}，而且接近于经济梁高 h_{ec}。同时，腹板的高度宜符合钢板宽度规格，取 50 mm 的倍数。

（2）腹板厚度

腹板厚度应满足抗剪强度和局部稳定的要求。初选截面时，可近似地假定最大剪应力为腹板平均剪应力的 1.2 倍，即：

$$\tau_{max} \approx 1.2\frac{V_{max}}{h_w t_w} \leqslant f_v$$

于是

$$t_w \geqslant 1.2\frac{V_{max}}{h_w f_v} \tag{4.64}$$

考虑局部稳定、经济和构造等因素，腹板厚度一般用下列经验公式进行估算：

$$t_w \geqslant \sqrt{h_w}/11 \tag{4.65}$$

式中，t_w 和 h_w 的单位均为 cm。腹板的厚度应考虑钢板的现有规格，一般采用 2 mm 的倍数。对考虑腹板屈曲后强度的梁，腹板厚度可取小些。考虑腹板厚度太小会因锈蚀而降低承载能力和制造过程中易产生焊接翘曲变形，因此，要求腹板厚度不得小于 6 mm，也不应使高厚比超过 $250\sqrt{235/f_y}$。

（3）翼缘尺寸

由式（4.60）可求出需要的翼缘截面积 A_f。翼缘板的宽度通常为 $b = (1/5 \sim 1/3)h$，应使 $b \geqslant 180$ mm。翼缘板的宽度不宜过小，以保证梁的整体稳定，但也不宜过大，以减少翼缘中应力分布不均的程度。厚度 $t = A_f/b$。翼缘板常用单层板做成，当厚度过大时，可采用双层板。

同时,确定翼缘板的尺寸时,应注意满足局部稳定要求,使受压翼缘宽度 b 与其厚度 t 之比 $b/t \leqslant 30\sqrt{235/f_y}$(弹性设计,即取 $\gamma_x = 1.0$)或 $26\sqrt{235/f_y}$(考虑塑性发展,即取 $\gamma_x = 1.05$)。选择翼缘尺寸时,同样也应符合钢板规格,一般宽度取 10 mm 的倍数,厚度取 2 mm 的倍数。

2)截面验算

应根据最后确定的截面,求出如惯性矩、截面模量、面积矩等截面的各种几何特征参数的准确值,然后进行验算。梁的截面验算包括强度和刚度(见 4.2 节)、整体稳定(见 4.3 节)、局部稳定(见 4.4 节),还应进行加劲肋的布置与设计(见 4.4 节)。

3)焊接组合梁截面沿长度的改变

梁的弯矩大小一般是随梁的长度变化的。因此,对于跨度较大的梁,为节约钢材可随弯矩的变化而改变梁的截面尺寸。对跨度较小的梁,改变截面的经济效果不大,一般不宜改变截面。

为减少应力集中,改变翼缘宽度时,需要采用如图 4.28 所示的连接方法。对接焊缝一般采用直缝(见图 4.28(a)),只有当对接焊缝的强度低于翼缘钢板的强度时才采用斜缝(见图 4.28(b))。

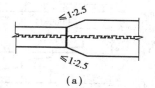
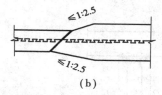

图 4.28　焊接翼缘宽度改变

梁的截面在半跨内通常仅做一次改变,可节约钢材 10%～20%。如改变二次,再多节约 3%～5%,效果不显著,但制造麻烦。

对承受均布荷载的简支梁,一般在距支座 $l/6$ 处改变截面比较经济,如图 4.29(a)所示。较窄翼缘板宽度 b' 应由截面开始改变处的弯矩 M_1 确定。

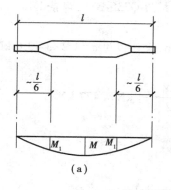
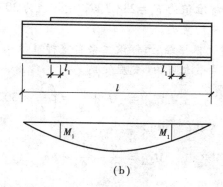

图 4.29　梁翼缘的改变位置

两层翼缘板的梁,可用截断外层板的办法来改变梁的截面,如图 4.29(b)所示。理论切断点的位置可由计算确定,被切断的翼缘板在理论切断处应能正常参加工作,其外伸长度 l_1 须满足下列要求:

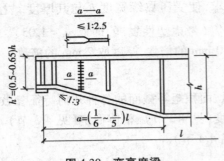

图 4.30 变高度梁

端部有正面角焊缝:

当 $h_f \geq 0.75t_1$ 时 $l_1 \geq b_1$

当 $h_f < 0.75t_1$ 时 $l_1 \geq 1.5b_1$

端部无正面角焊缝:$l_1 \geq 2b_1$

其中 b_1 和 t_1 分别为外层翼缘板宽度和厚度;h_f 为侧面角焊缝和正面角焊缝的焊脚尺寸。

有时为了降低梁的建筑高度,简支梁可以在靠近支座处减小其高度,而使翼缘截面保持不变,具体构造可参见图 4.30。梁端部高度应根据抗剪强度要求确定,但一般不低于跨中高度的 1/2。

4)翼缘焊缝的计算

当腹板与翼缘板用角焊缝连接时,角焊缝所需的焊脚尺寸计算见式(3.31)、式(3.35)。

当腹板与翼缘的连接焊缝采用焊透的 T 形对接与角接组合焊缝时(见图 4.31),此种焊缝与基本金属等强,其强度可不计算。

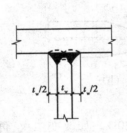

图 4.31 K 形焊缝

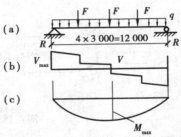

图 4.32 例 4.4 图

【例 4.4】 如图 4.1 的工作平台,梁格布置及平台承受的荷载见例题 4.1。假设次梁采用规格为 HN496×199×9×14 的 H 型钢,图 4.32(a)为工作平台中主梁的计算简图,次梁传来的集中荷载标准值为 $F_k = 238.7$ kN,设计值为 303.6 kN,钢材为 Q235-B·F,焊条 E43 型。试设计工作平台中的主梁。

【解】 根据经验,假设主梁自重标准值 $q_{Gk} = 3$ kN/m,设计值为 $q = 1.2 \times 3 = 3.6$ kN/m。

则主梁最大剪力(支座处):

$$V_{max} = \frac{3}{2}F + \frac{ql}{2} = \left(\frac{3}{2} \times 303.6 + \frac{3.6 \times 12}{2}\right) \text{kN} = 477 \text{ kN}$$

最大弯矩(跨中):

$$M_{max} = \frac{Rl}{2} - \frac{ql^2}{8} - Fb$$

$$= \left(477 \times \frac{12}{2} - 3.6 \times \frac{12^2}{8} - 303.6 \times 3\right) \text{kN·m}$$

$$= 1\,886.4 \text{ kN·m}$$

采用焊接工字形组合截面梁,估计翼缘板厚度 $t_f \geq 16$ mm,故抗弯强度设计值 $f = 205$ N/mm²。按式(4.58)计算需要的截面模量为:

$$W_x = \frac{M_x}{f} = \frac{1\,886.4 \times 10^6}{205}\,\text{mm}^3 = 9\,202 \times 10^3\,\text{mm}^3$$

(1)试选截面

按刚度条件,梁的最小高度按式(4.60)计算:

$$h_{\min} = \frac{f}{1.285 \times 10^6} \frac{l}{[v_T]/l} = \frac{205}{1.285 \times 10^6} \times 400 \times 12\,000\,\text{mm} = 766\,\text{mm}$$

梁的经济高度按式(4.63)计算:

$$h_{ec} \approx 3W_x^{2/5} = 3 \times (9\,202)^{2/5}\,\text{cm} = 116\,\text{cm}$$

取梁的腹板高度 $h_w = h_0 = 1\,100\,\text{mm}$。

按抗剪要求腹板厚度:

$$t_w \geqslant 1.2\frac{V_{\max}}{h_w f_v} = 1.2 \times \frac{477 \times 10^3}{1\,100 \times 120}\,\text{mm} = 4.3\,\text{mm}$$

按经验公式:

$$t_w \geqslant \frac{\sqrt{h_w}}{11} = \frac{\sqrt{1\,100}}{11}\,\text{mm} = 3.0\,\text{mm}$$

若不考虑腹板屈曲后强度,取腹板厚度 $t_w = 8\,\text{mm}$。

每个翼缘所需截面积:

$$A_f = \frac{W_x}{h_w} - \frac{t_w h_w}{6} = \frac{9\,202 \times 10^3}{1\,100}\,\text{mm}^2 - \frac{8 \times 1\,100}{6}\,\text{mm}^2 = 6\,899\,\text{mm}^2$$

翼缘宽度 $b = h/5 \sim h/3 = (1\,100/5 \sim 1\,100/3)\,\text{mm} = 220 \sim 367\,\text{mm}$,取 $b = 320\,\text{mm}$

翼缘厚度 $t = A_f/b = 6\,899/320 = 21.6\,\text{mm}$,取 $t = 22\,\text{mm}$

翼缘板外伸宽度与厚度之比 $156/22 = 7.1 < 13\sqrt{235/f_y} = 13$,满足局部稳定要求。

此组合梁的跨度并不很大,为了施工方便,不沿梁长度改变截面。

(2)梁的截面(见图4.33)几何参数

$$I_x = \frac{1}{12}(320 \times 1\,144^3 - 312 \times 1\,100^3)\,\text{mm}^4 = 5.32 \times 10^9\,\text{mm}^4$$

$$W_x = \frac{2I_x}{h} = \frac{2 \times 5.32 \times 10^9}{1\,144}\,\text{mm}^3 = 9.3 \times 10^6\,\text{mm}^3$$

$A = (1\,100 \times 10 + 2 \times 320 \times 22)\,\text{mm}^2 = 2.51 \times 10^4\,\text{mm}^2$

梁自重(钢材质量密度为 $7\,850\,\text{kg/m}^3$,重度为 $77\,\text{kN/m}^3$):

$$g_k = 0.025\,08 \times 77\,\text{kN/m} = 1.93\,\text{kN/m}$$

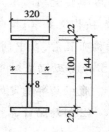

图4.33 主梁截面

考虑腹板加劲肋等增加的重量,较原假设的梁自重 $3\,\text{kN/m}$ 略低,故按原计算荷载验算。

(3)强度验算

验算抗弯强度(无栓孔, $W_{nx} = W_x$):

$$\sigma = \frac{M_x}{\gamma_x W_{nx}} = \frac{1\,886.4 \times 10^6}{1.05 \times 9\,299 \times 10^3}\,\text{N/mm}^2 = 193.2\,\text{N/mm}^2 < f = 205\,\text{N/mm}^2$$

验算抗剪强度:

$$\tau = \frac{V_{max}S}{I_x t_w} = \frac{477 \times 10^3}{531\,917 \times 10^4 \times 8}(320 \times 22 \times 561 + 550 \times 8 \times 275)\,\text{N/mm}^2$$

$$= 57.8\,\text{N/mm}^2 < f_v = 125\,\text{N/mm}^2$$

主梁的支承处以及支持次梁处均配置支承加劲肋,故不验算局部承压强度(即 $\sigma_c = 0$)。

(4)梁整体稳定验算

次梁可视为主梁受压翼缘的侧向支承,主梁受压翼缘自由长度与宽度之比 $l_1/b = 300/32 = 9.3 < 16.0$(见表4.3),故不需验算主梁的整体性稳定。

(5)变形验算

全部永久荷载与可变荷载的标准值在梁跨中产生的最大弯矩:

$$R = \left(\frac{3}{2} \times 238.7 + \frac{3 \times 12}{2}\right)\text{kN} = 376.05\,\text{kN}$$

$$M_{max} = (376.05 \times 12/2 - 3 \times 12^2/8 - 376.05 \times 3)\text{kN·m} = 1\,074.15\,\text{kN·m}$$

$$\frac{v_T}{l} \approx \frac{5M_k l}{1.3 \times 48EI_x} = \frac{5 \times 1\,074.15 \times 10^6 \times 12\,000}{1.3 \times 48 \times 2.06 \times 10^5 \times 531\,917 \times 10^4} = \frac{1}{1\,060} < \frac{[v_T]}{l} = \frac{1}{400}$$

(6)翼缘和腹板的连接焊缝计算

翼缘和腹板之间采用角焊缝连接,按下式计算:

$$h_f \geqslant \frac{VS_1}{I_x f_f^w} = \frac{376.05 \times 10^3 \times 320 \times 22 \times 561}{531\,917 \times 10^4 \times 160}\,\text{mm} = 1.75\,\text{mm}$$

取 $\qquad h_f = 8\,\text{mm} > 1.5\sqrt{t_{max}} = 1.5\sqrt{22}\,\text{mm} = 7\,\text{mm}$

(7)主梁加劲肋设计

①加劲肋布置:梁腹板高厚比 $h_0/t_w = 1\,100/8 = 137.5$,即 $80 < h_0/t_w < 170$(有刚性铺板,受压翼缘扭转受到约束),故只布置横向加劲肋。在主梁端部支承和次梁支承处应布置支承加劲肋,按构造要求,横向加劲肋的间距应为 $a \geqslant 0.5h_0 = 550\,\text{mm}$,$a \leqslant 2h_0 = 2\,200\,\text{mm}$。从工作平台结构布置看,在中间支承加劲肋之间应增设一个横向加劲肋,加劲肋之间的间距取为 $a = 1.5\,\text{m}$,加劲肋成对布置于腹板两侧,如图4.1所示。

腹板局部稳定的计算:计算过程从略,可参见例4.3,腹板局部稳定满足要求。

②加劲肋计算:横向加劲肋采用对称布置,其尺寸为:

外伸宽度 $\quad b_s \geqslant \left(\frac{h_0}{30} + 40\right)\text{mm} = \left(\frac{1\,100}{30} + 40\right)\text{mm} = 77\,\text{mm} \quad$ 取 $b_s = 90\,\text{mm}$

厚度 $\quad t_s \geqslant \frac{b_s}{15}\,\text{mm} = \frac{90}{15}\,\text{mm} = 6\,\text{mm} \quad$ 取为 $6\,\text{mm}$

梁支座采用突缘支座形式,支座支承加劲肋采用 $160 \times 14\,\text{mm}$。

支承加劲肋的计算从略。

支承加劲肋与腹板用直角角焊缝连接,焊脚尺寸取 $h_f = 8\,\text{mm}$。

加劲肋布置可参见图4.22。

章后提示

①受弯构件的设计应综合考虑强度、刚度、整体稳定和局部稳定4个方面。
②对于提高梁的承载能力所采取的措施,能在实际工程中灵活应用。

思考题与习题

一、选择题(注册考试真题,要求写出具体分析求解过程)

4.1 刚架无侧移,设某刚架梁平面内计算长度为 $l_x = 8$ m,平面外计算长度为 $l_y = 4$ m,不考虑截面削弱,梁通长承受均匀弯矩 $M_x = 486.4$ kN·m。试问,刚架梁整体稳定应力(N/mm²)与下列何项数值最为接近?(   )

    A.163   B.173   C.183   D. 193

4.2 某承受静力荷载作用且无局压应力的次梁,采用焊接组合工字钢(Q235B),翼缘尺寸—250×12,腹板尺寸—700×8,腹板仅配置支承加劲肋,考虑屈曲后强度利用,则下列说法何项最为合理?(   )提示:"合理"指结构造价最低。

    A.应加厚腹板   B.应配置横向加劲肋

    C.应配置横向及纵向加劲肋   D.无须采取额外措施

4.3 图4.34所示为一般焊接工字形钢梁支座(未设支承加劲肋),钢材为Q235钢。为满足局部压应力设计要求,支座反力设计值 F 应小于等于(   )。

    A.178.3 kN   B.189.2 kN

    C.206.4 kN   D.212.5 kN

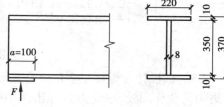

图4.34 题4.3图

4.4 焊接工字形等截面简支梁在下述何种情况下,整体稳定系数 φ_b 最高?(   )

    A.跨度中央一个集中荷载作用时

    B.跨度三分点处各有一个集中荷载作用时

    C.全跨均布荷载作用时

    D.梁两端有使其产生同向曲率、数值相等的端弯矩作用时

4.5 配置加劲肋是提高梁腹板局部稳定的有效措施,当 $h_0/t_w \geq 170\sqrt{235/f_y}$ 时,下列哪项是正确的?(   )

    A.可能发生剪切失稳,应配置横向加劲肋

    B.可能发生弯曲失稳,应配置纵向加劲肋

    C.可能发生剪切或弯曲失稳,应同时配置横向和纵向加劲肋

    D.不致失稳,除支承加劲肋外,不需要配置横向和纵向加劲肋

二、计算题

4.6 一工作平台的梁格布置如图4.35所示,铺板为预制钢筋混凝土板,并与次梁焊牢,

次梁与主梁采用齐平连接。若平台恒荷载的标准值(不包括次梁自重)为 3.22 kN/m²,活荷载的标准值为 20 kN/m²,钢材为 Q345 钢。试按热轧工字钢和 H 型钢两种型式,选择次梁截面。

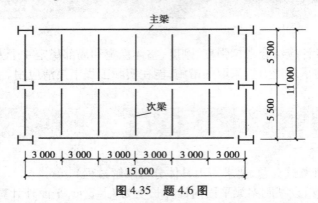

图 4.35 题 4.6 图

4.7 某焊接工字形等截面简支梁,跨度为 15 m,在支座和跨中布置了侧向水平支承,具体尺寸和截面如图 4.36 所示。钢材为 Q345,均布恒荷载标准值为 12.5 kN/m,均布活荷载标准值为 28 kN/m,恒、活荷载都作用在上翼缘。试验算整体稳定性和局部稳定性,需要时并设计加劲肋。

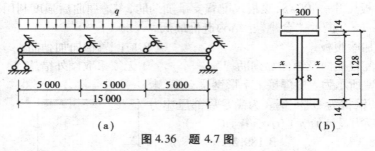

图 4.36 题 4.7 图

4.8 试设计一焊接工字形组合截面梁。如图 4.37 所示,跨度为 18 m,侧向水平支承点位于集中荷载作用处,承受静力荷载,作用于上翼缘。荷载如下:

集中荷载:恒荷载标准值 $F_{Gk} = 150$ kN,活荷载标准值 $F_{Qk} = 200$ kN;

均布荷载:恒荷载标准值 $q_{Gk} = 16$ kN/m,活荷载标准值 $q_{Qk} = 28$ kN/m。

上述荷载不含自重。钢材为 Q345 钢,E50 型焊条(手工焊)。要求梁高不能超过 2 m,挠度≤$l/400$,沿梁跨度改变翼缘,并设计加劲肋,按 1:10 比例绘制构造图。

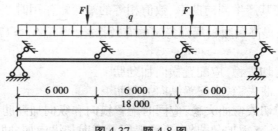

图 4.37 题 4.8 图

4.9 在习题 4.6 设计的基础上,试选择梁格中的主梁截面,并设计次梁和主梁的连接(用齐平连接),按 1:10 比例尺绘制连接构造图。

5

轴心受力构件

〖**本章导读**〗

一、本章需掌握、熟悉的基本内容

1. 轴心受力构件的强度、刚度要求。

2. 轴心受力构件的稳定性要求(包括整体稳定性和局部稳定性)。

3. 轴心受力构件的设计。

4. 柱头和柱脚的设计。

二、本章重点、难点

1. 轴心受压构件的稳定理论。

2.《规范》中轴心受压构件整体稳定验算的实用方法和局部稳定要求。

3. 轴心受力构件的设计和校核。

5.1　概　述

　　当杆件两端近似为铰接连接且无节间荷载作用时,可视为二力杆,称为轴心受力构件,分为轴心受拉构件或轴心受压构件两种。由于构件中内力及应力分布均匀,材料利用充分,力学性能优良,轴心受力构件在钢结构中应用极广,是桁架、网格(网架与网壳)和塔架等结构体系中的基本组成构件。图 5.1 所示为轴心受力构件在结构工程中的部分实例。

　　轴心受力构件的截面形式按材料的分布特点可分为实腹式和格构式两大类。

　　实腹式构件制作简单,与其他构件的连接也比较方便,常用截面形式有很多:可直接选用单个型钢截面,如圆钢、钢管、角钢、T 型钢、槽钢、工字钢、H 型钢等,如图 5.2(a)所示;也可选

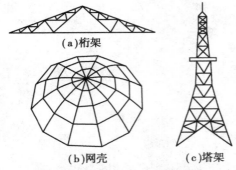

(a)桁架

(b)网壳　　　(c)塔架

图 5.1　轴心受力构件在工程中的应用

用由型钢或钢板组成的组合截面,如图 5.2(b)所示。一般桁架结构中的弦杆和腹杆,除 T 型钢外,常采用角钢或双角钢组合截面,如图 5.2(c)所示;在轻型结构中则可采用冷弯薄壁型钢截面,如图 5.2(d)所示。以上截面中,截面紧凑(如圆钢和组成板件宽厚比较小的截面)或对两主轴刚度相差悬殊者(如单槽钢、工字钢),一般只可用于轴心受拉构件,而受压构件通常采用较为开展、组成板件宽而薄的截面(即具备宽肢薄壁的截面特征)。

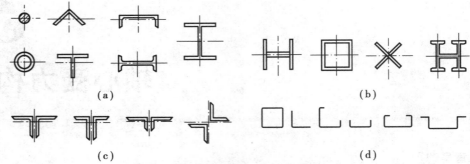

(a)　　　　　　　　　　　　　　　　(b)

(c)　　　　　　　　　　　　　　　　(d)

图 5.2　轴心受力实腹式构件的截面形式

　　格构式构件由多个分肢构成,刚度大,抗扭性好,其分肢间的距离可根据需要灵活调整,容易使压杆实现两主轴方向的等稳定性设计,格构式构件截面一般由两个或多个型钢肢件组成(见图 5.3),肢件间采用缀条(见图 5.4(a))或缀板(见图 5.4(b))连成整体,缀条和缀板统称为缀材。其中四肢构件(见图 5.3(d))和三肢构件(见图 5.3(e))适用于受力不大但较长的构件,可以使构件在用钢不多的情况下,获得必要的刚度。在格构式构件中,截面上通过分肢腹板的轴线叫实轴,通过缀材的轴线叫虚轴(见图 5.3)。格构式构件各分

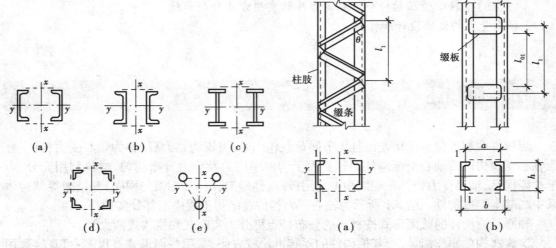

(a)　　　　(b)　　　　(c)

(d)　　　　(e)

图 5.3　格构式构件的常用截面形式

(a)　　　　　　　　(b)

图 5.4　格构式构件的缀材布置

肢间只是每隔一定距离才由缀材互相联系,故其绕虚轴的刚度和稳定性比绕实轴方向有所减弱。缀条式格构构件中缀条和分肢组成平面桁架体系,缀板式格构构件中缀板和分肢组成平面刚架体系,前者的刚度和稳定性比后者好得多,因而荷载较大的格构式轴心受压构件通常采用缀条式。

5.2 轴心受力构件的强度及刚度

设计轴心受拉构件时要对其进行强度和刚度计算,使构件截面上的最大正应力不超过钢材的强度设计值,使构件的长细比不超过容许长细比。

▶ 5.2.1 轴心受力构件的强度计算

轴心受力构件的强度承载能力以截面平均应力达到钢材屈服应力为极限状态。

轴心受力构件的计算中,在理想状况下假定荷载通过截面的形心,因而截面上的应力可认为是均匀分布的。但实际上,构件制作时会产生初弯曲,工程施工时荷载会有初偏心,钢构件内部可能由于焊接等原因而存在残余应力,这些因素统称为初始缺陷。由于初始缺陷的存在,原本按轴心受力考虑的构件截面上的应力实际上不是均匀分布。初弯曲和初偏心将使轴心受力构件事实上成为拉—弯或压—弯构件(拉—弯或压—弯构件内容见第6章),但由于初弯曲和初偏心对轴心受力构件强度产生的影响较小,而残余应力因为考虑到结构钢钢材具有的较好塑性变形能力,当截面进入全塑性状态后由于发生了充分的应力重分布也就可以不考虑其对强度的影响。基于上述理由有下面的强度计算规定:

无孔洞等削弱的轴心受力构件中,轴心力在截面上产生均匀正应力,以全截面刚达到屈服应力为强度极限状态,构件设计时的计算比此状态尚要保守一些。在强度计算中,对截面无削弱的轴心受力构件内力设计值 N 除以截面面积 A 得到的应力 σ 不应超过钢材的抗拉或抗压强度设计值 f,即:

$$\sigma = \frac{N}{A} \leqslant f \qquad (5.1)$$

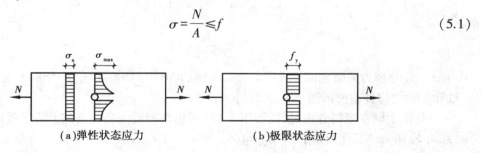

(a)弹性状态应力　　　　　　　(b)极限状态应力

图 5.5　有孔洞轴心受力构件的截面应力分布

有孔洞等削弱的轴心受力构件,在孔洞处截面上的应力分布不再是均匀的,在靠近孔边处产生应力集中现象,如图 5.5(a)所示。在弹性阶段,孔壁边缘的最大应力 σ_{max} 可能达到构件毛截面平均应力 σ_a 的 3 倍。如果杆件内力继续增加,孔壁边缘的最大应力达到材料的屈服强度以后,应力不再增加而只发展塑性变形,截面上的应力产生塑性重分布,最后达到均匀分布,应力值为钢材的屈服点 f_y,如图 5.5(b)所示。因此,对于有孔洞等削弱的轴心受力构件,仍以其净截面的平均应力达到其强度极限值作为设计时的控制值,这就要求设计时应选用具有良好塑性性能的材料。此时,构件内力设计值 N 除以净截面面积 A_n(毛截面面积减去开孔削弱的面积)得到的应力 σ 不应超过钢材的抗拉或抗压强度设计值 f,即:

$$\sigma = \frac{N}{A_n} \leq f \qquad (5.2)$$

需指出的是:《规范》规定,当轴心受力构件为单面连接的单角钢时,公式中的钢材的强度设计值 f 需乘以折减系数 0.85,这是因为单面连接的受压单角钢实际上是双向压弯构件,为计算简便起见,将其作为轴心受压构件计算,用折减系数考虑双向弯曲的影响。

▶ 5.2.2 轴心受力构件的刚度计算

轴心受力构件最基本的变形是轴向的伸长或缩短,但在一般轴心受力构件中此量值很小,构件的刚度要求主要通过长细比进行控制。为满足结构的正常使用要求,避免杆件在制作、运输、安装和使用过程中出现过度变形的现象,轴心受力构件不应做得过分柔细,而应具有一定的刚度(控制长细比在一定范围内),否则会产生以下不利影响:

①在运输和安装过程中产生弯曲或过大变形;

②使用期间因自重而明显下挠;

③在动力荷载作用下发生较大的振动;

④使得构件的稳定极限承载能力显著降低(同时,初弯曲和自重产生的挠度也将对构件的整体稳定性带来不利影响)。

轴心受力构件的长细比是构件计算长度 l_0 与构件截面回转半径 i 的比值,即 $\lambda = l_0/i$。λ 越小,表示构件的刚度越大,柔度越小;反之,λ 越大,表示构件的刚度越小,柔度越大。

计算构件的长细比时,应分别考虑围绕截面两个主轴即 x 轴和 y 轴的长细比 λ_x 和 λ_y,应都不超过《规范》规定的容许长细比 $[\lambda]$:

$$\left. \begin{array}{l} \lambda_x = \dfrac{l_{0x}}{i_x} \leq [\lambda] \\[2mm] \lambda_y = \dfrac{l_{0y}}{i_y} \leq [\lambda] \end{array} \right\} \qquad (5.3)$$

式中,l_{0x}、l_{0y} 分别为围绕截面主轴即 x 轴和 y 轴的构件计算长度;i_x、i_y 分别为围绕截面主轴即 x 轴和 y 轴的构件截面回转半径。

当截面主轴在倾斜方向时,例如图 5.2 所示单角钢截面和双角钢十字形截面,其主轴常标志为 x_0 轴和 y_0 轴,此时应计算 $\lambda_{x0} = l_0/i_{x0}$ 和 $\lambda_{y0} = l_0/i_{y0}$,或只计算其中的最大长细比 $\lambda_{max} = l_0/i_{min}$。构件的计算长度 l_0 将在 5.3 节中详细阐述。

《规范》在总结了钢结构长期使用经验的基础上,根据构件的重要性和荷载情况,对受拉构件的容许长细比规定了不同的要求和数值,见表 5.1;对于受压构件,长细比更为重要,长细比 λ 过大,会使其稳定承载能力降低很多,在较小荷载下就会丧失整体稳定性,因而其容许长细比 $[\lambda]$ 限制得更加严格,见表 5.2。

表 5.1　受拉构件的容许长细比

项次	构件名称	承受静力荷载或间接承受动力荷载的结构		直接承受动力荷载的结构
		一般建筑结构	有重级工作制吊车的厂房	
1	桁架的杆件	350	250	250
2	吊车梁或吊车桁架以下的柱间支撑	300	200	—
3	其他拉杆、支撑、系杆等（张紧的圆钢除外）	400	350	—

注：①承受静力荷载的结构中，可仅计算受拉构件在竖向平面内的长细比。
　　②在直接或间接承受动力荷载的结构中，单角钢受拉构件长细比的计算应采用角钢的最小回转半径；但在计算交叉杆件平面外的长细比时，应采用与角钢肢边平行轴的回转半径。
　　③中、重级工作制吊车桁架下弦杆的长细比不宜超过 200。
　　④在设有夹钳或刚性料耙等硬钩吊车的厂房中，支撑（表中第 2 项除外）的长细比不宜超过 300。
　　⑤受拉构件在永久荷载与风荷载组合作用下受压时，其长细比不宜超过 250。
　　⑥跨度等于或大于 60 m 的桁架，其受拉弦杆和腹杆的长细比不宜超过 300（承受静力荷载或间接承受动力荷载）或 250（直接承受动力荷载）。

表 5.2　受压构件的容许长细比

项次	构件名称	容许长细比
1	柱、桁架和天窗架中的杆件	150
	柱的缀条、吊车梁或吊车桁架以下的柱间支撑	
2	支撑（吊车梁或吊车桁架以下的柱间支撑除外）	200
	用以减小受压构件长细比的杆件	

注：①桁架（包括空间桁架）的受压腹杆，当其内力等于或小于承载能力的 50% 时，容许长细比可取 200。
　　②计算单角钢受压构件的长细比时，应采用角钢的最小回转半径；但在计算交叉杆件平面外的长细比时，应采用与角钢肢边平行轴的回转半径。
　　③跨度大于或等于 60 m 的桁架，其受压弦杆和端压杆的容许长细比值宜取 100，其他受压腹杆可取 150（承受静力荷载或间接承受动力荷载）或 120（直接承受动力荷载）。
　　④由容许长细比控制截面的杆件，在计算其长细比时，可不考虑扭转效应。

► 5.2.3　轴心受拉构件的设计

　　轴心受拉杆件没有整体稳定性和局部稳定性的问题，极限承载能力一般由强度和刚度要求控制，所以设计时只需考虑强度和刚度。

　　建筑钢材强度高，并且具有良好的塑性变形能力，比其他材料更适合于受拉。在钢拉杆中通常采用相当小的截面就可满足强度要求，且受拉杆刚度要求的容许长细比较大，构件往往可以做得比较纤巧，节省钢材。由于没有稳定要求，在设计方面也极为简单，是所有杆件中材料利用最充分、力学性能最好的受力形式。因而，钢结构设计中希望尽可能多地出现受拉构件，尽可能少地出现受压构件（受压构件承载力由稳定条件控制，材料强度未能充分发挥）。

　　【例 5.1】　如图 5.6 所示，桁架下弦双角钢水平拉杆由 2∟75×5 组成，承受静力荷载设计

值 $N = 270$ kN,计算长度为 6 m。杆端开有螺栓孔,孔径 $d = 20$ mm。钢材为 Q235,计算时忽略连接偏心和杆件自重影响。试对该杆件进行强度和刚度验算。

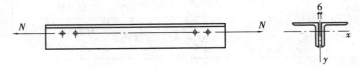

图 5.6　例 5.1 图

【解】　查附表 8.1,2∟75×5 角钢几何数据为 $A = 14.82$ cm^2,$i_x = 2.33$ cm,$i_y = 3.30$ cm,角钢厚度为 5 mm。Q235 钢材强度设计值 $f = 215$ N/mm^2。

(1)强度验算

净截面面积:

$$A_n = (14.82 \times 100 - 5 \times 20 \times 2) \text{ mm}^2 = 1\ 282 \text{ mm}^2$$

$$\sigma = \frac{N}{A_n} = \frac{270 \times 1\ 000}{1\ 282} \text{ N/mm}^2 = 210.6 \text{ N/mm}^2 < f = 215 \text{ N/mm}^2,强度满足要求。$$

(2)刚度验算

查表 5.1,得 $[\lambda] = 350$

根据表 5.1 注①规定:承受静力荷载的结构中,可仅计算受拉构件在竖向平面内的长细比,于是

$$\lambda_x = \frac{l}{i_x} = \frac{600}{2.33} = 257.5 < [\lambda] = 350,刚度满足《规范》要求。$$

▶　**5.2.4　钢索的受力性能和强度计算**

　　钢索是采用高强度钢材制作的柔性索,只能承受拉力,属于轴心受拉构件。以钢索为主要受力构件形成的结构称为索结构。索结构通过索的轴向拉伸来抵抗外力作用,因而可以充分利用材料的强度,减轻结构自重,跨越很大的跨度,是目前大跨度空间屋盖结构和大跨度索桥结构中科技含量较高的结构形式。钢索除了大量地应用于悬索结构外,在张拉结构、桅杆纤绳和预应力结构等工程中的应用也非常广泛。

　　1)钢索的截面形式

　　钢索一般采用高强度钢丝组成的钢绞线、钢丝绳或钢丝索,也可采用圆钢筋。

　　圆钢筋的强度较低,但由于直径较大,抗锈蚀能力较强,如图 5.7(a)所示。

　　钢绞线由钢丝组成,如图 5.7(b)所示。钢丝由经热处理的优质低碳素钢经多次冷拔形成。钢绞线形式有(1+6)、(1+6+12)、(1+6+12+18),它们分别为 1 层、2 层和 3 层等。多层钢丝与其相邻的内层钢丝捻向相反。常用钢丝直径为 4~6 mm。

(a)　　　(b)　　　(c)

图 5.7　索的截面形式

　　钢丝绳通常由七股钢绞线捻成,如图 5.7(c)所示。以一股钢绞线作为核心,外层的六股钢绞线沿同一方向缠绕,其标记为 7×7;有时用两层钢绞线,其标记为 7×19。以此类推有 7×37 等,"×"后的数据表示一股由几根钢丝组成。

钢丝索由 19,37,61 根直径为 4~6 mm 的钢丝组成。

2）钢索的力学性质

钢索一般采用较粗的线材制造,线材由直径小于12 mm 的热轧钢棒冷拉而成,钢材的含碳量通常应在 0.5%~0.8% 范围内。钢棒材料加热到 950 ℃,然后在 550 ℃ 左右淬火,以达到易于拉伸至最终直径和形状的纹理结构。钢棒在被冷拉的同时,其截面缩小,长度增加,抗拉强度增加。结构用索的线材抗拉强度可达 1.6~1.8 kN/mm²,弹性模量在拉伸范围内一般保持常数。钢索的抗拉强度和弹性模量一般小于线材自身的强度和弹性模量。

悬索作为柔性构件,其内力不仅和荷载作用有关,而且和变形有关,具有很强的几何非线性,需要由二阶分析来计算内力。悬索的内力和位移可按弹性阶段进行计算,通常采用下列基本假定:

①索是理想柔性的,不能受压,也不能抗弯;

②索的材料符合虎克定律。

图 5.8 所示实线为高强钢丝组成的钢索在初次拉伸时的应力-应变曲线。加载初期(图中 0—1 段)存在少量松弛变形,随后的主要部分(1—2 段)基本上为一直线。当接近极限强度时,才显示出明显的曲线性质(2—3 段)。实际工程中,钢索在使用前均需进行预张拉,以消除 0—1 段的非弹性初始变形,形成图 5.8 中虚线所示的应力-应变曲线关系。在很大范围内钢索的应力应变符合线性关系。

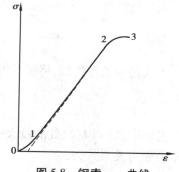

图 5.8　钢索 σ-ε 曲线

钢索的强度计算,目前国内外均采用容许应力法,按式(5.4)进行:

$$\frac{N_{kmax}}{A} \leq \frac{f_k}{K} \tag{5.4}$$

式中,N_{kmax} 为按恒载标准值、活载标准值、预应力、地震作用、温度作用等各种组合工况下计算所得的钢索最大拉力标准值;A 为钢索的有效截面积;f_k 为钢索材料强度的标准值;K 为安全系数,宜取 2.5~3.0。

另外,钢索的弹性模量一般在 147~170 kN/mm² 范围内,线膨胀系数一般为 3.9×10^{-6} ℃$^{-1}$。

3）钢索的受力分析

(1)索的平衡方程

以沿水平方向受均布荷载作用的索为例,图 5.9(a)表示沿水平方向承受一均布荷载 q 作用的索 AB。在索上切出一微段,其水平长度为 dx,索的张力为 T,水平分力为 H,dx 微段单元上的内力和外力如图 5.9(b)所示。由平衡条件可知:

$$\sum X = 0 \qquad \frac{dH}{dx} = 0 \tag{a}$$

$$\sum Z = 0 \qquad \frac{d}{dx}\left(H\frac{dz}{dx}\right)dx + qdx = 0 \tag{b}$$

由式(b)得:

$$\frac{d^2z}{dx^2} = -\frac{q}{H} \tag{5.5}$$

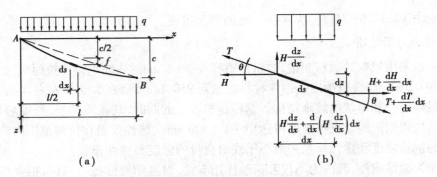

图5.9 在水平均布荷载作用下索的受力

积分两次得：

$$Z = -\frac{q}{2H}x^2 + C_1 x + C_2 \tag{c}$$

上式是一条抛物线，将图5.9(a)的边界条件代入式(c)，解出 C_1、C_2，得：

$$z = \frac{q}{2H}x(l-x) + \frac{c}{l}x \tag{d}$$

设索中点($x = l/2$)处的最大挠度为 f，中点的坐标 Z_c 为 $Z_c = f + c/2$，代入式(d)得索的挠度与水平张力关系式为：

$$H = \frac{ql^2}{8f} \tag{5.6}$$

索的曲线方程为：

$$z = \frac{4fx(l-x)}{l} + \frac{c}{l}x \tag{5.7}$$

当 A、B 两点等高时，$c = 0$，式(5.7)可写成：

$$z = \frac{4fx(l-x)}{l} \tag{5.8}$$

索各点的张力为：

$$T = H\sqrt{1 + \left(\frac{\mathrm{d}z}{\mathrm{d}x}\right)^2} \tag{5.9}$$

当 $\frac{f}{l} \leqslant 0.1$ 时，$\left(\frac{\mathrm{d}z}{\mathrm{d}x}\right)^2 \to 0$，可取：

$$T \approx H \tag{5.10}$$

(2)索的长度计算

索的长度 s 可由索的微分长度积分得到，由图5.9(b)可知：

$$\mathrm{d}s = \sqrt{\mathrm{d}x^2 + \mathrm{d}z^2} = \sqrt{1 + \left(\frac{\mathrm{d}z}{\mathrm{d}x}\right)^2}\,\mathrm{d}x \tag{e}$$

$$s = \int_A^B \mathrm{d}s = \int_0^l \sqrt{1 + \left(\frac{\mathrm{d}z}{\mathrm{d}x}\right)^2}\,\mathrm{d}x \tag{f}$$

将上式中的 $\sqrt{1+\left(\dfrac{\mathrm{d}z}{\mathrm{d}x}\right)^2}$ 按幂级数展开,取前两项得:

$$s = \int_0^l \left[1 + \frac{1}{2}\left(\frac{\mathrm{d}z}{\mathrm{d}x}\right)^2 \right] \mathrm{d}x \tag{g}$$

将式(5.7)代入式(g)得索的长度 s 为:

$$s = l\left(1 + \frac{c^2}{2l^2} + \frac{8f^2}{3l^2}\right) \tag{5.11}$$

当 A、B 两点等高,即 $c=0$ 时,式(5.11)可写成:

$$s = l\left(1 + \frac{8f^2}{3l^2}\right) \tag{5.12}$$

式(5.11)和式(5.12)适用于小垂度,即 $f/l \leqslant 0.1$。对式(5.11)两边求导得:

$$\mathrm{d}f = \frac{3}{16}\frac{l}{f}\mathrm{d}s \tag{h}$$

当 $f/l = 0.1$ 时,$\mathrm{d}f = 1.875\mathrm{d}s$,说明较小索长变化将引起显著的垂度变化。

(3)索的变形协调方程

图 5.10 所示为一索由初始状态变位到最终状态 $A'B'$ 的情况。索的初始状态承受的初始均布荷载为 q_0,索的初始形状为 z_0,初始水平力为 H_0;索的最终状态承受的均布荷载为 q($q = q_0 + q_1$,q_1 为另加荷载),最终状态形状为 z,最终状态水平力为 H。由索的几何伸长和内力引起伸长相等,得索的变形协调方程为:

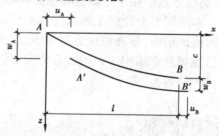

图 5.10 索的变形

$$\frac{H - H_0}{EA}l = u_B - u_A + \frac{1}{2}\int_0^l \left[\left(\frac{\mathrm{d}z}{\mathrm{d}x}\right)^2 - \left(\frac{\mathrm{d}z_0}{\mathrm{d}x}\right)^2 \right] \mathrm{d}x - \alpha\Delta t l \tag{5.13}$$

式中,u_A、u_B 为 A、B 支座节点的水平位移;Δt 为温差;α 为索的线膨胀系数。

当不考虑支座位移和温差变化影响,由式(5.12)得:

$$\frac{1}{2}\int_0^l \left[\left(\frac{\mathrm{d}z}{\mathrm{d}x}\right)^2 - \left(\frac{\mathrm{d}z_0}{\mathrm{d}x}\right)^2 \right] \mathrm{d}x = s - s_0 = l\left[\left(1 + \frac{8f^2}{3l^2}\right) - \left(1 + \frac{8f_0^2}{3l^2}\right)\right] = \frac{8}{3}\frac{f^2 - f_0^2}{l} \tag{i}$$

将式(i)代入式(5.13),可得:

$$H - H_0 = \frac{EA}{l^2}\frac{8}{3}(f^2 - f_0^2) \tag{j}$$

由式(5.6),上式可写成:

$$H - H_0 = \frac{EAl^2}{24}\left(\frac{q^2}{H^2} - \frac{q_0^2}{H_0^2}\right) \tag{5.14}$$

当不考虑初始荷载作用,式(5.14)可写成:

$$H - H_0 = \frac{EAl^2}{24}\frac{q^2}{H^2} \tag{5.15}$$

从式(5.14)、式(5.15)可看出这是一个三次方程式,需用迭代法求解索的最终拉力。

4）钢索的防护

由于钢索是由直径较小的高强钢丝组成，任何因素引起的截面损伤、削弱都会构成索结构的不安全因素，因此为了保证钢索的长期使用，必须作好钢索的防护。钢索防护有以下几种做法，可根据钢索的使用环境和具体施工条件选用：

①黄油裹布；

②多层塑料涂层，该涂层材料浸以玻璃加筋的丙烯树脂；

③多层液体氯丁橡胶，并在表面覆以油漆；

④塑料套管内灌液体的氯丁橡胶。

不论采用哪种钢索防护做法，在钢索防护前均应注意认真做好除污、除锈工作，这是钢索防护施工中的首要工序，其目的是使钢索表面达到一定的清洁度，以利于防护涂层的附着和提高防护寿命。有关研究表明，影响钢索防护质量的各种因素中，表面处理占49.5%~60%，因此当钢丝或钢绞线进入施工现场后首先应注意现场保护不使其生锈，未镀锌的钢丝或钢绞线应先涂一道红丹底漆。在做保护层前，若遇有钢丝或钢绞线已锈蚀时，应注意彻底清除浮锈，腐蚀严重时则应根据具体情况降低标准使用或不用。

本节简要地介绍了钢索的截面形式、力学性质，对其进行了简单的受力分析，并介绍了钢索的防护措施，旨在使读者对钢索这种特殊的受拉构件有一个初步了解，希望进一步了解索的性能和悬索结构知识的读者请参照《悬索结构设计》（第二版）（沈世钊，中国建筑工业出版社，2006）等专著。

5.3 轴心受压构件的稳定

由于钢材强度高，钢结构轴心受压构件通常较为纤细，因而存在整体失稳的可能性。对轴心受压构件，除了构件很短及有孔洞等削弱时可能发生强度破坏以外，通常由整体稳定性决定其承载能力。

轴心受压构件丧失整体稳定性常常是突发性的，来不及采取补救措施，容易造成严重后果，在近现代工程史上，不乏因失稳而导致钢结构破坏的灾难性事故。如加拿大境内 1907 年跨越 Quebec 河的三跨悬伸桥因弦杆分肢屈曲导致整体失稳，致使 75 名员工遇难。再如 1990 年我国辽宁某重型机械厂计量楼增层会议室屋盖受压腹杆屈曲，导致屋盖迅速塌落，造成 42 人死亡的特大事故。

这说明在钢结构工程的设计和施工中，对稳定问题应予以特别重视。另外，稳定性对构件和结构性能的决定性影响是金属结构的显著特点，也是钢结构课程区别于混凝土课程的主要特点之一，学习时应注意比较。为了获得较好的稳定承载力，钢结构轴心受压构件通常尽可能做成宽肢薄壁的截面形式，这使得组成构件的板件有可能在整体失稳前发生屈曲，称为局部失稳。轴心受压构件的整体失稳与局部失稳具有相关性。

▶ **5.3.1 轴心受压构件的整体稳定**

理想的轴心受压构件，当轴心压力 N 较小时，构件保持直线状态。如果有干扰力使其产生微弯曲,当干扰力除去后,构件恢复其直线状态。这种直线形式的平衡是稳定的。当 N 增加到某个临界值时,直线形式的平衡会变为不稳定平衡,这时如有干扰力使其发生微弯,则在干扰力除去后,构件仍保持微弯状态。这种除直线形式平衡外,还存在微弯形式平衡位置的情况称为平衡状态的分枝。如果压力 N 再稍增加,则弯曲变形就迅速增大而使构件丧失承载能力。这种现象称为构件的弯曲屈曲或弯曲失稳,如图5.11(a)所示。

对某些抗扭刚度较差的轴心受压构件,当 N 到达某一临界值稳定平衡状态不再保持时,发生微扭转变形。同样,当 N 再稍增加,则扭转变形迅速增大而使构件丧失承载能力。这种现象称为扭转屈曲或扭转失稳,如图5.11(b)所示。

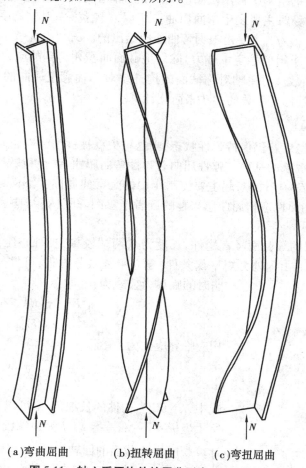

(a)弯曲屈曲　　　(b)扭转屈曲　　　(c)弯扭屈曲

图5.11　轴心受压构件的屈曲形态(两端铰接)

直杆由稳定平衡过渡到不稳定平衡的分界标志是临界状态。临界状态下的轴心压力称为临界力 N_{cr},N_{cr} 除以毛截面面积 A 所得到的应力称为临界应力 σ_{cr}。

当轴心受压构件截面为双轴对称,如工字形、箱形、十字形,通常可能发生绕主轴即 x 轴或 y 轴的弯曲屈曲;对极点对称扭转刚度较小的截面,如 Z 形、十字形截面,常发生扭转屈曲。对称截面的两种屈曲是互不相关的,究竟发生哪种变形形态的屈曲,取决于截面绕 x 轴或 y 轴的抗弯刚度、抗扭刚度、构件长度、构件支承约束条件等情况。每个屈曲形态都可求出相应的临界力,其中最小的将起控制作用。

截面为单轴对称的轴心受压构件,如 T 形、Ⅱ 形、Λ 形截面构件(见图 5.2),可能发生围绕非对称轴弯曲屈曲,也可能发生绕对称轴弯曲变形,并同时伴随有扭转变形的屈曲,称为弯曲扭转屈曲或失稳,简称弯扭屈曲或失稳,如图 5.11(c)所示。因为轴心压力所通过的截面形心与截面剪切中心(简称剪心,或称扭转中心,或弯曲中心,即构件弯曲时截面剪应力合力作用点通过的位置)不重合,所以围绕对称轴的弯曲变形总是伴随着扭转变形。对这种情况,应求出每个屈曲形态的临界力,取其最小者作为构件的最大稳定承载力。

截面没有对称轴的轴心受压构件,其屈曲形态都属于弯扭屈曲,实际工程中很少采用。

实践表明,用一般钢结构中常用截面形式制成的轴心受压构件,由于构件厚度较大,其抗扭刚度也相对较大,失稳时主要发生弯曲屈曲。所以,《规范》中对轴心受压构件整体稳定计算所用的稳定系数 $\varphi=\sigma_u/f_y$,主要是根据弯曲屈曲给出的。σ_u 为轴心受压构件的极限承载力 N_u(综合考虑构件缺陷求得的稳定承载力)除以毛截面面积 A 得到的应力;f_y 为钢材的屈服应力;比值 φ 称为稳定系数。对单轴对称截面的构件绕对称轴弯扭屈曲的情况,则采用按弯曲屈曲而适当调整降低其稳定系数的办法来简化计算。

1)弹性屈曲(失稳)

构件发生整体失稳后若仍保持弹性状态,则这种失稳被称为弹性屈曲(失稳)。弹性屈曲是研究更复杂的失稳现象的基础。弹性屈曲有弹性弯曲屈曲、弹性扭转屈曲和弹性弯扭屈曲 3 种情形。在普通钢结构构件中,起主要控制作用的是弯曲屈曲。下面详细介绍弹性弯曲屈曲,对弹性扭转屈曲和弹性弯扭屈曲感兴趣的读者请参阅陈骥《钢结构稳定理论与设计》(北京:科学出版社,2001)等专著。

图 5.12 是一理想的等截面竖直构件,长度为 l,两端铰接,当轴心压力 N 达到临界值时,处于屈曲的微弯状态。由内外力矩平衡条件,建立平衡微分方程,可推导出构件弹性弯曲屈曲时的临界力公式为:

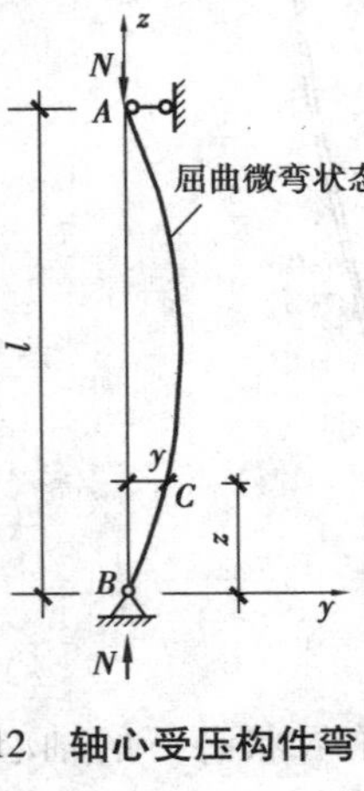

图 5.12 轴心受压构件弯曲屈曲

$$N_{cr}=\frac{\pi^2 EI}{l^2}=\frac{\pi^2 EA}{(l/i)^2}=\frac{\pi^2 EA}{\lambda^2} \tag{5.16}$$

相应临界应力为:

$$\sigma_{cr}=\frac{N_{cr}}{A}=\frac{\pi^2 E}{\lambda^2} \tag{5.17}$$

式中,$\lambda=l/i$ 为构件的长细比,λ 可以是 λ_x 或 λ_y,在图5.12所示坐标系下,λ 是指 λ_x;l 为两端铰接构件的几何长度或计算长度;i 为截面的回转半径,$i=\sqrt{I/A}$。

式(5.16)和式(5.17)就是著名的欧拉(Euler)公式,有的文献用符号 N_E 和 σ_E 替代 N_{cr} 和 σ_{cr}。

当构件两端为其他支承情况时,也可用同样的方法求解得到相应的临界力 N_{cr},于是可将式(5.16)和式(5.17)写成统一公式形式:

$$N_{cr}=\frac{\pi^2 EI}{(\mu l)^2}=\frac{\pi^2 EI}{l_0^2} \tag{5.18}$$

$$\sigma_{cr}=\frac{N_{cr}}{A}=\frac{\pi^2 E}{\lambda^2} \tag{5.19}$$

式中,$l_0 = \mu l$ 为构件的计算长度或有效长度;l 为构件的几何长度;μ 为构件的计算长度系数,由杆端的支座条件确定,几种典型支承情况下轴心受压构件的 μ 值列于表 5.3 中,对两端铰接构件 $\mu = 1$。

由此可见,采用计算长度的概念,即取 $l_0 = \mu l$ 和 $\lambda = l_0 / i$,则各种支承情况轴心受压构件的 N_{cr} 和 σ_{cr} 均统一为式(5.18)和式(5.19)。计算长度 l_0 的几何意义是构件弯曲屈曲时变形曲线反弯点间的距离,详见表 5.3 中各图。

表 5.3 轴心受压构件的临界力和计算长度系数

两端支承情况	两端铰接	上端自由,下端固定	上端铰接,下端固定	两端固定	上端可移动但不转动下端固定	上端可移动但不转动下端铰接
屈曲形状	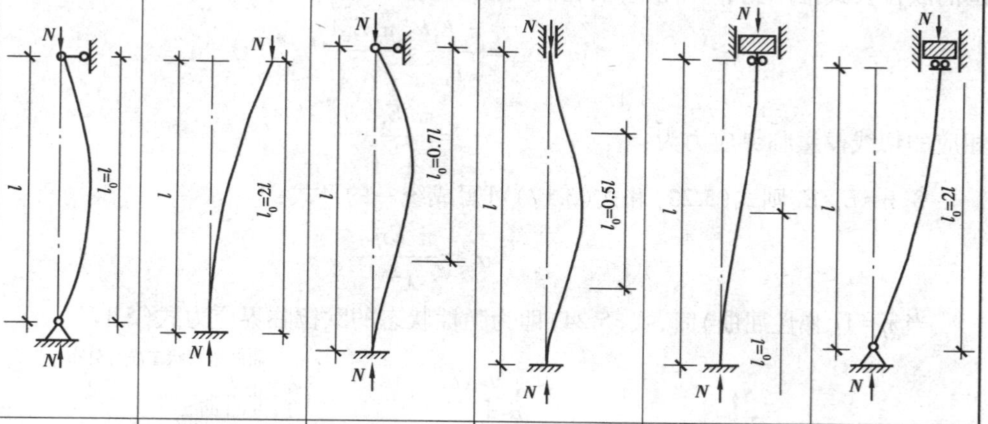					
计算长度 $l_0 = \mu l$,μ 为理论值	1.0l	2.0l	0.707l	0.5l	1.0l	2.0l
μ 设计建议值	1	2	0.8	0.65	1.2	2

2)弹塑性屈曲

上述钢构件弹性屈曲临界力 N_{cr} 和临界应力 σ_{cr} 的公式只适用于 $\sigma_{cr} \leqslant f_p$(比例极限)的情形,当 $\sigma_{cr} > f_p$ 时,应当按照弹塑性屈曲原理重新计算。钢构件中存在的残余应力,将降低构件受压时的比例极限 f_p 并使钢材提前达到屈服强度 f_y,从而对受压构件的整体稳定(当发生弹塑性屈曲时)有较大的不利影响。

欧拉临界力公式(5.16)和临界应力公式(5.17)只适用于弹性弯曲屈曲,亦即适用于钢材 σ-ε 关系曲线的 E 为常量的直线段,具体适用条件为:

$$\sigma_{cr} = \frac{\pi^2 E}{\lambda^2} \leqslant f_p \tag{5.20}$$

或

$$\lambda \geqslant \lambda_p = \pi \sqrt{\frac{E}{f_p}} \qquad (5.21)$$

当 σ_{cr} 超过比例极限 f_p，也就是 $\lambda < \pi\sqrt{E/f_p}$ 时，则不再适用。以 Q235 钢为例，如果取 $f_p = 0.7f_y = 165$ N/mm²，并且 $E = 206 \times 10^3$ N/mm²，则当 $\lambda < 111$ 时，欧拉公式不再适用。这时构件的 $\sigma\text{-}\varepsilon$ 曲线已经是非弹性的了，应当按照弹塑性屈曲计算临界力。

经典的轴心受压构件非弹性（弹塑性）屈曲临界力理论，最早是恩格塞尔（Engesser, F.）在 1889 年提出的切线模量理论，即在钢材 f_p 以上用切线模量 $E_t = \mathrm{d}\sigma/\mathrm{d}\varepsilon$ 代替欧拉临界力公式中的 E，进行非弹性的屈曲临界力计算，介绍如下。

对笔直的等截面轴心受压构件的弹塑性失稳（见图 5.13(a)、(b)），在采用平截面和小变形假设的前提下，用切线模量 $E_t = \mathrm{d}\sigma/\mathrm{d}\varepsilon$ 代替欧拉公式中的弹性模量，将原本适用于弹性范围的欧拉公式推广到非弹性范围，得到切线模量公式为：

$$N_{cr} = \frac{\pi^2 E_t I}{l_0^2} = \frac{\pi^2 E_t A}{\lambda^2} \qquad (5.22)$$

相应的切线模量临界应力为：

$$\sigma_{cr} = \frac{\pi^2 E_t}{\lambda^2} \qquad (5.23)$$

令 $\eta = E_t/E$，则式(5.23)和式(5.17)可写成统一的形式：

$$\sigma_{cr} = \frac{\pi^2 E \eta}{\lambda^2} \qquad (5.24)$$

当 $\eta = 1$（弹性屈曲）时，式(5.24)即为弹性状态的欧拉临界应力式(5.17)。

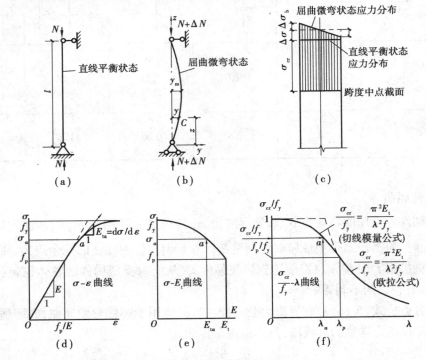

图 5.13 切线模量理论

求切线模量临界应力的关键问题是确定 E_t,并且式(5.23)中 σ_{cr} 和 E_t 都是未知量,需要利用钢材的 $\sigma\text{-}E_t$ 关系联立求解。$\sigma\text{-}E_t$ 关系曲线可通过短柱试验先测得 $\sigma\text{-}\varepsilon$ 关系曲线,再求出 $\sigma\text{-}E_t$(或者 $\sigma/f_y\text{-}E_t/E$)关系式或曲线,如图 5.13(d)、(e)所示。要得到某种截面形式构件实用的 $\sigma\text{-}E_t$ 关系,需要进行数量较多的短柱试验,并进行回归分析。

对 $\sigma\text{-}E_t$ 关系已知的轴心受压构件(见图 5.13(e)),可以绘出相应的 $\sigma_{cr}\text{-}\lambda$(或 $\sigma_{cr}/f_y\text{-}\lambda$)关系曲线(见图 5.13(f)),曲线包括弹性屈曲(欧拉公式)和弹塑性屈曲(切线模量公式)两段,以 f_p 为分界点。从图 5.13(f)可以看到 σ_{cr} 随长细比变化的全貌。实际使用时,应根据 f_p 按式(5.21)计算 λ_p,再比较构件的 λ 和 λ_p 的关系确定采用的公式。

3)构件缺陷对屈曲临界力的影响

实际工程结构中,钢构件不可避免地存在初弯曲和初偏心等几何缺陷,以及残余应力等材料缺陷,这些缺陷将使轴心受压构件的整体稳定承载能力降低。下面将着重讨论这些缺陷对轴心受压构件整体屈曲的影响。

(1)构件初弯曲(初挠度)的影响

有初弯曲的构件在未受力前就呈弯曲状态,如图 5.14 所示,其中 y_0 为任意点 C 处的初挠度。当构件承受轴心压力 N 时,挠度将增长为 y_0+y,并同时存在附加弯矩 $N(y_0+y)$,附加弯矩又使挠度进一步增加。

我们先讨论两端铰接、具有微小初弯曲、等截面轴心受压构件在弹性稳定状态时,挠度随轴心压力逐渐增加而增大的情况(见图 5.14)。为了分析计算方便,假设初弯曲形状为正弦半波曲线:

$$y_0 = v_0 \sin\frac{\pi z}{l} \tag{5.25}$$

式中,v_0 为构件中央初挠度值。

在弹性弯曲状态下,由内外力矩平衡条件,建立平衡微分方程,求解可得挠度 y 和总挠度 Y 的曲线分别为:

$$y = \frac{\alpha}{1-\alpha} v_0 \sin\frac{\pi z}{l} \tag{5.26}$$

$$Y = y_0 + y = \frac{v_0}{1-\alpha} \sin\frac{\pi z}{l} \tag{5.27}$$

中点挠度和中点总挠度分别为:

$$y_m = y \mid_{z=l/2} = \frac{\alpha}{1-\alpha} v_0 \tag{5.28}$$

$$Y_m = Y \mid_{z=l/2} = \frac{v_0}{1-\alpha} \tag{5.29}$$

式中:$\alpha = N/N_E$,$N_E = \pi^2 EI/l^2$ 为欧拉临界力。

式(5.29)的 $Y_m/v_0 = 1/(1-N/N_E)$ 为总挠度对初挠度的放大系数,也是对初挠度无量纲化的总挠度。$Y_m/v_0\text{-}N/N_E$ 关系曲线如图 5.15 所示。

从式(5.26)和式(5.27)看出,从开始加载起,构件就产生挠曲变形,挠度 y 和总挠度 Y 与

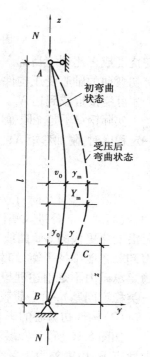

图 5.14 有初弯曲的轴心受压构件

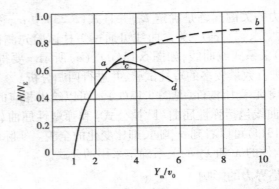

图 5.15　有初弯曲轴心受压构件的荷载-总挠度曲线

初挠度成正比例。当 v_0 一定时,挠度和总挠度随 N 的增加而加速增大。从图 5.15 可以看出,有初弯曲的轴心受压构件,其承载能力总是低于欧拉临界力,只有当挠度趋于无穷大时,压力 N 才可能接近或到达 N_E。

实际钢材不是无限弹性的,为了分析方便,假设钢材为弹性-完全塑性材料。当挠度发展到一定程度时,附加弯矩 $NY_m = N(v_0 + y_m)$ 变得较大,构件中点截面最大受压边缘纤维的应力为:

$$\sigma_{max} = \frac{N}{A} + \frac{NY_m}{W} = \frac{N}{A}\left(1 + \frac{v_0}{W/A}\frac{1}{1 - N/N_E}\right) \tag{5.30}$$

当 σ_{max} 达到 f_y 时,该处钢材开始进入弹塑性状态,对应图 5.15 中的 a 点。此后 N 继续增加,截面的一部分进入塑性状态,弹性部分减小,变形不再像完全弹性那样沿 ab 曲线发展,而是沿变化更快的 acd 曲线发展。N 到达 c 点时,截面塑性变形发展充分,N 达到最大值 N_c,只有卸载才能维持平衡,卸载为 cd 曲线。N_c 为有初弯曲构件整体稳定极限承载力。这里丧失稳定承载力不是前述理想直杆的平衡分枝(由直线平衡形式转变为微弯平衡形式)问题(第一类稳定问题),而是荷载-变形曲线极值点问题(第二类稳定问题)。

(2)构件初偏心的影响

如图 5.16 所示两端铰接、等截面轴心受压构件,两端具有方向相同的初偏心 e_0,在弹性弯曲状态下,由内外力矩平衡条件,建立平衡微分方程,令

$$k^2 = N/EI \tag{5.31}$$

求解后可得到挠度曲线为:

$$y = e_0\left(\tan\frac{kl}{2}\sin kz + \cos kz - 1\right) \tag{5.32}$$

中点挠度为:

$$y_m = y\big|_{z = l/2} = e_0\left(\sec\frac{\pi}{2}\sqrt{\frac{N}{N_E}} - 1\right) \tag{5.33}$$

按式(5.33)绘制的 y_m/e_0-N/N_E 关系曲线如图 5.17 所示,从中可以看出:初偏心对轴心受压构件的影响与初弯曲影响类似(后一曲线通过原点)。由于初弯曲和初偏心对受压构件的影响都使构件的承载力降低,影响机理相似,因此在研究构件的实际承载力时,常将二者的影响合并考虑,并取其中一项作为轴心受压构件的缺陷代表。

同样,实际钢压杆的 N-y_m 关系曲线不可能沿无限弹性的 $0a'b'$ 曲线发展,而是沿弹性然后弹塑性的 $0a'c'd'$ 曲线发展。对相同的构件,当初偏心 e_0 与初弯曲 v_0 相等时,初偏心的影响更

为不利,这是由于初偏心情况中构件从两端开始就存在初始附加弯矩 Ne_0。

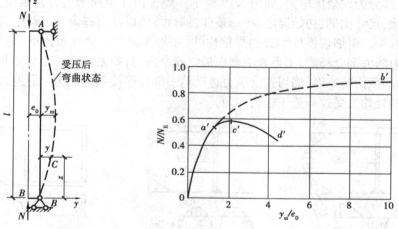

图 5.16　有初弯曲
轴心受压构件

图 5.17　有初偏心轴心受压构件
的荷载-挠度曲线

（3）残余应力的影响

①残余应力。

钢构件中产生残余应力的主要原因是钢材热轧以及板边火焰切割、构件焊接和校正调直等加工制造过程中不均匀的高温加热和不均匀的冷却。其中,焊接残余应力数值最大,焊接结构中焊缝附近钢材的残余应力通常达到或接近受拉屈服强度 f_y,对构件弹塑性稳定起降低影响的主要是纵向残余应力。

热轧型钢中残余应力在截面上的分布和大小与截面形状、尺寸比例、初始温度、冷却条件以及钢材性质有关。一般在冷却较慢的部分为残余拉应力,在冷却较快的部分为残余压应力。比如较厚的板件以及几个板件交汇部分,如工字形截面腹板与翼缘的交接处,其暴露面积相对较少,冷却速度较慢;较薄板件以及板端和角部,其暴露面积相对较大,冷却速度较快（见图 5.18）。截面残余应力为自平衡应力,所以,其分布还要满足全截面内力和内力矩等于零的平衡条件要求。例如角钢截面（见图 5.18(c)）的肢尖冷却最快,继而相邻部分冷却时使肢尖受压,从内力矩平衡条件得角钢肢背处也是受压残余应力。

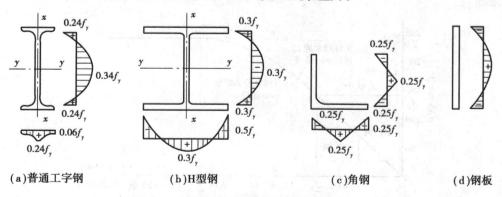

（a）普通工字钢　　（b）H型钢　　（c）角钢　　（d）钢板

图 5.18　热轧钢材截面残余应力典型分布示例

板边焰切和构件焊接也会引起残余应力,在局部高温的焰切板边和焊缝附近钢材为残余拉应力,临近部分为残余压应力,如图 5.19 所示。焊接构件中残余应力在截面上的分布和大小与截面形状、尺寸比例、初始温度、冷却条件、钢材性质以及焊缝大小、焊接工艺和翼缘板边缘制作方法有关。由焰切板件组成的焊接构件,如果焊缝位于焰切板边处,焊接高温使板件焰切残余应力的大部分释放,不再影响截面最终残余应力;如果焊缝位于焰切板的中部,如图 5.19(b)工字形截面的翼缘,焰切残余应力将抵消一部分焊接残余应力,而使残余应力在焰切边缘处和焊缝处均为受拉而趋于较为均匀。

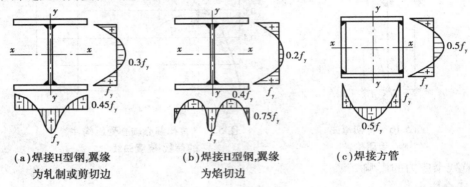

(a)焊接H型钢,翼缘　　　(b)焊接H型钢,翼缘　　　(c)焊接方管
　　为轧制或剪切边　　　　　为焰切边

图 5.19　焊接构件纵向残余应力分布示例

综上所述,不同的热轧型钢和焊接组合构件的截面残余应力的分布和大小是不同的。图 5.18 和图 5.19 所示为几种常见的代表性截面的残余应力分布。

量测残余应力的方法很多,主要有分割法、钻孔法、X 射线衍射法等。目前在钢结构中应用较多的是分割法。其基本原理是:将有残余应力构件的各板件分割成若干窄条,使原始处于自平衡状态的截面残余应力完全释放,量测每一条分割前后的长度变化,从而求出截面残余应力的大小和分布。这样测得的残余应力是各种影响残余应力的综合。

②残余应力对应力-应变(σ-ε)曲线的影响。

钢构件中存在残余应力,其轴心受压时的应力-应变(σ-ε)曲线通常可由短柱压缩试验测得。所谓短柱就是取一柱段,长度既足以保证中部截面保持与实际构件相同的残余应力,又不致受压时发生屈曲破坏。图 5.20 是按照残余应力理论的轴心受压短柱 σ-ε 曲线,与试验结果基本吻合。

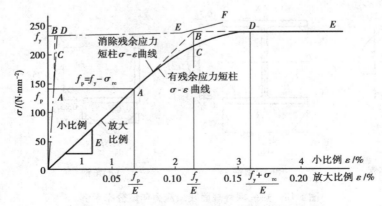

图 5.20　轴心受压短柱的应力-应变(σ-ε)曲线

为了便于了解残余应力对 $\sigma\text{-}\varepsilon$ 曲线的影响，有残余应力的短柱试验所测得的 $\sigma\text{-}\varepsilon$ 曲线可与消除了残余应力（比如经过退火处理）的短柱试验 $\sigma\text{-}\varepsilon$ 曲线作对比。

试验表明：无残余应力短柱的 $\sigma\text{-}\varepsilon$ 曲线在应变强化前完全或几乎完全呈弹性-完全塑性关系（见图 5.20 中的 $OABD$ 段），比例极限 f_p 与屈服应力 f_y 重合或几乎重合。而有残余应力短柱的 $\sigma\text{-}\varepsilon$ 曲线呈弹性-弹塑性-塑性关系（参见图 5.20 中的 $OACD$ 段）。当外加压应力 σ 较小时，OA 段为直线段；当 $\sigma=f_p=f_y-\sigma_{rc}$（$\sigma_{rc}$ 为截面最大压残余应力的绝对值）时，截面部分开始屈服，此后逐渐发展增大的屈服部分（塑性区）截面保持屈服应力 f_y，并发展塑性变形，而继续受力的截面弹性区逐渐减小，因而 $\sigma\text{-}\varepsilon$ 曲线为弹塑性的 ACD 屈服段；当应变达到 $\varepsilon=(f_y+\sigma_{rt})/E$（$\sigma_{rt}$ 为截面最大拉残余应力的绝对值）时，截面全部屈服，因而 $\sigma\text{-}\varepsilon$ 曲线为完全塑性的 DE 水平直线段。由此可见，短柱试验的 $\sigma\text{-}\varepsilon$ 曲线与其截面残余应力的分布有关，而比例极限 $f_p=f_y-\sigma_{rc}$ 则与截面最大残余压应力有关。大致为：热轧普通工字钢 $f_p\approx 0.7f_y$，热轧宽翼缘工字钢 $f_p\approx(0.4\sim0.7)f_y$，焊接工字形截面 $f_p\approx(0.4\sim0.6)f_y$。

在 $\sigma\text{-}\varepsilon$ 曲线中，直线段 OA 是弹性的，其斜率即弹性模量 E 为常量；曲线段 ACD 是弹塑性的，其变形模量一般称为切线模量，即 $E_t=\mathrm{d}\sigma/\mathrm{d}\varepsilon=EA_e/A$（$A$ 为截面面积，A_e 为外加应力为 σ 时的截面弹性区域面积），随 σ 的增大而逐渐减小；水平直线段 DE 是完全塑性的，其变形模量为零。

③残余应力对构件稳定承载力的影响。

切线模量理论计算轴心受压构件弹塑性屈曲时，是根据用短柱试验资料测定的构件材料 $\sigma\text{-}\varepsilon$ 关系的影响。但这种曲线未能反映最大残余压应力 σ_{rc} 在构件截面上的不同位置（例如在翼缘边缘或是在腹板中部等）对轴心受压构件临界力的影响，有其不足之处。本节将介绍根据实测残余应力的分布和大小，分析残余应力对轴心受压构件弹塑性屈曲的影响，这种方法应用更加广泛，也是后面综合考虑构件各种缺陷按极限承载力方法分析轴心受压构件稳定承载力的基础。

计算时假设无残余应力的钢材为理想弹塑性体，即 $\sigma\text{-}\varepsilon$ 关系为弹性-完全塑性；残余应力的大小和分布沿构件长度不变；平截面变形后仍保持平面；构件发生弹塑性弯曲屈曲时，截面上任何点不引起应变变号。

此处以两端铰接的轧制工字形截面构件为例，如图 5.21（a）所示。其两翼缘相等，截面面积为 A，并假设腹板面积较小，可以忽略不计。残余应力为对称折线分布，如图 5.21（b）所示，翼缘残余应力 $|\sigma_{rc}|=|\sigma_{rt}|=\gamma f_y$，一般取 $\gamma=0.3\sim0.4$。

当轴心压力 N 在构件内引起的应力 $\sigma=N/A\leqslant f_p=f_y-\sigma_{rc}$ 时，截面的 $\sigma\text{-}\varepsilon$ 关系为弹性，如图 5.21（c）、（d）所示。这时，如果发生弯曲屈曲，其临界力仍可用欧拉公式计算（适用于 $\lambda\geqslant\sqrt{\pi^2E/f_p}$ 时），即 $N_{cr}=\pi^2EI/l^2=\pi^2EA/\lambda^2$。

当 $\sigma>f_p=f_y-\sigma_{rc}$ 时，截面的一部分将屈服（见图 5.21（e）），即出现塑性区和弹性区两部分。当达到临界应力时，构件发生弯曲，由于截面上应变符号不发生改变，所以凸面塑性区的应力不会产生变号（见图 5.13（c）），这意味着能抵抗弯曲变形的有效惯性矩只有截面弹性区的惯性矩 I_e，截面的抗弯刚度由 EI 下降为 EI_e，临界力为：

$$N_{cr}=\frac{\pi^2EI_e}{l^2} \tag{5.34}$$

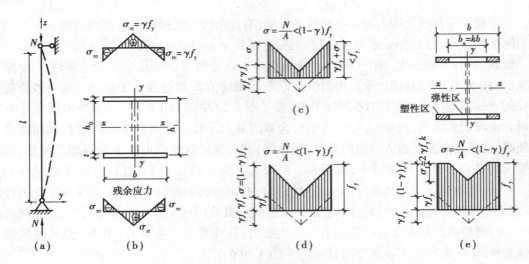

图 5.21　有残余应力构件的失稳临界状态

相应的临界应力为：

$$\sigma_{cr} = \frac{N_{cr}}{A} = \frac{\pi^2 EI}{l^2 A}\frac{I_e}{I} = \frac{\pi^2 E}{\lambda^2}\frac{I_e}{I} \tag{5.35}$$

式(5.35)表明考虑残余应力影响时，弹塑性屈曲的临界应力为欧拉临界应力(弹性)乘以折减系数 I_e/I。比值 I_e/I 取决于构件截面形状尺寸、残余应力的分布和大小，以及构件屈曲时的弯曲方向。有的文献称 EI_e/I 为有效弹性模量。

仍旧以图5.21的工字形截面为例作进一步说明。设在临界应力时，截面弹性部分的翼缘宽度为 b_e，令 $k = b_e/b = b_e t/bt = A_e/A$，$A_e$ 为截面弹性部分的面积，则绕 x 轴(忽略腹板面积)和 y 轴的 I_e/I 分别为：

绕 x(强)轴

$$\frac{I_{ex}}{I_x} = \frac{2t(kb)h_1^2/4}{2tbh_1^2/4} = k \tag{5.36}$$

绕 y(弱)轴

$$\frac{I_{ey}}{I_y} = \frac{2t(kb)^3/12}{2tb^3/12} = k^3 \tag{5.37}$$

将式(5.36)和式(5.37)代入式(5.35)得：

绕 x(强)轴

$$\sigma_{cr} = \frac{\pi^2 Ek}{\lambda_x^2} \tag{5.38}$$

绕 y(弱)轴

$$\sigma_{cr} = \frac{\pi^2 Ek^3}{\lambda_y^2} \tag{5.39}$$

由 $k < 1$ 可看出工字形截面轴心受压构件在图 5.21 所给定的残余应力分布条件下，残余应力对绕弱轴 σ_{cr} 的降低影响将比绕强轴影响严重得多。

当构件处于弹塑性受力阶段时，截面继续受力只依靠弹性区面积 A_e，故切线模量 $E_t = \frac{\mathrm{d}\sigma}{\mathrm{d}\varepsilon} = \frac{\mathrm{d}N/A}{\mathrm{d}N/EA_e} = \frac{EA_e}{A} = Ek$。因此，切线模量理论式(5.23)仅与给定具体情况下的绕强轴计算式(5.38)相当，与绕弱轴的式(5.39)相差较多。切线模量理论不能完全反映截面内不同残余应力分布对 σ_{cr} 影响的差别：当最大残余压应力位于截面中对惯性矩影响最大的边缘部位时，切

线模量理论的 σ_{cr} 将明显偏大;反之,则明显偏小。

因为系数 k 随 σ_{cr} 变化,所以求解式(5.38)或式(5.39)时,尚需建立另一个 k 与 σ_{cr} 的关系式。此关系式可以根据内外力平衡(为了简化,此处仍忽略腹板面积)来确定,由图5.21(e)可得:

$$N = Af_y - \frac{A_e \sigma_1}{2}$$

由图5.21(e)可知:

$$A_e = kA, \quad \sigma_1 = \frac{(2\gamma f_y) b_e}{b} = 2\gamma f_y k$$

代入前式可得:

$$N = Af_y - \frac{kA(2\gamma f_y k)}{2} = Af_y(1 - \gamma k^2)$$

$$\sigma_{cr} = \frac{N}{A} = f_y(1 - \gamma k^2) \tag{5.40}$$

利用式(5.38)或式(5.39)与式(5.40)联立求解,可得绕强轴或弱轴的临界应力。

对于其他截面形状和残余应力分布,可以采用同样的方法求解,所得结果将有差别。即使截面不变,而残余应力分布不同时,比如由折线改为抛物线分布,则 σ_{cr}-k 关系式(5.40)也会不一样。又比如,如果焊接工字形截面翼缘板是精密焰切边的,翼缘端部各有一条残余拉应力区(见图5.19(b)),该区屈服较晚,对 I_{ey} 是有利的,会使绕弱轴的临界应力比翼缘板为轧制边、剪切边或焰切后再刨边的有所提高。

(4)几种缺陷综合影响——极限承载力理论

前面分别讨论了初弯曲、初偏心和残余应力对轴心受压构件整体稳定承载力的影响,这对了解各种缺陷如何影响轴心受压构件整体稳定的本质是非常必要的。初弯曲和初偏心的影响类似,实质上是使理想轴心受压构件变成偏心受压构件,使稳定的性质从平衡分枝(第一类稳定)问题变为极值点(第二类稳定)问题,导致承载力降低。残余应力的存在则使构件(假设钢材符合或接近符合弹性-完全塑性的理想状态)受力时更早地进入弹塑性状态,使屈曲时截面抵抗弯曲变形的刚度减小,从而导致稳定承载力降低。

实际工程结构中,钢构件的各种缺陷总是同时存在的。本节将着重介绍和讨论综合考虑几种缺陷的计算方法,一般称这种分析方法为极限承载力理论,也叫最大强度理论、极限荷载理论或压溃理论。

图5.22 所示为一根具有残余应力和初弯曲(或初偏心)、两端铰接的轴心受压构件的受力简图和 N-Y_m(压力-挠度)图。与只有初弯曲的构件一样,加载一开始,构件就呈弯曲状态。在弹性受力阶段(图5.22的 Oa_1 段),荷载 N 和最大总挠度 Y_m(或 y_m)关系曲线与没有残余应力相应的弹性关系曲线(见图5.15 和图5.17)完全相同,残余应力对弹性挠度没有影响。当轴心压力 N 增加到构件某个截面中某一点(设为 i 点)处 N 引起的平均压应力 $\sigma_0 = N/A$、附加弯矩引起的弯曲压应力(三角形分布)σ_{bi} 和该点处残余压应力 σ_{ri} 之和达到钢材屈服强度 f_y 时,截面开始进入弹塑性状态。通常情况是构件跨中截面凹侧边缘纤维处残余压应力最大点或截面中残余压应力最大点或其附近某点,最先达到受压屈服。由于初弯曲和初偏心的不利影响,开始屈服时(图5.22中的 a_1 点)的平均应力 $\sigma_{a1} = N_{a1}/A$ 总是低于只有残余应力而无初

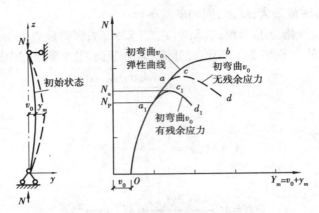

图 5.22　极限承载力理论

弯曲或初偏心时的 $f_p = f_y - \sigma_{rc}$（σ_{rc} 为截面最大残余应力）。当构件凹侧边缘纤维为残余压应力时也低于只有初弯曲或初偏心而无残余应力时的 a 或 a' 点应力（见图 5.15 和图 5.17），为残余拉应力时则可能高于 a 或 a' 点。此后截面进入弹塑性状态，挠度随 N 增加而增加的速率加快，直到 c_1 点，继续增加 N 已经不可能。若要维持平衡，只能卸载，如曲线 $c_1 d_1$ 段。N-Y_m 曲线的极值点（c_1 点）表示由稳定平衡过渡到不稳定平衡，相应于 c_1 点的 N_u 是临界荷载，是构件的极限承载力，是构件不能维持内外力平衡时的承载力。由该模型建立的计算理论称为极限承载力理论。

对具有残余应力、初弯曲、初偏心的受压构件，按极限承载力理论计算比较复杂，一般需要采用数值法求解。计算模型一般采用有限单元，即将受压构件分成有限微段，将每一微段的截面分成有限面积单元。

4)《规范》中轴心受压构件整体稳定的实用计算方法

前面介绍了无缺陷理想轴心受压构件临界力 N_{cr} 和临界应力 σ_{cr}，以及考虑初弯曲、初偏心、残余应力等缺陷情形下轴心受压构件极限承载力 N_u 的计算方法。当钢材种类、缺陷模式及大小已经确定时，N_u 和 N_{cr}（或 $\varphi = N_u / Af_y$ 或 $\varphi = \sigma_{cr} / f_y$）仅是长细比 λ 的函数。对于设计者来说，最为重要的是给出实用简便的 λ-φ 曲线（柱子曲线），以供计算采用。

我国现行《规范》在制定轴心受压构件 λ-φ 曲线时，根据不同截面形状和尺寸、不同加工条件和相应残余应力分布和大小、不同的弯曲屈曲方向以及 $l/1\,000$ 的初弯曲（可理解为几何缺陷的代表值），对多种实腹对称截面的轴心受压构件弯曲屈曲，按极限承载力理论计算出了近 200 条柱子曲线。由于稳定问题的复杂性，这些柱子曲线形成相当宽的分布带。这个分布带的上、下限相差较大，特别是中等长细比的常用情况相差尤其显著。因此，需要用多条柱子曲线来代表。《规范》将这些曲线分为 4 组，也就是将分布带分成 4 个窄带，取每组的平均值（50% 的分位值）曲线作为该组代表曲线，给出 a,b,c,d 4 条柱子曲线，如图 5.23 所示。在 $\lambda = 40 \sim 120$ 的常用范围，柱子曲线 a 比曲线 b 高出 4% ～ 15%，而曲线 c 比曲线 b 低 7% ～ 13%。曲线 d 则更低，主要用于厚板。这样的柱子曲线称为多条柱子曲线。曲线中 $\varphi = N_u / (Af_y) = \sigma_u / f_y$，称为轴心受压构件的整体稳定系数。

归属于 a,b,c,d 4 条柱子曲线的各种截面可根据表 5.4、表 5.5 给出的轴心受压构件截面分

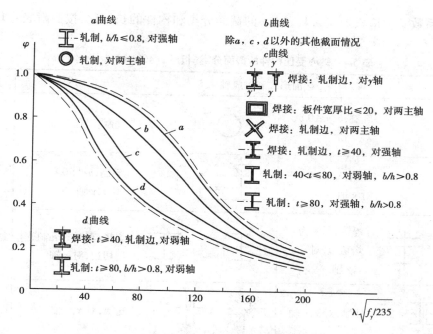

图 5.23　《规范》中的多条柱子曲线

类查找。在分类表中可以从残余应力的分布和大小(参见图 5.18 和图 5.19)对轴心受压构件稳定承载力的影响粗略判断截面的归属。例如:轧制无缝钢管的残余应力很小,因而承载能力较高,属 a 类;宽高比小的轧制普通工字钢翼缘上的残余应力全部为拉应力,绕强轴的屈曲承载力较高,所以也属于 a 类。又比如:焊接工形截面,当翼缘为轧制或剪切边以及焰切后再刨边时,翼缘端部存在较大的残余压应力,对绕弱轴屈曲承载力的降低影响比绕强轴的大,所以前一种属于 c 类,后一种属于 b 类;当翼缘为精密焰切边时,翼缘端部各有一窄条残余拉应力区,可使绕弱轴的屈曲承载力比翼缘为轧制边或剪切边的有所提高,所以绕强轴和绕弱轴两种情况都属 b 类。格构式轴心受压构件绕虚轴的稳定计算,不宜采用考虑截面塑性发展的极限承载力理论,而采用边缘屈服准则确定的 φ 值与曲线 b 接近,故属于 b 类。现代钢结构某些构件可能用到板件厚度大于 40 mm 的构件。对于板件厚度大于 40 mm 的轧制工字形截面和焊接实腹截面,残余应力不但沿板宽度方向变化,而且在厚度方向的变化也比较显著。板件外表面往往以残余压应力为主,对构件稳定的影响较大,经西安建筑科技大学等单位研究,《规范》对组成板件 $t \geq 40$ mm 的工字形、H 形截面和箱形截面的类别作出了专门规定,并增加了 d 类截面的 φ 值曲线。

5)整体稳定计算公式

轴心受压构件所受应力应不大于整体稳定的临界应力,在考虑抗力分项系数 γ_R 后,即:

$$\sigma = \frac{N}{A} \leq \frac{\sigma_{cr}}{\gamma_R} = \frac{\sigma_{cr}}{f_y} \cdot \frac{f_y}{\gamma_R} = \varphi f$$

将上式移项,即得现行《规范》对轴心受压构件的整体稳定计算公式:

$$\frac{N}{\varphi A} \leq f \tag{5.41}$$

式中,$\varphi = \sigma_{cr}/f_y$,为轴心受压构件的整体稳定系数。

整体稳定系数 φ 值应根据表 5.4、表 5.5 的截面分类和构件的长细比,按照附表 4.1 至附表 4.4 查出。

表 5.4 轴心受压构件的截面分类(板厚 t<40 mm)

截面形式和对应轴				类别
	轧制,$b/h \leqslant 0.8$,对 x 轴		轧制,对任意轴	a 类
	轧制,$b/h \leqslant 0.8$,对 y 轴		轧制,$b/h > 0.8$,对 x,y 轴	
	焊接,翼缘为焰切边,对 x,y 轴		焊接,翼缘为轧制或剪切边,对 x 轴	
	轧制,对 x,y 轴		轧制,对 x,y 轴	
	轧制(等边角钢),对 x,y 轴		轧制矩形和焊接圆管对任意轴;焊接矩形,板件宽厚比大于 20,对 x,y 轴	b 类
	轧制或焊接,对 x,y 轴	轧制截面和翼缘为焰切边的焊接截面,对 x,y 轴	焊接,翼缘为轧制或剪切边,对 x 轴	
	焊接,对 x,y 轴		焊接,板件边缘焰割,对 x,y 轴	
	格构式,对 x,y 轴			
	焊接,翼缘为轧制或剪切边,对 y 轴		焊接,翼缘为轧制或剪切边,对 y 轴	c 类
	焊接,板件边缘轧制或剪切,对 x,y 轴		焊接,板件宽厚比 $\leqslant 20$,对 x,y 轴	

表 5.5　轴心受压构件的截面分类(板厚 $t \geqslant 40$ mm)

截面情况			对 x 轴	对 y 轴
轧制工字形或 H 形截面	$b/h \leqslant 0.8$		b	b
	$b/h > 0.8$	$t < 80$ mm	b	c
		$t \geqslant 80$ mm	c	d
焊接工字形截面	翼缘为焰切边		b	b
	翼缘为轧制或剪切边		c	d
焊接箱形截面	板件宽厚比>20		b	b
	板件宽厚比≤20		c	c

6)构件长细比 λ 的规定

轴心受压构件稳定验算时应按照下列规定计算构件长细比 λ。

(1)截面为双轴对称或极对称的构件

长细比按下式计算:

$$\lambda_x = \frac{l_{0x}}{i_x} \qquad (5.42)$$

$$\lambda_y = \frac{l_{0y}}{i_y} \qquad (5.43)$$

式中,l_{0x}、l_{0y} 为构件对主轴 x 轴和 y 轴的计算长度;i_x、i_y 为构件截面对主轴 x 轴和 y 轴的回转半径。对双轴对称十字形截面构件,λ_x 或 λ_y 取值不得小于 $5.07b/t$(其中 b/t 为悬伸板件宽厚比)。

(2)截面为单轴对称的构件

我们讨论柱的整体稳定临界力时,假定构件失稳时只发生弯曲而没有扭转,即所谓弯曲屈曲。对单轴对称截面,由于截面形心与剪心(即剪切中心)不重合,在弯曲的同时总伴随着扭转,即形成弯扭屈曲。在相同情况下,弯扭失稳比弯曲失稳的临界应力要低。因此,对双板 T 形和槽形等单轴对称截面进行弯扭分析后,认为绕对称轴(设为 y 轴)稳定,则应取其扭转屈曲的换算长细比 λ_{yz} 代替 λ_y:

$$\lambda_{yz} = \frac{1}{\sqrt{2}} \left[(\lambda_y^2 + \lambda_z^2) + \sqrt{(\lambda_y^2 + \lambda_z^2)^2 - 4\left(1 - \frac{e_0^2}{i_0^2}\right)\lambda_y^2\lambda_z^2} \right]^{1/2} \qquad (5.44)$$

$$\lambda_z^2 = \frac{i_0^2 A}{I_t/25.7 + I_w/l_w^2} \qquad (5.45)$$

$$i_0^2 = e_0^2 + i_x^2 + i_y^2 \qquad (5.46)$$

式中,e_0 为截面形心至剪心的距离;i_0 为截面对剪心的极回转半径;λ_x 为构件对对称轴的长细比;λ_z 为扭转屈曲的换算长细比;I_t 为毛截面抗扭惯性矩;A 为毛截面面积;I_w 为毛截面扇性惯性矩,对 T 形截面(轧制、双板焊接、双角钢组合)、十字形截面和角形截面可近似取 $I_w = 0$;

l_w为扭转屈曲的计算长度,对两端铰接、端部截面可自由翘曲或两端嵌固、端部截面的翘曲完全受到约束的构件,取$l_w = l_{0y}$。

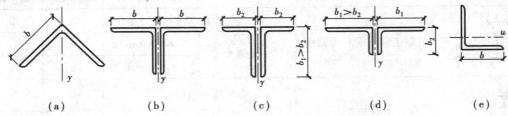

图 5.24 单角钢截面和双角钢组合 T 形截面

单角钢截面和双角钢组合 T 形截面(见图 5.24)绕对称轴的换算长细比 λ_{yz} 可采用下列简化方法确定:

①等边单角钢截面(见图 5.24(a))。

当 $\dfrac{b}{t} \leqslant \dfrac{0.54 l_{0y}}{b}$ 时

$$\lambda_{yz} = \lambda_y \left(1 + \frac{0.85b^4}{l_{0y}^2 t^2}\right) \tag{5.47}$$

当 $\dfrac{b}{t} > \dfrac{0.54 l_{0y}}{b}$ 时

$$\lambda_{yz} = 4.78 \frac{b}{t} \left(1 + \frac{l_{0y}^2 t^2}{13.5b^4}\right) \tag{5.48}$$

式中,b、t 分别为角钢肢宽度和厚度。

②等边双角钢截面(见图 5.24(b))。

当 $\dfrac{b}{t} \leqslant \dfrac{0.58 l_{0y}}{b}$ 时

$$\lambda_{yz} = \lambda_y \left(1 + \frac{0.475b^4}{l_{0y}^2 t^2}\right) \tag{5.49}$$

当 $\dfrac{b}{t} > \dfrac{0.58 l_{0y}}{b}$ 时

$$\lambda_{yz} = 3.9 \frac{b}{t} \left(1 + \frac{l_{0y}^2 t^2}{18.6b^4}\right) \tag{5.50}$$

③长肢相并的不等边双角钢截面(见图 5.24(c))。

当 $\dfrac{b_2}{t} \leqslant \dfrac{0.48 l_{0y}}{b_2}$ 时

$$\lambda_{yz} = \lambda_y \left(1 + \frac{1.09b_2^4}{l_{0y}^2 t^2}\right) \tag{5.51}$$

当 $\dfrac{b_2}{t} > \dfrac{0.48 l_{0y}}{b_2}$ 时

$$\lambda_{yz} = 5.1 \frac{b_2}{t} \left(1 + \frac{l_{0y}^2 t^2}{17.4b_2^4}\right) \tag{5.52}$$

④短肢相并的不等边双角钢截面(见图 5.24(d)),可近似地取 $\lambda_{yz} \approx \lambda_z$。

单轴对称的轴心压杆在绕非对称主轴以外的任一轴失稳时应按照弯扭屈曲计算其稳定性。当计算等边单角钢绕平行轴,如图 5.24(e) 的 u 轴的稳定时,可用下式计算其换算长细比 λ_{uz},并按 b 类截面确定 φ 值:

当 $\dfrac{b}{t} \leqslant \dfrac{0.69 l_{0u}}{b}$ 时

$$\lambda_{uz} = \lambda_u \left(1 + \frac{0.25b^4}{l_{0u}^2 t^2}\right) \tag{5.53}$$

当 $\dfrac{b}{t} > \dfrac{0.69 l_{0u}}{b}$ 时

$$\lambda_{uz} = 5.4 \frac{b}{t} \tag{5.54}$$

上两式中的参数 λ_u 按下式确定:

$$\lambda_u = l_{0u}/i_u \tag{5.55}$$

无任何对称轴且又非极对称的截面(单面连接的不等边单角钢除外)不宜用作轴心受压

构件。

对单面连接的单角钢轴心受压构件,考虑折减系数后,可不考虑弯扭效应。当槽形截面用于格构式构件的分肢,计算分肢绕对称轴(y 轴)的稳定性时,不必考虑扭转效应,直接用 λ_y 查出 φ_y 值。

▶ 5.3.2 轴心受压实腹构件的局部稳定

轴心受压构件都是由一些板件组成的,一般板件的厚度与宽度相比都比较小,截面设计除考虑强度、刚度和整体稳定外,还应考虑局部稳定问题。例如,实腹式轴心受压构件一般由翼缘和腹板等板件组成,在轴心压力作用下,板件都承受压力。如果这些板件的平面尺寸很大,而厚度又相对很薄时,就有可能在构件丧失整体稳定或强度破坏之前发生屈曲,板件偏离原来的平面位置而发生波状鼓曲,如图 5.25 所示。因为板件失稳发生在整体构件的局部部位,所以称之为轴心受压构件丧失局部稳定或局部屈曲。局部屈曲有可能导致构件较早地丧失承载能力(由于部分板件因为局部屈曲退出受力将使其他板件受力增大,有可能使对称截面变得不对称)。另外,格构式轴心受压构件由两个或两个以上的分肢组成,每个分肢又由一些板件组成。这些分肢和分肢的板件,在轴心压力作用下也有可能在构件丧失整体稳定之前各自发生屈曲,丧失局部稳定。

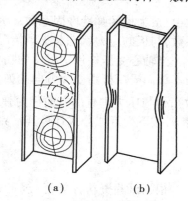

（a）　　　　（b）

图 5.25　轴心受压构件局部屈曲

轴心受压构件中板件的局部屈曲,实际上是薄板在压力作用下的屈曲问题,相连板件互为支承。比如工字形截面柱的翼缘相当于单向均匀受压的三边支承(纵向侧边为腹板,横向上下两边为横向加劲肋、横隔或柱头、柱脚)一边自由的矩形薄板(见图 5.25(b));腹板相当于单向均匀受压的四边支承(纵向左右两侧边为翼缘,横向上下两边为横向加劲肋、横隔等)的矩形薄板。以上支承中,有的支承对相连板件无约束转动的能力,可以视为简支;有的支承对相邻板件的转动起部分约束(嵌固)作用。由于双向都有支承,板件发生屈曲时表现为双向波状屈曲,每个方向呈一个或多个半波,如图 5.25(a)所示。轴心受压薄板也会存在初弯曲、初偏心和残余应力等缺陷,使其屈曲承载能力降低。缺陷对薄板性能影响比较复杂,而且板件尺寸与厚度之比较大时,还存在屈曲后强度的有利因素。有初弯曲和无初弯曲的薄板屈曲后强度相差很小。目前,在钢结构设计中,一般仍多以理想受压平板屈曲的临界应力为准,根据试验或经验综合考虑各种有利和不利因素的影响。

1)板件的宽厚比

板件的宽厚比有两种考虑方法。

（1）不允许板件屈曲先于构件的整体屈曲

目前,一般钢结构设计规范的规定,就是从不允许局部屈曲先于构件整体屈曲角度来限制板件的宽厚比。

（2）允许板件屈曲先于整体屈曲

虽然板件屈曲会降低构件的承载能力,但由于构件的截面较宽,整体刚度好,从节约钢材角度来说反而合算,冷弯薄壁型钢结构就是基于这样的考虑。有时对于一般钢结构的部分板件,如大尺寸的焊接组合工字形截面的腹板,也允许其先有局部屈曲。

本节对板件宽厚比的规定是基于局部屈曲不先于整体屈曲考虑的。根据板件临界应力和构件临界应力相等的原则,确定板件的宽厚比。亦即板件局部稳定条件得到的 σ_{cr} 应该等于或大于构件的 $\varphi_{\min}f_y$。

2)常用截面局部稳定要求

实腹式轴心受压构件一般由若干矩形平面板件组成,在轴心压力作用下,这些板件都承受均匀压力。考虑板件间相互作用的单个矩形板件的临界应力公式为:

$$\sigma_{cr}=\frac{\chi k\pi^2 E}{12(1-v^2)}\left(\frac{t}{b}\right)^2 \tag{5.56}$$

式中,χ 为板的弹性嵌固系数;t 为板的厚度;b 为板的宽度;v 为钢材的泊松比;k 为板的屈曲系数,与板的应力状态及支承情况有关,各种情况下的 k 值见表4.4。

当轴心受压构件中板件的临界应力超过比例极限 f_p 进入弹塑性状态时,可视为正交异性板。单向受压板沿受力方向的弹性模量 E 为切线模量 $E_t=\eta E$ 所替代(η 为弹性模量修正系数),但与压力垂直的方向仍为弹性阶段,仍用弹性模量 E 描述材料性质。这时可用 $E\sqrt{\eta}$ 代替 E,按下列近似公式计算其临界应力:

$$\sigma_{cr}=\frac{\chi k\pi^2 E\sqrt{\eta}}{12(1-v^2)}\left(\frac{t}{b}\right)^2 \tag{5.57}$$

根据试验资料,《规范》规定 η 用下式计算:

$$\eta=0.101\ 3\lambda^2\frac{f_y}{E}\left(1-0.024\ 8\lambda^2\frac{f_y}{E}\right) \tag{5.58}$$

式中,λ 为构件两方向长细比的较大值。

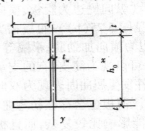

图5.26 板件尺寸

(1)工字形截面的局部稳定

由于工字形截面(见图5.26)的腹板一般较翼缘板薄,腹板对翼缘板的嵌固作用很小,因此翼缘可视为一边自由、三边简支的均匀受压板,取屈曲系数 $k=0.425$,弹性嵌固系数 $\chi=1.0$。而腹板可视为四边支承板,此时屈曲系数 $k=4$。当腹板发生屈曲时,翼缘板作为腹板纵向边的支承,对腹板将起一定的弹性嵌固作用,根据试验可取弹性嵌固系数 $\chi=1.3$。在弹塑性阶段,弹性模量修正系数 η 按式(5.58)计算。将上述数据代入式(5.57)使其大于等于 $\varphi_{\min}f_y$,可分别得到翼缘板悬伸部分的宽厚比 b_1/t 及腹板高厚比 h_0/t_w 与长细比 λ 的关系曲线(分别如图5.27、图5.28中的虚线所示)。这种曲线较为复杂,为便于应用,《规范》采用下列简化的直线式表达(分别如图5.27、图5.28中的实线所示):

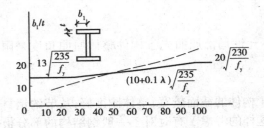

图5.27 翼缘的宽厚比

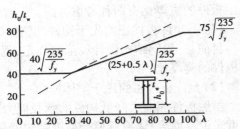

图5.28 腹板的宽厚比

翼缘
$$\frac{b_1}{t} \leqslant (10+0.1\lambda)\sqrt{\frac{235}{f_y}} \qquad (5.59)$$

腹板
$$\frac{h_0}{t_w} \leqslant (25+0.5\lambda)\sqrt{\frac{235}{f_y}} \qquad (5.60)$$

上两式中,λ 取构件两个方向长细比的较大值;而当 $\lambda < 30$ 时,取 $\lambda = 30$;当 $\lambda \geqslant 100$ 时,取 $\lambda = 100$。

（2）圆管的径厚比

工程结构中圆钢管的径厚比 D/t（见图 5.29）也是根据管壁的局部屈曲不先于构件的整体屈曲确定的。《规范》要求,均匀轴心压力作用下的圆管径厚比要符合下式规定:

$$\frac{D}{t} \leqslant 100 \times \frac{235}{f_y} \qquad (5.61)$$

式中,D 为管径;t 为壁厚。

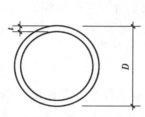

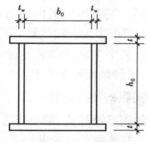

图 5.29　钢管的径厚比　　　　图 5.30　箱形截面

（3）箱形截面局部稳定

箱形截面轴心受压构件受压翼缘板在两腹板之间的无支撑宽度 b_0 与其厚度 t 之比、腹板计算高度 h_0 与其厚度 t_w 之比,应符合式（5.62）要求（见图 5.30）:

$$\frac{b_0}{t} \text{ 或 } \frac{h_0}{t_w} \leqslant 40\sqrt{\frac{235}{f_y}} \qquad (5.62)$$

5.4　轴心受压构件的设计

▶ 5.4.1　轴心受压实腹构件的设计

设计轴心受压实腹构件的截面时,应先选择构件的截面形式,再根据构件整体稳定和局部稳定的要求确定截面尺寸。

1）轴心压杆实腹构件的截面形式

轴心受压实腹构件一般采用双轴对称截面,以避免弯扭失稳。常用的截面形式有如图 5.2 所示型钢和组合截面两种。两种截面形式各有短长:型钢截面构件制作简便,节省人工,但是由于型钢截面不是连续增大的,所以往往会带来用钢量不同程度的增加;组合截面构件可以方便地按设计结果采用恰如其分的截面尺寸,节省钢材,但人工耗费较多。

选择截面形式时不仅要考虑用料经济,而且还要尽可能构造简便、制造省工和便于运输。

为了节省钢材,在保证局部稳定性的前提下构件应尽量选择壁薄而宽敞的截面,这样的截面有较大的回转半径,使构件具有较高的稳定承载能力。另外,还要使构件在两个方向的稳定系数尽量相等或接近,当构件在两个方向的长细比相等时,虽然有可能在表5.4和表5.5中属于不同类别,而它们的稳定系数不一定相同,但其差别一般不大。因此,我们可用长细比 λ_x 和 λ_y 相等作为考虑等稳定的方法。这样,选择截面形状时还要和构件的计算长度 l_{0x} 和 l_{0y} 联系起来。

单角钢截面适用于塔架、桅杆结构和起重机臂杆,轻型桁架也可用单角钢做成。双角钢便于在不同情况下组成接近于等稳定的压杆截面,常用于由节点板连接杆件的平面桁架。

轧制宽翼缘 H 型钢的宽度与高度相同时,对强轴的回转半径约为弱轴回转半径的2倍,对中点有侧向支撑的独立支柱最为适宜。

焊接工字形截面最为简单,利用自动焊可以做成一系列定型尺寸的截面,腹板按局部稳定的要求,可以做得很薄以节省钢材,应用十分广泛。为使翼缘与腹板便于焊接,截面高度和宽度做得大致相同。工字形截面的回转半径与截面轮廓尺寸的近似关系是: $i_x = 0.43h$、$i_y = 0.24b$。所以,只有两个主轴方向的计算长度相差1倍时,才有可能达到等稳定的要求。

十字形截面在两个主轴方向的回转半径是相同的,对于重型中心受压柱,当两个方向的计算长度相同时,这种截面较为有利。

2)轴心压杆实腹构件的计算步骤

在确定钢材的强度设计值、轴心压力的设计值、计算长度以及截面形式以后,可以按照下列步骤设计轴心压杆实腹构件的截面尺寸。

(1)先假定杆件的长细比 λ,求出需要的截面面积 A

根据设计经验,荷载小于1 500 kN,计算长度为5~6 m的受压杆件,可以假定 $\lambda = 80 \sim 100$;荷载为3 000~3 500 kN的受压杆件,可以假定 $\lambda = 60 \sim 70$。再根据截面形式和加工条件由表5.4和表5.5查得截面分类,而后从附表4.1~附表4.4查出相应的稳定系数 φ,则所需要的截面面积为:

$$A = \frac{N}{\varphi f} \tag{5.63}$$

(2)计算出对应于假定长细比两个主轴的回转半径 $i_x = l_{0x}/\lambda$,$i_y = l_{0y}/\lambda$

利用附录5中截面回转半径和其轮廓尺寸的近似关系 $i_x = \alpha_1 h$ 和 $i_y = \alpha_2 b$,确定截面的高度和宽度:

$$h \approx \frac{i_x}{\alpha_1} \qquad b \approx \frac{i_y}{\alpha_2}$$

并根据等稳定条件、便于加工和板件稳定的要求确定截面各部分的尺寸。

截面各部分的尺寸也可以参考已有的设计资料确定,不一定都从假定杆件的长细比开始。

(3)计算出截面特性

按照式(5.41)验算杆件的整体稳定。如有不合适,对截面尺寸加以调整并重新计算截面特性;当截面有较大削弱时,还应验算净截面强度。合理的设计应该保证构件的安全,还要尽可能降低钢材用量。设计是一个多解的问题,实际的设计过程是一个截面优化过程,只有全面考虑相关因素,不断总结经验,才能设计出合理的截面。目前很多钢结构设计软件已经提供了截面优化功能,可以较好地提高工作效率,但是其优化结果的优劣仍需依靠使用者的理论素养和工程经验进行判断,不可盲从。

（4）局部稳定性验算

轴心受压实腹构件的局部稳定是以限制组成板件的宽厚比来保证的。对热轧型钢截面,由于板件宽厚比较小,一般都能满足要求,可以不必验算;对于组合截面,则应根据式（5.59）~式（5.62）对板件的宽厚比进行验算。

（5）刚度验算

轴心受压实腹构件的长细比还应符合《规范》所规定的容许长细比和最小截面尺寸的要求。事实上,在进行整体稳定验算时,构件的长细比已经预先求出或假定,以确定整体稳定系数 φ,因而杆件的刚度验算和整体稳定验算应同时进行。

3）轴心压杆实腹构件的构造要求

轴心受压构件中,一般是由于构件初弯曲、初偏心或偶然横向力作用才在截面中产生剪力。当轴心压力达到极限承载力时,剪力达到最大,但数值也并不大。因此,焊接实腹式轴心受压构件中,翼缘与腹板之间的剪力很小,其连接焊缝一般按构造取 $h_f = 4 \sim 8$ mm。

当实腹式构件的腹板高厚比 h_0/t_w 较大,《规范》规定:当 $h_0/t_w \geqslant 80\sqrt{235/f_y}$ 时,应采用横向加劲肋加强（见图5.31）,其间距不得大于 $3h_0$,这样可以提高腹板的局部稳定性,增大构件的抗扭刚度,防止制造、运输和安装过程中截面变形。横向加劲肋通常在腹板两侧成对配置,其尺寸应满足:

外伸宽度 $b_s \geqslant \dfrac{h_0}{30} + 40$ mm

厚   度 $t_s \geqslant \dfrac{b_s}{15}$

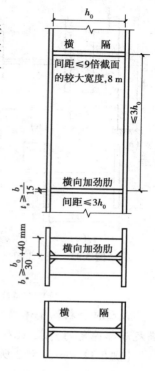

图5.31   实腹式构件的
横向加劲肋和横隔

此外,为了保证构件截面几何形状不变,提高构件抗扭刚度以及传递必要的内力,对大型实腹式构件,在受有较大横向力处和每个运送单元的两端,还应设置横隔。构件较长时,还要设置中间横隔,横隔的间距不得大于构件截面较大宽度的9倍或8 m（见图5.31）。

【例5.2】 选择 Q235 钢的热轧普通工字钢用于上下端均为铰接的带支撑的轴心受压柱,柱长度为9.0 m,如图5.32所示,在两个三分点处均有侧向支撑,以阻止柱在弱轴方向过早失稳。构件承受的最大设计压力 $N = 250$ kN,容许长细比取 $[\lambda] = 150$。试设计该柱截面。

【解】 已知 $l_x = 9.0$ m,$l_y = 3.0$ m,$f = 215$ N/mm²。

（1）选择截面

由于作用于柱的压力很小,我们先假定长细比 $\lambda = 150$。

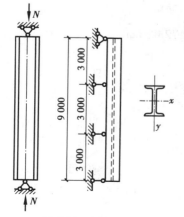

图5.32   例5.2图

查附表 4.1 和附表 4.2 得绕截面强轴和弱轴的稳定系数 $\varphi_x=0.339$，$\varphi_y=0.308$。

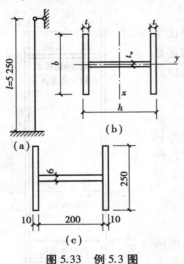

图 5.33　例 5.3 图

钢柱所需截面面积

$$A=\frac{N}{\varphi f}=\frac{250\times10^3}{0.308\times215}\ \text{mm}^2\approx3\ 775\ \text{mm}^2\approx37.8\ \text{cm}^2$$

截面所需回转半径　$i_x=l_x/\lambda=900/150=6.0\ \text{cm}$

$i_y=l_y/\lambda=300/150=2.0\ \text{cm}$

与上述截面特性比较接近的型钢是 I20a，从附表 8.4 查得：$A=35.578\ \text{cm}^2$，$i_x=8.15\ \text{cm}$，$i_y=2.12\ \text{cm}$。

（2）验算柱的整体稳定、刚度和局部稳定

先计算长细比，得：$\lambda_x=900/8.15=110.4$，$\lambda_y=300/2.12=141.5$，绕两个主轴的长细比均小于容许长细 $[\lambda]=150$（由表 5.2 查得），满足刚度要求。

由附表 4.1 和附表 4.2 查得 $\varphi_x=0.559$，$\varphi_y=0.339$，取 $\varphi=\min\{\varphi_x,\varphi_y\}=0.339$。

$$\frac{N}{\varphi A}=\frac{250\times10^3}{0.339\times35.578\times10^2}\ \text{N/mm}^2\approx207.3\ \text{N/mm}^2<215\ \text{N/mm}^2$$

截面符合柱的整体稳定和容许长细比要求。因为轧制型钢的翼缘和腹板一般都较厚，能满足局部稳定的要求，此处不再验算。

【例 5.3】　如图 5.33 所示为一根上端铰接、下端固定的轴心受压柱，所承受的轴心压力设计值 $N=900\ \text{kN}$，柱的长度 $l=5.25\ \text{m}$，钢材为 Q235，焊条为 E43 型，试设计柱的截面。如果柱的长度改为 $l=7.0\ \text{m}$，原截面不变，试计算轴心受压柱能够承受多大轴心压力（设计值）。

【解】　由表 5.3 查得柱的计算长度系数 $\mu=0.707$，则 $l_x=l_y=0.707\times5.25\ \text{m}\approx3.712\ \text{m}$，$f=215\ \text{N/mm}^2$。

采用焊接工字形截面，翼缘为轧制边，容许长细比取 $[\lambda]=150$。

（1）确定截面面积及回转半径

假定长细比取 $\lambda=80$，查表 5.4 可知截面绕 x 和 y 轴分别属于 b 类和 c 类，由附表 4.2 查得 $\varphi_x=0.688$，由附表 4.3 查得 $\varphi_y=0.578$。

所需截面面积　　$A=\frac{N}{\varphi f}=\frac{900\times10^3}{0.578\times215}\ \text{mm}^2\approx7\ 242\ \text{mm}^2=72.42\ \text{cm}^2$

所需回转半径　　$i=\frac{l_0}{\lambda}=\frac{371.2}{80}\ \text{cm}=4.64\ \text{cm}$

（2）确定截面尺寸

利用附录 5 的近似关系可得 $\alpha_1=0.43$，$\alpha_2=0.24$，则：

$$h=\frac{i}{\alpha_1}=\frac{4.64}{0.43}\ \text{cm}\approx10.8\ \text{cm}$$

$$b=\frac{i}{\alpha_2}=\frac{4.64}{0.24}\ \text{cm}\approx19.3\ \text{cm}$$

截面宽度取 $b=20\ \text{cm}$，截面高度按照构造要求选择和宽度大致相同，也取 $h=20\ \text{cm}$。

翼缘截面采用 10 mm×200 mm 的钢板,面积为 $20 \times 1 \times 2$ cm^2 = 40 cm^2,宽厚比能够满足局部稳定要求。

腹板所需面积为 $A - 40$ cm^2 = (72.42 - 40) cm^2 = 32.42 cm^2。这样,所需腹板厚度为 $32.42/(20-2)$ cm ≈ 1.80 cm,比翼缘厚度大得多。说明假定的长细比偏大,材料过分集中在弱轴附近,不是经济合理的截面,应当把截面放宽一些。因此取翼缘宽度 $b = 25$ cm,厚度 $t = 1.0$ cm;腹板高度 $h_w = 20$ cm,厚度 $t_w = 0.6$ cm。截面尺寸如图 5.33 所示。

(3)截面特性计算

$$A = (2 \times 25 \times 1 + 20 \times 0.6) \text{ cm}^2 = 62 \text{ cm}^2$$

$$I_x = \left(0.6 \times \frac{20^3}{12} + 50 \times 10.5^2\right) \text{ cm}^4 = 5\ 913 \text{ cm}^4$$

$$i_x = \sqrt{\frac{I_x}{A}} = \sqrt{\frac{5\ 913}{62}} \text{ cm} = 9.77 \text{ cm}$$

$$I_y = 2 \times 1 \times \frac{25^3}{12} \text{ cm}^4 = 2\ 604 \text{ cm}^4$$

$$i_y = \sqrt{\frac{I_y}{A}} = \sqrt{\frac{2\ 604}{62}} \text{ cm} = 6.48 \text{ cm}$$

$$\lambda_x = \frac{371.2}{9.77} \approx 38.0$$

$$\lambda_y = \frac{371.2}{6.48} \approx 57.3$$

(4)验算柱的整体稳定、刚度和局部稳定

①整体稳定:

查附表 4.2 得 $\varphi_x = 0.906$,查附表 4.3 得 $\varphi_y = 0.727$,取 $\varphi = \min\{\varphi_x, \varphi_y\} = 0.727$。

$$\frac{N}{\varphi A} = \frac{900 \times 10^3}{0.727 \times 62 \times 10^2} \text{ N/mm}^2 \approx 199.7 \text{ N/mm}^2 < 215 \text{ N/mm}^2$$

②刚度:

$$\lambda_x \approx 38.0 < [\lambda] = 150 \qquad \lambda_y \approx 57.3 < [\lambda] = 150$$

③局部稳定:

$$\lambda = \max(\lambda_x, \lambda_y) = \max(38.0, 57.3) = 57.3$$

④翼缘的宽厚比:

$$\frac{b_1}{t} = \frac{122}{10} = 12.2 < (10 + 0.1\lambda)\sqrt{\frac{235}{f_y}} = (10 + 0.1 \times 57.3)\sqrt{\frac{235}{235}} = 15.7$$

⑤腹板的高厚比:

$$\frac{h_0}{t_w} = \frac{200}{6} = 33.3 < (25 + 0.5\lambda)\sqrt{\frac{235}{f_y}} = (25 + 0.5 \times 57.3)\sqrt{\frac{235}{235}} = 53.7$$

以上数据说明所选截面对整体稳定、刚度和局部稳定都满足要求。

(5)确定柱长度 $l = 7.0$ m 的设计承载力

$$l_{0x} = 0.707 \times 700 \text{ cm} = 494.9 \text{ cm} \qquad \lambda_x = \frac{494.9}{9.77} \approx 50.7$$

查表 4.2 得 $\varphi_x = 0.853$。

$$l_{0y} = 0.707 \times 700 \text{ cm} = 494.9 \text{ cm} \qquad \lambda_y = \frac{494.9}{6.48} \approx 76.4$$

查表 4.3 得 $\varphi_y = 0.601$。

$\varphi = \min\{\varphi_x, \varphi_y\} = 0.601$

设计力 $N = \varphi A f = 0.601 \times 62 \times 10^2 \times 215$ N $= 801\ 133$ N ≈ 801.1 kN

说明：柱的长度为原长度的 1.33 倍，承载能力降低了

$$\frac{0.727 - 0.601}{0.727} \times 100\% \approx 17.3\%$$

由于存在残余应力和初弯曲的影响，柱在弹塑性阶段屈曲，柱的长度增加后，承载能力的降低不遵循弹性稳定规律，即不与柱的长度的平方成反比，不是降低 $\dfrac{494.9^2 - 371.2^2}{494.9^2} \times 100\% \approx 43.74\%$。

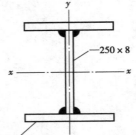

图 5.34 例 5.4 图

【例 5.4】 设计一轴心受压实腹柱的截面。已知荷载设计值（包括估算构件自重）为轴心压力 $N = 1\ 400$ kN，柱的计算长度 $l_{0x} = 6.0$ m，$l_{0y} = 3.0$ m。柱的截面采用焊接组合工字形，如图 5.34 所示，翼缘钢板为火焰切割边，钢材为 Q235，截面无削弱。

【解】 1）截面的初步选择

假定长细比 $\lambda_x = \lambda_y = \lambda = 60$。

查表 5.4 可知截面绕 x 和 y 轴都属于 b 类，查附表 4.2 得 $\varphi = 0.807$，$f = 215$ N/mm^2。

所需截面面积 $A = \dfrac{N}{\varphi f} = \dfrac{1\ 400 \times 10^3}{0.807 \times 215}$ mm$^2 \approx 8\ 069$ mm$^2 \approx 80$ cm^2

所需回转半径 $i_x = \dfrac{l_{0x}}{\lambda_x} = \dfrac{600}{60}$ cm $= 10.0$ cm $\qquad i_y = \dfrac{l_{0y}}{\lambda_y} = \dfrac{300}{60}$ cm $= 5.0$ cm

利用附录 5 的近似关系可得 $\alpha_1 = 0.43$，$\alpha_2 = 0.24$。

$$h = \frac{i_x}{\alpha_1} = \frac{10.0}{0.43} \text{ cm} \approx 23.3 \text{ cm} \qquad b = \frac{i_y}{\alpha_2} = \frac{5.0}{0.24} \text{ cm} \approx 20.8 \text{ cm}$$

选用尺寸：翼缘板 2-250×12，腹板 250×8；翼缘与腹板的焊缝按照构造要求，取 $h_f = 6$ mm。

2）截面几何性质计算

截面面积 $\qquad A = (25 \times 1.2 \times 2 + 25 \times 0.8)$ cm$^2 = 80$ cm^2

截面惯性矩 $\qquad I_x = \dfrac{25 \times 27.4^3 - 24.2 \times 25^3}{12}$ cm$^4 = 11\ 345$ cm^4

$$I_y = \frac{1.2 \times 25^3 \times 2 + 25 \times 0.8^3}{12} \text{ cm}^4 = 3\ 126 \text{ cm}^4$$

截面回转半径 $\qquad i_x = \sqrt{\dfrac{I_x}{A}} = \sqrt{\dfrac{11\ 345}{80}}$ cm $= 11.97$ cm

$$i_y = \sqrt{\frac{I_y}{A}} = \sqrt{\frac{3\ 126}{80}}\ \text{cm} = 6.25\ \text{cm}$$

柱的长细比　　　　　$\lambda_x = \frac{l_{0x}}{i_x} = \frac{600}{11.97} \approx 50.4$　　$\lambda_y = \frac{l_{0y}}{i_y} = \frac{300}{6.25} = 48$

3）验算

（1）整体稳定性验算

翼缘钢板为火焰切割边，截面绕 x 和 y 轴由表 5.4 均属于 b 类截面，取 $\lambda = \max\{\lambda_x, \lambda_y\} = 50.4$，查附表 4.2 得 $\varphi = 0.854$。

$$\frac{N}{\varphi A} = \frac{1\ 400 \times 10^3}{0.854 \times 8\ 000}\ \text{N/mm}^2 = 204.9\ \text{N/mm}^2 < f = 215\ \text{N/mm}^2$$

（2）局部稳定性验算

翼缘　$\dfrac{b}{t} = \dfrac{125}{12} = 10.42 < (10 + 0.1\lambda)\sqrt{\dfrac{235}{f_y}} = (10 + 0.1 \times 50.4)\sqrt{\dfrac{235}{235}} \approx 15.0$

腹板　$\dfrac{h_0}{t_w} = \dfrac{250}{8} = 31.25 < (25 + 0.5\lambda)\sqrt{\dfrac{235}{f_y}} = (25 + 0.5 \times 50.4)\sqrt{\dfrac{235}{235}} \approx 50.2$

（3）刚度验算

$$\lambda = \max\{\lambda_x, \lambda_y\} = 50.4 < [\lambda] = 150$$

（4）强度验算

因截面无削弱，故不必进行强度验算。

【例 5.5】　例 5.4 中的设计截面保持不变，钢材分别采用 Q235、Q345，支座条件、计算长度等因素全同上例，分别计算两种钢材制成的轴心受压柱的稳定承载力，比较其差别。

【解】　翼缘钢板为火焰切割边，截面绕 x 和 y 轴由表 5.4 均属于 b 类截面，取 $\lambda = \max\{\lambda_x, \lambda_y\} = 50.4$。

（1）采用 Q235 钢材

查附表 4.2 得 $\varphi = 0.854$。

$N \leqslant \varphi A f = 0.854 \times 8\ 000 \times 215\ \text{kN} = 1\ 468.9\ \text{kN}$

（2）采用 Q345 钢材

$$\lambda\sqrt{\frac{f_y}{235}} = 50.4 \times \sqrt{\frac{345}{235}} = 61.1$$

查附表 4.2 得 $\varphi = 0.802$。

$N \leqslant \varphi A f = 0.802 \times 8\ 000 \times 310\ \text{kN} = 1\ 989.0\ \text{kN}$

说明：从上面的计算数据看出，尽管 Q235、Q345 钢材弹性模量是相同的，但是采用后者柱子的整体稳定承载力还是增加了，幅度为 $\dfrac{1\ 989.0 - 1\ 468.9}{1\ 468.9} \times 100\% = 35.4\%$，乍看之下，似乎与欧拉公式矛盾。但实际上，工程上的柱子在失稳时，由于初始缺陷的影响（尤其是残余应力的影响），某些部位已有塑性发展。在这样的情况下，因为 Q345 钢材的弹性阶段显然要比 Q235 钢材的弹性阶段范围大，同样长细比的柱子失稳时，Q345 钢材制作的柱子中显然塑性发展比较少，即 Q345 柱子切线模量 E_t 肯定会大于 Q235 柱子切线模量，根据切线模量计算公式 $\sigma_{cr} =$

$\pi^2 E_t / \lambda^2$（由于构件进入弹塑性状态欧拉公式已不适用,可采用切线模量公式进行分析）,计算出的稳定应力和稳定承载力,应大于 Q235 柱子对应的数值,这与本例题按规范设计公式的计算结果是一致的。

▶ 5.4.2 轴心受压格构式构件的设计

轴心受压格构式构件通常由 2 个、3 个或 4 个肢件组成,如图 5.3 所示。肢件为槽钢或工字形钢的柱,用缀材把它们连成整体,用于较重型结构的截面形式。对于某些特大型的柱,肢件有时用焊接组合工字形截面。格构柱调整肢件间的距离很方便,易于实现对两个主轴的等稳定性。

在柱的横截面上穿过肢件腹板的轴叫实轴,如图 5.3(a)、(b)、(c)中的 y 轴;穿过两肢之间缀材面的轴称为虚轴,如图 5.3(a)、(b)、(c)中的 x 轴;图 5.3(d)、(e)中的 x 和 y 轴都是虚轴。

缀材有缀条和缀板两种。缀条用斜杆组成,也可以用斜杆和横杆共同组成,一般用单角钢作缀条,如图 5.4(a)所示;缀板用钢板组成,如图 5.4(b)所示。

轴心受压格构式构件中,比较常用的截面是由两个槽钢和工字钢作为分肢,用缀材(缀条或缀板)连成整体而构成。槽钢的翼缘可以向内或向外,前者使用比较普遍,因为这样可以有一个平整的外表,与其他构件的连接比较方便。受力较小、长度较大的轴心受压构件也可以采用 4 个角钢组成的截面,四面均用缀材相连,两个主轴都是虚轴,可以用较小的截面面积获得较大的刚度,但制造较为复杂。

轴心受压格构式构件的设计与轴心受压实腹式构件相似,应考虑强度、刚度(长细比)、整体稳定性和局部稳定性(分肢肢件的稳定和板件的稳定)几个方面的要求,但每个方面的计算都有其特点。此外,轴心受压格构式构件的设计还包括缀材的设计。

1)轴心受压格构式构件绕虚轴的整体稳定

(1)轴心受压格构式构件绕虚轴整体稳定的特点

轴心受压格构式构件的截面通常具有对称轴,丧失整体稳定时往往是绕截面主轴发生弯曲屈曲,不大可能发生扭转屈曲或弯扭屈曲。因此这类构件的设计,整体稳定计算只需计算绕截面实轴和虚轴抵抗弯曲屈曲的能力。

轴心受压格构式构件绕实轴弯曲屈曲时,情况与轴心受压实腹式构件没有区别,稳定计算也相同,可以采用式(5.41)进行计算。

特别需要注意的是轴心受压格构式构件绕虚轴弯曲屈曲时,情况有所不同。实腹式轴心受压构件无论因丧失整体稳定而产生弯曲变形或存在初始弯曲,构件中横向剪力总是很小的。实腹式轴心受压构件的抗剪刚度又比较大,因此横向剪力对构件产生的附加变形很微小,对构件临界力的降低不到1%,可以忽略不计。轴心受压格构式构件分肢肢件由缀材连接而不是实体相连,绕虚轴发生弯曲失稳时,剪力要由比较柔弱的缀材负担或是柱腹也参与负担,剪切变形较大,导致构件产生较大的附加侧向变形,它对构件临界力的降低是不能忽略的,必须予以适当考虑。

如果轴心受压格构式构件绕虚轴(不妨设为 x 轴)的长细比为 λ_x,则其临界力将低于长细比 λ_x 相同的实腹式轴心受压构件,而仅相当于长细比为 λ_{0x}($\lambda_{0x} > \lambda_x$)的实腹式构件的临界力。经过放大的等效长细比 λ_{0x} 称为格构式构件绕虚轴的换算长细比。如果求得 λ_{0x},用以代

替原始长细比 λ_x，则轴心受压格构式构件绕虚轴的稳定性计算与实腹式构件相同。

（2）缀条式格构构件的换算长细比

根据弹性稳定理论的分析成果，两端铰接的缀条联系的格构式轴心受压构件绕虚轴弯曲屈曲的临界应力为：

$$\sigma_{cr} = \cfrac{\pi^2 E}{\lambda_x^2 + \cfrac{\pi^2}{\sin^2\theta\cos\theta}\cfrac{A}{A_{1x}}} \tag{5.64}$$

式（5.64）可写成：

$$\sigma_{cr} = \frac{\pi^2 E}{\lambda_{0x}^2} \tag{5.65}$$

其中

$$\lambda_{0x} = \sqrt{\lambda_x^2 + \frac{\pi^2}{\sin^2\theta\cos\theta}\frac{A}{A_{1x}}} \tag{5.66}$$

式中，λ_{0x} 称为换算长细比；λ_x 为整个构件对虚轴的长细比；A 为整个构件的毛截面面积；A_{1x} 为构件截面中垂直于 x 轴的斜缀条毛截面面积之和；θ 为缀条与构件轴线间的夹角（见图5.35）。

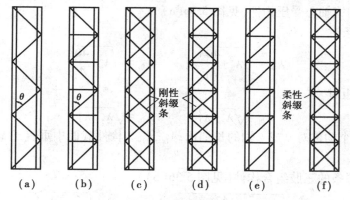

图5.35 缀条体系

式（5.65）与实腹式轴心受压构件欧拉临界应力计算公式的形式相同。由此可见，如果用 λ_{0x} 代替 λ_x，则可采用与实腹式受压构件相同的公式计算格构式构件绕虚轴的稳定性。

在 $\theta = 40° \sim 70°$ 内，$\pi^2/\sin^2\theta\cos\theta = 25.6 \sim 32.7$。为了简便，《规范》统一规定采用27，由此得简化式：

$$\lambda_{0x} = \sqrt{\lambda_x^2 + 27\frac{A}{A_{1x}}} \tag{5.67}$$

《规范》规定 θ 应在 $40° \sim 70°$。当 θ 不在此范围之内时，式（5.67）的误差较大，宜采用式（5.66）计算。还应当注意的是：推导公式（5.67）时，仅考虑了斜缀条由于剪力作用的轴向伸长产生的节间相对侧移，而没有考虑横缀条轴向缩短对相对侧移的影响。因此，式（5.66）和式（5.67）仅适用于不设横缀条或设横缀条但横缀条不参加传递剪力的缀条布置，如图5.35（a）～（d）所示；当用于横缀条参加传递剪力的缀条布置（见图5.35（e）、（f），图（f）中柔性斜缀条按只能承受拉力设计，有压力时因屈曲而退出受力）时，则式（5.66）和式（5.67）中，还应当补入横缀条（截面面积总和 A_{2x}）变形影响项，其值为 $\pi^2\tan\theta\dfrac{A}{A_{2x}}$。

（3）缀板式格构构件的换算长细比

与缀条式构件相似,《规范》规定缀板式轴心受压格构式构件（见图5.4（b））换算长细比统一按照式（5.68）计算:

$$\lambda_{0x}=\sqrt{\lambda_x^2+\lambda_1^2} \tag{5.68}$$

同时规定,缀板与分肢线刚度比k不得小于6,两分肢不相等时,k按照较大分肢计算。

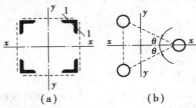

图5.36 四肢和三肢格构式构件截面

缀板式构件分肢在缀板连接范围内刚度较大而变形很小,所以《规范》按照式（5.68）计算时,分肢长细比取$\lambda_1=l_{01}/i_1$,其中计算长度l_{01}为相邻两缀板间的净距（缀板与分肢焊接时见图5.4（b））或最近边缘螺栓间的距离（缀板与分肢螺栓连接时）。

同理,对四肢和三肢组成的格构式轴心受压构件采用缀条或缀板联系时,绕虚轴的换算长细比也都可以作相应推导,得出相应的计算公式。

（4）四肢格构式轴心受压构件（见图5.36（a））

当缀材为缀条时

$$\lambda_{0x}=\sqrt{\lambda_x^2+\frac{40A}{A_{1x}}} \qquad \lambda_{0y}=\sqrt{\lambda_y^2+\frac{40A}{A_{1y}}} \tag{5.69}$$

当缀材为缀板时

$$\lambda_{0x}=\sqrt{\lambda_x^2+\lambda_1^2} \qquad \lambda_{0y}=\sqrt{\lambda_y^2+\lambda_1^2} \tag{5.70}$$

式中,λ_x、λ_y为整个构件对x或y轴的长细比;A_{1x}、A_{1y}为构件截面中垂直于x或y轴的各斜缀条毛截面积之和。

（5）缀材为缀条的三肢组合构件（见图5.36（b））

$$\lambda_{0x}=\sqrt{\lambda_x^2+\frac{42A}{A_1(1.5-\cos^2\theta)}} \qquad \lambda_{0y}=\sqrt{\lambda_y^2+\frac{42A}{A_1\cos^2\theta}} \tag{5.71}$$

式中,A_1为构件截面中各斜缀条毛截面面积之和;θ为构件截面内缀条所在平面与x轴的夹角。

2）轴心受压格构式构件分肢的验算和肢件的局部稳定

（1）分肢验算

轴心受压格构式构件的分肢肢件既是组成整体截面的一部分,在缀材节点间又是一个单独的实腹式受压构件。所以对格构式构件除了需要作为整体计算其稳定性、刚度和强度外,还应计算各分肢的稳定性、刚度和强度。

《规范》规定,当格构式构件的分肢长细比满足下列条件时,能够保证分肢的稳定和强度高于整体,即可认为分肢的稳定和强度可以满足,不必再作验算。规定的条件为:

缀条式构件 　　　　　　　　　$\lambda_1\leqslant 0.7\lambda_{max}$ $\tag{5.72}$

缀板式构件
$$\left.\begin{array}{ll} 当\ \lambda_{max}\leqslant 50\ 时 & \lambda_1\leqslant 25 \\ 当\ 50<\lambda_{max}<80\ 时 & \lambda_1\leqslant 0.5\lambda_{max} \\ 当\ \lambda_{max}\geqslant 80\ 时 & \lambda_1\leqslant 40 \end{array}\right\} \tag{5.73}$$

式中,λ_{max}为格构式构件两方向长细比较大值,其中对虚轴取换算长细比,当 $\lambda_{max} < 50$ 时,取 $\lambda_{max} = 50$;λ_1 按前述公式 $\lambda_1 = l_{01}/i_1$ 计算,但当缀材采用缀条时,l_{01} 取缀条节间距离(见图 5.4(a))。

(2)肢件的局部稳定

轴心受压格构式构件的分肢承受压力,因而存在板件的局部稳定问题。构件的分肢常常采用轧制型钢,翼缘和腹板相对较厚,宽厚比相对较小,一般都能满足局部稳定要求。当分肢采用焊接工字形或槽形截面时,翼缘和腹板宽厚比应当按照式(5.59)、式(5.60)进行验算,以保证局部稳定要求。

3)轴心受压格构式构件剪力

轴心受压格构式构件中必然存在着初始缺陷(初弯曲、初偏心、残余应力等),所以整个构件除受轴心压力外还受弯矩作用。由材料力学知识可知,弯矩沿轴线的变化将产生剪力 $V = \mathrm{d}M/\mathrm{d}z$,其中 $M = NY$,如图 5.37 所示。考虑初始缺陷的影响,经理论分析,《规范》采用以下实用公式计算格构式轴心受压构件中可能发生的最大剪力设计值为:

$$V = \frac{Af}{85}\sqrt{\frac{f_y}{235}} \tag{5.74}$$

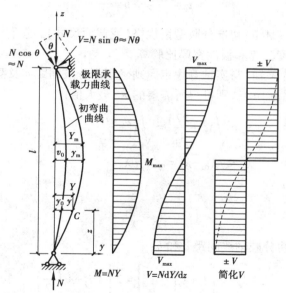

图 5.37 轴心受压格构式构件的弯矩和剪力

4)轴心受压格构式构件的截面设计

实腹轴心受压构件的截面设计应当考虑的原则在格构式柱截面设计中也是适用的,但是格构式构件是由分肢组成的,在具体设计步骤上有其特点。当格构式轴心受压构件的压力设计值 N、计算长度 l_{0x} 和 l_{0y}、钢材强度设计值 f 和截面类型都已知时,在截面选择中主要有两大步骤:首先按照实轴稳定要求选择截面分肢的尺寸,其次按照虚轴与实轴等稳定性确定分肢间距,如图 5.38 所示。

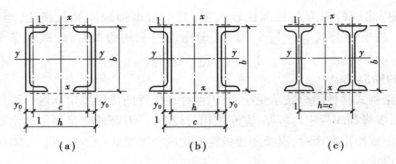

图 5.38　格构式构件截面设计

(1)按照实轴(设为 y 轴)稳定条件选定截面尺寸

①假定绕实轴长细比 λ_y,一般可先在 $60\sim100$ 范围选取,当 N 较大而 l_{0y} 较小时取较小值,反之取较大值。根据 λ_y 及钢号和截面类别查得整体稳定系数 φ 值,按照式 $A=N/(\varphi f)$ 求所需截面面积。

②求所需绕实轴的回转半径 i_y,如分肢为组合截面时,还应由 i_y 按照附录 5 查得 $\alpha_2(\alpha_1)$ 的近似值求所需截面宽度 b。

$$i_y=\frac{l_{0y}}{\lambda_y}\qquad b=\frac{i_y}{\alpha_2}\tag{5.75}$$

③根据所需 A、i_y(或 A、b)初选分肢型钢规格(或截面尺寸),进行实轴整体稳定和刚度验算,必要时还应进行强度验算和板件宽厚比验算。

(2)按照虚轴(设为 x 轴)与实轴等稳定原则确定两分肢间距 c 及截面高度 h

①根据换算长细比 $\lambda_{0x}=\lambda_y$,则可得所需要的 λ_x 最大值:

对缀条式格构构件　　　$\lambda_x=\sqrt{\lambda_{0x}^2-\dfrac{27A}{A_{1x}}}=\sqrt{\lambda_y^2-\dfrac{27A}{A_{1x}}}$　　　(5.76)

对缀板式格构构件　　　$\lambda_x=\sqrt{\lambda_{0x}^2-\lambda_1^2}=\sqrt{\lambda_y^2-\lambda_1^2}$　　　(5.77)

②根据 λ_x 求所需 i_x:

$$i_x=\frac{l_{0x}}{\lambda_x}\tag{5.78}$$

③根据 i_x 和 i_1 求两分肢轴线间距 c 和 h:

由于　　　　　　$2A_c i_x^2=2\left[I_1+A_c\left(\dfrac{c}{2}\right)^2\right]=2\left[A_c i_1^2+A_c\left(\dfrac{c}{2}\right)^2\right]$

故　　　　　　　　　$c=2\sqrt{i_x^2-i_1^2}$　　　　　　　　　(5.79)

$$h=c\pm2y_0\tag{5.80}$$

两分肢翼缘间的净距 c 应大于 $100\sim150$ mm,以便于刷油漆进行防腐处理,h 的实际尺寸应放大到 10 mm 的倍数。

5)轴心受压格构式构件的缀材设计

轴心受压格构式缀材在构件总用钢中虽然所占比例不大,但是具有非常重要的作用,一定要引起足够的重视。1907 年 8 月 29 日加拿大跨越魁北克(Quebec)河三跨伸臂桥灾难性事故的主要原因就是钢桥格构式下弦压杆的角钢缀条过于柔弱所致(其总面积仅为弦杆截面面积的1.1%),这样柔弱的受压承载力远小于它实际所受到的压力,缀条在压力作用下失去稳定性,导致承载能力丧失,从而未能起到缀条将分肢连接成可靠整体的作用,未被可靠连接的分肢不能有效发挥承载作用,在压力作用下失稳,最终导致整个结构被破坏。这是一个局部失稳导致结构整体破坏的典型案例。

轴心受压格构式构件可能发生的最大剪力设计值按照式(5.74)

确定,即:$V = \dfrac{Af}{85}\sqrt{\dfrac{f_y}{235}}$。为了设计方便,该剪力 V 可以认为沿构件全长不变,方向可正可负,由承受该剪力的各缀材面共同承担。双肢格构式构件有两个缀材面,每个缀材面承担一半剪力,即 $V_1 = V/2$。

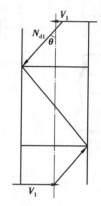

图5.39 缀条内力

(1)缀条设计

在缀条式格构构件中,每个缀条面内的缀条与构件分肢翼缘(包括邻近腹板)组成平面桁架体系,缀条内力可按铰接桁架进行分析(见图5.39)。

对单杆缀条或交叉斜缀条按照柔性杆(只受拉不受压)设计时,斜缀条内力为:

$$N_{d1} = \frac{V_1}{\sin \theta} \tag{5.81}$$

对交叉斜缀条按刚性(一根受拉、一根受压)设计时,斜缀条内力为:

$$N_{d1} = \frac{V_1}{2 \sin \theta} \tag{5.82}$$

对承受构件剪力的横缀条,其内力为:

$$N_{d2} = V_1 \tag{5.83}$$

式中,V_1 为每面缀条所受的剪力;θ 为斜缀条与构件轴线间的夹角。

缀条一般采用单角钢,与构件分肢单面连接。考虑到受力时的偏心和受压时的弯扭,应按照《规范》规定对其设计强度进行折减。

(2)缀板设计

缀板式构件中缀板与构件两个分肢组成单跨多层空间刚架体系,在进行内力分析时将多层空间刚架每一缀板平面简化为多层平面刚架,承受该截面的剪力 V_1,并近似取反弯点均在各段分肢和缀板的中点,如图5.40(a)所示。

计算缀板内力时,取每个缀板中点与其相连的一个分肢相邻两反弯点之间的刚架部分作为隔离体,根据内力平衡可得每个缀板剪力 V_{b1} 和弯矩 M_{b1},如图5.40(b)、(c)所示。

$$V_{b1} = \frac{V_1 l_1}{c} \qquad M_{b1} = \frac{V_1 l_1}{2} \tag{5.84}$$

式中,l_1 为两相邻缀板轴线间的距离(见图5.40(d)),需根据分肢稳定和强度条件确定;c 为分肢轴线间的距离。

缀板通常用角焊缝与分肢相连,承受 V_{b1} 和 M_{b1} 的共同作用。根据 V_{b1} 和 M_{b1} 可验算缀板的弯曲强度、剪切强度以及缀板与分肢的连接强度。

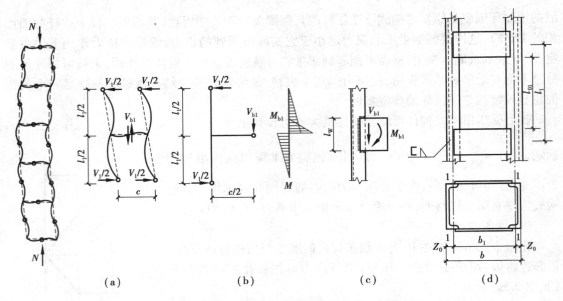

图 5.40 缀板式格构轴心受压构件的受力和变形

缀板的尺寸由刚度条件确定,为了保证缀板的刚度,《规范》规定在同一截面处各缀板的线刚度之和不得小于构件较大分肢线刚度的 6 倍,即:

$$\sum\left(\frac{I_b}{c}\right) \geqslant 6\left(\frac{I_1}{l_1}\right) \tag{5.85}$$

式中,I_b、I_1 分别为缀板和分肢的截面惯性矩。若取缀板的宽度 $h_b \geqslant c/40$,厚度 $t_b \geqslant c/40$ 和 6 mm,一般可满足上述线刚度比、受力和连接等要求。

由于角焊缝强度设计值低于缀板强度设计值,故一般只需验算缀板与分肢的角焊缝连接强度。缀板与分肢搭接长度一般可采用 20～30 mm,可以三面围焊,或只在缀板端部设纵向焊缝。

6)轴心受压格构式构件的横隔

与大型实腹式柱相似,格构式构件在受有较大水平力作用处和每个运输单元的两端,应设置横隔,以保证几何形状不变,提高构件抗扭刚度以及传递必要的内力。构件较长时,还应设置中间横隔,横隔的间距不得大于构件截面较大宽度的 9 倍或 8 m。格构式构件的横隔可用钢板或交叉角钢做成,如图 5.41 所示。

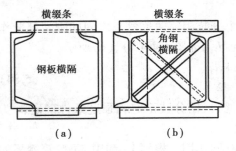

图 5.41 格构式构件的横隔

【**例 5.6**】 试设计某支承工作平台的轴心受压柱,柱身为由两根槽钢组成的缀板柱。钢材为 Q235,焊条为 E43 型。柱高 7.2 m,两端铰接,由平台传递给柱的轴心压力设计值为 1 450 kN。

【**解**】 柱的计算长度在两个主轴方向均为 7.2 m。

（1）对实轴计算，选择截面

设 $\lambda_y = 70$，按 b 类截面查附表 4.2 得 $\varphi_y = 0.751$，则所需截面面积为：

$$A = \frac{N}{\varphi_y f} = \frac{1\ 450 \times 10^3}{0.751 \times 215}\ \text{mm}^2 = 8\ 980\ \text{mm}^2 = 89.8\ \text{cm}^2$$

所需回转半径为：

$$i_y = \frac{l_{0y}}{\lambda_y} = \frac{720}{70}\ \text{cm} \approx 10.29\ \text{cm}$$

由附表 8.5 选择槽钢 2[28b，$A = 2 \times 45.634\ \text{cm}^2 = 91.268\ \text{cm}^2$，$i_y = 10.6\ \text{cm}$，自重为 702 N/m，总重为 $702 \times 7.2\ \text{N} \approx 5\ 055\ \text{N}$，外加缀板和柱头柱脚等构造用钢，柱重按 10 kN 计算。

对实轴验算整体稳定和刚度

$\lambda_y = 720/10.6 = 67.9$，查附表 4.2 得 $\varphi_y = 0.763$，于是

$$\frac{N}{\varphi_y A} = \frac{(1\ 450 + 10) \times 10^3}{0.763 \times 9\ 126.8}\ \text{N/mm}^2 = 209.7\ \text{N/mm}^2 < f = 215\ \text{N/mm}^2$$

$$\lambda_y = 67.9 < [\lambda] = 150$$

（2）对虚轴根据等稳定条件决定肢间距离

槽钢翼缘向内伸，如图 5.42 所示。

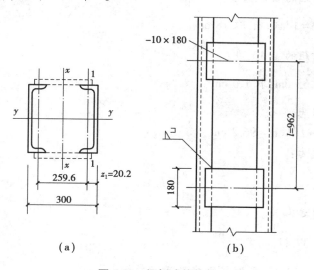

图 5.42　缀板式格构柱

假定肢件绕本身轴的长细比 $\lambda_1 = 0.5\lambda_y = 0.5 \times 67.9 = 34.0$

由式（5.68）可得：　$\lambda_x = \sqrt{\lambda_y^2 - \lambda_1^2} = \sqrt{67.9^2 - 34^2} = 58.8$

所需回转半径为：$i_x = \dfrac{l_{0x}}{\lambda_x} = \dfrac{720}{58.8}\ \text{cm} \approx 12.24\ \text{cm}$

由附录 5 查得该种截面对 x 轴回转半径的近似值为 $i_x = 0.44b$，于是：$b = 12.24/0.44\ \text{cm} = 27.8\ \text{cm}$，我们取整数 $b = 30\ \text{cm}$。

验算对虚轴的整体稳定性：由附表 8.5 查得分肢槽钢[28b 对本身 1—1 轴的惯性矩 $I_1 = 241.5\ \text{cm}^4$，回转半径 $i_1 = 2.30\ \text{cm}$，形心距 $z_1 = 2.02\ \text{cm}$。

整个截面绕虚轴的惯性矩为:

$$I_x = 2 \times (241.5 + 45.634 \times 12.98^2) \, \text{cm}^4 = 15\,860 \, \text{cm}^4$$

$$i_x = \sqrt{\frac{I_x}{A}} = \sqrt{\frac{15\,860}{45.634 \times 2}} \, \text{cm} = 13.2 \, \text{cm}$$

$$\lambda_x = \frac{720}{13.2} = 54.5$$

换算长细比为:

$$\lambda_{0x} = \sqrt{\lambda_x^2 + \lambda_1^2} = \sqrt{54.5^2 + 34^2} = 64.2 < [\lambda] = 150$$

仍按 b 类截面查附表 4.2 得 $\varphi_x = 0.785$,于是:

$$\frac{N}{\varphi_x A} = \frac{(1\,450 + 10) \times 10^3}{0.785 \times 9\,126.8} \, \text{N/mm}^2 = 203.8 \, \text{N/mm}^2 < f = 215 \, \text{N/mm}^2$$

绕虚轴稳定性满足要求。

(3)缀板设计

缀板间净距离为:

$$l_{01} = \lambda_1 i_1 = 34 \times 2.3 \, \text{cm} = 78.2 \, \text{cm}$$

缀板宽度用肢间距的 2/3,即:

$$b_p = \frac{2}{3} \times 25.96 \, \text{cm} = 17.3 \, \text{cm},取 18 \, \text{cm}$$

缀板厚度用肢间距的 1/40,即:

$$\delta_p = \frac{25.96}{40} \, \text{cm} = 0.65 \, \text{cm},取 1.0 \, \text{cm}$$

缀板轴线间距离为:

$$l = l_{01} + b_p = (78.2 + 18) \, \text{cm} = 96.2 \, \text{cm}$$

柱分肢的线刚度为:

$$\frac{I_1}{l} = \frac{241.5}{96.2} = 2.51$$

两块缀板线刚度之和为:

$$2 \times 1 \times \frac{18^3}{12 \times 25.96} = 37.44$$

比值 37.44/2.51 = 14.92 > 6,缀板刚度是足够的。

作用于柱身的剪力为:

$$V = \frac{Af}{85} = \frac{9\,126.8 \times 215}{85} \, \text{N} = 23\,085 \, \text{N} \approx 23.09 \, \text{kN}$$

作用于一侧缀板系的剪力为:

$$V_b = \frac{V}{2} = 11.543 \, \text{kN}$$

缀板与柱肢连接处的内力为:

剪力　　$T = \dfrac{V_b l}{a} = \dfrac{11.543 \times 96.2}{25.96} \, \text{kN} = 42.77 \, \text{kN}$

弯矩　　$M = \dfrac{V_b l}{2} = \dfrac{11.543 \times 0.962}{2}$ kN·m = 5.55 kN·m

缀板与柱肢连接用角焊缝 $h_f = 8$ mm，焊缝两端用围焊，但计算长度偏于安全地取用长度为 $l_w = 18$ cm。

在剪力 T 与弯矩 M 共同作用下角焊缝应力为：

$$\sqrt{\left(\dfrac{\sigma_f}{\beta_f}\right)^2 + \tau_f^2} = \sqrt{\left(\dfrac{M}{\beta_f W_w}\right)^2 + \left(\dfrac{T}{A_w}\right)^2}$$

$$= \sqrt{\left(\dfrac{6 \times 5.55 \times 10^6}{1.22 \times 0.7 \times 8 \times 180^2}\right)^2 + \left(\dfrac{42.77 \times 10^3}{0.7 \times 8 \times 180}\right)^2} \text{ N/mm}^2$$

$$= \sqrt{150.4^2 + 42.4^2} \text{ N/mm}^2 = 156.3 \text{ N/mm}^2 < f_f^w = 160 \text{ N/mm}^2$$

缀板的尺寸与连接均符合设计要求。

【例 5.7】　设计一轴心受压焊接缀条格构式柱的截面。已知荷载设计值(包括估算构件自重)为轴心压力 1 600 kN，柱高 6.0 m，两端铰接，钢材为 Q235，截面无削弱。

【解】　柱的计算长度在两主轴方向相等，即：$l_{0x} = l_{0y} = 6.0$ m。

(1)由对实轴(y—y 轴)的整体稳定性选择分肢

设 $\lambda_y = 60$，按照 b 类截面，由附表 4.2 查得 $\varphi_y = 0.807$。

所需截面面积为：

$$A = \dfrac{N}{\varphi_y f} = \dfrac{1\ 600 \times 10^3}{0.807 \times 215} \text{ mm}^2 = 9\ 221 \text{ mm}^2 = 92.21 \text{ cm}^2$$

所需回转半径为：

$$i_y = \dfrac{l_{0y}}{\lambda_y} = \dfrac{600}{60} \text{ cm} = 10 \text{ cm}$$

选用 2[28b，截面形式如图 5.43 所示。

截面面积 $A = 2 \times 45.634 \text{ cm}^2 = 91.268 \text{ cm}^2$；对实轴回转半径 $i_y = 10.60$ cm；单肢对弱轴的惯性矩 $I_1 = 241.5 \text{ cm}^4$，回转半径 $i_1 = 2.30$ cm，形心距 $z_1 = 2.02$ cm。

(2)由两主轴方向的等稳定性确定两分肢轴的间距

实轴方向长细比：

$$\lambda_y = \dfrac{l_{0y}}{i_y} = \dfrac{600}{10.60} = 56.6$$

假设缀条截面为 L 45×4，$A_{1x} = 2 \times 3.486 \text{ cm}^2 = 6.97 \text{ cm}^2$。

则由式(5.76)得：

$$\lambda_x = \sqrt{\lambda_y^2 - 27 \dfrac{A}{A_{1x}}} = \sqrt{56.6^2 - 27 \times \dfrac{91.268}{6.97}} = 53.4$$

$$i_x = \dfrac{l_{0x}}{\lambda_x} = \dfrac{600}{53.4} \text{ cm} = 11.24 \text{ cm}$$

由附录 5 查得 $\alpha_1 \approx 0.44$，得 $h = \dfrac{i_x}{\alpha_1} = \dfrac{11.24}{0.44}$ cm = 25.55 cm，取 26 cm。

整个截面对虚轴的惯性矩为：

$$I_x = 2 \times [241.5 + 45.634(26/2 - 2.02)^2] \text{ cm}^4 = 11\ 487 \text{ cm}^4$$

$$i_x = \sqrt{\frac{11\ 487}{91.268}} \text{ cm} = 11.22 \text{ cm} \qquad \lambda_x = \frac{l_{0x}}{i_x} = \frac{600}{11.22} = 53.5$$

$$\lambda_{0x} = \sqrt{\lambda_x^2 + 27\frac{A}{A_{1x}}} = \sqrt{53.5^2 + 27 \times \frac{91.268}{6.97}} = 56.7$$

（3）刚度、整体稳定验算

取 $\lambda = \max\{\lambda_{0x}, \lambda_y\} = 56.7 < [\lambda] = 150$，刚度满足。

查附表 4.2 得 $\varphi = 0.825$，于是有：

$$\frac{N}{\varphi A} = \frac{1\ 600 \times 10^3}{0.825 \times 9\ 126.8} \text{ N/mm}^2 \approx 212.5 \text{ N/mm}^2 < f = 215 \text{ N/mm}^2$$

整体稳定性满足，因截面无削弱，不必验算截面的强度。

（4）单肢验算

缀条按 $\theta = 45°$ 布置，如图 5.43 所示，得：单肢计算长度 $l_{01} = 21.96$ cm，单肢回转半径 $i_1 = 2.30$ cm。

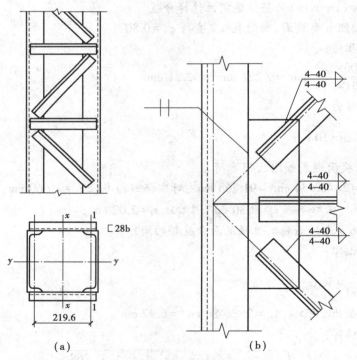

图 5.43 例 5.7 计算结果图

单肢长细比为：

$$\lambda_1 = \frac{l_{01}}{i_1} = \frac{21.96}{2.30} = 9.55 < 0.7\lambda_{\max} = 39.7$$

单肢验算满足要求。

（5）缀条设计

作用在柱上的计算剪力为：

$$V = \frac{Af}{85} = \frac{9\ 126.8 \times 215}{85}\ N = 23\ 085\ N \approx 23.085\ kN$$

作用在缀条上的轴力为：

$$N_t = \frac{V_1}{n\ \sin\theta} = \frac{23\ 085}{2 \times 0.707}\ N = 16\ 326\ N$$

缀条的几何特性：面积 $A_1 = 3.486\ cm^2$，最小回转半径 $i_{min} = 0.89\ cm$。

计算长度：

$$l_t = \frac{l_{01}}{\cos\alpha} = \frac{21.96}{0.707}\ cm = 31.06\ cm$$

长细比：

$$\lambda = \frac{l_t}{i_{min}} = \frac{31.06}{0.89} = 34.9$$

缀条稳定验算：由 $\lambda = 34.9$ 查附表 4.2 得 $\varphi = 0.918$。

单边连接强度折减系数为：

$$\gamma_0 = 0.6 + 0.001\ 5\lambda = 0.6 + 0.001\ 5 \times 34.9 = 0.652$$

于是有：

$$\sigma = \frac{N_t}{\varphi A_t} = \frac{16\ 326}{0.918 \times 348.6}\ N/mm^2 = 51\ N/mm^2 < \gamma_0 f = 0.652 \times 215\ N/mm^2 = 140\ N/mm^2$$

满足要求。

单角钢与柱肢连接的角焊缝，取 $h_f = 4\ mm$，需要焊缝长度：

$$\sum l_w = \frac{N_t}{0.7h_f \times 0.85 f_f^w} = \frac{16\ 326}{0.7 \times 4 \times 0.85 \times 160}\ mm = 42.9\ mm$$

采用双面角焊缝连接柱肢与缀条，肢背与肢尖各采用构造要求 40 mm 即可。

实际焊缝长度与布置如图 5.43（a）所示。

横缀条也取∟45×4 角钢。

由于三杆相交，需在节点处设一节点板，节点详图可参见图 5.43（b）。

5.5 柱头和柱脚设计

柱头是柱与上部结构的连接节点，柱脚是柱与基础的连接节点，柱头与柱脚的设计与施工应与结构的力学模型相匹配，否则实际工程中的内力会与设计计算结果存在明显差异，可能引发工程事故。柱头、柱脚典型形式如图 5.44 所示。

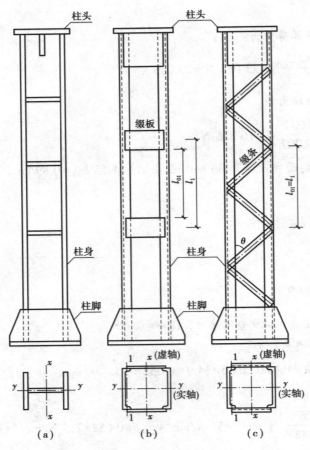

图 5.44　柱的组成

► 5.5.1　轴心受压柱的柱头设计

柱的顶部与梁(或桁架)连接部分称为柱头,作用是将梁等上部结构的荷载传递到柱身。轴心受压柱是一根独立的构件,与梁的连接应为铰接,否则产生弯矩作用,使柱成为压弯构件。按照与梁连接的位置不同,有两种连接方式:一是将梁直接放在柱顶上,谓之顶面连接;二是将梁连接于柱的侧面,谓之侧面连接。连接构造设计的原则是:传力明确、可靠、简捷,便于制造安装,经济合理。

1)顶面连接

顶面连接通常是将梁安放在焊于柱顶面的柱顶板上,如图5.45(a)~(d)所示。按照梁的支承方式不同,又有两种做法:

①梁端支承加劲肋采用突缘板形式,底部刨平(或铣平),与柱顶板顶紧。

这种连接即使两相邻梁的支座反力不相等时,对柱引起的偏心也很小,柱仍接近轴心受压状态,是一种较好的轴心受压柱—梁连接形式。顶板厚度一般采用16~25 mm。

当梁的支座反力较大时,我们可以对着梁端支座加劲肋位置,在柱腹板上、顶板下面焊一对加劲肋以加强腹板;加劲肋与顶板可以焊接,也可以刨平顶紧,以便更好地将梁支座反力传

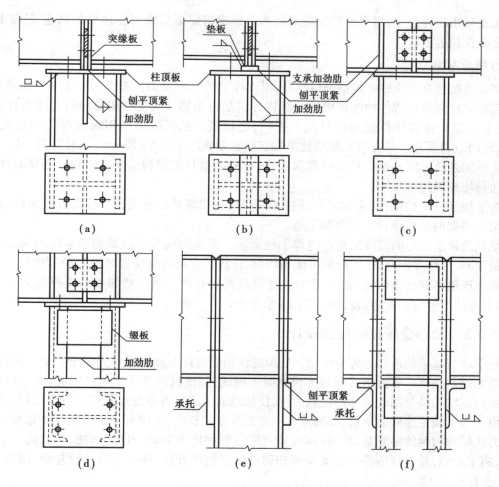

图 5.45　轴心受压柱柱头

至柱身,这种做法利用承压可以传递更大的压力。当梁的支座反力更大时,为了加强刚度,常在柱顶板中心部位加焊一块垫板,如图 5.45(b)所示。有时为了增加柱腹板的稳定性,可以在加劲肋下再设水平加劲肋。

柱顶板平面尺寸一般向柱四周外伸 20~30 mm,以便与柱焊接。为了便于制造和安装,两相邻梁相接处预留 10~20 mm 间隙,等安装就位后,在靠近梁下翼缘处的梁支座加劲肋间填以钢板,并用螺栓相连。这样既可以使梁相互连接,又可避免梁弯曲时由于弹性约束而产生支座弯矩。

②梁端支承加劲肋对准柱的翼缘放置,使梁的支座反力通过承压直接传给柱翼缘。

这种与中间加劲肋相似的连接形式构造简单,施工方便,适用于相邻梁的支座反力相等或差值较小的情况。当支座反力不等且相差较大时,柱将产生较大的偏心矩,设计时应予考虑。两相邻梁可在安装就位后,用连接板和螺栓在靠近下翼缘处连接起来。

当轴心受压柱为格构式时,可在柱的两分肢腹板内侧中央焊一块加劲肋(或称竖隔板),使格构式柱在柱头一段变为实腹式。这样,格构式柱与梁的顶面连接构造可与实腹式柱作同样处理,如图 5.45(d)所示。

无论采用哪种形式,每个梁端都应采用两个螺栓将梁下翼缘与柱顶板加以连接,使其位置固定在柱顶板上。

2)侧面连接

侧面连接通常是在柱的侧面焊以承托,以支撑梁的支座反力。图5.45(e)、(f)分别表示梁与实腹式柱和格构式柱的连接构造。具体方法是将相邻梁端支座加劲肋的突缘部分刨平(或铣平),安放在焊于柱侧面的承托上,并与之顶紧。承托可用厚钢板或厚角钢做成,如图5.45(e)、(f)所示。承托板厚度应比梁端支座加劲肋厚度大5~10 mm,一般为25~40 mm。梁端支承加劲肋可用C级螺栓与柱翼缘相连,螺栓的数目按照构造要求布置。必要时,两端加劲肋与柱翼缘间可放填板。

为了加强柱头的刚度,实腹式柱或柱头一段变成实腹式的格构式柱应设置柱顶板(起横隔作用),必要时还应该设加劲肋和缀板。

承托通常采用三面围焊的角焊缝焊于柱翼缘。考虑到梁支座加劲肋和承托的端面由于加工精度差,平行度不好,压力分配可能不均匀,计算时宜将支座反力增加25%~30%。

侧面连接形式受力明确,但对梁的长度误差要求较严。当两相邻梁的支座反力不相等时,就会对柱产生偏心弯矩,设计时应予以考虑。

▶ 5.5.2 轴心受压柱的柱脚设计

柱下端与基础相连部分称为柱脚。柱脚的作用是将柱下端可靠地固定于基础,并将其内力传给基础。基础一般由钢筋混凝土或混凝土做成,强度远远低于钢材。因此,必须将柱的底部扩大以增加其与基础顶部的接触面积,使接触面上压应力不超过基础混凝土的抗压强度设计值。为了满足这样的要求,柱脚应有一定的宽度和长度,也应有一定的刚度和强度,使柱身压力比较均匀地传递到基础。柱脚设计时应当做到传力明确、可靠、简捷、构造简单、节约材料、施工方便,并较好地符合计算模型和简图。在制作方面,柱脚构造比较复杂,用钢量较大,制造比较费工。

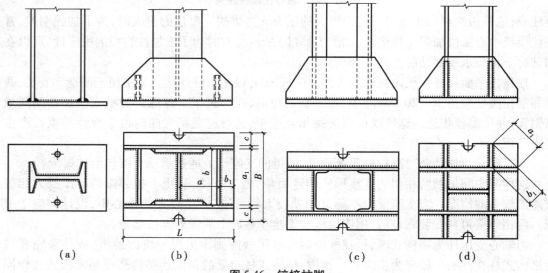

(a)　　　　(b)　　　　(c)　　　　(d)

图5.46　铰接柱脚

1)轴心受压柱的柱脚形式和构造

轴心受压柱的柱脚一般设计成铰接,通常由底板、靴梁、肋板和锚栓等组成。图 5.46 是常用的铰接柱脚的几种形式,用于轴心受压柱。当柱轴力较大时,需要在底板上采取加劲措施,以防止在基础反力作用下底板抗弯刚度不够。

（1）铰接柱脚

当柱轴力较小时,可采用图 5.46(a)的形式,柱通过焊缝将压力传给底板,底板将此压力扩散至混凝土基础。底板是柱脚不可缺少的部分,在轴心受压柱的柱脚中,底板接近正方形。

一般情形下,我们还应当保证柱端与底板间有足够长的传力焊缝。这时,常用的柱脚形式如图 5.46(b)、(c)、(d)所示。柱端通过竖焊缝将力传给靴梁,靴梁通过底部焊缝将压力传给底板。靴梁成为放大的柱端,不仅增加了传力焊缝的长度,也将底板分成较小的区格,减小了底板在反力作用下的最大弯矩值。采用靴梁后,如底板区格仍较大因而弯矩值较大时,可再采用隔板与肋板,这些加劲板又起到了提高靴梁稳定性的作用。图 5.46(c)是单采用靴梁的形式,(b)和(d)是分别采用了隔板与肋板的形式。靴梁、隔板、肋板等都应有一定的刚度。此外,在设计柱脚焊缝时,要注意施工的可能性,如柱端、靴梁、隔板等围成的封闭框内,有些地方不能布置受力焊缝。

柱脚通过锚栓固定在基础上。为了符合计算图式,铰接柱脚只沿着一条轴线设置两个连接于底板上的锚栓,以使柱端能绕此轴线转动;当柱端绕另一轴线转动时,由于锚栓固定在底板上,底板抗弯刚度很小,在受拉锚栓下的底板会产生弯曲变形,对柱端转动的阻力不大,接近于铰接。底板上的锚栓孔的直径应比锚栓直径大 1~1.5 mm,待柱就位并调整到设计位置后,再用垫板套住锚栓并与底板焊牢。垫板上的孔径只比锚栓直径大 1~2 mm。在铰接柱脚中,锚栓不需计算,按构造设置。

（2）刚接柱脚

图 5.47 是常见的刚接柱脚,一般用于偏心受压柱。图 5.47(a)是整体式柱脚,用于实腹柱和肢距小于 1.5 m 的格构柱。当格构柱肢距较大时,采用整块底板是不经济的,这时多采用分离式柱脚,如图 5.47(b)所示。每个肢件下的柱脚相当于一个轴心受力铰接柱脚,两柱脚用连接件联系起来。在图 5.47(b)的形式中,柱下端用剖口焊缝拼接放大的翼缘起到靴梁的作用,又便于缀条连接的处理。

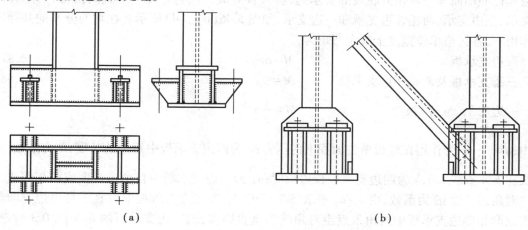

（a）　　　　　　　　　　（b）

图 5.47　刚接柱脚

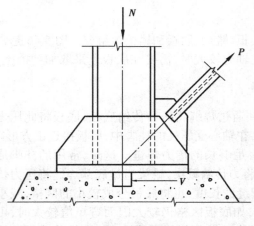

图 5.48　柱脚的抗剪

刚接柱脚不但要传递轴力,也要传递弯矩和剪力。在弯矩作用下,倘若底板范围内产生拉力,就需由锚栓来承受,所以锚栓须经过计算。为了保证柱脚与基础能形成刚性连接,锚栓不宜固定在底板上,而应采用图 5.47 所示的构造,在靴梁两侧焊接两块间距较小的肋板,锚栓固定在肋板上面的水平板上。为了方便安装,锚栓不宜穿过底板。

刚接柱脚利用摩擦作用来传递剪力。当单靠摩擦力不能抵抗柱受到的剪力时,可将柱脚底板与基础上的预埋件用焊缝连接,或在柱脚两侧埋入一段型钢,或在底板下用抗剪键(见图 5.48)。刚接柱脚的其他构造要求,可参照铰接柱脚的处理方法。

2)轴心受压柱柱脚计算

轴心受压柱柱脚是一个受力复杂的空间结构,计算时通常做适当简化,对底板、靴梁和隔板等分别进行计算。

(1)底板的计算

底板的计算包括底板平面尺寸和厚度的计算。

①底板的平面尺寸。底板与基础之间接触面上压应力可假定是均匀分布的,底板长度 L 和宽度 B 按式(5.86)确定:

$$LB \geqslant \frac{N}{f_{ce}^h} + A_0 \tag{5.86}$$

式中,N 为柱的轴心压力;f_{ce}^h 为基础所用钢筋混凝土的局部承压强度设计值;A_0 为锚栓孔的面积。

②底板厚度。底板厚度由底板在基础的反力作用下产生的弯矩计算决定。靴梁、肋板、隔板和柱的端面等均可作为底板的支承边,将底板分成几块各种支承形式的区格,其中有四边支承、三边支承、两相邻边支承和一边支承,如图 5.46(b)、(d)所示。在均匀分布的基础反力作用下,各区格单位宽度上最大弯矩为:

四边支承板　　　　　　　　　　$M = \alpha q a^2$ 　　　　　　　　　　(5.87)

三边支承板及两相邻边支承板　　$M = \beta q a_1^2$ 　　　　　　　　　　(5.88)

一边支承(悬臂)板　　　　　　　$M = \frac{1}{2} q c^2$ 　　　　　　　　　　(5.89)

式中,$q = \dfrac{N}{LB - A_0}$ 为作用在底板单位面积上的压力;a 为四边支承板中短边的长度;α 为系数,由边长比 b/a 查表 5.6,b 为四边支承板长边长度;a_1 为三边支承板中自由边长度或两相邻边支承中对角线长度;β 为系数,由 b_1/a_1 查表 5.7 可得,b_1 为三边支承板中垂直于自由边方向的长度或两相邻边支承板中内角顶点至对角线的垂直距离,当三边支承板的 $b_1/a_1 \leqslant 0.3$ 时,按照悬臂长为 b_1 的悬臂板计算;c 为悬臂长度。

取各区格弯矩中的最大值 M_{max} 来计算板的厚度：

$$t = \sqrt{\frac{6M_{max}}{f}} \qquad\qquad (5.90)$$

表 5.6　四边支承板弯矩系数 α

b/a	1.0	1.1	1.2	1.3	1.4	1.5	1.6
α	0.047 9	0.055 3	0.062 6	0.069 3	0.075 3	0.081 2	0.086 2
b/a	1.7	1.8	1.9	2.0	2.5	3.0	≥4.0
α	0.090 8	0.094 8	0.098 5	0.101 7	0.113 2	0.118 9	0.125

表 5.7　三边支承板及两相邻边支承板弯矩系数 β

b_1/a_1	0.3	0.35	0.4	0.45	0.5	0.55	0.6	0.65	0.7	0.75
β	0.027 3	0.035 5	0.043 9	0.052 2	0.060 2	0.067 7	0.074 7	0.081 2	0.087 1	0.092 4
b_1/a_1	0.8	0.85	0.9	0.95	1.0	1.1	1.2	1.3	≥1.4	
β	0.097 2	0.101 5	0.105 3	0.108 7	0.111 7	0.116 7	0.120 5	0.123 5	0.125 0	

（2）焊缝计算

柱的压力一部分由柱身通过焊缝传给靴梁、肋板或隔板，再传给柱底板；另一部分则直接通过柱端与底板之间的焊缝传给底板。但制作柱脚时，柱端不一定平齐，有时为控制标高，柱端与底板之间可能出现较大的且不均匀缝隙，因此柱端与底板之间的焊缝质量不一定可靠；而靴梁、隔板和肋板的底边可预先刨平，拼装时可任意调整位置，使之与底板密合，它们与底板间的焊缝质量是可靠的。所以，计算时可偏安全地假定柱端与底板间的焊缝不受力，靴梁、隔板、肋板与底板的角焊缝则可按柱的轴心压力 N 计算，柱与靴梁间的角焊缝也按受力 N 计算，注意每条焊缝的计算长度不应大于 $60h_f$。

（3）靴梁、隔板、肋板计算

靴梁可作为承受由底面焊缝传来的均布力并支承于柱边的双悬臂简支梁计算，如图 5.49 所示。可先根据靴梁与柱身之间的焊缝长度要求来确定靴梁的高度，其厚度取略小于柱翼缘，然后再验算其抗弯和抗剪强度。

隔板作为底板的支承边，应具有一定的刚度，其厚度可以比靴梁略薄些，高度略小些。在较大的柱脚中，隔板需要计算。计算时在它两侧的底板区格中划出适当部分作为它的受载面积，按两端支承于靴梁上的简支梁计算。

肋板则可按悬臂梁计算强度和与靴梁间的焊缝。

【例 5.8】　试设计如图 5.49 所示轴心受压格构式柱的柱脚。轴心压力设计值 $N=1\ 420$ kN（静力荷载），钢材 Q235，焊条 E43 型，基

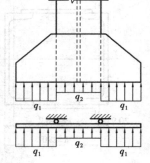

图 5.49　靴梁计算简图

础混凝土强度等级为 C15。

【解】 选用带靴梁的柱脚如图 5.50 所示。

（1）确定底板平面尺寸 $B \times L$

基础混凝土强度等级 C15，$f_c = 7.5$ N/mm²。

采用 $d = 24$ mm 锚栓，锚栓孔面积为：

$$A_0 = 2 \times \left(50 \times 30 + \pi \times \frac{25^2}{2}\right) \text{mm}^2 \approx 5\ 000\ \text{mm}^2$$

靴梁厚度取 $t_b = 10$ mm，悬臂 c 取 $c = 3d \approx 75$ mm，则：

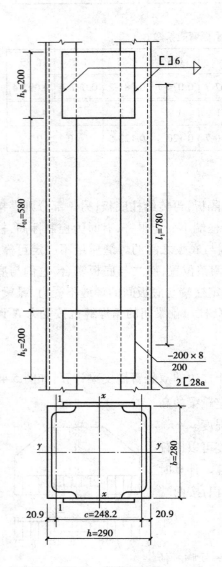

图 5.50　带靴梁柱脚

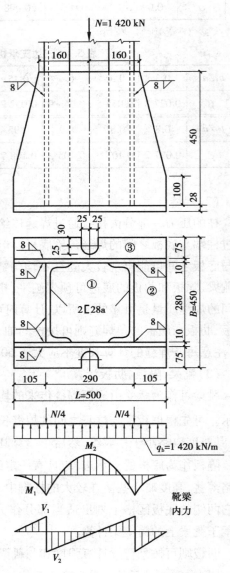

图 5.51　柱脚焊缝、内力图

$$A = B \times L = \frac{N}{f_{cc}} + A_0 = \left(1\,420 \times \frac{10^3}{7.5} + 5\,000\right) \text{mm}^2 = 202\,222\ \text{mm}^2$$

$$B = b + 2t_b + 2c = (280 + 2 \times 10 + 2 \times 75)\ \text{mm} = 450\ \text{mm}$$

$$L = \frac{202\,222}{450}\ \text{mm} = 449.4\ \text{mm}$$

采用 $B \times L = 450\ \text{mm} \times 500\ \text{mm}$，则：

$$q = \frac{1\,420 \times 10^3}{450 \times 500 - 5\,000}\ \text{N/mm}^2 = 6.45\ \text{N/mm}^2$$

（2）确定底板厚度（见图5.50）

区格①为四边支承板，则：

$b/a = 290/280 = 1.036$，查表5.6得 $\alpha = 0.050\,6$。

$$M = \alpha q a^2 = 0.050\,6 \times 6.45 \times 280^2\ \text{N·mm} = 25\,587\ \text{N·mm}$$

区格②为三边支承板，则：

$b_1/a_1 = 105/280 = 0.375$，查表5.7得 $\beta = 0.039\,7$。

$$M = \beta q a_1^2 = 0.039\,7 \times 6.45 \times 280^2\ \text{N·mm} = 20\,075\ \text{N·mm}$$

区格③为悬臂板，可得：

$$M = \frac{q c^2}{2} = 6.45 \times \frac{75^2}{2}\ \text{N·mm} = 18\,140\ \text{N·mm}，最大弯矩\ M_{max} = 25\,590\ \text{N·mm}；$$

$f = 205\ \text{N/mm}^2$（$16 < t \leqslant 40\ \text{mm}$ 钢板）

于是有：

$$t = \sqrt{\frac{6M_{max}}{f}} = \sqrt{\frac{6 \times 25\,590}{205}}\ \text{mm} = 27.4\ \text{mm}，取\ 28\ \text{mm}。$$

（3）靴梁与柱身的竖向焊缝计算

焊缝共有4条，每条焊缝面积为：

$$h_f l_w = \frac{N}{4 \times 0.7 f_f^w} = \frac{1\,420 \times 10^3}{4 \times 0.7 \times 160}\ \text{mm}^2 = 3\,170\ \text{mm}^2$$

取 $h_f l_w = 8 \times 440\ \text{mm}^2 = 3\,520\ \text{mm}^2 > 3\,170\ \text{mm}^2$

靴梁高度取 450 mm。

（4）靴梁与底板连接焊缝计算

焊缝总长度为：

$$\sum l_w = \left[2 \times (500 - 2 \times 8) + 4 \times (105 - 8)\right]\ \text{mm} = 1\,356\ \text{mm}$$

所需焊缝尺寸为：

$$h_f = \frac{N}{0.7 \beta_f f_f^w \sum l_w} = \frac{1\,420 \times 10^3}{0.7 \times 1.22 \times 160 \times 1\,356}\ \text{mm} = 7.66\ \text{mm}，取\ 8\ \text{mm}$$

$h_f = 8\ \text{mm} > 1.5\sqrt{t} = 1.5\sqrt{28}\ \text{mm} = 7.94\ \text{mm}，满足要求。$

（5）靴梁验算

截面采用 $t_b \times h_b = 10 \text{ mm} \times 450 \text{ mm}$。

线均布荷载为：

$$q_b = \frac{N}{2L} = \frac{1\,420 \times 10^3}{2 \times 500} \text{ N/mm} = 1\,420 \text{ N/mm}$$

支座和跨中的弯矩和剪力分布分别为：

$$M_1 = \frac{q_b l_1^2}{2} = \frac{1\,420 \times 105^2}{2} \text{ N·mm} = 7.83 \times 10^6 \text{ N·mm}$$

$$M_2 = \frac{q_b l_2^2}{8} - M_1 = \left(\frac{1\,420 \times 290^2}{8} - 7.83 \times 10^6 \right) \text{ N·mm}$$

$$= (14.93 \times 10^6 - 7.83 \times 10^6) \text{ N·mm} = 7.10 \times 10^6 \text{ N·mm}$$

$$M_{max} = 7.83 \times 10^6 \text{ N·mm}$$

$$V_1 = q_b l_1 = 1\,420 \times 105 \text{ N} = 149.1 \times 10^3 \text{ N}$$

$$V_2 = \frac{q_b l_2}{2} = 1\,420 \times \frac{290}{2} \text{ N} = 205.9 \times 10^3 \text{ N}$$

$$V_{max} = 205.9 \times 10^3 \text{ N}$$

$$\sigma_{max} = \frac{6M_{max}}{\gamma_x t_b h_b^2} = \frac{6 \times 7.83 \times 10^6}{1.2 \times 10 \times 450^2} \text{ N/mm}^2 = 19.3 \text{ N/mm}^2 < f = 215 \text{ N/mm}^2$$

$$\tau_{max} = \frac{1.5 V_{max}}{t_b h_b} = \frac{1.5 \times 205.9 \times 10^3}{10 \times 450} \text{ N/mm}^2 = 68.6 \text{ N/mm}^2 < f_v = 125 \text{ N/mm}^2$$

满足要求。

章后提示

1.本章核心为轴心受压构件的稳定性问题,这在钢结构稳定理论中也占有非常重要的位置。以数学大师欧拉运用解析法求出轴心压杆临界压力的欧拉公式为开端,伴随着结构工程的不断发展,一代代学者对稳定问题进行了详尽研究,稳定理论逐渐成熟。稳定理论发展到今天,借助现代计算技术已能够以非线性连续介质力学为基础,深入研究各种构件在复杂受力条件下的稳定性问题,并同时考虑几何非线性、材料非线性和复杂的初始缺陷影响,理论积淀非常深厚。

稳定问题需在结构变形后的位置上建立平衡方程进行分析,故而本质上属于非线性问题,并且稳定问题具有多样性、整体性和相关性,这使得稳定理论的学习比较困难,建议把数理方程和弹性力学作为先修课程。

2.要注意轴心受压构件截面形式与失稳形式的关系,认识边界条件（支座形式）对稳定承载力的影响。

3.稳定问题是金属结构的关键性问题,稳定性对构件和结构性能的决定性影响是金属结构的显著特点,也是钢结构课程区别于混凝土课程的主要特点之一。在学习中要注意比较受弯构件(前一章)、轴心受压构件(本章)、压弯构件(后一章)的相似之处和不同之处,针对性地进行理解和记忆,力求逐步建立起对钢结构构件稳定理论较完整的认识。

4.尽管本章稳定问题是围绕单个构件讲述的,但读者仍然应该有意识地逐步建立起对单个构件失稳与结构整体失稳的相互关系的理解,进一步由对构件稳定的认识上升到结构整体稳定性的高度,从整体上把握结构稳定问题。对整个结构进行稳定分析除了熟练掌握钢结构构件稳定理论和熟练地掌握力学分析方法及结构原理之外,考虑巨大的计算量,数值计算手段成为必要的工具,读者可结合有限元课程对此问题作进一步的学习和理解。

思考题与习题

5.1 如图 5.52 所示,请验算由 2∟63×5 组成的水平放置轴心拉杆的强度和长细比。轴心拉力设计值为 300 kN(自重忽略不计),计算长度为 3.0 m。杆端有一排直径为 22 mm 的孔眼。钢材为 Q235 钢。如果截面尺寸不够,应该改用什么角钢?(注:计算时忽略连接偏心和杆件自重的影响。)

图 5.52 题 5.1 图

5.2 一般建筑结构钢桁架下弦为 Q345 钢制成的轴心受拉构件,承受静力荷载,杆件长 5.0 m,截面为由 2∟90×8 组成的肢件向上的 T 形截面,问能否承受设计值 850 kN 的轴心拉力?并校核刚度是否满足要求。

5.3 简答题:工程中常用的轴心受压构件失稳形式有哪几种?

5.4 简答题:轴心受压构件的整体稳定性和局部稳定性有什么关系?

5.5 简答题:剪切变形对格构式轴心受压构件绕虚轴发生弯曲失稳时的影响与绕实轴弯曲失稳的影响有何不同?《规范》中如何考虑这种影响?

5.6 思考题:有人认为根据欧拉公式 $P_{cr} = \dfrac{\pi^2 EI}{(\mu l)^2}$ 计算,由于 Q235、Q345、Q390、Q420 钢材的弹性模量都是 $E = 2.06 \times 10^5$ MPa,那么实际工程中轴心受压柱的设计选用较高强度的钢材对提高稳定承载力是毫无帮助的,白白浪费材料,此种观点是否正确?请阐述你的理由。

提示:分弹性失稳和弹塑性失稳两种情况考虑问题,并可通过具体算例获得启发。

5.7 思考题:当一根 Q235 钢材制作的两端铰接的轴心受压柱的稳定承载力不足时,除了增大截面,你还有什么方法可以增大它的稳定承载力?

5.8 讨论题:钢结构轴心受压构件在设计中需保证其强度、刚度、整体稳定性和局部稳定性,若上述要求未满足,分别会造成怎样的后果?哪些是致命的?

5.9 有一工作平台柱高 6.0 m,两端铰接,截面为焊接工字形,翼缘为轧制边,柱的轴心压力设计值为 5 000 kN,钢材为 Q235B,焊条为 E43 型,采用自动焊。试设计该柱的截面。

5.10 如图 5.53(a)、(b)所示,两种截面(焰切边缘)的截面面积相等,钢材均为 Q235 钢。当作为长度为 10 m 的两端铰接轴心受压柱时,是否能安全承受设计荷载 3 200 kN?

提示:比较两种截面的整体稳定承载力的差异,体会为什么轴心受压柱在局部稳定得到保证的前提下,总是尽可能设计成开展的截面形式(即宽肢薄壁的原则)。

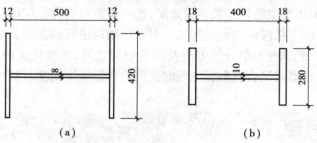

图 5.53 题 5.10 图

5.11 某轴心受压柱的长度为 6.5 m,截面组成如图 5.54 所示,分肢采用 20a 槽钢,分肢间采用缀板相连,柱两端铰接,单肢长细比 $\lambda_1 = 35$,材料为 Q235 钢。要求确定柱的轴心压力设计值。

5.12 同题 5.11,但要求设计成由两个热轧普通槽钢组成的双肢缀板柱。

5.13 某工作平台的轴心受压柱,承受的轴心压力设计值 $N = 2\,800$ kN(包括柱身等构造自重),计算长度 $l_{0x} = l_{0y} = 7.2$ m。钢材采用 Q235B 钢,焊条 E43 型,手工焊。柱截面无削弱。要求设计成两个热轧普通工字钢组成的双肢缀条柱。

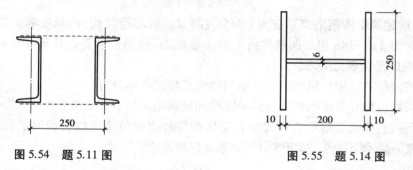

图 5.54 题 5.11 图   图 5.55 题 5.14 图

5.14 设计如图 5.55 所示焊接工字形截面轴心受压柱的铰接柱脚。柱的设计压力 $N = 1\,000$ kN,钢材为 Q235 钢,焊条为 E43 型,采用手工焊,基础混凝土强度等级为 C25。并请按照比例绘制柱脚构造图。

5.15 试设计某支承工作平台的轴心受压柱,柱身为由两个热轧工字钢组成的缀条柱。单缀条体系,缀条用单角钢∟ 45×5,倾角为 45°,钢材为 Q235 钢,柱高为 10.0 m,上端铰接,下端固定,由平台传递给柱身的轴心压力设计值为 1 550 kN。

5.16 试设计习题 5.15 中梁与柱的连接构造,梁直接置于柱的顶端,并请按照 1︰20 的比例绘制柱头构造图。

5.17 试设计习题 5.15 中刚接柱脚,并请按照 1︰20 的比例绘制柱脚构造图。

6

偏心受力构件

〖**本章导读**〗

一、本章需掌握、熟悉的基本内容

偏心受力构件包括拉弯构件和压弯构件,与轴心受力构件一样,其截面形式亦分为实腹式和格构式两类。应熟悉框架梁柱连接节点构造,掌握框架柱脚的构造与设计方法。截面设计时应学会对实腹式和格构式构件的强度、刚度、整体稳定性和局部稳定性4个方面作分析比较,做到经济而且安全。

二、本章重点、难点

本章的学习重点是拉弯、压弯构件的受力性能和计算方法,其中包括强度、刚度、整体稳定性(弯矩作用平面内和弯矩作用平面外)和局部稳定性4个方面。对格构式压弯构件则还包括分肢的稳定性和缀材等的设计。本章的难点是弯矩作用平面内和弯矩作用平面外稳定的分析。

6.1 概　述

同时承受轴向力和弯矩作用的构件称为压弯(或拉弯)构件,如图6.1、图6.2所示。弯矩可能由轴向力的偏心作用、端弯矩作用或横向荷载作用3种因素形成。当弯矩作用在截面的一个主轴平面内的称为单向压弯(或拉弯)构件,作用在两个主轴平面的称为双向压弯(或拉弯)构件。

在钢结构中,拉弯和压弯构件应用十分广泛。例如有节间荷载作用的屋架上下弦杆,如图6.3所示(下弦杆为拉弯构件,上弦杆为压弯构件)。压弯构件也广泛应用于柱子,如工业

建筑中的厂房柱(见图6.3)、多高层建筑中的框架柱(见图6.4)以及各种工作平台柱等。

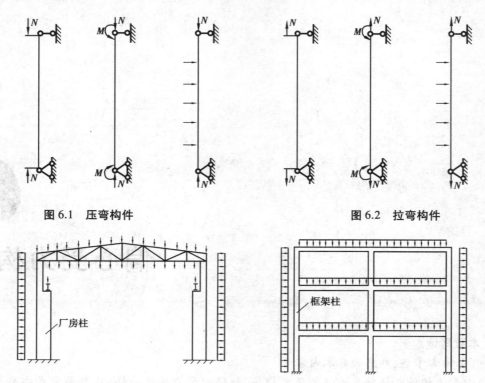

图6.1 压弯构件   图6.2 拉弯构件

图6.3 单层工业厂房   图6.4 多高层框架柱

    拉弯和压弯构件通常采用双轴对称或单轴对称截面,有实腹式和格构式两种形式,如图6.5(a)、(b)所示。当弯矩较小时,截面形式与轴心受力构件相同,宜采用双轴对称截面。当弯矩较大时,根据工程实际需要,宜把截面受力较大一侧适当加大,形成单轴对称截面,使材料分布相对集中,以节省钢材。当单向弯矩作用时,在弯矩作用平面内把截面高度做得较大些,以提高抗弯刚度;对于格构式构件,则宜使虚轴垂直于弯矩作用平面。

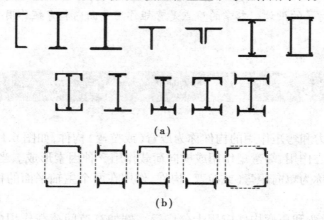

(a)

(b)

图6.5 拉弯和压弯构件的截面形式

在进行拉弯和压弯构件设计时,应同时满足承载能力极限状态和正常使用极限状态的要求。拉弯构件一般只需要计算其强度和刚度(限制长细比),但当构件以承受弯矩为主,近乎于受弯构件时,也需计算构件的整体稳定及受压板件或分肢的局部稳定;对压弯构件,则需要计算强度、整体稳定(弯矩作用平面内的稳定和弯矩作用平面外的稳定)、局部稳定和刚度(限制长细比)。

6.2 偏心受力构件的强度和刚度

▶ 6.2.1 偏心受力构件的强度

考虑钢材的塑性性能,偏心受力构件是以截面出现塑性铰时的应力作为其强度极限。在轴心压力及弯矩的共同作用下,工字形截面上应力的发展过程如图 6.6 所示(在轴心拉力及弯矩的共同作用下与此类似,仅应力图形上下相反)。

随着荷载的增加,构件截面上的应力分布将经历 4 种状态:

①全截面处于弹性状态,如图 6.6(a)所示,任意一点的应力均小于屈服极限;

②截面受压较大边缘纤维屈服,达到弹性极限状态,如图 6.6(b)所示;

③从受压较大边缘开始发展塑性,塑性区不断深入,截面应力处于部分塑性发展状态,如图 6.6(c)所示;

④全截面屈服,形成塑性铰,达到塑性受力阶段的极限状态,如图 6.6(d)所示。

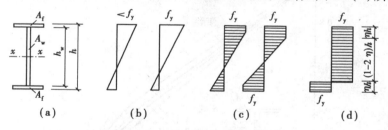

图 6.6 拉弯和压弯构件截面应力发展过程

由全塑性应力图形(见图 6.7),根据内外力的平衡条件,即上下各 ηh 范围为外弯矩 M_x 引起的弯曲应力,中间 $(1-2\eta)h$ 部分为外轴力 N 引起的应力,令 $A_f = aA_w$,全截面面积 $A = (2a+1)A_w$,并取 $h \approx h_w$,可以获得轴心力 N 和弯矩 M_x 的关系式。

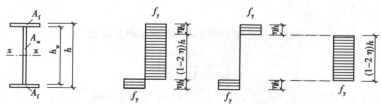

图 6.7 压弯构件截面全塑性应力图形

内力的计算分为两种情况:

（1）当中和轴在腹板范围内（$N \leqslant A_w f_y$）时

$$N = (1 - 2\eta)h t_w f_y = (1 - 2\eta)A_w f_y \tag{6.1}$$

$$M_x = A_f h f_y + \eta A_w f_y (1 - \eta)h = A_w h f_y (a + \eta - \eta^2) \tag{6.2}$$

解式（6.1）和式（6.2），消去 η，并令：

$$N = A f_y = (2a + 1)A_w f_y$$

$$M_{px} = W_{px} f_y = \left(a A_w h + \frac{1}{4}A_w h\right)f_y = \left(a + \frac{1}{4}\right)A_w h f_y$$

则得 N 和 M_x 的相关公式：

$$\frac{(2a + 1)^2}{4a + 1}\frac{N^2}{N_p^2} + \frac{M_x}{M_{px}} = 1 \tag{6.3}$$

（2）当中和轴在翼缘范围内（即 $N > A_w f_y$）时

$$\frac{N}{N_p} + \frac{4a + 1}{2(2a + 1)}\frac{M_x}{M_{px}} = 1 \tag{6.4}$$

将式（6.3）和式（6.4）的关系曲线绘于图6.8中，图中的实线即为工字形截面构件当弯矩绕强轴作用时的相关曲线。从这些曲线可以看出，腹板面积 A_w 越大（即 $a = A_f/A_w$ 越小）时，外凸越多。为了设计简便，规范采用了直线相关公式，即用斜直线代替曲线（图6.8中的虚直线）：

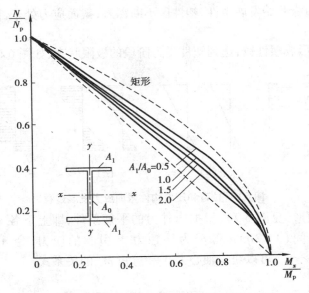

图6.8　压弯和拉弯构件的强度相关曲线

$$\frac{N}{N_p} + \frac{M_x}{M_{px}} = 1 \tag{6.5}$$

在相关公式（6.5）中，令 $N_p = A_n f_y$，并考虑塑性部分深入，取 $M_{px} = \gamma_x W_{nx} f_y$，引入抗力分项系数后，则得《规范》中的计算公式：

$$\frac{N}{A_n} + \frac{M_x}{\gamma_x W_{nx}} \leqslant f \tag{6.6}$$

式(6.6)为单向受弯的拉弯、压弯构件强度计算公式。对于承受双向弯矩作用的拉弯和压弯构件,考虑与式(6.6)相衔接,《规范》采用如下公式:

$$\frac{N}{A_n} + \frac{M_x}{\gamma_x W_{nx}} + \frac{M_y}{\gamma_y W_{ny}} \leq f \tag{6.7}$$

式中,M_x、M_y 为作用在拉弯和压弯构件截面的 x 轴和 y 轴方向的弯矩;A_n 为净截面面积;W_{nx}、W_{ny} 为对 x 轴和 y 轴的净截面模量;γ_x、γ_y 为截面塑性发展系数,其取值见第 4 章表 4.1。

下列情况要按弹性设计,即不考虑截面的塑性发展:

①当压弯构件受压翼缘的自由外伸宽度与其厚度之比 $b/t > 13\sqrt{235/f_y}$（但不超过 $15\sqrt{235/f_y}$）时,取 $\gamma_x = 1.0$;

②对需要计算疲劳的拉弯和压弯构件,不考虑截面塑性发展,宜取 $\gamma_x = \gamma_y = 1.0$;

③弯矩绕虚轴作用的格构式拉弯和压弯构件,相应截面塑性发展系数 $\gamma = 1.0$。

▶ **6.2.2 偏心受力构件的刚度**

与轴心受力构件相同,偏心受力构件的刚度也是通过限制长细比来保证的。《规范》规定,拉弯和压弯构件的容许长细比取轴心受拉或轴心受压构件的容许长细比值,即:

$$\lambda \leq [\lambda] \tag{6.8}$$

式中,λ 为拉弯和压弯构件绕对应主轴的长细比;$[\lambda]$ 为受拉或受压构件的容许长细比,见第 5 章表 5.1 和表 5.2。

【例6.1】 如图 6.9 所示的拉弯构件是某桁架的下弦,两端铰接,跨度 $l = 6$ m,跨中无侧向支撑。静荷载作用于跨中,轴向拉力的设计值为 450 kN,横向荷载产生的弯矩设计值为 75 kN·m。设截面无削弱,材料为 Q345 钢。试选择其截面。

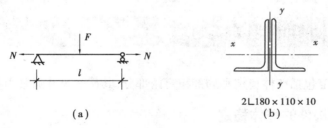

图 6.9 例 6.1 图

【解】 (1)初选截面

试选 2∟180×110×10,如图 6.9(b)所示。由型钢表知:

单个角钢: $I_x = 956.25 \text{ cm}^4$ $I_{y1} = 447.22 \text{ cm}^4$

$y_0 = 5.89 \text{ cm}$ $i_x = 5.80 \text{ cm}$

双角钢: $A = 2 \times 28.373 \text{ cm}^2 = 56.746 \text{ cm}^2$

$W_{x\min} = 2W_x = 2 \times 78.96 \text{ cm}^3 = 157.92 \text{ cm}^3$

$W_{x\max} = \frac{2I_x}{y_0} = 2 \times \frac{956.25}{5.89} \text{ cm}^3 = 324.7 \text{ cm}^3$

查表 4.1,$\gamma_x = 1.05$,$\gamma_y = 1.20$,又 $f = 310 \text{ N/mm}^2$。

（2）截面验算

强度验算：

$$\frac{N}{A_n} + \frac{M_x}{\gamma_x W_{nx\,max}} = \left(\frac{450 \times 10^3}{56.746 \times 10^2} + \frac{75 \times 10^6}{1.05 \times 324.7 \times 10^3} \right) N/mm^2$$

$$= 299.3 \ N/mm^2（拉）< f = 310 \ N/mm^2$$

$$\frac{N}{A_n} - \frac{M_x}{\gamma_y W_{nx\,min}} = \left(\frac{450 \times 10^3}{56.746 \times 10^2} - \frac{75 \times 10^6}{1.20 \times 157.92 \times 10^3} \right) N/mm^2$$

$$= -316.47 \ N/mm^2（压）\approx f = 310 \ N/mm^2$$

刚度验算：

下弦杆在平面内、平面外的计算长度分别为：

$$l_{0x} = \mu l = 1.0 \times 600 \ cm = 600 \ cm$$

$$l_{0y} = \mu l = 1.0 \times 600 \ cm = 600 \ cm$$

$$i_x = 5.80 \ cm$$

$$i_y = \sqrt{\frac{I_y}{A}} = \sqrt{\frac{2I_{y1}}{2A'}} = \sqrt{\frac{447.22}{28.373}} \ cm = 3.97 \ cm$$

$$\lambda_x = \frac{600}{5.80} = 103.4 < [\lambda] = 350$$

$$\lambda_y = \frac{600}{3.97} = 151.1 < [\lambda] = 350$$

从计算结果知：选择 2∟80×110×10 能够满足强度和刚度要求。

6.3　压弯构件的稳定

压弯构件的稳定包括整体稳定和局部稳定两部分，其截面尺寸通常由稳定承载力确定。

▶ 6.3.1　压弯构件的整体稳定

在工程设计中，压弯构件一般选择双轴对称或单轴对称截面，此类构件截面关于两个主轴的刚度差别较大，对双轴对称截面多将弯矩绕强轴作用，单轴对称截面则将弯矩作用在对称平面内。这些构件可能在弯矩作用平面内弯曲失稳，也可能在弯矩作用平面外弯扭失稳。如图 6.10 所示，（a）图是在弯矩作用平面内产生过大的侧向弯曲变形而失去整体稳定，称之为弯矩作用平面内失稳；（b）图是在弯矩作用平面外，当轴心压力或弯矩达到一定值时，构件在垂直于弯矩作用平面方向突然产生侧向弯曲和扭转变形，称之为弯矩作用平面外失稳。所以，压弯构件要分别计算弯矩作用平面内和弯矩作用平面外的整体稳定。

1）弯矩作用平面内的整体稳定

目前确定压弯构件弯矩作用平面内稳定承载能力的方法可分为两大类：一类是边缘纤维屈服准则计算方法，另一类是极限承载能力准则计算方法。

（1）边缘纤维屈服准则

边缘纤维屈服准则是以构件截面边缘纤维最大应力开始屈服的荷载作为压弯构件的稳定承载能力，如图 6.11（a）中的 a 点。此时，构件截面仍处于弹性阶段，以受均匀弯矩的压弯构件为例（见图 6.11（b）），边缘纤维最大应力表达式为：

$$\frac{N}{A} + \frac{M_{max}}{W_{1x}} = f_y \tag{6.9}$$

式中，N 为轴心压力；M_{max} 为考虑 N 和初始缺陷影响后的弯矩；A 为构件的毛截面面积；W_{1x} 为构件截面较大受压边缘的毛截面模量。

实际上，N 与 M 并非是独立变量，压弯构件经过理论分析得：由于 N 的存在而会以 $\dfrac{1}{1-N/N_{Ex}}$ 的倍数放大原始弯矩 M_x，其中 $N_{Ex} = \pi^2 EA/\lambda_x^2$ 为欧拉临界力。考虑到这一点并加入初始缺陷（通常可以采用一个等效初始挠度 ν_0^* 表示综合初始缺陷）的影响，M_{max} 的表达式为：

$$M_{max} = \frac{\beta_{mx} M_x + N\nu_0^*}{1 - \dfrac{N}{N_{Ex}}} \tag{6.10}$$

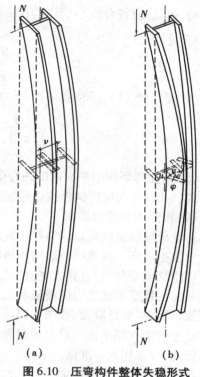

图 6.10 压弯构件整体失稳形式

式中，β_{mx} 称为等效弯矩系数，表示把各种非均匀分布的弯矩换算成两端弯矩相等的等效弯矩；M_x 为构件中的最大弯矩值。

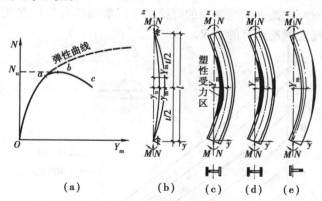

图 6.11 单向压弯构件在弯矩作用平面内的整体失稳

将式（6.10）代入式（6.9）得：

$$\frac{N}{A} + \frac{\beta_{mx} M_x + N\nu_0^*}{W_{1x}\left(1 - \dfrac{N}{N_{Ex}}\right)} = f_y \tag{6.11}$$

若令 $M_x = 0$，则式(6.11)与轴心受压构件相似，而压弯构件与轴心受压构件的初始缺陷是相同的，因此，应符合轴心受压构件要求，即可取 $N = N_u = \varphi A f_y$，代入式(6.11)可得等效初始缺陷：

$$\nu_0^* = \frac{W_{1x}}{\varphi_x}(1 - \varphi_x)\left(1 - \frac{\varphi_x f_y A}{N_{Ex}}\right)$$

将 ν_0^* 代回式(6.11)，经整理得到由边缘纤维屈服准则所确定的极限状态方程：

$$\frac{N}{\varphi_x A} + \frac{\beta_{mx} M_x}{W_{1x}\left(1 - \varphi_x \dfrac{N}{N_{Ex}}\right)} = f_y \tag{6.12}$$

式中，φ_x 是在弯矩作用平面内的轴心受压构件整体稳定系数。

式(6.12)即为压弯构件按边缘屈服准则得出的相关公式。

（2）极限承载能力准则

边缘纤维屈服准则是认为构件截面边缘纤维最大应力达到屈服极限时，构件即失去承载能力而发生破坏。该准则较适用于格构式构件。实腹式单向压弯构件截面边缘纤维屈服后，仍可以继续承受荷载，直到 $N\text{-}Y_m$ 曲线的顶点（图6.11曲线中的 b 点），才是压弯构件在弯矩作用平面内稳定承载能力的极限状态。在这个过程中，构件截面会随着荷载的增加而出现部分屈服，进入弹塑性阶段，如图6.11(c)~(e)所示塑性区分布情况。按压弯构件 $N\text{-}Y_m$ 曲线极值来确定弯矩作用平面内稳定承载能力 N_u，称为极限承载能力准则。若真正反映构件的实际受力情况，宜采用这一准则。

按极限承载能力准则求 N_u 的方法较多，但最常采用的方法是数值解法。这种方法可以考虑构件的各种缺陷影响，适于不同边界条件以及弹性和弹塑性工作阶段。

我国《规范》采用数值分析方法对11种截面近200个压弯构件做了大量计算，形成了承载力曲线或 $N\text{-}M$ 曲线，得到了不同截面及其对应轴的各种不同的相关曲线族。图6.12是这些大量曲线族中的一种，它是火焰切割边的焊接工字形截面压弯构件在两端相等弯矩作用下的相关曲线，其中实线为理论计算的结果。

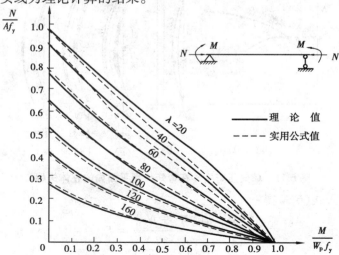

图6.12 焊接工字形截面压弯构件的 $N\text{-}M$ 相关曲线

经过对大量的相关曲线族分析,发现借用边缘屈服准则得出的相关公式的形式可以较好地描述上述规律,即:

$$\frac{N}{\varphi_x A} + \frac{M_x}{W_{px}\left(1 - \beta \dfrac{N}{N_{Ex}}\right)} = f_y \tag{6.13}$$

经大量的计算比较,发现当括号内 $\beta = 0.8$ 时,式(6.13)计算结果与各种截面的理论计算结果误差最小,两条曲线拟合最好,如图 6.12 中的虚线。

(3)弯矩作用平面内整体稳定的实用计算公式——《规范》采用的相关公式

对于实腹式单向压弯构件,按边缘纤维屈服准则得出的相关公式(6.12)考虑了压弯构件二阶效应和构件缺陷的影响,而按照极限承载力准则进行的理论分析计算考虑了塑性变形的发展。由于式(6.13)是在端弯矩相等的两端铰支压弯构件条件下得出的,所以《规范》采用公式(6.12)中的等效弯矩 $\beta_{mx}M_x$(M_x 为最大弯矩,$\beta_{mx} \leqslant 1$)代替 M_x,考虑截面部分塑性发展,采用 $W_{px} = \gamma_x W_{1x}$,并引入抗力分项系数,对式(6.13)取 $\beta = 0.8$,即得实腹式压弯构件弯矩作用平面内的稳定计算公式:

$$\frac{N}{\varphi_x A} + \frac{\beta_{mx}M_x}{\gamma_x W_{1x}\left(1 - 0.8 \dfrac{N}{N'_{Ex}}\right)} \leqslant f \tag{6.14}$$

式中,N 为所计算构件段范围内的轴心压力;M_x 为所计算构件段范围内的最大弯矩;φ_x 为弯矩作用平面内的轴心受压构件的稳定系数;W_{1x} 为弯矩作用平面内受压最大纤维的毛截面模量;N'_{Ex} 为考虑抗力分项系数的欧拉临界力,$N'_{Ex} = \pi^2 EA / (r_R \lambda_x^2)$;$r_R$ 为抗力分项系数,取 Q235、Q345、Q390、Q420 钢的平均值,$r_R = 1.1$;β_{mx} 为弯矩作用平面内的等效弯矩系数,应按下列情况取值:

①无侧移的框架柱和两端支承的构件:

a.无横向荷载作用时,$\beta_{mx} = 0.65 + 0.35 M_2/M_1$,$M_1$ 和 M_2 为端弯矩,使构件产生同向曲率时(无反弯点)取同号,使构件产生反向曲率时(有反弯点)取异号,$|M_1| \geqslant |M_2|$。

b.有端弯矩和横向荷载同时作用,使构件产生同向曲率时,$\beta_{mx} = 1.0$;构件产生反向曲率时,$\beta_{mx} = 0.85$。

c.无端弯矩但有横向荷载作用时,$\beta_{mx} = 1.0$。

②有侧移框架柱和悬臂构件,$\beta_{mx} = 1.0$。

对于 T 形钢、双角钢组成的 T 形等单轴对称截面压弯构件,当弯矩作用于非对称轴平面而且使较大翼缘受压时,构件失稳时出现的塑性区除存在前述受压区屈服和受压、受拉区同时屈服两种情况外,还可能在受拉区首先出现屈服而导致构件失去承载能力,如图 6.11(e)所示,故除了按式(6.14)计算外,还应按式(6.15)计算:

$$\left| \frac{N}{A} - \frac{\beta_{mx}M_x}{\gamma_x W_{2x}\left(1 - 1.25 \dfrac{N}{N'_{Ex}}\right)} \right| \leqslant f \tag{6.15}$$

式中,W_{2x} 为受拉侧最外纤维的毛截面模量;γ_x 为与 W_{2x} 相应的截面塑性发展系数;其余符号同式(6.14);第二项分母中的 1.25 也是经过与理论计算结果比较后引进的修正系数。

2)弯矩作用平面外的整体稳定

当实腹式压弯构件在弯矩作用平面外的抗弯刚度较小,或截面抗扭刚度较小,或侧向支撑不足以阻止弯矩作用平面外的弯扭变形时,将在弯矩作用平面内弯曲失稳之前,发生弯矩作用平面外的弯扭失稳破坏,如图 6.13 所示。为简化计算,并与受弯构件和轴心受压构件的稳定计算公式协调,各国规范大多采用包括轴心力和弯矩项叠加的相关公式。我国《规范》规定的压弯构件在弯矩作用平面外稳定计算的相关公式为:

$$\frac{N}{\varphi_y A} + \eta \frac{\beta_{tx} M_x}{\varphi_b W_{1x}} \leq f \tag{6.16}$$

式中,M_x 为所计算构件段范围内的最大弯矩。β_{tx} 为弯矩作用平面外的等效弯矩系数,应根据所计算构件段的荷载和内力情况确定,取值方法如下:

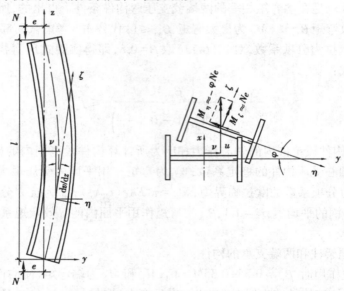

图 6.13　压弯构件在弯矩作用平面外弹性弯扭失稳

①在弯矩作用平面外有支撑的构件,应根据两相邻支撑点间构件段内的荷载和内力情况确定:

a.所考虑构件段内无横向荷载作用时,$\beta_{tx} = 0.65 + 0.35 M_2/M_1$,$M_1$ 和 M_2 为弯矩作用平面内的端弯矩,使构件产生同向曲率时(无反弯点)取同号,使构件产生反向曲率(有反弯点)时取异号,$|M_1| \geq |M_2|$。

b.所考虑构件段内有端弯矩和横向荷载同时作用,使构件产生同向曲率时,$\beta_{tx} = 1.0$;使构件产生反向曲率时,$\beta_{tx} = 0.85$。

c.所考虑构件段内无端弯矩但有横向荷载作用时,$\beta_{tx} = 1.0$。

②弯矩作用平面外为悬臂的构件,$\beta_{tx} = 1.0$。η 为截面影响系数,箱形截面 $\eta = 0.7$,其他截面 $\eta = 1.0$。φ_y 为弯矩作用平面外的轴心受压构件稳定系数。φ_b 为均匀弯曲的受弯构件整体稳定系数,见附录 3。

对工字形(含 H 型钢)和 T 形截面的非悬臂构件,当 $\lambda_y \leq 120 \sqrt{\dfrac{235}{f_y}}$ 时,其整体稳定系数

φ_b 采用近似计算公式。这些公式已考虑了构件的弹塑性失稳问题,因此,当 $\varphi_b>0.6$ 时,不必再换算。

(1)工字形截面(含 H 型钢)

双轴对称时:

$$\varphi_b = 1.07 - \frac{\lambda_y^2}{44\,000}\frac{f_y}{235} \tag{6.17a}$$

当 $\varphi_b>1.0$ 时,取 $\varphi_b=1.0$。

单轴对称时:

$$\varphi_b = 1.07 - \frac{W_{1x}}{(2a_b+0.1)Ah}\frac{\lambda_y^2}{14\,000}\frac{f_y}{235} \tag{6.17b}$$

当 $\varphi_b>1.0$ 时,取 $\varphi_b=1.0$。

式中 ,$a_b=I_1/(I_1+I_2)$;I_1 和 I_2 分别为受压翼缘和受拉翼缘对 y 轴的惯性矩。

(2)T 形截面

①弯矩使翼缘受压时:

双角钢 T 形截面:

$$\varphi_b = 1 - 0.001\,7\lambda_y\sqrt{\frac{f_y}{235}} \tag{6.18a}$$

两板组合 T 型(含 T 型钢)截面:

$$\varphi_b = 1 - 0.002\,2\lambda_y\sqrt{\frac{f_y}{235}} \tag{6.18b}$$

②弯矩使翼缘受拉且腹板宽厚比不大于 $18\sqrt{\frac{235}{f_y}}$ 时:

$$\varphi_b = 1 - 0.000\,5\lambda_y\sqrt{\frac{f_y}{235}} \tag{6.18c}$$

(3)箱形截面

$$\varphi_b = 1.0 \tag{6.19}$$

3)双向弯曲实腹式压弯构件的整体稳定

弯矩作用在两个主轴平面内的压弯构件为双向弯曲压弯构件,在实际工程中亦有应用。双向弯曲压弯构件丧失整体稳定性属于空间失稳,理论计算较为繁杂,目前多采用数值分析法求解。为便于应用,并与单向弯曲压弯构件计算相衔接,多采用相关公式计算。我国《规范》规定:弯矩作用在两个主轴平面内的双轴对称实腹式工字形(含 H 形)和箱形(闭口)截面的压弯构件的稳定性计算按下列相关公式进行:

$$\frac{N}{\varphi_x A} + \frac{\beta_{mx}M_x}{\gamma_x W_{1x}\left(1-0.8\frac{N}{N'_{Ex}}\right)} + \eta\frac{\beta_{ty}M_y}{\varphi_{by}W_{1y}} \leq f \tag{6.20a}$$

$$\frac{N}{\varphi_y A} + \eta\frac{\beta_{tx}M_x}{\varphi_{bx}W_{1x}} + \frac{\beta_{my}M_y}{\gamma_y W_{1y}\left(1-0.8\frac{N}{N'_{Ey}}\right)} \leq f \tag{6.20b}$$

式中，M_x、M_y 为所计算构件段范围内对 x 轴（工字形截面和 H 型钢 x 轴为强轴）和 y 轴的最大弯矩；φ_x、φ_y 为对 x 轴和 y 轴的轴心受压构件稳定系数；φ_{bx}、φ_{by} 为梁的整体稳定系数；其他符号意义同前。

► 6.3.2 压弯构件的局部稳定

实腹式压弯构件的截面组成与轴心受压构件和受弯构件相似，板件在均匀压应力或不均匀压应力和剪力作用下，可能发生波形凸曲，偏离其原来所在的平面而屈曲，从而丧失局部稳定性。因此，应保证其翼缘和腹板的局部稳定性。通常采用与轴心受压构件相同的方法，限制板件的宽（高）厚比来保证局部稳定性。

1）翼缘的宽厚比限值

实腹式压弯构件翼缘受力情况与轴心受压构件及受弯构件的受压翼缘基本相同。因而，采用受弯构件受压翼缘局部稳定性的控制方法。《规范》规定如下：

工字形和 T 形截面（见图 6.14(a)、(b)），翼缘外伸宽度与厚度之比为：

$$\frac{b}{t} \leqslant 13\sqrt{\frac{235}{f_y}} \tag{6.21}$$

当构件按弹性设计，即强度和稳定计算中取 $\gamma_x = 1.0$ 时，可放宽到 $b/t \leqslant 15\sqrt{235/f_y}$。

箱形截面压弯构件受压翼缘板（见图 6.14(c)），在两腹板之间无支撑的部分，宽度 b_0 与其厚度 t 之比应满足下列规定：

$$\frac{b_0}{t} \leqslant 40\sqrt{\frac{235}{f_y}} \tag{6.22}$$

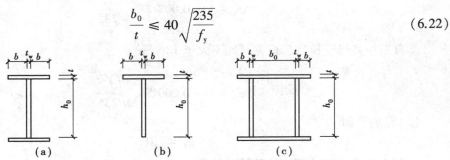

图 6.14 实腹式压弯构件的截面

2）腹板的高厚比限值

（1）工字形或 H 形截面的腹板

由图 6.15 可知，腹板的压应力与弯曲正应力叠加后的应力沿截面高度方向线性分布，腹

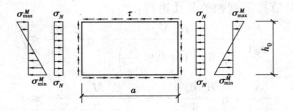

图 6.15 压弯构件腹板受力状态

板计算高度边缘的最大压应力 σ_{max} 和另一边缘相应的应力 σ_{min} 分别为：

$$\sigma_{max} = \sigma_N + \sigma_{max}^M \tag{6.23a}$$

$$\sigma_{min} = \sigma_N + \sigma_{min}^M \tag{6.23b}$$

式中，σ_N 为轴心压力引起的压应力，取正值；σ_{max}^M、σ_{min}^M 分别为弯矩引起的腹板最大压应力和最小压应力或最大拉应力，压应力取正值，拉应力取负值。

腹板的稳定与其压应力不均匀分布的梯度 $\alpha_0 = (\sigma_{max} - \sigma_{min})/\sigma_{max}$ 有关。

工字形截面压弯构件腹板中剪应力 τ 的影响不大，经分析，平均剪应力 τ 可取腹板弯曲应力 σ_M 的 0.3 倍，即 $\tau = 0.3\sigma_M$（σ_M 为弯曲正应力），这样，可以得到腹板弹性屈曲临界应力为：

$$\sigma_{cr} = k_e \frac{\pi^2 E}{12(1-\nu^2)}\left(\frac{t_w}{h_0}\right)^2 \tag{6.24}$$

式中，k_e 为弹性稳定系数，取决于应力梯度 α_0 和高厚比。

实际压弯构件通常多在截面受压较大的一侧有不同程度的塑性发展。考虑塑性影响，引入弹塑性稳定系数 k_p，其值取决于应力梯度 α_0 和截面塑性发展深度，则压弯构件弹塑性屈曲的临界应力为：

$$\sigma_{cr} = k_p \frac{\pi^2 E}{12(1-\nu^2)}\left(\frac{t_w}{h_0}\right)^2 \tag{6.25}$$

为与压弯构件整体稳定控制取得一致，取塑性发展深度的上限值 $h/4 \approx h_0/4$，求得的 k_e、k_p 值见表 6.1。

表 6.1　压弯构件腹板的屈曲系数和高厚比 h_0/t_0

α_0	0.0	0.2	0.4	0.6	0.8	1.0	1.2	1.4	1.6	1.8	2.0
k_e	4.000	4.443	4.992	5.689	6.505	7.812	9.503	11.868	15.183	19.524	23.922
k_p	4.000	3.914	3.874	4.242	4.681	5.214	5.886	6.678	7.576	9.378	11.301
h_0/t_w	56.24	55.64	55.35	57.92	60.84	64.21	68.23	72.67	77.40	87.76	94.54

利用板件临界应力 $\sigma_{cr} \leqslant f_y$ 的条件，可以得出 h_0/t_0 与应力梯度 α_0 之间的关系，如图 6.16 中虚线所示。为便于应用，将此关系近似用图中的折线表示，其表达式为：

当 $0 \leqslant \alpha_0 \leqslant 1.6$ 时　　　　　$h_0/t_w = 16\alpha_0 + 50$ 　　　　　(6.26a)

当 $1.6 < \alpha_0 \leqslant 2.0$ 时　　　　　$h_0/t_w = 48\alpha_0 - 1$ 　　　　　(6.26b)

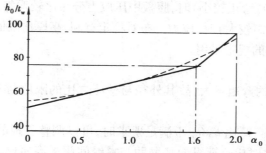

图 6.16　压弯构件腹板高厚比 h_0/t_w 限值-α_0 曲线

压弯构件发生弯矩作用平面内整体失稳时的腹板塑性区深度与长细比有关,弯矩作用平面内的长细比 λ_x 较小的压弯构件,整体失稳时塑性区深度可能超过 $h_0/4$;而长细比 λ_x 较大的压弯构件,塑性区深度可能达不到 $h_0/4$,甚至腹板最大受压边缘还没有屈服,仍处于弹性状态。因此,h_0/t_w 的限值宜随着 λ_x 的增大而适当放大。并且当 $\alpha_0=0$ 时,应与轴心受压构件腹板高厚比的要求相一致;而当 $\alpha_0=2$ 时,应与受弯构件中考虑了弯矩和剪力联合作用的腹板高厚比的要求相一致。故《规范》规定,工字形或 H 形截面压弯构件腹板高厚比 h_0/t_w 限值应符合:

当 $0 \leqslant \alpha_0 \leqslant 1.6$ 时 $\qquad \dfrac{h_0}{t_w} \leqslant (16\alpha_0 + 0.5\lambda_x + 25)\sqrt{\dfrac{235}{f_y}}$ (6.27a)

当 $1.6 < \alpha_0 \leqslant 2.0$ 时 $\qquad \dfrac{h_0}{t_w} \leqslant (48\alpha_0 + 0.5\lambda_x - 26.2)\sqrt{\dfrac{235}{f_y}}$ (6.27b)

式中,λ_x 为构件在弯矩作用平面内的长细比。当 $\lambda_x < 30$ 时,取 $\lambda_x = 30$;当 $\lambda_x > 100$ 时,取 $\lambda_x = 100$。

(2)箱形截面的腹板

考虑两块腹板受力可能不一致,而且翼缘对腹板的约束因常为单面角焊缝,也不如工字形截面,因而箱形截面的高厚比限值不能超过式(6.27)的右边乘以 0.8 后的值(当此值小于 $40\sqrt{235/f_y}$ 时,应采用 $40\sqrt{235/f_y}$)。

(3)T 形截面的腹板

当弯矩使腹板自由边受拉时:

热轧剖分 T 型钢 $\qquad \dfrac{h_0}{t_w} \leqslant (15+0.2\lambda)\sqrt{\dfrac{235}{f_y}}$

焊接 T 型钢 $\qquad \dfrac{h_0}{t_w} \leqslant (30+0.17\lambda)\sqrt{\dfrac{235}{f_y}}$

当弯矩使腹板自由边受压时:

$\alpha_0 \leqslant 1.0$ 时 $\qquad \dfrac{h_0}{t_w} \leqslant 15\sqrt{\dfrac{235}{f_y}}$

$\alpha_0 > 1.0$ 时 $\qquad \dfrac{h_0}{t_w} \leqslant 18\sqrt{\dfrac{235}{f_y}}$

这是因为当 $\alpha_0 \leqslant 1.0$(弯矩较小)时,腹板中压应力分布比较均匀,其高厚比限值近似按翼缘板取值;当 $\alpha_0 > 1.0$(弯矩较大)时,应力分布对稳定有利,高厚比限值适当放宽。

λ 和 α_0 按式(6.27)的规定采用。

(4)圆管截面

一般圆管截面构件的弯矩不大,故其外径与壁厚之比的限值与轴心受压构件相同,即不应超过 $100(235/f_y)$。

如果压弯构件腹板高厚比 h_0/t_w 不满足要求时,可以调整腹板的厚度或高度。也可采用纵向加劲肋加强腹板,这时应验算纵向加劲肋与翼缘间腹板高厚比,特别在受压较大翼缘与纵向加劲肋之间的高厚比应符合上述要求。还可以在计算构件的强度和稳定性时,将腹板的截面仅考虑计算高度边缘范围内两侧宽度各为 $20t_w\sqrt{235/f_y}$ 的部分(计算构件的稳定系数时,仍用全截面)。

6.4　压弯构件(框架柱)的设计

▶ 6.4.1　框架柱的计算长度

对于端部约束条件比较简单的单根压弯构件,利用计算长度系数 μ 可直接得到计算长度。但对于框架柱,框架平面内的计算长度需通过对框架的整体稳定分析得到,框架平面外的计算长度则需根据支承点的布置情况确定。

1)单层等截面框架柱在框架平面内的计算长度

在进行框架的整体稳定分析时,一般取平面框架作为计算模型,不考虑空间作用。根据失稳时的变形情况,框架柱可能出现有侧移失稳和无侧移失稳两种失稳形式,如图 6.17 所示。有侧移失稳大致呈反对称变形,无侧移失稳大致呈对称变形,相应的框架分别称为有侧移框架或无支撑的纯框架、无侧移框架或有支撑框架。有侧移失稳的框架,其临界力比无侧移失稳的框架低得多。因此,框架的承载能力一般以有侧移失稳时的临界力确定,除非柱顶有阻止框架侧移的支撑体系(包括支撑桁架、剪力墙等),才可按无侧移框架计算。

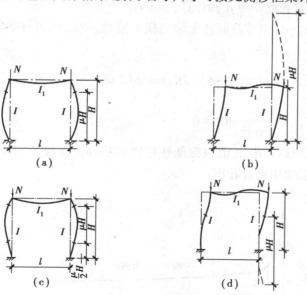

图 6.17　单层单跨对称框架等截面柱失稳形式及计算长度

确定框架柱的计算长度通常根据弹性稳定理论,并作如下假设:

①框架只承受作用于节点的竖向荷载,忽略横梁荷载和水平荷载对梁端弯矩的影响。分析表明,在弹性工作范围内,此种假设带来的误差不大,可以满足设计要求。但需注意,此假设只能用于确定计算长度,在计算柱的截面尺寸时必须同时考虑弯矩和轴心力。

②所有框架柱同时丧失稳定,即所有框架柱同时达到临界荷载。

③材料是线弹性的,变形微小。

④构件无缺陷。

框架稳定性计算方法很多,但采用位移法比较广泛。图 6.17(a)、(b)为一个等截面柱上端与横梁刚性连接、柱底与基础铰接的单层单跨对称框架。横梁对柱的约束作用取决于横梁的线刚度 I_1/l 与柱的线刚度 I/H 的比值 K_1,即:

$$K_1 = \frac{I_1/l}{I/H} \tag{6.28}$$

令 $\phi = H\sqrt{N/EI}$,根据上述基本假定,将框架按其侧向支撑情况用位移法进行稳定分析,可得出如下稳定方程:

对无侧移框架 $\qquad \phi^2 \tan \phi + 2K_1(\tan \phi - \phi) = 0 \tag{6.29a}$

对有侧移框架 $\qquad \phi \tan \phi - 6K_1 = 0 \tag{6.29b}$

式中,ϕ 为临界参数,$\phi = H\sqrt{N/EI}$;H 为柱的几何高度;N 为柱顶荷载;I 为柱截面对垂直于框架平面轴线的惯性矩;K_1 为横梁的线刚度 I_1/l 与柱的线刚度 I/H 之比值。

由上式可求得 ϕ,进而求出临界力 N_{cr}:

$$N_{cr} = \frac{\phi^2 EI}{H^2} = \frac{\pi^2 EI}{(\pi H/\phi)^2} = \frac{\pi^2 EI}{(\mu H)^2} = \frac{\pi^2 EI}{H_0^2} \tag{6.30}$$

通过此式即可得到计算长度系数 μ 和计算长度 H_0。

同样,图 6.17(c)、(d)中等截面柱上端与横梁刚性连接、柱底与基础刚接的单层单跨对称框架的稳定方程如下:

对无侧移框架 $\qquad \phi(\tan \phi - \phi) + 2K_1 \tan \phi \left(2 \tan \dfrac{\phi}{2} - \phi\right) = 0 \tag{6.31a}$

对有侧移框架 $\qquad \dfrac{\phi}{\tan \phi} + 6K_1 = 0 \tag{6.31b}$

从上述 4 种情况可以看出,μ 值与框架柱柱脚和基础的连接形式及 K_1 值有关。现将 μ-K_1 绘于图 6.18 中。从图中可以看出:

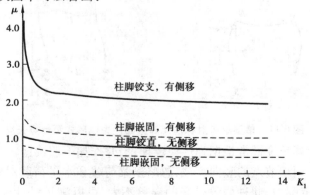

图 6.18 单层单跨对称框架截面柱的计算长度系数 μ

①梁柱刚接、柱脚与基础铰接、无侧移失稳时，$\mu=0.7\sim1.0$；有侧移失稳时，$\mu=2.0\sim\infty$。

②梁柱刚接、柱脚与基础刚接、无侧移失稳时，$\mu=0.5\sim0.7$；有侧移失稳时，$\mu=1.0\sim2.0$。

③K_1值越大，μ值越小。

各种情况的μ值可从附录6附表6.1至附表6.4中查到。

因此，框架柱在框架平面内的计算长度H_0可用式(6.32)表达：

$$H_0 = \mu H \tag{6.32}$$

式中，H为柱的几何长度；μ为计算长度系数。

上述情况中，计算长度H_0的意义可见图6.17。

对于单层多跨框架等截面柱，上列μ仍适用，只需把横梁的刚度取为与该柱顶相连的两侧梁线刚度之和，即$I_1/l_1+I_2/l_2$，K_1值为：

$$K_1 = \frac{I_1/l_1 + I_2/l_2}{I/H} \tag{6.33}$$

2)多层多跨等截面框架柱在框架平面内的计算长度

多层多跨框架失稳形式也分为无侧移失稳(见图6.19(a))和有侧移失稳(见图6.19(b))两种情况。计算多层多跨框架稳定时，除单层框架作出的基本假定外，尚需假定：

①当柱子开始失稳时，相交于同一节点的横梁对柱子提供的约束弯矩，按柱子的线刚度之比分配给柱子。

②在无侧移失稳时，横梁两端的转角大小相等、方向相反；在有侧移失稳时，横梁两端的转角大小相等、方向相同。

因多层多跨框架的稳定问题比单层单跨框架复杂得多，为简化计算，在工程设计中，通常只考虑与柱端直接相连构件的约束作用，取框架的一部分作为计算单元进行分析，如图6.19(c)、(d)所示。

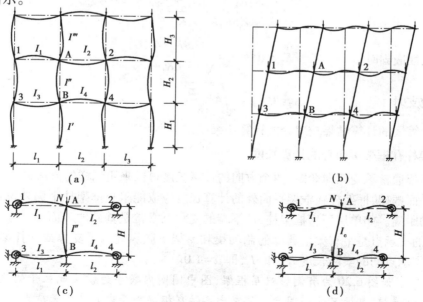

图6.19　多层框架的失稳形式与计算长度

对于所取单元,若 $\phi = H\sqrt{N/EI}$,用 K_1 表示与柱上端节点 A 相交的横梁线刚度之和与柱线刚度之和的比值,K_2 表示与柱下端节点 B 相交的横梁线刚度之和与柱线刚度之和的比值。即:

$$K_1 = \frac{I_1/l_1 + I_2/l_2}{I'''/H_3 + I''/H_2} \tag{6.34a}$$

$$K_2 = \frac{I_3/l_1 + I_4/l_2}{I''/H_2 + I'/H_1} \tag{6.34b}$$

则可分别求得多层多跨无侧移和有侧移两种失稳情况下以 ϕ 为未知数,包含 K_1、K_2 的稳定方程,通过求解 ϕ 可得框架柱 AB 的计算长度系数 $\mu_{AB} = \pi/\phi$。附录6附表6.1和6.2给出了无侧移和有侧移两种情况框架柱计算长度系数表,并在表注中给出了计算公式(即稳定方程)。

μ 值亦可采用下列近似公式计算:

(1)无侧移失稳

$$\mu = \frac{3 + 1.4(K_1 + K_2) + 0.64K_1K_2}{3 + 2(K_1 + K_2) + 1.28K_1K_2} \tag{6.35}$$

对无侧移单层框架柱或多层框架柱的底层柱,则式(6.35)变为:

柱脚刚性嵌固时 $\qquad K_2 = 10 \quad \mu = \dfrac{0.74 + 0.34K_1}{1 + 0.64K_1}$ $\qquad$ (6.36a)

柱脚铰支时 $\qquad K_2 = 0 \quad \mu = \dfrac{3 + 1.4K_1}{3 + 2K_1}$ $\qquad$ (6.36b)

(2)有侧移失稳

$$\mu = \sqrt{\frac{7.5K_1K_2 + 4(K_1 + K_2) + 1.6}{7.5K_1K_2 + K_1 + K_2}} \tag{6.37}$$

柱脚刚性嵌固时 $\qquad K_2 = 10 \quad \mu = \sqrt{\dfrac{7.9K_1 + 4.16}{7.6K_1 + 1}}$ $\qquad$ (6.38a)

柱脚铰支时 $\qquad K_2 = 0 \quad \mu = \sqrt{4 + \dfrac{1.6}{K_1}}$ $\qquad$ (6.38b)

近似计算式的计算结果较理论式计算结果误差很小。

3)框架柱在框架平面外的计算长度

空间框架通常承受双向弯矩,两个方向的计算长度可以采用同样的方法求得。

对于平面框架,框架柱在框架平面外的计算长度应取能阻止框架柱平面外位移的相邻支承点之间的距离。如单层厂房框架柱,柱下端的支承点常常是基础的表面和吊车梁的下翼缘处,柱上端的支承点是吊车梁上翼缘的制动梁和屋架下弦纵向水平支撑或者托架的弦杆,因此,可取各支承点间的实际长度 H_1 和 H_2,即 $\mu = 1.0$。

【例6.2】 如图6.20为有侧移双层框架,图中圆圈内数字为横梁或柱子的线刚度,柱下端与基础刚性连接,其他尺寸如图示。试求出各柱在框架平面内的计算长度系数 μ 值。

【解】 根据题意,框架及作用荷载均为对称,只需计算柱 AB 和柱 BC 的计算长度。由于

框架有侧移,应查附录 6 中附表 6.2。柱 *AB* 和柱 *BC* 计算长度系数如下:

柱 *AB*:

$$K_1 = \frac{1.6}{0.4+0.8} = 1.333$$

$$K_2 = \infty$$

查得 $\mu_{AB} = 1.16$

柱 *BC*:

$$K_1 = \frac{1}{0.4} = 2.5$$

$$K_2 = \frac{1.6}{0.4+0.8} = 1.333$$

查得 $\mu_{BC} = 1.20$

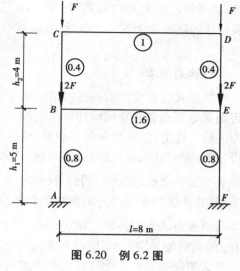

图 6.20　例 6.2 图

若用近似公式计算,则:

柱 *AB*:

柱脚刚性嵌固时,$K_2 = 10$:

$$\mu = \sqrt{\frac{7.9K_1 + 4.16}{7.6K_1 + 1}}$$

$$\mu_{AB} = \sqrt{\frac{7.9 \times 1.333 + 4.16}{7.6 \times 1.333 + 1}} = 1.15$$

柱 *BC*:

$$\mu = \sqrt{\frac{7.5K_1K_2 + 4(K_1 + K_2) + 1.6}{7.5K_1K_2 + K_1 + K_2}}$$

$$\mu_{BC} = \sqrt{\frac{7.5 \times 2.5 \times 1.333 + 4(2.5 + 1.333) + 1.6}{7.5 \times 2.5 \times 1.333 + 2.5 + 1.333}} = 1.206$$

通过计算可看出,近似公式计算误差较小。

▶ 6.4.2　实腹式压弯构件的截面设计

1)截面设计原则

实腹式压弯构件与轴心受压构件一样,其截面设计也要遵循等稳定性(即弯矩作用平面内和平面外的整体稳定承载能力尽量接近)、肢宽壁薄、制造省工和连接简便等设计原则。其截面形式可根据弯矩的大小和方向,选用双轴对称或单轴对称的截面。

2)截面设计步骤

①确定压弯构件的内力设计值,包括弯矩、轴心压力、剪力。

②选择截面的形式,实腹式压弯构件的截面可参考 6.1 节给出的形式。

③确定钢材及其强度设计值。

④计算弯矩作用平面内和平面外的计算长度 l_{0x}、l_{0y}。

⑤结合经验或参照已有资料,初选截面尺寸。

⑥验算截面,包括强度验算、弯矩作用平面内整体稳定验算、弯矩作用平面外整体稳定验算、局部稳定验算、刚度验算等。由于压弯构件的验算公式中所牵涉到的未知量较多,根据估计所初选的截面尺寸不一定合适,当验算不满足要求时,往往需要进行多次调整,直到满足计算要求。

3)构造要求

实腹式压弯构件的构造要求同轴心受压构件。其翼缘宽厚比必须满足局部稳定的要求,否则翼缘屈曲必然导致构件整体失稳。但当腹板屈曲时,由于存在屈曲后强度,构件不会立即失稳。H形、工字形和箱形截面,当腹板的高厚比不满足局部稳定性要求时,可在腹板中部设置纵向加劲肋,或在计算构件的强度和稳定时,将腹板的截面仅考虑计算高度边缘范围内两侧宽度各 $20t_w\sqrt{235/f_y}$ 的部分(计算构件的稳定系数时仍用全截面),设置纵向加劲肋的腹板,其在受压较大翼缘与纵向加劲肋之间的高厚比应符合局部稳定性要求。

当腹板的 $h_0/t_w > 80\sqrt{235/f_y}$ 时,为防止腹板在施工和运输中发生变形,应设置间距不大于 $3h_0$ 的横向加劲肋。另外,设有纵向加劲肋的同时也应设置横向加劲肋。

大型腹板式柱在受有较大水平力处和运送单元的端部应设置横隔,保证截面形状不变,提高构件的抗扭刚度,防止施工和运输过程中变形。若构件较长,则应设置中间横隔,其间距不得大于构件截面较大宽度的9倍或8 m。

纵向加劲肋的尺寸以及其他要求同轴心受压构件。

【例6.3】 如图 6.21 所示双轴对称焊接工字形截面压弯构件的截面。已知翼缘板为剪切边,截面无削弱。承受的荷载设计值为:轴心压力 $N = 850$ kN,构件跨度中点横向集中荷载 $F = 180$ kN。构件长 $l = 10$ m,两端铰接并在两端和跨中各设有一侧向支承点。材料用 Q235-B·F钢。试验算该构件的强度、稳定性、刚度是否符合要求。

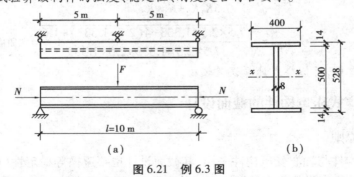

图 6.21 例 6.3 图

【解】 (1)截面的几何特征

截面积:
$$A = 2bt + h_w t_w = (2 \times 400 \times 14 + 500 \times 8) \text{ mm}^2 = 1.52 \times 10^4 \text{mm}^2$$

惯性矩:
$$I_x = \frac{1}{12}bh^3 - \frac{1}{12}(b - t_w)h_w^3$$
$$= \left(\frac{1}{12} \times 400 \times 528^3 - \frac{1}{12} \times 392 \times 500^3\right) \text{ mm}^4 = 8.23 \times 10^8 \text{mm}^4$$

$$I_y \approx 2 \times \frac{1}{12}tb^3 = \frac{1}{6} \times 14 \times 400^3 \, mm^4 = 1.49 \times 10^8 \, mm^4$$

回转半径：

$$i_x = \sqrt{\frac{I_x}{A}} = \sqrt{\frac{8.32 \times 10^8}{1.52 \times 10^4}} \, mm = 232.7 \, mm$$

$$i_y = \sqrt{\frac{I_y}{A}} = \sqrt{\frac{1.49 \times 10^8}{1.52 \times 10^4}} \, mm = 99.1 \, mm$$

弯矩作用平面内受压纤维的毛截面模量：

$$W_{1x} = W_x = \frac{2I_x}{h} = \frac{2 \times 8.23 \times 10^8}{528} \, mm^3 = 3.12 \times 10^6 \, mm^3$$

（2）强度验算

最大弯矩设计值：

$$M_x = \frac{1}{4}Fl = \frac{1}{4} \times 180 \times 10 \, kN \cdot m = 450 \, kN \cdot m$$

$$\frac{N}{A_n} + \frac{M_x}{\gamma_x W_{nx}} = \frac{850 \times 10^3}{152 \times 10^2} \, N/mm^2 + \frac{450 \times 10^6}{1.05 \times 3.12 \times 10^6} \, N/mm^2$$
$$= 190.4 \, N/mm^2 < f = 215 \, N/mm^2$$

（3）弯矩作用平面内的稳定

弯矩作用平面内计算长度：$l_{0x} = 10 \, m$

长细比：$\lambda_x = \dfrac{l_{0x}}{i_x} = \dfrac{10 \times 10^3}{232.7} = 43.0$

由表 5.4 知翼缘板为剪切边的焊接工字形截面构件对 x 轴屈曲时属 b 类截面，对弱轴 y 轴屈曲时属 c 类截面。

稳定系数 $\varphi_x = 0.887$（b 类截面，附表 4.2）

欧拉临界力：

$$N'_{Ex} = \frac{\pi^2 EA}{\gamma_R \lambda_x^2} = \frac{\pi^2 \times 206 \times 10^3 \times 1.52 \times 10^4}{1.1 \times 43^2} \times 10^{-3} \, kN = 15 \, 178 \, kN$$

$$\frac{N}{N'_{Ex}} = \frac{850}{15 \, 178} = 0.056$$

弯矩作用平面内的等效弯矩系数：无端弯矩但有横向荷载作用时 $\beta_{mx} = 1.0$。

受压翼缘板的自由外伸宽度比：

$$\frac{b}{t} = \frac{(400-8)/2}{14} = 14 > 13\sqrt{\frac{235}{f_y}} = 13\sqrt{\frac{235}{235}} = 13$$

故取截面塑性发展系数 $\gamma_x = 1.0$。

$$\frac{N}{\varphi_x A} + \frac{\beta_{mx} M_x}{\gamma_x W_{1x}\left(1-0.8\dfrac{N}{N'_{Ex}}\right)} = \frac{850 \times 10^3}{0.887 \times 152 \times 10^2} \, N/mm^2 + \frac{1.0 \times 450 \times 10^6}{1.0 \times 3.12 \times 10^6(1-0.8 \times 0.056)} \, N/mm^2$$

$$= (63.0 + 151.09) \, N/mm^2 = 214.1 \, N/mm^2 < f = 215 \, N/mm^2$$

满足要求。

（4）弯矩作用平面外的稳定

弯矩作用平面外计算长度：$l_{0y}=5$ m

长细比：$\lambda_y=\dfrac{l_{0y}}{i_y}=\dfrac{5\times10^3}{99.1}=50.5$

稳定系数：$\varphi_y=0.772$（c 类截面，附表 4.3）

受弯构件整体稳定系数近似值：

$$\varphi_b=1.07-\frac{\lambda_y^2}{44\,000}\frac{f_y}{235}=1.07-\frac{50.5^2}{44\,000}\times\frac{235}{235}=1.012>1.0 \quad 取\ \varphi_b=1.0$$

构件在两相邻侧向支承点间无横向荷载作用，弯矩作用平面外的等效弯矩系数为：

$$\beta_{tx}=0.65+0.35\frac{M_2}{M_1}=0.65+0.35\times\frac{0}{M_x}=0.65$$

$$\frac{N}{\varphi_y A}+\frac{\beta_{tx}M_x}{\varphi_b W_{1x}}=\left(\frac{850\times10^3}{0.772\times1.52\times10^4}+\frac{0.65\times450\times10^6}{1.0\times3.12\times10^6}\right)\text{N/mm}^2$$

$$=(72.4+93.8)\ \text{N/mm}^2=166.2\ \text{N/mm}^2\ <f=215\ \text{N/mm}^2$$

满足要求。

（5）局部稳定性

①受压翼缘板：

$\dfrac{b}{t}=14<15\sqrt{\dfrac{235}{f_y}}=15$，满足要求。

②腹板。腹板计算高度边缘的最大压应力：

$$\sigma_{\max}=\frac{N}{A}+\frac{M_x}{I_x}\frac{h_0}{2}=\left(\frac{850\times10^3}{1.52\times10^4}+\frac{450\times10^6}{8.23\times10^8}\times\frac{500}{2}\right)\text{N/mm}^2$$

$$=(55.9+136.7)\ \text{N/mm}^2=192.6\ \text{N/mm}^2$$

腹板计算高度另一边缘相应的应力：

$$\sigma_{\min}=\frac{N}{A}-\frac{M_x}{I_x}\frac{h_0}{2}=(55.9-136.7)\ \text{N/mm}^2=-80.8\ \text{N/mm}^2（拉应力）$$

应力梯度：

$$\alpha_0=\frac{\sigma_{\max}-\sigma_{\min}}{\sigma_{\max}}=\frac{192.6-(-80.8)}{192.6}=1.42$$

腹板计算高度 h_0 与其厚度 t_w 比值的容许值：

$$\left[\frac{h_0}{t_w}\right]=(16\alpha_0+0.5\lambda_x+25)\sqrt{\frac{235}{f_y}}=(16\times1.42+0.5\times43+25)\sqrt{\frac{235}{235}}=69.22$$

实际 $\dfrac{h_0}{t_w}=\dfrac{500}{8}=62.5<\left[\dfrac{h_0}{t_w}\right]=69.22$，满足要求。

（6）刚度验算

构件的最大长细比：$\lambda_{\max}=\max\{\lambda_x,\lambda_y\}=\lambda_y=50.5<[\lambda]=150$

结论：通过以上验算，构件截面适合，其强度、稳定性、刚度均符合要求。

▶ 6.4.3 格构式压弯构件的设计

截面高度较大的压弯构件,采用格构式可以节省钢材,故格构式压弯构件一般用于厂房柱和高大的独立支柱。同轴心受压格构式构件一样,格构式压弯构件的主体由分肢和缀材组成,常用的截面形式如图 6.22 所示。当构件所受的弯矩不大或正负弯矩的绝对值相差较小时,可用对称的截面形式;否则,常采用不对称截面,并将较大分肢放在受压较大的一侧。

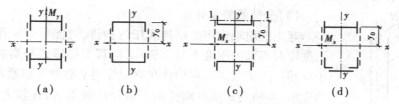

图 6.22 格构式压弯构件常用截面

由于格构式压弯构件有弯矩绕实轴和虚轴之分,因此其设计计算与实腹式压弯构件有一定差异。进行强度计算时,格构式拉弯和压弯构件当弯矩绕着截面虚轴作用时,应以截面边缘纤维屈服(即弹性极限状态)作为构件的强度设计依据,相应于截面虚轴的塑性发展系数 $\gamma = 1.0$。在稳定计算和刚度计算中涉及绕虚轴的长细比,要采用换算长细比,换算长细比按轴心受压格构式构件的计算方法计算。这类构件整体稳定计算方法与实腹式压弯构件差异较大,是本节主要介绍的内容。

格构式压弯构件在受有较大水平力处和运送单元的端部亦应设置横隔,以保证截面形状不变,提高构件的抗扭刚度,防止施工和运输过程中变形。若构件较长,则还应设置中间横隔,其间距不得大于构件截面较大宽度的 9 倍或 8 m,横隔可用钢板或交叉角钢做成。

1)弯矩绕虚轴作用的格构式压弯构件

格构式压弯构件通常使弯矩绕虚轴作用,如图 6.22(b)、(c)、(d)所示,对此种构件应进行下列计算:

(1)强度、刚度计算

格构式拉弯和压弯构件当弯矩绕虚轴作用时,应以截面边缘纤维屈服(即弹性极限状态)作为构件的强度设计依据,采用式(6.6)进行计算,但相应于截面虚轴的塑性发展系数 $\gamma_x = 1.0$。

刚度计算中涉及绕虚轴的长细比,要采用换算长细比,换算长细比按轴心受压格构式构件的计算方法计算。

(2)弯矩作用平面内的整体稳定计算

弯矩绕虚轴作用的格构式压弯构件,由于截面中部虚空,不能考虑塑性的深入发展,故弯矩作用平面内的整体失稳计算应采用边缘纤维屈服准则,即式(6.12):

$$\frac{N}{\varphi_x A}+\frac{\beta_{mx} M_x}{W_{1x}\left(1-\varphi_x \dfrac{N}{N_{Ex}}\right)}=f_y$$

根据此式采用等效弯矩系数 β_{mx} 并考虑抗力分项系数后,得:

$$\frac{N}{\varphi_x A} + \frac{\beta_{mx} M_x}{W_{1x}\left(1 - \varphi_x \dfrac{N}{N'_{Ex}}\right)} \leq f \tag{6.39}$$

式中，$W_{1x} = I_x / y_0$，I_x 为对 x 轴（虚轴）的毛截面惯性矩，y_0 为由 x 轴到压力较大分肢轴线的距离或者到压力较大分肢腹板边缘的距离，二者取较大值；φ_x 和 N_{Ex} 分别为轴心受压构件的整体稳定系数和考虑抗力分项系数 γ_R（取钢材平均抗力系数值 1.1）的欧拉临界力，按对虚轴（x 轴）的换算长细比 λ_{0x} 确定。

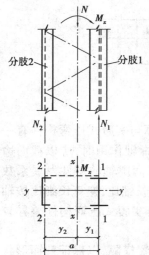

图 6.23 分肢的内力计算

（3）分肢的稳定计算

弯矩绕虚轴作用的格构式压弯构件，可能因弯矩作用平面外的刚度即对实轴的刚度不足而失稳，但其失稳形式与实腹式压弯构件不尽相同。实腹式压弯构件在弯矩作用平面外失稳通常呈现弯扭屈曲变形，而格构式压弯构件由于缀件比较柔弱，在较大压力作用下，构件趋向弯矩作用平面外弯曲时，分肢之间的整体性不强，以致呈现为单肢失稳。因此，弯矩绕虚轴作用的格构式压弯构件在弯矩作用平面外的整体稳定计算，用各个分肢的稳定计算代替。

如图 6.23 所示，可将构件视为一个平行弦桁架，将构件的两个分肢视为桁架的弦杆，将压力和弯矩分配到两个分肢，每个分肢按轴心受压构件计算。若各分肢的两个主轴方向稳定得到保证，则整个构件在弯矩作用平面外的整体稳定也就得到了保证。

两分肢的轴心力应按下列公式计算（见图 6.23）：

分肢 1 $\qquad\qquad N_1 = N\dfrac{y_2}{a} + \dfrac{M}{a}$ $\qquad$ (6.40a)

分肢 2 $\qquad\qquad N_2 = N - N_1$ $\qquad\qquad$ (6.40b)

缀条式压弯构件的分肢按轴心受压构件计算。分肢的计算长度，在缀材平面内（图 6.23 中的 1—1 轴）取缀条体系的节间长度；在缀条平面外，取整个构件两侧向支承点间的距离。

当缀材采用缀板时，分肢除受轴心力 N_1（或 N_2）作用外，还应考虑剪力作用引起的局部弯矩，按实腹式压弯构件验算单肢的稳定性。

（4）缀材的计算

计算压弯构件的缀材时，应取构件实际剪力和按式（5.74）计算所得剪力两者中的较大值。其计算方法与格构式轴心受压构件相同。

2）弯矩绕实轴作用的格构式压弯构件

当弯矩作用在与缀材面相垂直的主平面内时，如图 6.22（a）弯矩绕 y 轴作用，构件绕实轴（y 轴）产生弯曲失稳，它的受压性能与实腹式压弯构件完全相同，因此，弯矩绕实轴作用的格构式压弯构件强度、刚度、弯矩作用平面内和平面外的整体稳定性计算均与实腹式构件相同，在计算弯矩作用平面外的整体稳定性时，长细比应取换算长细比 λ_{0x}（见 5.4 节的计算方法）计算，整体稳定系数 $\varphi_b = 1.0$。

3）格构式双向压弯构件

弯矩作用在两个主平面内的格构式压弯构件，也应对其整体稳定和分肢稳定进行计算。

（1）整体稳定计算

参照实腹式双向压弯构件，《规范》采用与边缘纤维屈服准则得出的，弯矩绕虚轴作用的格构式单向压弯构件平面内整体稳定相关公式(6.39)相衔接的直线表达式进行计算：

$$\frac{N}{\varphi_x A}+\frac{\beta_{mx} M_x}{W_{1x}\left(1-\varphi_x \dfrac{N}{N'_{Ex}}\right)}+\frac{\beta_{ty} M_y}{W_{1y}}\leqslant f \tag{6.41}$$

式中，φ_x 和 N_{Ex} 由换算长细比 λ_{0x} 确定。

（2）分肢的稳定计算

分肢按实腹式单向压弯构件计算，将分肢作为桁架弦杆，计算其在轴力和弯矩共同作用下产生的内力（参考图 6.23，y 轴向有 M_y 作用）。

分肢 1
$$N_1 = N\frac{y_2}{a}+\frac{M_x}{a} \tag{6.42a}$$

$$M_{y1}=\frac{I_1/y_1}{I_1/y_1+I_2/y_2}M_y \tag{6.42b}$$

分肢 2
$$N_2 = N-N_1 \tag{6.43a}$$

$$M_{y2}=M_y-M_{y1} \tag{6.43b}$$

式中，I_1、I_2 为分肢 1 和分肢 2 对 y 轴的惯性矩；y_1、y_2 为分肢 1 和分肢 2 轴线至 x 主轴的距离。

按上述内力计算每个分肢在其两主轴方向的稳定性。对于缀板式压弯构件，其分肢尚应考虑由剪力产生的分肢局部弯矩作用，这时，分肢应按实腹式双向压弯构件计算。

【例 6.4】 有一单向压弯格构式双肢缀条柱，其缀条和截面的规格尺寸如图 6.24 所示，截面无削弱，材料采用 Q235 钢。承受的荷载设计值为：轴心压力 $N=400$ kN，弯矩 $M_x=\pm120$ kN·m，剪力 $V=30$ kN。柱高 $H=6.0$ m。在弯矩作用平面内，上端为有侧移的弱支撑，下端固定，其计算长度 $l_{0x}=8.0$ m；在弯矩作用平面外，柱两端铰接，计算长度 $l_{0y}=H=6.0$ m。焊条 E43 型，手工焊。试验算该柱。

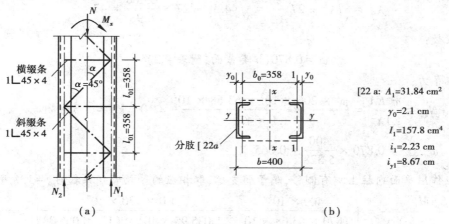

图 6.24 例 6.4 图

【解】 （1）柱截面几何特性

2[22a 的截面积：$A=2A_1=2\times31.84$ cm$^2=63.68$ cm^2

惯性矩：

$$I_x = 2\left[I_1 + A_1\left(\frac{b_0}{2}\right)^2\right] = 2\left[157.8 + 31.84 \times \left(\frac{40 - 2 \times 2.1}{2}\right)^2\right] \text{cm}^4 = 20\,719 \text{ cm}^4$$

回转半径：

$$i_x = \sqrt{\frac{I_x}{A}} = \sqrt{\frac{20\,719}{63.68}} \text{ cm} = 18.04 \text{ cm}$$

截面模量：

$$W_x = \frac{2I_x}{b} = \frac{2 \times 20\,719}{40} \text{ cm}^3 = 1\,035.95 \text{ cm}^3 \text{（验算强度时用）}$$

$$W_{1x} = \frac{I_x}{y_0} = \frac{I_x}{b/2} = W_x = 1\,035.95 \text{ cm}^3 \text{（验算稳定时用）}$$

式中，y_0 为由 x 轴到压力较大肢的轴线距离或到压力较大分肢腹板边缘的距离，取其较大者。

（2）弯矩作用平面内的整体稳定性验算

对弯矩绕虚轴 x 轴作用的格构式压弯构件，其弯矩作用平面内的整体性应按下式计算：

$$\frac{N}{\varphi_x A} + \frac{\beta_{mx} M_x}{W_{1x}\left(1 - \varphi_x \dfrac{N}{N'_{Ex}}\right)} \leqslant f = 215 \text{ N/mm}^2$$

长细比：

$$\lambda_x = \frac{l_{0x}}{i_x} = \frac{8.0 \times 10^2}{18.04} = 44.3$$

垂直于 x 轴的缀条∟45×4 毛截面面积之和：

$$A_{1x} = 2 \times 3.49 \text{ cm}^2 = 6.98 \text{ cm}^2$$

换算长细比：

$$\lambda_{0x} = \sqrt{\lambda_x^2 + 27\frac{A}{A_{1x}}} = \sqrt{44.3^2 + 27 \times \frac{63.68}{6.98}} = 47$$

稳定系数：

$$\varphi_x = 0.870 \text{（b 类截面，附表 4.2）}$$

欧拉临界力：

$$N_{Ex} = \frac{\pi^2 EA}{1.1\lambda_{0x}^2} = \frac{\pi^2 \times 206 \times 10^3 \times 63.68 \times 10^2}{1.1 \times 47^2} \times 10^{-3} \text{ kN} = 5\,328 \text{ kN}$$

$$\varphi_x \frac{N}{N_{Ex}} = 0.870 \times \frac{400}{5\,328} = 0.065\,3$$

在弯矩作用平面内柱上端有侧移，属于弱支撑，取相应的等效弯矩系数 $\beta_{mx} = 1.0$，则：

$$\frac{N}{\varphi_x A} + \frac{\beta_{mx} M_x}{W_{1x}\left(1 - \varphi_x \dfrac{N}{N'_{Ex}}\right)} = \left(\frac{400 \times 10^3}{0.870 \times 63.68 \times 10^2} + \frac{1.0 \times 130 \times 10^6}{1\,035.95 \times 10^3 \times (1 - 0.065\,3)}\right) \text{ N/mm}^2$$

$$= (72.2 + 134.3) \text{ N/mm}^2 = 206.5 \text{ N/mm}^2 < f = 215 \text{ N/mm}^2 \text{（满足要求）}$$

弯矩作用平面外的整体稳定计算用分肢的稳定计算代替。

（3）分肢稳定计算

轴心压力：

$$N_1 = \frac{N}{2} + \frac{M_x}{b_0} = \left(\frac{400}{2} + \frac{120}{0.4 - 2 \times 0.021} \right) \text{kN} = 535.2 \text{ kN}$$

分肢对 1—1 轴的计算长度 l_{01} 和长细比 λ_1 分别为：

$$l_{01} = 35.8 \text{ cm}$$

$$\lambda_1 = \frac{l_{01}}{i_1} = \frac{35.8}{2.23} = 16.1$$

分肢对 y 轴的长细比 λ_{y1} 为：

$$\lambda_{y1} = \frac{l_{0y}}{i_{y1}} = \frac{6.0 \times 10^2}{8.67} = 69.2 > \lambda_1 = 16.1$$

按 $\lambda_{y1} = 69.2$ 查附表 4.2，得分肢稳定系数 $\varphi_1 = 0.756$。

$$\frac{N_1}{\varphi_1 A_1} = \frac{535.2 \times 10^3}{0.756 \times 31.84 \times 10^2} \text{ N/mm}^2 = 222.3 \text{ N/mm}^2 > f = 215 \text{ N/mm}^2 \text{，但不超过5\%，故安}$$

全，不必验算分肢的局部稳定性（钢材 Q235 的热轧普通槽钢，其局部稳定性有保证）。

（4）刚度验算

最大长细比：$\lambda_{max} = \max\{\lambda_{0x}, \lambda_1, \lambda_{y1}\} = \lambda_{y1} = 69.2 < [\lambda] = 150$，满足要求。

（5）强度验算

柱截面无削弱且 $\beta_{mx} = 1.0$ 和 $W_{1x} = W_x$，强度不必计算。

（6）缀条验算

柱的计算剪力：

$$V = \frac{Af}{85}\sqrt{\frac{f_y}{235}} = \frac{2 \times 31.84 \times 10^2 \times 215}{85} \times \sqrt{\frac{235}{235}} \times 10^{-3} \text{ kN} = 16.1 \text{ kN}$$

小于柱的实际剪力 $V = 30$ kN，计算缀条内力时取 $V = 30$ kN。

每个缀条截面承担的剪力：

$$V_1 = \frac{1}{2}V = \frac{1}{2} \times 30 \text{ kN} = 15 \text{ kN}$$

①缀条的内力。按平行弦桁架的腹杆计算：

$$N_1 = \frac{V_1}{\sin \alpha} = \frac{15}{\sin 45°} \text{ kN} = 21.2 \text{ kN}$$

②缀条截面验算。缀条按轴心受压构件计算。

缀条计算长度：

$$l_d \approx \frac{b_0}{\sin \alpha} = \frac{40 - 2 \times 2.1}{\sin 45°} \text{ cm} = 50.6 \text{ cm}$$

缀条 1∟45×4：$A_d = 3.49 \text{ cm}^2$，$i_{min} = i_{y0} = 0.89 \text{ cm}$。

$$\lambda_d = \frac{l_d}{i_{min}} = \frac{50.6}{0.89} = 56.85，\varphi_d = 0.822$$

$$\frac{N_1}{\varphi_d A_d} = \frac{21.2 \times 10^3}{0.822 \times 349} \text{ N/mm}^2 = 73.9 \text{ N/mm}^2 < \eta f = 0.685 \times 215 \text{ N/mm}^2 = 147.3 \text{ N/mm}^2$$

式中,η 为单面连接等边角钢强度折减系数,其值为:$\eta = 0.6 + 0.001\ 5\lambda = 0.6 + 0.001\ 5 \times 56.85 = 0.685$。

满足要求。

从上述计算结果可以看出,该柱的截面和缀件选择合适。

【例6.5】 试对图6.25所示的单向压弯格构式双肢缀板柱的截面进行验算。材料用 Q235-B·F 钢,E43 型焊条,手工焊,截面无削弱,承受的荷载设计值为:轴心压力 $N = 1\ 200$ kN,弯矩 $M_x = \pm 130$ kN·m,剪力 $V = 30$ kN。柱在弯矩作用平面内有侧移,计算长度 $l_{0x} = 17.64$ m;弯矩作用平面外两端有支承,其计算长度 $l_{0y} = 6.3$ m。

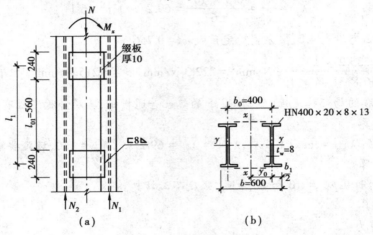

图6.25 例6.5图

【解】 (1)截面几何特性

分肢 HN400×200×8×13:

$$A_1 = 84.12 \text{ cm}^2 \qquad I_{x1} = 1\ 740 \text{ cm}^4 \qquad I_{y1} = 23\ 700 \text{ cm}^4$$

$$W_{x1} = 174 \text{ cm}^3 \qquad i_{x1} = 4.54 \text{ cm} \qquad i_{y1} = 16.78 \text{ cm}$$

截面面积:

$$A = 2A_1 = 2 \times 84.12 \text{ cm}^2 = 168.24 \text{ cm}^2$$

截面惯性矩:

$$I_x = 2\left[I_{x1} + A_1\left(\frac{b_0}{2}\right)^2 \right] = 2(1\ 740 + 84.12 \times 20^2) \text{ cm}^4 = 70\ 776 \text{ cm}^4$$

$$I_y = 2I_{y1} = 2 \times 23\ 700 \text{ cm}^4 = 47\ 400 \text{ cm}^4$$

截面回转半径:

$$i_x = \sqrt{\frac{I_x}{A}} = \sqrt{\frac{70\ 776}{168.24}} \text{ cm} = 20.5 \text{ cm}$$

$$i_y = \sqrt{\frac{I_y}{A}} = \sqrt{\frac{47\ 400}{168.24}} \text{ cm} = 16.79 \text{ cm}$$

截面模量:

$$W_x = \frac{I_x}{y_{\max}} = \frac{70\ 776}{30}\ \mathrm{cm}^3 = 2\ 359.2\ \mathrm{cm}^3 (验算强度时用)$$

$$W_{1x} = \frac{I_x}{y_0} = \frac{70\ 776}{20}\ \mathrm{cm}^3 = 3\ 538.8\ \mathrm{cm}^3 (验算稳定时用)$$

y_0 为由 x 轴到压力较大分肢轴线的距离。

(2)强度验算

格构式构件对虚轴(x 轴)的截面塑性发展系数 $\gamma_x = 1.0$,截面无削弱。

$$A_{nx} = A \quad W_{nx} = W_x$$

腹板厚 $t_w = 8\ \mathrm{mm}$,翼缘宽 $b_1 = 200\ \mathrm{mm}$,厚 $t = 13\ \mathrm{mm} < 16\ \mathrm{mm}$,$f = 215\ \mathrm{N/mm}^2$。

$$\frac{N}{A_n} + \frac{M_x}{\gamma_x W_{nx}} = \left(\frac{1\ 500 \times 10^3}{168.24 \times 10^2} + \frac{160 \times 10^6}{1.0 \times 2\ 359.2 \times 10^3} \right) \mathrm{N/mm}^2$$

$$= (77.27 + 67.82)\mathrm{N/mm}^2 = 145.1\ \mathrm{N/mm}^2 < f = 215\ \mathrm{N/mm}^2$$

满足要求。

(3)弯矩作用平面内的整体稳定

分肢对最小刚度轴 1—1 的计算长度 l_{01} 和长细比 λ_1 分别为(见图 6.25):

$$l_{01} = 56\ \mathrm{cm} \qquad \lambda_1 = \frac{l_{01}}{i_{x1}} = \frac{56}{4.54} = 12.33$$

柱对截面虚轴 x 轴的长细比 λ_x 和换算长细比 λ_{0x} 分别为:

$$\lambda_x = \frac{l_{0x}}{i_x} = \frac{17.64 \times 10^2}{20.5} = 86$$

$$\lambda_{0x} = \sqrt{\lambda_x^2 + \lambda_1^2} = \sqrt{86^2 + 12.33^2} = 86.88$$

由于 $\lambda_{0x} = 86.88$,查附表 4.2,得稳定系数 $\varphi_x = 0.642$(b 类截面)。

欧拉临界力:

$$N'_{Ex} = \frac{\pi^2 EA}{1.1 \times \lambda_{0x}^2} = \frac{\pi^2 \times 206 \times 10^3 \times 168.24 \times 10^2}{1.1 \times 86.88^2} \times 10^{-3}\ \mathrm{kN} = 4\ 120\ \mathrm{kN}$$

$$\varphi_x \frac{N}{N'_{Ex}} = 0.642 \times \frac{1\ 500}{4\ 120} = 0.364$$

等效弯矩系数 $\beta_{mx} = 1.0$(弱支撑,有侧移)

$$\frac{N}{\varphi_x A} + \frac{\beta_{mx} M_x}{W_{1x}\left(1 - \varphi_x \frac{N}{N'_{Ex}}\right)} = \left(\frac{1\ 500 \times 10^3}{0.642 \times 168.24 \times 10^2} + \frac{1.0 \times 160 \times 10^6}{3\ 538.8 \times 10^3(1 - 0.364)} \right) \mathrm{N/mm}^2$$

$$= (138.87 + 71.09)\ \mathrm{N/mm}^2 = 209.96\ \mathrm{N/mm}^2$$

$$< f = 215\ \mathrm{N/mm}^2 (满足要求)$$

弯矩作用平面外的整体稳定可不计算,但应计算分肢的稳定。

(4)分肢的稳定性

格构式单向压弯缀板柱分肢的稳定性应按弯矩绕分肢最小刚度轴 1—1 作用的实腹式单向压弯构件计算。

①分肢内力。分肢承受的轴心压力为:

$$N_1 = \frac{N}{2} + \frac{M_x}{b_0} = \left(\frac{1\,500}{2} + \frac{160}{0.4}\right) \text{kN} = 1\,150 \text{ kN}$$

分肢承受的弯矩 M_1 由剪力 V 引起,按多层钢架计算。计算时假定在剪力作用下各反弯点分别位于横梁(缀板)和柱(分肢)的中央。

柱的计算剪力:

$$V = \frac{Af}{85}\sqrt{\frac{f_y}{235}} = \frac{168.24 \times 10^2 \times 215}{85}\sqrt{\frac{235}{235}} \times 10^{-3} \text{ kN} = 42.6 \text{ kN}$$

大于柱的实际剪力 $V = 30$ kN,取 $V = 42.6$ kN。计算分肢承受的弯矩 M_1:

$$M_1 = 2\left(\frac{V_1}{2}\frac{l_1}{2}\right) = \frac{V_1 l_1}{2} = \frac{V l_1}{4} = \frac{42.6 \times (0.56 + 0.24)}{4} \text{ kN·m} = 8.52 \text{ kN·m}$$

式中,l_1 为相邻两缀板轴线间距离。

②分肢在弯矩作用平面内稳定性。

条件:

$$\frac{N_1}{\varphi_1 A_1} + \frac{\beta_{m1} M_1}{\gamma_1 W_{x1}\left(1 - 0.8\dfrac{N}{N'_{E1}}\right)} \leqslant f = 215 \text{ N/mm}^2$$

$\lambda_1 = 12.33, \varphi_1 = 0.989$(b 类截面)。

欧拉临界力:

$$N'_{E1} = \frac{\pi^2 E A_1}{1.1 \lambda_1^2} = \frac{\pi^2 \times 206 \times 10^3 \times 84.12 \times 10^2}{1.1 \times 12.33^2} \times 10^{-3} \text{ kN} = 102\,269.8 \text{ kN}$$

$$0.8\frac{N}{N'_{E1}} = 0.8 \times \frac{1\,500}{102\,269.8} = 0.014\,7$$

截面塑性发展系数 $\gamma_1 = 1.20$。

等效弯矩系数取有侧移时的 $\beta_{m1} = 1.0$。

$$\frac{N_1}{\varphi_1 A_1} + \frac{\beta_{m1} M_1}{\gamma_1 W_{x1}\left(1 - 0.8\dfrac{N}{N'_{E1}}\right)}$$

$$= \left[\frac{1\,150 \times 10^3}{0.989 \times 84.12 \times 10^2} + \frac{1.0 \times 8.52 \times 10^6}{1.20 \times 174 \times 10^3 (1 - 0.014\,7)}\right] \text{N/mm}^2$$

$$= (138.23 + 41.41)\text{N/mm}^2 = 179.64 \text{ N/mm}^2 < f = 215 \text{ N/mm}^2(满足要求)$$

③分肢在弯矩作用平面外稳定性条件:

$$\frac{N_1}{\varphi_{y1} A_1} + \frac{\beta_{t1} M_1}{\varphi_b W_{x1}} \leqslant f = 215 \text{ N/mm}^2$$

$$\lambda_{y1} = \frac{l_{0y}}{i_{y1}} = \frac{6.3 \times 10^2}{16.78} = 37.54$$

$$\varphi_{y1}=0.947(\text{a 类截面})$$

等效弯矩系数近似取 $\beta_{t1}=0.85$（端弯矩，构件产生反向曲率）。

受弯构件整体稳定系数 $\varphi_b=1.0$（工字形截面，弯矩绕弱轴作用）。

$$\frac{N_1}{\varphi_{y1}A_1}+\frac{\beta_{t1}M_1}{\varphi_b W_1}=\left(\frac{1\,150\times10^3}{0.947\times84.12\times10^2}+\frac{0.85\times8.52\times10^6}{1.0\times174\times10^3}\right)\text{N/mm}^2$$

$$=(144.36+41.62)\text{N/mm}^2=185.98\text{ N/mm}^2<f=215\text{ N/mm}^2$$

满足要求。

分肢的局部稳定性不必验算。

（5）刚度

最大长细比：$\lambda_{max}=\max\{\lambda_{0x},\lambda_1,\lambda_{y1}\}=\lambda_{0x}=86.88<[\lambda]=150$，满足要求。

缀板刚度和缀板与分肢间连接的强度均满足要求，计算方法同格构式轴心受力构件，此处从略。

结论：从以上计算结果可以看出，该柱截面合适，符合安全要求。

6.5 框架柱的柱头与柱脚设计

▶ 6.5.1 框架的柱头——梁与柱的刚性连接

在框架结构中，梁与柱的连接一般采用刚性连接。梁与柱的刚性连接不仅要求连接节点能可靠地传递剪力而且能有效地传递弯矩。图6.26(a)、(b)的构造为全焊接刚性连接，通过翼缘连接焊缝将弯矩传给框架柱，而剪力则全部由腹板焊缝传递。前者采用连接板和角焊缝与柱连接，后者则将梁翼缘用坡口焊缝连接，梁腹板则直接用角焊缝与柱连接。坡口焊缝须设引弧板和坡口下部垫板（预先焊于柱上），梁腹板则在端头上下各开一个 $r\approx30$ mm 的弧形缺口，上缺口是为了留出引弧板位置，下缺口则是为了施焊操作。图6.26(c)、(d)是将梁腹

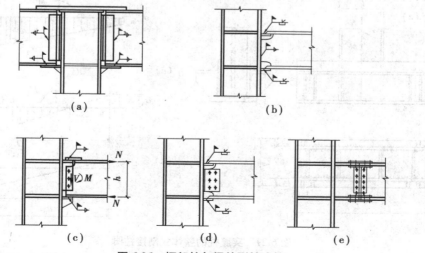

图 6.26 框架柱与梁的刚性连接

板与柱的连接改用高强螺栓或普通螺栓来传递剪力,梁翼缘与柱的连接前者用连接板与角焊缝,后者则用坡口焊缝,这类栓焊混合连接便于安装,故目前在钢结构中应用普遍。另外应用较广的还有图 6.26(e) 所示的用高强螺栓连于预先焊在柱上的牛腿形成的刚性连接,梁端的弯矩和剪力是通过牛腿的焊缝传递给框架柱,而高强螺栓传递梁与牛腿连接处的弯矩和剪力。

▶ 6.5.2 框架柱的柱脚

框架柱为压弯构件,其柱脚可以做成铰接和刚接两种。铰接柱脚仅传递轴心压力和剪力,其计算和构造与轴心受压柱的柱脚相同,但所受的剪力较大,需采取抗剪的构造措施。刚接柱脚除传递轴心压力和剪力外,还要传递弯矩。实际工程中多采用与基础刚性连接的柱脚。

1)形式和构造

根据柱的形式和其宽度,框架柱柱脚可分为整体式和分离式两类。图 6.27、图 6.28 所示的柱脚为整体式刚接柱脚,图 6.29 则为分离式柱脚。

实腹柱和分肢距离较小(一般分肢间距≤1.5 m)的格构柱常采用整体式刚接柱脚,分肢间距较大的格构式柱采用整体式柱脚所耗费的钢材较多,故多采用分离式柱脚,如图 6.29 所示,这时每个分肢下的柱脚相当于一个轴心受力的铰接柱脚。

刚接柱脚在轴心压力和弯矩作用下,传给基础的压力分布是不均匀的,可能会在底板某一侧产生拉力,因而,需要由锚栓承受拉力,应对锚栓进行计算。一般情况下,柱脚每边各设置 2~4 个直径为 30~75 mm 的锚栓。

如图 6.27 所示,为保证柱脚与基础刚性连接,锚栓不应直接固定在底板上,宜固定在靴梁侧面焊接的两块肋板上面的顶板上。同时,为便于安装,调整柱脚的位置,锚栓位置宜在底板之外,顶板上锚栓孔的直径应是锚栓直径的 1.5~2.0 倍,待柱子就位并调整到设计要求后,再用垫板套住锚栓并与顶板焊牢,垫板上的孔径比锚栓直径大 1~2 mm。

为了加强分离式柱脚在运输和安装时的刚度,增强其整体性,宜设置缀材把两个柱脚连接起来,如图 6.29 所示。

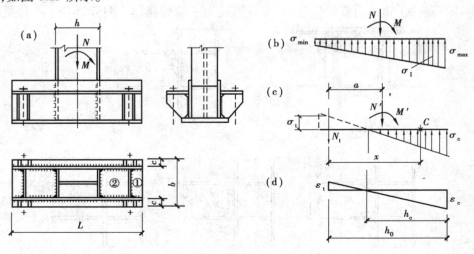

图 6.27 实腹柱的整体式刚接柱脚

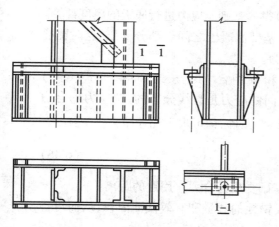

图 6.28　格构柱的整体式刚接柱脚

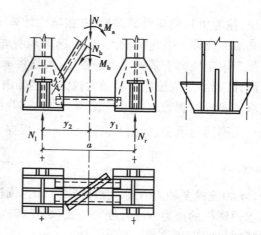

图 6.29　格构柱的分离式柱脚

当柱截面刚度较大时,如箱形截面或加强型腹板的工字形截面,也可以不设置靴梁而将锚栓固定在柱翼缘外侧的支承托座上。

2)计算方法

(1)整体式刚接柱脚计算

在框架柱脚设计中,应以柱脚内最不利轴心压力、弯矩和剪力组合来计算,通常计算基础混凝土最大压力和设计底板时,按较大的轴心压力、较大的弯矩组合控制,设计锚栓和支承托座时,按同时发生较小的轴心压力和较大的弯矩组合控制。

①底板设计。底板设计主要包括确定底板的面积和底板的厚度。

a.底板的面积。通常需根据柱截面、柱脚内力的大小和构造要求初步选取底板的宽度 b 和长度 L,宽度方向的外伸长度 c 一般取 20~30 mm。然后,按底板下的压应力为直线分布,计算基础混凝土的最大压应力:

$$\sigma_{\max} = \frac{N}{bL} + \frac{6M}{bL^2} \leqslant f_{cc} \tag{6.44}$$

式中,N、M 为柱脚所承受的最不利弯矩和轴心压力,取使基础一侧产生最大压应力的内力组合;f_{cc} 为混凝土的承压强度设计值。

根据混凝土的强度等级选择承压强度设计值 f_{cc},当为 C15、C20、C25 时,f_{cc} 分别为 7.5 N/mm²、10 N/mm²、12.5 N/mm²。

如果不满足上式条件,则初选宽度 b 和长度 L 不合适,应修改并重新计算。

而另一侧的应力为:

$$\sigma_{\min} = \frac{N}{bL} - \frac{6M}{bL^2} \tag{6.45}$$

于是,可以绘出底板下的压应力分布图形,如图 6.27(b)所示。

b.底板的厚度。按照此压应力产生的弯矩计算底板的厚度,计算方法同轴心受压柱脚。对于偏心受压柱脚,因底板压应力分布不均,分布压应力 q 可偏安全地取为底板各区格的最大压应力。但这种方法只适用于底板全部受压的情况。如果底板出现拉应力,即 $\sigma_{\min} < 0$(以

压为正,拉为负),则应计算锚栓,并按锚栓计算中所算得的基础压应力进行底板的厚度计算。

②锚栓设计。当弯矩较大时,$\sigma_{\min}<0$,表明底板与基础混凝土之间仅部分受压,这时锚栓不仅起到固定柱脚于基础之上的作用,而且将承受拉力。

设计锚栓时,应按照产生最大拉力的基础内力 N' 和 M' 组合考虑,按式(6.44)和式(6.45)近似求得底板两侧的应力,并假设底板与基础混凝土间的应力是直线分布的,拉应力的合力完全由柱脚锚栓承受,如图6.27(c)所示。根据 $\sum M_c = 0$ 条件,即可求得锚栓拉力:

$$N_t = \frac{M' - N'(x - a)}{x} \tag{6.46}$$

式中, a 为锚栓至轴力 N' 作用点的距离; x 为锚栓至基础受压区合力作用点的距离。

求得锚栓的拉力 N_t 后,便可按式(6.47)确定需要锚栓的数量和有效截面面积,从而可查表选择锚栓的直径。

$$A_e \geqslant \frac{N_t}{nf_t^a} \tag{6.47}$$

式中, n 为锚栓的数量; A_e 为锚栓的有效截面面积。

通常锚栓的直径较大,对粗大的螺栓,应注意受拉时螺纹处应力集中的不利影响。同时,由于锚栓是保证柱脚刚性连接的最主要部分,应使其弹性伸长不致过大,所以规范取了较低的抗拉强度设计值。如对 Q235 钢锚栓取 $f_t^a = 140$ N/mm^2,对 Q345 钢锚栓取 $f_t^a = 180$ N/mm^2,分别相当于受拉构件强度设计值的 0.7 倍和 0.6 倍。

③靴梁、隔板及其连接焊缝的计算。设计靴梁、隔板、肋板及其连接焊缝应按使底板产生最大压应力的内力为最不利组合,并按不均匀底板压应力所产生的实际荷载情况计算。

靴梁与柱身的连接焊缝应按可能产生的最大内力 N_1 计算,并以此焊缝所需要的长度来确定靴梁的高度。

$$N_1 = \frac{N}{2} + \frac{M}{h} \tag{6.48}$$

靴梁按支于柱边缘的悬伸梁来验算其截面强度。靴梁的悬伸部分与底板间的连接焊缝共有4条,应按整个底板宽度下的最大基础反力计算。

隔板的计算同轴心受力柱脚,它所承受的基础反力应取该计算段内的最大值计算。

肋板顶部的水平焊缝以及肋板与靴梁的连接焊缝应根据每个锚栓的拉力来计算。锚栓支承垫板的厚度根据其抗弯强度计算。

(2)分离式柱脚计算

把每个分离式柱脚按分肢可能产生的最大压力作为单独的承受轴心压力的柱脚设计。但锚栓应由计算确定。分离式柱脚的两个独立柱脚所承受的最大压力为:

右肢
$$N_r = \frac{N_a y_2}{a} + \frac{M_a}{a} \tag{6.49a}$$

左肢
$$N_v = \frac{N_b y_1}{a} + \frac{M_b}{a} \tag{6.49b}$$

式中, N_a、M_a 为使右肢受力最不利的柱的组合内力; N_b、M_b 为使左肢受力最不利的柱的组合内力;y_1、y_2 分别为右肢及左肢至柱轴线的距离;a 为柱截面宽度(两分肢轴线距离)。

每个柱脚的锚栓应按各自的最不利组合内力换算成的最大拉力计算。

当分肢柱脚受压时,假设底板下压应力为均匀分布,按轴心受压柱脚计算,当分肢柱脚受拉时,拉力由锚栓承受。

另外,无论是整体式还是分离式柱脚,对柱脚的防腐蚀应特别加以重视。《规范》对此制定有强制性条文:"柱脚在地面以下的部分应采用强度等级较低的混凝土包裹(保护层厚度不应小于 50 mm),并应使包裹的混凝土高出地面不小于 150 mm。当柱脚底面在地面以上时,柱脚底面应高出地面不小于 100 mm。"

章后提示

1.拉、压弯构件是工程结构中最常用的结构构件之一,应用范围非常广泛。压弯构件的设计应综合考虑强度、刚度、整体稳定和局部稳定四个方面。而拉弯构件的设计一般只需考虑强度和刚度两个方面。

2.本章学习时要重点掌握拉、压弯构件的设计要点,并且熟悉影响其承载能力的主要因素。

思考题与习题

一、选择题(注册考试真题,要求写出具体分析求解过程)

6.1 条件同习题 4.1,刚架柱下端铰接,采用平板支座,试问刚架平面内柱的计算长度系数 μ 与下列何项数值最为接近? ( )

    A.0.79   B.0.76   C.0.73   D.0.70

6.2 某实腹式压弯柱,当截面上有螺栓(或铆钉)孔时,试问下列何项计算要考虑螺栓(或铆钉)孔引起的截面削弱? ( )

    A.柱的侧移计算   B.柱的整体稳定计算

    C.柱的强度计算   D.以上情况都不需要

6.3 某框架柱,采用焊接组合截面(H 1 000×400×t_w×25),已知弯矩作用平面内的长细比 $\lambda_x = 38$,腹板计算高度边缘应力梯度 $\alpha_0 = \dfrac{\sigma_{max} - \sigma_{min}}{\sigma_{max}} = 1.33$。试问,当柱内不设置纵向加劲肋时,所需的腹板厚度 t_w 最小值是( )。

    A.12 mm   B.14 mm   C.16 mm   D.18 mm

6.4 两端铰接、单轴对称的 T 形截面压弯构件,弯矩作用在非对称轴平面并使翼缘受压,可用下列哪些公式进行计算? ( )

$$(1)\ \frac{N}{\varphi_x A} + \frac{\beta_{mx} M_x}{\gamma_x W_{1x}\left(1 - 0.8\dfrac{N}{N'_{Ex}}\right)} \leqslant f \qquad (2)\ \frac{N}{\varphi_y A} + \eta\frac{\beta_{tx} M_x}{\varphi_b W_{1x}} \leqslant f$$

$$(3) \left| \frac{N}{A} - \frac{\beta_{mx} M_x}{\gamma_x W_{2x} \left(1 - 1.25 \dfrac{N}{N'_{Ex}}\right)} \right| \leqslant f \qquad (4) \frac{N}{\phi_y A} + \frac{\beta_{mx} M_x}{\gamma_x W_{1x} \left(1 - \varphi_x \dfrac{N}{NF'_{Ex}}\right)} \leqslant f$$

    A.(1)(2)(3)   B.(2)(3)(4)   C.(1)(2)(4)   D.(1)(3)(4)

  6.5 弯矩绕虚轴作用的双肢缀条式压弯构件应进行( )和缀条的计算。

    A.强度、弯矩作用平面内稳定、弯矩作用平面外稳定、刚度

    B.弯矩作用平面内稳定、分肢稳定

    C.弯矩作用平面内稳定、弯矩作用平面外稳定、刚度

    D.强度、弯矩作用平面内稳定、分肢稳定、刚度

二、计算题

  6.6 如图 6.30 所示的拉弯构件,承受的横向均布活荷载设计值 $q = 8$ kN/m。截面 I25a,无削弱,不需进行疲劳计算。试确定其最大轴心拉力。

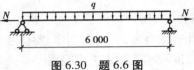

图 6.30 题 6.6 图

  6.7 有一高度为 4.0 m 的压弯构件,两端铰接,材料采用 Q235,截面选择 HN400×200×8×13,承受的荷载:轴心压力的设计值 $N = 500$ kN,弯矩设计值 $M_x = 80$ kN·m。试验算该构件的截面。

  6.8 试设计图 6.31 所示的柱。承受的设计压力 $N = 1\,750$ kN,$M_x = 525$ kN·m。在弯矩作用平面外有支撑体系如图 6.31(a)所示,柱上端自由,下端固定。要求选用热轧 H 型钢或焊接工字形截面,材料为 Q235。

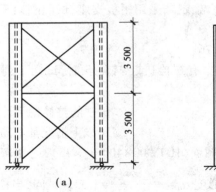
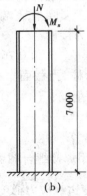

图 6.31 题 6.8 图

  6.9 图 6.32 所示一钢结构厂房刚架边柱下部的截面,截面无削弱,材料为 Q235-B·F 钢。采用格构式双肢缀条柱,屋架肢采用[28 a、吊车肢采用 I28 b,柱外缘至吊车肢中心的距离为 800 mm。柱在弯矩作用平面内、外的计算长度分别为 $l_{0x} = 16.8$ m、$l_{0y} = 8$ m。缀条与垂直方向夹角为 45°,斜、横缀条均采用 L 63×4。柱承受的荷载设计值为:轴心压力 $N = 650$ kN,正弯矩 $M_x = 500$ kN·m(使吊车肢受压),负弯矩 $M'_x = 300$ kN·m(使屋盖肢受压),剪力 $V = 65.6$ kN。试对该柱进行验算。

6.10 试设计习题 6.9 中柱的柱脚。

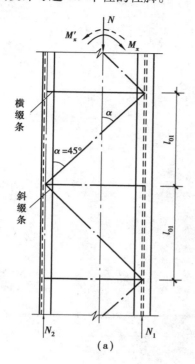

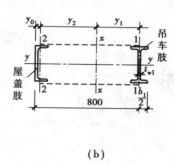

图 6.32 题 6.9 图

附　录

附录 1　钢材和连接的强度设计值

附表 1.1　钢材的强度设计值　　　　　　单位:N/mm²

钢　材		抗拉、抗压和抗弯 f	抗剪 f_v	端面承压(刨平顶紧) f_{ce}
牌　号	厚度或直径/mm			
Q235 钢	≤16	215	125	325
	>16~40	205	120	
	>40~60	200	115	
	>60~100	190	110	
Q345 钢	≤16	310	180	400
	>16~35	295	170	
	>35~50	265	155	
	>50~100	250	145	

续表

钢　材		抗拉、抗压和抗弯	抗剪	端面承压（刨平顶紧）
牌　号	厚度或直径/mm	f	f_v	f_{ce}
Q390 钢	≤16	350	205	415
	>16~35	335	190	
	>35~50	315	180	
	>50~100	295	170	
Q420 钢	≤16	380	220	440
	>16~35	360	210	
	>35~50	340	195	
	>50~100	325	185	

注：表中厚度系指计算点的钢材厚度，对轴心受拉和轴心受压构件系指截面中较厚板件的厚度。

附表 1.2　焊缝的强度设计值　　　　　　　　单位：N/mm²

焊接方法和焊条型号	构件钢材		对接焊缝				角焊缝
	牌　号	厚度或直径/mm	抗压 f_c^w	焊缝质量为下列等级时，抗拉 f_t^w		抗剪 f_v^w	抗拉、抗压和抗剪 f_f^w
				一级、二级	三级		
自动焊、半自动焊和 E43 型焊条的手工焊	Q235 钢	≤16	215	215	185	125	160
		>16~40	205	205	175	120	
		>40~60	200	200	170	115	
		>60~100	190	190	160	110	
自动焊、半自动焊和 E43 型焊条的手工焊	Q345 钢	≤16	310	310	265	180	200
		>16~35	295	295	250	170	
		>35~50	265	265	225	155	
		>50~100	250	250	210	145	
自动焊、半自动焊和 E55 型焊条的手工焊	Q390 钢	≤16	350	350	300	205	220
		>16~35	335	335	285	190	
		>35~50	315	315	270	180	
		>50~100	295	295	250	170	
自动焊、半自动焊和 E55 型焊条的手工焊	Q420 钢	≤16	380	380	320	220	220
		>16~35	360	360	305	210	
		>35~50	340	340	290	195	
		>50~100	325	325	275	185	

注：①自动焊和半自动焊所采用的焊丝和焊剂，应保证其熔敷金属的力学性能不低于现行国家标准《埋弧焊用碳钢焊丝和焊剂》（GB/T 5293）和《低合金钢埋弧焊用焊剂》（GB/T 12470）中相关的规定。
　　②焊缝质量等级应符合现行国家标准《钢结构工程施工质量验收规范》（GB 50205）的规定。其中厚度小于 8 mm钢材的对接焊缝，不应采用超声波探伤确定焊缝质量等级。
　　③对接焊缝抗弯受压区强度设计值取 f_c^w，抗弯受拉区强度设计值取 f_t^w。

附表 1.3　螺栓连接的强度设计值　　　　　　　　　单位：N/mm²

螺栓的性能等级、锚栓和构件钢材的牌号		普通螺栓						锚栓	承压型连接高强度螺栓		
		C 级螺栓			A 级、B 级螺栓						
		抗拉 f_t^b	抗剪 f_v^b	承压 f_c^b	抗拉 f_t^b	抗剪 f_v^b	承压 f_c^b	抗拉 f_t^b	抗拉 f_t^b	抗剪 f_v^b	承压 f_c^b
普通螺栓	4.6 级、4.8 级	170	140	—	—	—	—	—	—	—	—
	5.6 级	—	—	—	210	190	—	—	—	—	—
	8.8 级	—	—	—	400	320	—	—	—	—	—
锚　栓	Q235	—	—	—	—	—	—	140	—	—	—
	Q345	—	—	—	—	—	—	180	—	—	—
承压型连接高强度螺栓	8.8 级	—	—	—	—	—	—	—	400	250	—
	10.9 级	—	—	—	—	—	—	—	500	310	—
构　件	Q235 钢	—	—	305	—	—	405	—	—	—	470
	Q345 钢	—	—	385	—	—	510	—	—	—	590
	Q390 钢	—	—	400	—	—	530	—	—	—	615
	Q420 钢	—	—	425	—	—	560	—	—	—	655

注：①A 级螺栓用于 $d \leqslant 24$ mm 和 $l = 10d$ 或 $l \leqslant 150$ mm（按较小值）的螺栓；B 级螺栓用于 $d > 24$ mm 或 $l > 10d$ 或
　　$l > 150$ mm（按较小值）的螺栓。d 为公称直径，l 为螺杆公称长度。

②A、B 级螺栓孔的精度和孔壁表面粗糙度，C 级螺栓孔的允许偏差和孔壁表面粗糙度，均应符合现行国家标准
　　《钢结构工程施工质量验收规范》（GB 50205）的要求。

附表 1.4　结构构件或连接设计强度的折减系数

项　次	情　况	折减系数
1	单面连接的单角钢 （1）按轴心受力计算强度和连接	0.85
	（2）按轴心受压计算稳定性 　　等边角钢	0.6+0.001 5λ，但不大于 1.0
	短边相连的不等边角钢	0.5+0.002 5λ，但不大于 1.0
	长边相连的不等边角钢	0.70
2	无垫板的单面施焊对接焊缝	0.85
3	施工条件较差的高空安装焊缝和铆钉连接	0.90
4	沉头和半沉头铆钉连接	0.80

注：①λ——长细比，对中间无连系的单角钢压杆，应按最小回转半径计算，当 λ ≤ 20 时，取 λ = 20。

②当几种情况同时存在时，其折减系数应连乘。

附录2　结构和构件的变形容许值

▶ 附录2.1　受弯构件的挠度容许值

（1）吊车梁、楼盖梁、屋盖梁、工作平台梁以及墙架构件的挠度不宜超过附表2.1所列的容许值。

附表2.1　受弯构件挠度容许值

项　次	构件类型	挠度容许值	
		$[v_T]$	$[v_Q]$
1	吊车梁和吊车桁架（按自重和起重量最大的一台吊车计算挠度）： （1）手动吊车和单梁吊车（含悬挂吊车） （2）轻级工作制桥式吊车 （3）中级工作制桥式吊车 （4）重级工作制桥式吊车	$l/500$ $l/800$ $l/1\,000$ $l/1\,200$	
2	手动或电动葫芦的轨道梁	$l/400$	
3	有重轨（重量等于或大于38 kg/m）轨道的工作平台梁 有轻轨（重量等于或小于24 kg/m）轨道的工作平台梁	$l/600$ $l/400$	
4	楼（屋）盖梁或桁架、工作平台梁（第3项除外）和平台板： （1）主梁或桁架（包括设有悬挂起重设备的梁和桁架） （2）抹灰顶棚的次梁 （3）除（1）、（2）款外的其他梁（包括楼梯梁） （4）屋盖檩条 　支承无积灰的瓦楞铁和石棉瓦屋面者 　支承压型金属板、有积灰的瓦楞铁和石棉瓦等屋面者 　支承其他屋面材料 （5）平台板	$l/400$ $l/250$ $l/250$ $l/150$ $l/200$ $l/200$ $l/150$	$l/500$ $l/350$ $l/300$ — — — —
5	墙架构件（风荷载不考虑阵风系数）： （1）支柱 （2）抗风桁架（作为连续支柱的支承时） （3）砌体墙的横梁（水平方向） （4）支承压型金属板、瓦楞铁和石棉瓦墙面的横梁（水平方向） （5）带有玻璃窗的横梁（竖直和水平方向）	— — — — $l/200$	$l/400$ $l/1\,000$ $l/300$ $l/200$ $l/200$

注：① l 为受弯构件的跨度（对悬臂梁或伸臂梁为悬伸长度的2倍）。
　　② $[v_T]$ 为永久和可变荷载标准值产生的挠度（如有起拱应减去拱度）的容许值；$[v_Q]$ 为可变荷载标准值产生的挠度的容许值。

（2）冶金工厂或类似车间中设有工作级别为 A7、A8 级吊车的车间，其跨间每侧吊车梁或吊车桁架的制动结构，由一台最大吊车横向水平荷载（按荷载规范取值）所产生的挠度不宜超过制动结构跨度的 1/2 200。

▶ 附录 2.2 框架结构的水平位移容许值

（1）在风荷载标准值作用下，框架柱顶水平位移和层间相对位移不宜超过下列数值：

①无桥式吊车的单层框架的柱顶位移：$H/150$；

②有桥式吊车的单层框架的柱顶位移：$H/400$；

③多层框架的柱顶位移：$H/500$；

④多层框架的层间相对位移：$h/400$。

H 为自基础顶面至柱顶的总高度；h 为层高。

注：①对室内装修要求较高的民用建筑多层框架结构，层间相对位移宜适当减小。无墙壁的多层框架结构，层间相对位移可适当放宽。

②对轻型框架结构的柱顶水平位移和层间位移均可适当放宽。

（2）在冶金工厂或类似车间中设有 A7、A8 级吊车的厂房柱和设有中级和重级工作制吊车的露天桥架柱，在吊车梁或吊车桁架的顶面标高处，由一台最大吊车水平荷载（按荷载规范取值）所产生的计算变形值，不宜超过附表 2.2 所列的容许值。

附表 2.2　柱顶水平位移（计算值）的容许值

项　次	位移的种类	按平面结构图形计算	按空间结构图形计算
1	厂房柱的横向位移	$H_c/1\ 250$	$H_c/2\ 000$
2	露天栈桥柱的横向位移	$H_c/2\ 500$	—
3	厂房和露天栈桥柱的纵向位移	$H_c/4\ 000$	—

注：①H_c 为基础顶面至吊车梁或吊车桁架顶面的高度；

②计算厂房或露天栈桥柱的纵向位移时，可假设吊车的纵向水平制动力分配在温度区段内所有柱间支撑或纵向框架上。

③在设有 A8 级吊车的厂房中，厂房柱的水平位移宜减小 10%。

④设有 A6 级吊车的厂房柱纵向位移宜符合表中的要求。

附录 3　梁的整体稳定系数

▶ 附录 3.1 等截面焊接工字形和轧制 H 型钢简支梁

等截面焊接工字形和轧制 H 型钢（附图 3.1）简支梁的整体稳定系数 φ_b 应按下式计算：

$$\varphi_b = \beta_b \frac{4\ 320}{\lambda_y^2} \frac{Ah}{W_x} \left[\sqrt{1 + \left(\frac{\lambda_y t_1}{4.4h}\right)^2} + \eta_b \right] \frac{235}{f_y} \qquad (\text{附 } 3.1)$$

式中,β_b 为梁整体稳定的等效临界弯矩系数,按附表 3.1 采用;λ_y 为梁在侧向支承点间对截面弱轴 y—y 的长细比,$\lambda_y = l_1/i_y$,l_1 为受压翼缘相邻两侧向支承点之间的距离,i_y 为梁毛截面对 y 轴的截面回转半径;A 为梁的毛截面面积;h、t_1 为梁截面的全高和受压翼缘的厚度;η_b 为截面不对称影响系数,双轴对称截面 $\eta_b = 0$,单轴对称工字形截面:加强受压翼缘 $\eta_b = 0.8(2\alpha_b - 1)$,加强受拉翼缘 $\eta_b = 2\alpha_b - 1$,其中 $\alpha_b = \dfrac{I_1}{I_1 + I_2}$,式中 I_1 和 I_2 分别为受压翼缘和受拉翼缘对 y 轴的惯性矩。

当按式(附 3.1)算得的 φ_b 值大于 0.6 时,应用式(附 3.2)计算的 φ'_b 代替 φ_b 值:

$$\varphi'_b = 1.07 - \frac{0.282}{\varphi_b} \leqslant 1.0 \qquad\qquad (\text{附 } 3.2)$$

式(附 3.1)亦适用于等截面铆接(或高强度螺栓连接)简支梁,其受压翼缘厚度 t_1 包括翼缘角钢厚度在内。

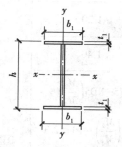

(a)双轴对称焊接工字形截面

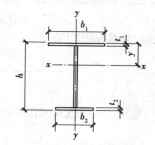

**(b)加强受压翼缘的单轴
对称焊接工字形截面**

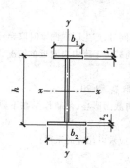

**(c)加强受拉翼缘的单轴
对称焊接工字形截面**

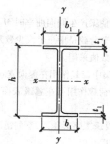

(d)轧制 H 型钢截面

附图 3.1　焊接工字形和轧制 H 型钢截面

附表 3.1　H 型钢和等截面工字形简支梁的系数 β_b

项　次	侧向支承	荷　　载		$\xi \le 2.0$	$\xi > 2.0$	适用范围
1	跨中无侧向支承	均布荷载作用在	上翼缘	$0.69+0.13\xi$	0.95	附图 3.1(a)、(b) 和(d)的截面
2			下翼缘	$1.73-0.20\xi$	1.33	
3		集中荷载作用在	上翼缘	$0.73+0.18\xi$	1.09	
4			下翼缘	$2.23-0.28\xi$	1.67	
5	跨度中点有一个侧向支承点	均布荷载作用在	上翼缘	1.15		附图 3.1 中的所有截面
6			下翼缘	1.40		
7		集中荷载作用在截面高度上任意位置		1.75		
8	跨中有不少于两个等距离侧向支承点	任意荷载作用在	上翼缘	1.20		
9			下翼缘	1.40		
10	梁端有弯矩,但跨中无荷载作用			$1.75-1.05\left(\dfrac{M_2}{M_1}\right)+0.3\left(\dfrac{M_2}{M_1}\right)^2$,但 ≤ 2.3		

注:① ξ 为参数,$\xi=\dfrac{l_1 t_1}{b_1 h}$。

② M_1、M_2 为梁的端弯矩,使梁产生同向曲率时 M_1 和 M_2 取同号,产生反向曲率时取异号,$|M_1| \ge |M_2|$。

③表中项次 3、4 和 7 的集中荷载是指一个或少数几个集中荷载位于跨中央附近的情况,对其他情况的集中荷载,应按表中项次 1、2、5、6 内的数值采用。

④表中项次 8、9 的 β_b,当集中荷载作用在侧向支承点处时,取 $\beta_b=1.20$。

⑤荷载作用在上翼缘系指荷载作用点在翼缘表面,方向指向截面形心;荷载作用在下翼缘系指荷载作用点在翼缘表面,方向背向截面形心。

⑥对 $\alpha_b > 0.8$ 的加强受压翼缘工字形截面,下列情况的 β_b 值应乘以相应的系数:

项次 1:当 $\xi \le 1.0$ 时,乘以 0.95。

项次 3:当 $\xi \le 0.5$ 时,乘以 0.90;当 $0.5 < \xi \le 1.0$ 时,乘以 0.95。

▶　附录 3.2　轧制普通工字钢简支梁

扎制普通工字钢简支梁的整体稳定系数 φ_b 应按附表 3.2 采用;当所得的 φ_b 值大于 0.6 时,应按公式(附 3.2)算得相应的 φ_b' 代替 φ_b 值。

附表 3.2　轧制普通工字钢简支梁的 φ_b

项 次	荷载情况			工字钢型号	自由长度 l_1/m								
					2	3	4	5	6	7	8	9	10
1	跨中无侧向支承点的梁	集中荷载作用于	上翼缘	10～20	2.00	1.30	0.99	0.80	0.68	0.58	0.53	0.48	0.43
				22～32	2.40	1.48	1.09	0.86	0.72	0.62	0.54	0.49	0.45
				36～63	2.80	1.60	1.07	0.83	0.68	0.56	0.50	0.45	0.40
2			下翼缘	10～20	3.10	1.95	1.34	1.01	0.82	0.69	0.63	0.57	0.52
				22～40	5.50	2.80	1.84	1.37	1.07	0.86	0.73	0.64	0.56
				45～63	7.30	3.60	2.30	1.62	1.20	0.96	0.80	0.69	0.60
3		均布荷载作用于	上翼缘	10～20	1.70	1.12	0.84	0.68	0.57	0.50	0.45	0.41	0.37
				22～40	2.10	1.30	0.93	0.73	0.60	0.51	0.45	0.40	0.36
				45～63	2.60	1.45	0.97	0.73	0.59	0.50	0.44	0.38	0.35
4			下翼缘	10～20	2.50	1.55	1.08	0.83	0.68	0.56	0.52	0.47	0.42
				22～40	4.00	2.20	1.45	1.10	0.85	0.70	0.60	0.52	0.46
				45～63	5.60	2.80	1.80	1.25	0.95	0.78	0.65	0.55	0.49
5	跨中有侧向支承点的梁（不论荷载作用点在截面高度上的位置）			10～20	2.20	1.39	1.01	0.79	0.66	0.57	0.52	0.47	0.42
				22～40	3.00	1.80	1.24	0.96	0.76	0.65	0.56	0.49	0.43
				45～63	4.00	2.20	1.38	1.01	0.80	0.66	0.56	0.49	0.43

注：①同附表 3.1 的注 3、5。

②表中的 φ_b 适用于 Q235 钢。对其他钢号，表中数值应乘以 $235/f_y$。

▶ **附录 3.3　轧制槽钢简支梁**

轧制槽钢简支梁的整体稳定系数，不论荷载的形式和荷载作用点在截面高度上的位置，均可按式（附 3.3）计算：

$$\varphi_b = \frac{570\, bt}{l_1 h}\frac{235}{f_y}\qquad\qquad（附 3.3）$$

式中，h、b、t 分别为槽钢截面的高度、翼缘宽度和平均厚度。

按式（附 3.3）算得 $\varphi_b > 0.6$ 时，应按式（附 3.2）算得相应的 φ_b' 代替 φ_b 值。

▶ **附录 3.4　双轴对称工字形等截面（含 H 型钢）悬臂梁**

双轴对称工字形等截面（含 H 型钢）悬臂梁的整体稳定系数，可按式（附 3.1）计算，但式中系数 β_b 应按附表 3.3 查得，$\lambda_y = l_1/i_y$（l_1 为悬臂梁的悬伸长度）。当求得的 $\varphi_b > 0.6$ 时，应按式（附 3.2）算得相应的 φ_b' 代替 φ_b 值。

附表 3.3　双轴对称工字形等截面(含 H 型钢)悬臂梁的系数 β_b

项　次	荷载形式		$0.60 \leqslant \xi \leqslant 1.24$	$1.24 < \xi \leqslant 1.96$	$1.96 < \xi \leqslant 3.10$
1	自由端一个集中荷载作用在	上翼缘	$0.21+0.67\xi$	$0.72+0.26\xi$	$1.17+0.03\xi$
2		下翼缘	$2.94-0.65\xi$	$2.64-0.40\xi$	$2.15-0.15\xi$
3	均布荷载作用在上翼缘		$0.62+0.82\xi$	$1.25+0.31\xi$	$1.66+0.10\xi$

注:①本表是按支承端为固定的情况确定的,当用于由邻跨延伸出来的伸臂梁时,在构造上采取措施加强支承处的抗扭能力。
　　②表中 ξ 见附表 3.1 注①。

▶　附录 3.5　受弯构件整体稳定系数的近似计算

均匀弯曲的受弯构件,当 $\lambda_y \leqslant 120\sqrt{235/f_y}$ 时,其整体稳定系数 φ_b 可按下列近似公式计算:

1)工字形截面(含 H 型钢)

双轴对称时:

$$\varphi_b = 1.07 - \frac{\lambda_y^2}{44\,000}\frac{f_y}{235} \qquad (附3.4)$$

单轴对称时:

$$\varphi_b = 1.07 - \frac{W_x}{(2\alpha_b + 0.1)Ah}\frac{\lambda_y^2}{14\,000}\frac{f_y}{235} \qquad (附3.5)$$

2)T 形截面(弯矩作用在对称轴平面,绕 x 轴)

(1)弯矩使翼缘受压时

双角钢 T 形截面:

$$\varphi_b = 1 - 0.001\,7\lambda_y\sqrt{\frac{f_y}{235}} \qquad (附3.6)$$

剖分 T 型钢和两板组合 T 形截面:

$$\varphi_b = 1 - 0.002\,2\lambda_y\sqrt{\frac{f_y}{235}} \qquad (附3.7)$$

(2)弯矩使翼缘受拉且腹板宽厚比不大于 $18\sqrt{235/f_y}$ 时

$$\varphi_b = 1 - 0.000\,5\lambda_y\sqrt{\frac{f_y}{235}} \qquad (附3.8)$$

按式(附3.4)至式(附3.8)算得的 φ_b 值>0.6 时,不需按式(附3.2)换算成 φ'_b 值;当按式(附3.4)和式(附3.5)算得的 φ_b 值>1.0 时,取 $\varphi_b = 1.0$。

附录 4　轴心受压构件的稳定系数

附表 4.1　a 类截面轴心受压构件的稳定系数 φ

$\lambda\sqrt{\dfrac{f_y}{235}}$	0	1	2	3	4	5	6	7	8	9
0	1.000	1.000	1.000	1.000	0.999	0.999	0.998	0.998	0.997	0.996
10	0.995	0.994	0.993	0.992	0.991	0.989	0.988	0.986	0.985	0.983
20	0.981	0.979	0.977	0.976	0.974	0.972	0.970	0.968	0.966	0.964
30	0.963	0.961	0.959	0.957	0.955	0.952	0.950	0.948	0.946	0.944
40	0.941	0.939	0.937	0.934	0.932	0.929	0.927	0.924	0.921	0.919
50	0.916	0.913	0.910	0.907	0.904	0.900	0.897	0.894	0.890	0.886
60	0.883	0.879	0.875	0.871	0.867	0.863	0.858	0.854	0.849	0.844
70	0.839	0.834	0.829	0.824	0.818	0.813	0.807	0.801	0.795	0.789
80	0.783	0.776	0.770	0.763	0.757	0.750	0.743	0.736	0.728	0.721
90	0.714	0.706	0.699	0.691	0.684	0.676	0.668	0.661	0.653	0.645
100	0.638	0.630	0.622	0.615	0.607	0.600	0.592	0.585	0.577	0.570
110	0.563	0.555	0.548	0.541	0.534	0.527	0.520	0.514	0.507	0.500
120	0.494	0.488	0.481	0.475	0.469	0.463	0.457	0.451	0.445	0.440
130	0.434	0.429	0.423	0.418	0.412	0.407	0.402	0.397	0.392	0.387
140	0.383	0.378	0.373	0.369	0.364	0.360	0.356	0.351	0.347	0.343
150	0.339	0.335	0.331	0.327	0.323	0.320	0.316	0.312	0.309	0.305
160	0.302	0.298	0.295	0.292	0.289	0.285	0.282	0.279	0.276	0.273
170	0.270	0.267	0.264	0.262	0.259	0.256	0.253	0.251	0.248	0.246
180	0.243	0.241	0.238	0.236	0.233	0.231	0.229	0.226	0.224	0.222
190	0.220	0.218	0.215	0.213	0.211	0.209	0.207	0.205	0.203	0.201
200	0.199	0.198	0.196	0.194	0.192	0.190	0.189	0.187	0.185	0.183
210	0.182	0.180	0.179	0.177	0.175	0.174	0.172	0.171	0.169	0.168
220	0.166	0.165	0.164	0.162	0.161	0.159	0.158	0.157	0.155	0.154
230	0.153	0.152	0.150	0.149	0.148	0.147	0.146	0.144	0.143	0.142
240	0.141	0.140	0.139	0.138	0.136	0.135	0.134	0.133	0.132	0.131
250	0.130	—	—	—	—	—	—	—	—	—

附表 4.2　b 类截面轴心受压构件的稳定系数 φ

$\lambda\sqrt{\dfrac{f_y}{235}}$	0	1	2	3	4	5	6	7	8	9
0	1.000	1.000	1.000	0.999	0.999	0.998	0.997	0.996	0.995	0.994
10	0.992	0.991	0.989	0.987	0.985	0.983	0.981	0.978	0.976	0.973
20	0.970	0.967	0.963	0.960	0.957	0.953	0.950	0.946	0.943	0.939
30	0.936	0.932	0.929	0.925	0.922	0.918	0.914	0.910	0.906	0.903
40	0.899	0.895	0.891	0.887	0.882	0.878	0.874	0.870	0.865	0.861
50	0.856	0.852	0.847	0.842	0.838	0.833	0.828	0.823	0.818	0.813
60	0.807	0.802	0.797	0.791	0.786	0.780	0.774	0.769	0.763	0.757
70	0.751	0.745	0.739	0.732	0.726	0.720	0.714	0.707	0.701	0.694
80	0.688	0.681	0.675	0.668	0.661	0.655	0.648	0.641	0.635	0.628
90	0.621	0.614	0.608	0.601	0.594	0.588	0.581	0.575	0.568	0.561
100	0.555	0.549	0.542	0.536	0.529	0.523	0.517	0.511	0.505	0.499
110	0.493	0.487	0.481	0.475	0.470	0.464	0.458	0.453	0.447	0.442
120	0.437	0.432	0.426	0.421	0.416	0.411	0.406	0.402	0.397	0.392
130	0.387	0.383	0.378	0.374	0.370	0.365	0.361	0.357	0.353	0.349
140	0.345	0.341	0.337	0.333	0.329	0.326	0.322	0.318	0.315	0.311
150	0.308	0.304	0.301	0.298	0.295	0.291	0.288	0.285	0.282	0.279
160	0.276	0.273	0.270	0.267	0.265	0.262	0.259	0.256	0.254	0.251
170	0.249	0.246	0.244	0.241	0.239	0.236	0.234	0.232	0.229	0.227
180	0.225	0.223	0.220	0.218	0.216	0.214	0.212	0.210	0.208	0.206
190	0.204	0.202	0.200	0.198	0.197	0.195	0.193	0.191	0.190	0.188
200	0.186	0.184	0.183	0.181	0.180	0.178	0.176	0.175	0.173	0.172
210	0.170	0.169	0.167	0.166	0.165	0.163	0.162	0.160	0.159	0.158
220	0.156	0.155	0.154	0.153	0.151	0.150	0.149	0.148	0.146	0.145
230	0.144	0.143	0.142	0.141	0.140	0.138	0.137	0.136	0.135	0.134
240	0.133	0.132	0.131	0.130	0.129	0.128	0.127	0.126	0.125	0.124
250	0.123	—	—	—	—	—	—	—	—	—

附表 4.3　c 类截面轴心受压构件的稳定系数 φ

$\lambda\sqrt{\dfrac{f_y}{235}}$	0	1	2	3	4	5	6	7	8	9
0	1.000	1.000	1.000	0.999	0.999	0.998	0.997	0.996	0.995	0.993
10	0.992	0.990	0.988	0.986	0.983	0.981	0.978	0.976	0.973	0.970
20	0.966	0.959	0.953	0.947	0.940	0.934	0.928	0.921	0.915	0.909
30	0.902	0.896	0.890	0.884	0.877	0.871	0.865	0.858	0.852	0.846
40	0.839	0.833	0.826	0.820	0.814	0.807	0.801	0.794	0.788	0.781
50	0.775	0.768	0.762	0.755	0.748	0.742	0.735	0.729	0.722	0.715
60	0.709	0.702	0.695	0.689	0.682	0.676	0.669	0.662	0.656	0.649
70	0.643	0.636	0.629	0.623	0.616	0.610	0.604	0.597	0.591	0.584
80	0.578	0.572	0.566	0.559	0.553	0.547	0.541	0.535	0.529	0.523
90	0.517	0.511	0.505	0.500	0.494	0.488	0.483	0.477	0.472	0.467
100	0.463	0.458	0.454	0.449	0.445	0.441	0.436	0.432	0.428	0.423
110	0.419	0.415	0.411	0.407	0.403	0.399	0.395	0.391	0.387	0.383
120	0.379	0.375	0.371	0.367	0.364	0.360	0.356	0.353	0.349	0.346
130	0.342	0.339	0.335	0.332	0.328	0.325	0.322	0.319	0.315	0.312
140	0.309	0.306	0.303	0.300	0.297	0.294	0.291	0.288	0.285	0.282
150	0.280	0.277	0.274	0.271	0.269	0.266	0.264	0.261	0.258	0.256
160	0.254	0.251	0.249	0.246	0.244	0.242	0.239	0.237	0.235	0.233
170	0.230	0.228	0.226	0.224	0.222	0.220	0.218	0.216	0.214	0.212
180	0.210	0.208	0.206	0.205	0.203	0.201	0.199	0.197	0.196	0.194
190	0.192	0.190	0.189	0.187	0.186	0.184	0.182	0.181	0.179	0.178
200	0.176	0.175	0.173	0.172	0.170	0.169	0.168	0.166	0.165	0.163
210	0.162	0.161	0.159	0.158	0.157	0.156	0.154	0.153	0.152	0.151
220	0.150	0.148	0.147	0.146	0.145	0.144	0.143	0.142	0.140	0.130
230	0.138	0.137	0.136	0.135	0.134	0.133	0.132	0.131	0.130	0.129
240	0.128	0.127	0.126	0.125	0.124	0.124	0.123	0.122	0.121	0.120
250	0.119	—	—	—	—	—	—	—	—	—

附表 4.4　d 类截面轴心受压构件的稳定系数 φ

$\lambda\sqrt{\dfrac{f_y}{235}}$	0	1	2	3	4	5	6	7	8	9
0	1.000	1.000	0.999	0.999	0.998	0.996	0.994	0.992	0.990	0.987
10	0.984	0.981	0.978	0.974	0.969	0.965	0.960	0.955	0.949	0.944
20	0.937	0.927	0.918	0.909	0.900	0.891	0.883	0.874	0.865	0.857
30	0.848	0.840	0.831	0.823	0.815	0.807	0.799	0.790	0.782	0.774
40	0.766	0.759	0.751	0.743	0.735	0.728	0.720	0.712	0.705	0.697
50	0.690	0.683	0.675	0.668	0.661	0.654	0.646	0.639	0.632	0.625
60	0.618	0.612	0.605	0.598	0.591	0.585	0.578	0.572	0.565	0.559
70	0.552	0.546	0.540	0.534	0.528	0.522	0.516	0.510	0.504	0.498
80	0.493	0.487	0.481	0.476	0.470	0.465	0.460	0.454	0.449	0.444
90	0.439	0.434	0.429	0.424	0.419	0.414	0.410	0.405	0.401	0.397
100	0.394	0.390	0.387	0.383	0.380	0.376	0.373	0.370	0.366	0.363
110	0.359	0.356	0.353	0.350	0.346	0.343	0.340	0.337	0.334	0.331
120	0.328	0.325	0.322	0.319	0.316	0.313	0.310	0.307	0.304	0.301
130	0.299	0.296	0.293	0.290	0.288	0.285	0.282	0.280	0.277	0.275
140	0.272	0.270	0.267	0.265	0.262	0.260	0.258	0.255	0.253	0.251
150	0.248	0.246	0.244	0.242	0.240	0.237	0.235	0.233	0.231	0.229
160	0.227	0.225	0.223	0.221	0.219	0.217	0.215	0.213	0.212	0.210
170	0.208	0.206	0.204	0.203	0.201	0.199	0.197	0.196	0.194	0.192
180	0.191	0.189	0.188	0.186	0.184	0.183	0.181	0.180	0.178	0.177
190	0.176	0.174	0.173	0.171	0.170	0.168	0.167	0.166	0.164	0.163
200	0.162	—	—	—	—	—	—	—	—	—

附录5　各种截面回转半径的近似值

各种截面回转半径的近似值

$i_x=0.30h$ $i_y=0.30b$ $i_z=0.195h$	$i_x=0.40h$ $i_y=0.21b$	$i_x=0.38h$ $i_y=0.60b$	$i_x=0.41h$
$i_x=0.32h$ $i_y=0.28b$	$i_x=0.45h$ $i_y=0.235b$	$i_x=0.38h$ $i_y=0.44b$	$i_x=0.32h$
$i_x=0.30h$ $i_y=0.215b$	$i_x=0.44h$ $i_y=0.28b$	$i_x=0.32h$	$i_x=0.29h$
$i_x=0.32h$ $i_y=0.20b$	$i_x=0.43h$ $i_y=0.43b$	$i_x=0.32h$	$i_x=0.29h$
$i_x=0.28h$ $i_y=0.24b$	$i_x=0.39h$ $i_y=0.20b$	$i_x=0.38h$	$i_x=0.29h$
$i_x=0.30h$ $i_y=0.17b$	$i_x=0.42h$	$i_x=0.44h$	$i_x=0.40h$
$i_x=0.28h$	$i_x=0.43h$ $i_y=0.24b$	$i_x=0.44h$	$i=0.25d$
$i_x=0.21h$ $i_y=0.21b$ $i_z=0.185h$	$i_x=0.365h$	$i_x=0.37h$	$i=0.35d$
$i_x=0.21h$ $i_y=0.21b$	$i_x=0.35h$	$i_x=0.37h$	$i_x=0.39h$
$i_x=0.45h$	$i_x=0.39h$	$i_x=0.40h$	$i_x=0.40h$

附录6 柱的计算长度系数

附表 6.1 无侧移框架柱的计算长度系数 μ

K_1 K_2	0	0.05	0.1	0.2	0.3	0.4	0.5	1	2	3	4	5	≥10
0	1.000	0.990	0.981	0.964	0.949	0.935	0.922	0.875	0.820	0.791	0.773	0.760	0.732
0.05	0.990	0.981	0.971	0.955	0.940	0.926	0.914	0.867	0.814	0.784	0.766	0.754	0.726
0.1	0.981	0.971	0.962	0.946	0.931	0.918	0.906	0.860	0.807	0.778	0.760	0.748	0.721
0.2	0.964	0.955	0.946	0.930	0.916	0.903	0.891	0.846	0.795	0.767	0.749	0.737	0.711
0.3	0.949	0.940	0.931	0.916	0.902	0.889	0.878	0.834	0.784	0.756	0.739	0.728	0.701
0.4	0.935	0.926	0.918	0.903	0.889	0.877	0.866	0.823	0.774	0.747	0.730	0.719	0.693
0.5	0.922	0.914	0.906	0.891	0.878	0.866	0.855	0.813	0.765	0.738	0.721	0.710	0.685
1	0.875	0.867	0.860	0.846	0.834	0.823	0.813	0.774	0.729	0.704	0.688	0.677	0.654
2	0.820	0.814	0.807	0.795	0.784	0.774	0.765	0.729	0.686	0.663	0.648	0.638	0.615
3	0.791	0.784	0.778	0.767	0.756	0.747	0.738	0.704	0.663	0.640	0.625	0.616	0.593
4	0.773	0.766	0.760	0.749	0.739	0.730	0.721	0.688	0.648	0.625	0.611	0.601	0.580
5	0.760	0.754	0.748	0.737	0.728	0.719	0.710	0.677	0.638	0.616	0.601	0.592	0.570
≥10	0.732	0.726	0.721	0.711	0.701	0.693	0.685	0.654	0.615	0.593	0.580	0.570	0.549

注:①表中的计算长度系数 μ 值系按下式算得:

$$\left[\left(\frac{\pi}{\mu}\right)^2 + 2(K_1+K_2) - 4K_1K_2\right]\frac{\pi}{\mu}\sin\frac{\pi}{\mu} - 2\left[(K_1+K_2)\left(\frac{\pi}{\mu}\right)^2 + 4K_1K_2\right]\cos\frac{\pi}{\mu} + 8K_1K_2 = 0$$

式中, K_1、K_2 分别为相交于柱上端、柱下端的横梁线刚度之和与柱线刚度之和的比值。当梁远端为铰接时,应将横梁线刚度乘以 1.5;当横梁远端为嵌固时,则将横梁线刚度乘以 2。

②当横梁与柱铰接时,取横梁线刚度为零。

③对底层框架柱:当柱与基础铰接时,取 $K_2 = 0$(对平板支座可取 $K_2 = 0.1$);当柱与基础刚接时,取 $K_2 = 10$。

④当与柱刚性连接的横梁所受轴心压力 N_b 较大时,横梁线刚度应乘以折减系数 α_N:

横梁远端与柱刚接和横梁远端铰支时: $\alpha_N = 1 - \dfrac{N_b}{N_{Eb}}$

横梁远端嵌固时: $\alpha_N = 1 - \dfrac{N_b}{2N_{Eb}}$

式中, $N_{Eb} = \dfrac{\pi^2 EI_b}{l^2}$,$I_b$ 为横梁截面惯性矩,l 为横梁长度。

附表 6.2　有侧移框架柱的计算长度系数 μ

K_2 \ K_1	0	0.05	0.1	0.2	0.3	0.4	0.5	1	2	3	4	5	≥10
0	∞	6.02	4.46	3.42	3.01	2.78	2.64	2.33	2.17	2.11	2.08	2.07	2.03
0.05	6.02	4.16	3.47	2.86	2.58	2.42	2.31	2.07	1.94	1.90	1.87	1.86	1.83
0.1	4.46	3.47	3.01	2.56	2.33	2.20	2.11	1.90	1.79	1.75	1.73	1.72	1.70
0.2	3.42	2.86	2.56	2.23	2.05	1.94	1.87	1.70	1.60	1.57	1.55	1.54	1.52
0.3	3.01	2.58	2.33	2.05	1.90	1.80	1.74	1.58	1.49	1.46	1.45	1.44	1.42
0.4	2.78	2.42	2.20	1.94	1.80	1.71	1.65	1.50	1.42	1.39	1.37	1.37	1.35
0.5	2.64	2.31	2.11	1.87	1.74	1.65	1.59	1.45	1.37	1.34	1.32	1.32	1.30
1	2.33	2.07	1.90	1.70	1.58	1.50	1.45	1.32	1.24	1.21	1.20	1.19	1.17
2	2.17	1.94	1.79	1.60	1.49	1.42	1.37	1.24	1.16	1.14	1.12	1.12	1.10
3	2.11	1.90	1.75	1.57	1.46	1.39	1.34	1.21	1.14	1.11	1.10	1.09	1.07
4	2.08	1.87	1.73	1.55	1.45	1.37	1.32	1.20	1.12	1.10	1.08	1.08	1.06
5	2.07	1.86	1.72	1.54	1.44	1.37	1.32	1.19	1.12	1.09	1.07	1.07	1.05
≥10	2.03	1.83	1.70	1.52	1.42	1.35	1.30	1.17	1.10	1.07	1.06	1.05	1.03

注：①表中的计算长度系数 μ 值系按下式算得：

$$\left[36K_1K_2 - \left(\frac{\pi}{\mu}\right)^2\right]\sin\frac{\pi}{\mu} + 6(K_1 + K_2)\frac{\pi}{\mu}\cos\frac{\pi}{\mu} = 0$$

式中，K_1、K_2 分别为相交于柱上端、柱下端的横梁线刚度之和与柱线刚度之和的比值。当梁远端为铰接时，应将横梁线刚度乘以 0.5；当横梁远端为嵌固时，则应乘以 2/3。

②当横梁与柱铰接时，取横梁线刚度为零。

③对底层框架柱：当柱与基础铰接时，取 $K_2 = 0$（对平板支座可取 $K_2 = 0.1$）；当柱与基础刚接时，取 $K_2 = 10$。

④当与柱刚性连接的横梁所受轴心压力 N_b 较大时，横梁线刚度应乘以折减系数 α_N：

横梁远端与柱刚接时：$\alpha_N = 1 - \dfrac{N_b}{4N_{Eb}}$

横梁远端铰支时：$\alpha_N = 1 - \dfrac{N_b}{N_{Eb}}$

横梁远端嵌固时：$\alpha_N = 1 - \dfrac{N_b}{2N_{Eb}}$

式中，N_{Eb} 的计算式见附表 6.1 注④。

附表 6.3 柱上端为自由的单阶柱下段的计算长度系数 μ_2

K_1 \ η_1	0.06	0.08	0.10	0.12	0.14	0.16	0.18	0.20	0.22	0.24	0.26	0.28	0.3	0.4	0.5	0.6	0.7	0.8
0.2	2.00	2.01	2.01	2.01	2.01	2.01	2.01	2.02	2.02	2.02	2.02	2.02	2.02	2.03	2.04	2.05	2.06	2.07
0.3	2.01	2.02	2.02	2.02	2.03	2.03	2.03	2.04	2.04	2.05	2.05	2.05	2.06	2.08	2.10	2.12	2.13	2.15
0.4	2.02	2.03	2.04	2.04	2.05	2.06	2.07	2.07	2.08	2.09	2.09	2.10	2.11	2.14	2.18	2.21	2.25	2.28
0.5	2.04	2.05	2.06	2.07	2.09	2.10	2.11	2.12	2.13	2.15	2.16	2.17	2.18	2.24	2.29	2.35	2.40	2.45
0.6	2.06	2.08	2.10	2.12	2.14	2.16	2.18	2.19	2.21	2.23	2.25	2.26	2.28	2.36	2.44	2.52	2.59	2.66
0.7	2.10	2.13	2.16	2.18	2.21	2.24	2.26	2.29	2.31	2.34	2.36	2.38	2.41	2.52	2.62	2.72	2.81	2.90
0.8	2.15	2.20	2.24	2.27	2.31	2.34	2.38	2.41	2.44	2.47	2.50	2.53	2.56	2.70	2.82	2.94	3.06	3.16
0.9	2.24	2.29	2.35	2.39	2.44	2.48	2.52	2.56	2.60	2.63	2.67	2.71	2.74	2.90	3.05	3.19	3.32	3.44
1.0	2.36	2.43	2.48	2.54	2.59	2.64	2.69	2.73	2.77	2.82	2.86	2.90	2.94	3.12	3.29	3.45	3.59	3.74
1.2	2.69	2.76	2.83	2.89	2.95	3.01	3.07	3.12	3.17	3.22	3.27	3.32	3.37	3.59	3.80	3.99	4.17	4.34
1.4	3.07	3.14	3.22	3.29	3.36	3.42	3.48	3.55	3.61	3.66	3.72	3.78	3.83	4.09	4.33	4.56	4.77	4.97
1.6	3.47	3.55	3.63	3.71	3.78	3.85	3.92	3.99	4.07	4.12	4.18	4.25	4.31	4.61	4.88	5.14	5.38	5.62
1.8	3.88	3.97	4.05	4.13	4.21	4.29	4.37	4.44	4.52	4.59	4.66	4.73	4.80	5.13	5.44	5.73	6.00	6.26
2.0	4.29	4.39	4.48	4.57	4.65	4.74	4.82	4.90	4.99	5.07	5.14	5.22	5.30	5.66	6.00	6.32	6.63	6.92
2.2	4.71	4.81	4.91	5.00	5.10	5.19	5.28	5.37	5.46	5.54	5.63	5.71	5.80	6.19	6.57	6.92	7.26	7.58
2.4	5.13	5.24	5.34	5.44	5.54	5.64	5.74	5.84	5.93	6.03	6.12	6.21	6.30	6.73	7.14	7.52	7.89	8.24
2.6	5.55	5.66	5.77	5.88	5.99	6.10	6.20	6.31	6.41	6.51	6.61	6.71	6.80	7.27	7.71	8.13	8.52	8.90
2.8	5.97	6.09	6.21	6.33	6.44	6.55	6.67	6.78	6.89	6.99	7.10	7.21	7.31	7.81	8.28	8.73	9.16	9.57
3.0	6.39	6.52	6.64	6.77	6.89	7.01	7.13	7.25	7.37	7.48	7.59	7.71	7.82	8.35	8.86	9.34	9.80	10.24

简 图

$$K_1 = \frac{I_1}{I_2} \cdot \frac{H_2}{H_1}$$

$$\eta_1 = \frac{H_1}{H_2}\sqrt{\frac{N_1}{N_2}\cdot\frac{I_2}{I_1}}$$

N_1—上段柱的轴心力;
N_2—下段柱的轴心力

注:表中的计算长度系数 μ_2 值系按下式计算得出:

$$\frac{\tan\dfrac{\pi\eta_1}{\mu_2}}{\dfrac{\pi\eta_1}{\mu_2}} + \eta_1 K_1 \tan\frac{\pi}{\mu_2} = 0$$

附表 6.4　柱上端可移动但不能转动的单阶柱下段的计算长度系数 μ_2

简图	$\dfrac{K_1}{\eta_1}$	0.06	0.08	0.10	0.12	0.14	0.16	0.18	0.20	0.22	0.24	0.26	0.28	0.3	0.4	0.5	0.6	0.7	0.8
	0.2	1.96	1.94	1.93	1.91	1.90	1.89	1.88	1.86	1.85	1.84	1.83	1.82	1.81	1.76	1.72	1.68	1.65	1.62
	0.3	1.96	1.94	1.93	1.92	1.91	1.89	1.88	1.87	1.86	1.85	1.84	1.83	1.82	1.77	1.73	1.70	1.66	1.63
	0.4	1.96	1.95	1.94	1.92	1.91	1.90	1.89	1.88	1.87	1.86	1.85	1.84	1.83	1.79	1.75	1.72	1.68	1.66
	0.5	1.96	1.95	1.94	1.93	1.92	1.91	1.90	1.89	1.88	1.87	1.86	1.85	1.85	1.81	1.77	1.74	1.71	1.69
	0.6	1.97	1.96	1.95	1.94	1.93	1.92	1.91	1.90	1.90	1.89	1.88	1.87	1.87	1.83	1.80	1.78	1.75	1.73
	0.7	1.97	1.97	1.96	1.95	1.94	1.94	1.93	1.92	1.92	1.91	1.90	1.90	1.89	1.86	1.84	1.82	1.80	1.78
	0.8	1.98	1.98	1.97	1.96	1.95	1.95	1.95	1.94	1.94	1.93	1.93	1.93	1.92	1.90	1.88	1.87	1.86	1.84
	0.9	1.99	1.99	1.98	1.98	1.98	1.97	1.97	1.97	1.97	1.96	1.96	1.96	1.96	1.95	1.94	1.93	1.92	1.92
	1.0	2.00	2.00	2.00	2.00	2.00	2.00	2.00	2.00	2.00	2.00	2.00	2.00	2.00	2.00	2.00	2.00	2.00	2.00
	1.2	2.03	2.04	2.04	2.05	2.06	2.07	2.07	2.08	2.08	2.09	2.10	2.10	2.11	2.13	2.15	2.17	2.18	2.20
	1.4	2.07	2.09	2.11	2.12	2.14	2.16	2.17	2.18	2.20	2.21	2.22	2.23	2.24	2.29	2.33	2.37	2.40	2.42
	1.6	2.13	2.16	2.19	2.22	2.25	2.27	2.30	2.32	2.34	2.36	2.37	2.39	2.41	2.48	2.54	2.59	2.63	2.67
	1.8	2.22	2.27	2.31	2.35	2.39	2.42	2.45	2.48	2.50	2.53	2.55	2.57	2.59	2.69	2.76	2.83	2.88	2.93
	2.0	2.35	2.41	2.46	2.50	2.55	2.59	2.62	2.66	2.69	2.72	2.75	2.77	2.80	2.91	3.00	3.08	3.14	3.20
	2.2	2.51	2.57	2.63	2.68	2.73	2.77	2.81	2.85	2.89	2.92	2.95	2.98	3.01	3.14	3.25	3.33	3.41	3.47
	2.4	2.68	2.75	2.81	2.87	2.92	2.97	3.01	3.05	3.09	3.13	3.17	3.20	3.24	3.38	3.50	3.59	3.68	3.75
	2.6	2.87	2.94	3.00	3.06	3.12	3.17	3.22	3.27	3.31	3.35	3.39	3.43	3.46	3.62	3.75	3.86	3.95	4.03
	2.8	3.06	3.14	3.20	3.27	3.33	3.38	3.43	3.48	3.53	3.58	3.62	3.66	3.70	3.87	4.01	4.13	4.23	4.32
	3.0	3.26	3.34	3.41	3.47	3.54	3.60	3.65	3.70	3.75	3.80	3.85	3.89	3.93	4.12	4.27	4.40	4.51	4.61

$$K_1 = \frac{I_1}{I_2}\cdot\frac{H_2}{H_1}$$

$$\eta_1 = \frac{H_1}{H_2}\sqrt{\frac{N_1}{N_2}\cdot\frac{I_2}{I_1}}$$

N_1—上段柱的轴心力;
N_2—下段柱的轴心力

注:表中的计算长度系数 μ_2 值系按下式计算得出:

$$\tan\frac{\pi\eta_1}{\mu_2} + \eta_1 K_1\tan\frac{\pi}{\mu_2} = 0$$

附录7　疲劳计算的构件和连接分类

疲劳计算的构件和连接分类

项　次	简　图	说　明	类　别
1		无连接处的主体金属 （1）轧制型钢 （2）钢板 　　a.两边为轧制边或刨边； 　　b.两边为自动、半自动切割边（切割质量标准应符合现行国家标准《钢结构工程施工质量验收规范》GB 50205—2001）	1 1 2
2		横向对接焊缝附近的主体金属 （1）符合现行国家质量标准《钢结构工程施工质量验收规范》（GB 50205—2001）的一级焊缝 （2）经加工、磨平的一级焊缝	3 2
3		不同厚度（或宽度）横向对接焊缝附近的主体金属，焊缝加工成平滑过渡并符合一级焊缝标准	2
4		纵向对接焊缝附近的主体金属，焊缝符合二级焊缝标准	2
5		翼缘连接焊缝附近的主体金属 （1）翼缘板与腹板的连接焊缝 　　a.自动焊，二级T形对接和角接组合焊缝； 　　b.自动焊，角焊缝，外观质量标准符合二级； 　　c.手工焊，角焊缝，外观质量标准符合二级。 （2）双层翼缘板之间的连接焊缝 　　a.自动焊，角焊缝，外观质量标准符合二级； 　　b.手工焊，角焊缝，外观质量标准符合二级	 2 3 4 3 4
6		横向加劲肋端部附近的主体金属 （1）肋端不断弧（采用回焊） （2）肋端断弧	 4 5

续表

项　次	简　图	说　明	类　别
7		梯形节点板用对接焊缝焊于梁翼缘、腹板以及桁架构件处的主体金属,过渡处在焊后铲平、磨光、圆弧过渡,不得有焊接起弧、灭弧缺陷	5
8		矩形节点板焊接于构件翼缘或腹板处的主体金属,$l>$150 mm	7
9		翼缘板中断处的主体金属(板端有正面焊缝)	7
10		向正面角焊缝过渡处的主体金属	6
11		两侧面角焊缝连接端部的主体金属	8
12		三面围焊的角焊缝端部主体金属	7

续表

项　次	简　图	说　明	类　别
13		三面围焊或两侧面角焊缝连接的节点板主体金属（节点板计算宽度按应力扩散角 $\theta=30°$ 考虑）	7
14		K 形坡口 T 形对接与角接组合焊缝处的主体金属，两板轴线偏离小于 $0.15t$，焊缝为二级，焊趾角 $\alpha\leqslant45°$	5
15		十字接头角焊缝处的主体金属，两板轴线偏离小于 $0.15t$	7
16	角焊缝	按有效截面确定的剪应力幅计算	8
17		铆钉连接处的主体金属	3
18		连系螺栓和虚孔处的主体金属	3
19		高强度螺栓摩擦型连接处的主体金属	2

注：①所有对接焊缝及 T 形对接和角接组合焊缝均需焊透。所有焊缝的外形尺寸均应符合现行标准《钢结构焊缝外形尺寸》（JB 7949—1999）的规定。

②角焊缝应符合《钢结构设计规范》（GB 50017—2003）中 8.2.7 条和 8.2.8 条的要求。

③项次 16 中的剪应力幅 $\Delta\tau=\tau_{max}-\tau_{min}$，其中 τ_{min} 的正负值为：与 τ_{max} 同方向时，取正值；与 τ_{max} 反方向时，取负值。

④第 17、18 项中的应力应以净截面面积计算，第 19 项应以毛截面面积计算。

附录8 常用型钢规格及截面特性

附表 8.1 热轧等边角钢的规格及截面特性（按 GB/T 706—2008 计算）

1. 表中双线的左侧为一个角钢的截面特性；
2. 趾尖圆弧半径 $r_1 \approx t/3$；
3. $I_u = Ai_u^2,\ I_v = Ai_v^2$。

规格	尺寸/mm b	t	r	截面积 /cm²	质量 /(kg·m⁻¹)	重心距 y_0/cm	惯性距 I_x/cm⁴	抵抗矩 W_{xmax} /cm³	W_{xmin}	W_u	回转半径 i_x/cm	i_u	i_v	双角钢回转半径 i_y/cm 间距 a/mm 6	8	10	12	14	16
∠20×	20	3	3.5	1.132	0.889	0.60	0.40	0.67	0.29	0.45	0.59	0.75	0.39	1.08	1.16	1.25	1.34	1.43	1.52
		4		1.459	1.145	0.64	0.50	0.78	0.36	0.55	0.58	0.73	0.38	1.11	1.19	1.28	1.37	1.46	1.55
∠25×	25	3	3.5	1.432	1.124	0.73	0.82	1.12	0.46	0.73	0.76	0.95	0.49	1.27	1.36	1.45	1.53	1.62	1.71
		4		1.859	1.459	0.76	1.03	1.36	0.59	0.92	0.74	0.93	0.48	1.30	1.38	1.46	1.55	1.64	1.73
∠30×	30	3	4.5	1.749	1.373	0.85	1.46	1.72	0.68	1.09	0.91	1.15	0.59	1.47	1.55	1.63	1.71	1.80	1.88
		4		2.276	1.786	0.89	1.84	2.07	0.87	1.37	0.90	1.13	0.58	1.49	1.57	1.66	1.74	1.83	1.91
∠36×	36	3	4.5	2.109	1.656	1.00	2.58	2.58	0.99	1.61	1.11	1.39	0.71	1.71	1.79	1.87	1.95	2.03	2.11
		4		2.756	2.163	1.04	3.29	3.16	1.28	2.05	1.09	1.38	0.70	1.73	1.81	1.89	1.97	2.05	2.14
		5		3.382	2.654	1.07	3.95	3.69	1.56	2.45	1.08	1.36	0.70	1.75	1.82	1.91	1.99	2.07	2.16
∠40×	40	3	5	2.359	1.852	1.09	3.59	3.29	1.23	2.01	1.23	1.55	0.79	1.86	1.93	2.01	2.09	2.17	2.25
		4		3.086	2.422	1.13	4.60	4.07	1.60	2.58	1.22	1.54	0.79	1.88	1.96	2.04	2.12	2.20	2.28
		5		3.791	2.976	1.17	5.53	4.73	1.96	3.10	1.21	1.52	0.78	1.90	1.98	2.06	2.14	2.23	2.31
∠45×	45	3	5	2.659	2.088	1.22	5.17	4.23	1.58	2.58	1.40	1.76	0.89	2.06	2.14	2.22	2.30	2.38	2.46
		4		3.486	2.736	1.26	6.65	5.28	2.05	3.32	1.38	1.74	0.89	2.08	2.16	2.24	2.32	2.40	2.48
		5		4.292	3.369	1.30	8.04	6.18	2.51	4.00	1.37	1.72	0.88	2.10	2.18	2.26	2.34	2.42	2.51
		6		5.076	3.985	1.33	9.33	7.02	2.95	4.64	1.36	1.71	0.88	2.12	2.20	2.28	2.36	2.44	2.53

续表

规格	尺寸/mm b	t	r	截面积/cm²	质量/(kg·m⁻¹)	重心距 y_o/cm	惯性矩 I_x/cm⁴	W_{xmax}	W_{xmin}	W_u	i_x	i_u	i_v	间距 a/mm 6	8	10	12	14	16
3	50	3	5.5	2.971	2.332	1.34	7.18	5.36	1.96	3.22	1.55	1.96	1.00	2.26	2.33	2.41	2.48	2.56	2.64
∠50× 4		4		3.897	3.059	1.38	9.26	6.71	2.56	4.16	1.54	1.94	0.99	2.28	2.36	2.43	2.51	2.59	2.67
5		5		4.803	3.770	1.42	11.21	7.89	3.13	5.03	1.53	1.92	0.98	2.30	2.38	2.46	2.53	2.61	2.70
6		6		5.688	4.465	1.46	13.05	8.94	3.68	5.85	1.52	1.91	0.98	2.32	2.40	2.48	2.56	2.64	2.72
3	56	3	6	3.343	2.624	1.46	10.19	6.89	2.48	4.08	1.75	2.20	1.13	2.50	2.57	2.64	2.72	2.80	2.87
∠56× 4		4		4.390	3.446	1.53	13.18	8.61	3.24	5.28	1.73	2.18	1.11	2.52	2.59	2.67	2.74	2.82	2.90
5		5		5.415	4.251	1.57	16.02	10.20	3.97	6.42	1.72	2.17	1.10	2.54	2.62	2.69	2.77	2.85	2.93
8		8		8.367	6.568	1.68	23.63	14.07	6.03	9.44	1.68	2.11	1.09	2.60	2.67	2.75	2.83	2.91	3.00
4	63	4	7	4.978	3.908	1.70	19.03	11.19	4.13	6.78	1.96	2.46	1.26	2.79	2.87	2.95	3.02	3.10	3.18
5		5		6.143	4.822	1.74	23.17	13.32	5.08	8.25	1.94	2.45	1.25	2.82	2.89	2.96	3.04	3.12	3.20
∠63× 6		6		7.288	5.721	1.78	27.12	15.24	6.00	9.66	1.93	2.43	1.24	2.84	2.91	2.99	3.06	3.14	3.22
8		8		9.515	7.469	1.85	34.46	18.63	7.75	12.25	1.90	2.39	1.23	2.87	2.94	3.02	3.10	3.18	3.26
10		10		11.657	9.151	1.93	41.09	21.29	9.39	14.56	1.88	2.36	1.22	2.91	2.99	3.07	3.15	3.23	3.31
4	70	4	8	5.570	4.372	1.86	26.39	14.19	5.14	8.44	2.18	2.74	1.40	3.07	3.14	3.21	3.29	3.36	3.44
5		5		6.875	5.397	1.91	32.21	16.86	6.32	10.32	2.16	2.73	1.39	3.09	3.16	3.24	3.31	3.39	3.47
∠70× 6		6		8.160	6.406	1.95	37.77	19.37	7.48	12.11	2.15	2.71	1.38	3.11	3.19	3.26	3.34	3.41	3.49
7		7		9.424	7.398	1.99	43.09	21.65	8.59	13.81	2.14	2.69	1.38	3.13	3.21	3.28	3.36	3.44	3.52
8		8		10.667	8.374	2.03	48.17	23.73	9.68	15.43	2.12	2.68	1.37	3.15	3.22	3.30	3.38	3.46	3.54
5	75	5	9	7.412	5.818	2.04	39.97	19.59	7.32	11.94	2.33	2.92	1.50	3.30	3.37	3.45	3.52	3.60	3.67
6		6		8.797	6.906	2.07	46.95	22.68	8.64	14.02	2.31	2.91	1.49	3.31	3.38	3.46	3.53	3.61	3.68
∠75× 7		7		10.160	7.976	2.11	53.57	25.39	9.93	16.02	2.30	2.89	1.48	3.33	3.40	3.48	3.55	3.63	3.71
8		8		11.503	9.030	2.15	59.96	27.89	11.20	17.93	2.28	2.87	1.47	3.35	3.42	3.50	3.57	3.65	3.73
10		10		14.126	11.089	2.22	71.98	32.42	13.64	21.48	2.26	2.84	1.46	3.38	3.46	3.54	3.61	3.69	3.77

（双角钢回转半径 i_y/cm）

角钢号数	t	r																
∠80×	5	9	7.912	6.211	2.15	48.79	22.69	8.34	13.67	2.48	3.13	1.60	3.49	3.56	3.63	3.70	3.78	3.85
80	6		9.397	7.377	2.19	57.35	26.19	9.87	16.08	2.47	3.11	1.59	3.51	3.58	3.65	3.73	3.80	3.88
80	7		10.860	8.525	2.23	65.58	29.41	11.37	18.40	2.46	3.10	1.58	3.53	3.60	3.67	3.75	3.83	3.90
80	8		12.303	9.658	2.27	73.49	32.37	12.83	20.61	2.44	3.08	1.57	3.55	3.62	3.69	3.77	3.84	3.92
80	10		15.126	11.874	2.35	88.43	37.63	15.64	24.76	2.42	3.04	1.56	3.59	3.66	3.74	3.82	3.89	3.97
∠90×	6	10	10.637	8.350	2.44	82.77	33.92	12.61	20.63	2.79	3.51	1.80	3.91	3.98	4.05	4.13	4.20	4.28
90	7		12.301	9.656	2.48	94.83	38.24	14.54	23.64	2.78	3.50	1.78	3.93	4.00	4.08	4.15	4.22	4.30
90	8		13.944	10.946	2.52	106.47	42.25	16.42	26.55	2.76	3.48	1.78	3.95	4.02	4.09	4.17	4.24	4.32
90	10		17.167	13.476	2.59	128.58	49.64	20.07	32.04	2.74	3.45	1.76	3.98	4.06	4.13	4.21	4.28	4.36
90	12		20.306	15.940	2.67	149.22	55.89	23.57	37.12	2.71	3.41	1.75	4.02	4.09	4.17	4.25	4.32	4.40
∠100×	6	12	11.932	9.367	2.67	114.95	43.05	15.68	25.74	3.10	3.91	2.00	4.29	4.36	4.43	4.51	4.58	4.65
100	7		13.796	10.830	2.71	131.86	48.66	18.10	29.55	3.09	3.89	1.99	4.31	4.38	4.46	4.53	4.60	4.68
100	8		15.638	12.276	2.76	148.21	53.71	20.47	33.24	3.08	3.88	1.98	4.34	4.41	4.48	4.56	4.63	4.71
100	10		19.261	15.120	2.84	179.51	63.21	25.06	40.26	3.05	3.84	1.96	4.38	4.45	4.52	4.60	4.67	4.75
100	12		22.800	17.898	2.91	208.90	71.79	29.48	46.80	3.03	3.81	1.95	4.41	4.49	4.56	4.64	4.71	4.79
100	14		26.256	20.611	2.99	236.53	79.11	33.73	52.90	3.00	3.77	1.94	4.45	4.53	4.60	4.68	4.76	4.83
100	16		29.627	23.257	3.06	262.53	85.79	37.82	58.57	2.98	3.74	1.94	4.49	4.57	4.64	4.72	4.80	4.88
∠110×	7	12	15.196	11.929	2.96	177.16	59.85	22.05	36.12	3.41	4.30	2.20	4.72	4.79	4.86	4.93	5.00	5.08
110	8		17.238	13.532	3.01	199.46	66.27	24.95	40.69	3.40	4.28	2.19	4.75	4.82	4.89	4.96	5.03	5.11
110	10		21.261	16.690	3.09	242.19	78.38	30.60	49.42	3.38	4.25	2.17	4.78	4.86	4.93	5.00	5.08	5.15
110	12		25.200	19.782	3.16	282.55	89.41	36.05	57.62	3.35	4.22	2.15	4.82	4.89	4.96	5.04	5.11	5.19
110	14		29.056	22.809	3.24	320.71	98.98	41.31	65.31	3.32	4.18	2.14	4.85	4.93	5.00	5.08	5.15	5.23
∠125×	8	14	19.750	15.504	3.37	297.03	88.14	32.52	53.28	3.88	4.88	2.50	5.34	5.41	5.48	5.55	5.62	5.70
125	10		24.373	19.133	3.45	361.67	104.83	39.97	64.93	3.85	4.85	2.48	5.38	5.44	5.52	5.59	5.66	5.73
125	12		28.912	22.696	3.53	423.16	119.88	47.17①	75.96	3.83	4.82	2.46	5.42	5.49	5.56	5.63	5.71	5.78
125	14		33.367	26.193	3.61	481.65	133.42	54.16	86.41	3.80	4.78	2.45	5.45	5.52	5.60	5.67	5.75	5.82
∠140×	10	14	27.373	21.488	3.82	514.65	134.73	50.58	82.56	4.34	5.46	2.78	5.98	6.05	6.12	6.19	6.27	6.34
140	12		32.512	25.522	3.90	603.68	154.79	59.80	96.85	4.31	5.43	2.77	6.02	6.09	6.16	6.23	6.30	6.38
140	14		37.567	29.490	3.98	688.81	173.07	68.75	110.47	4.28	5.40	2.75	6.05	6.12	6.20	6.27	6.34	6.42
140	16		42.539	33.393	4.06	770.24	189.71	77.46	123.42	4.26	5.36	2.74	6.09	6.17	6.24	6.31	6.39	6.46

续表

| 规格 | 尺寸/mm | | | 截面积 /cm² | 质量 /(kg·m⁻¹) | 重心距 /cm y_0 | 惯性矩 /cm⁴ I_x | 抵抗矩 /cm³ | | | 回转半径/cm | | | 双角钢回转半径 i_y/cm 间距 a/mm | | | | | |
	b	t	r					$W_{x\max}$	$W_{x\min}$	W_u	i_x	i_u	i_v	6	8	10	12	14	16
∠160×	160	10	16	31.502	24.729	4.31	779.53	180.87	66.70	109.36	4.98	6.27	3.20	6.79	6.85	6.92	6.99	7.06	7.14
		12		37.441	29.391	4.39	916.58	208.79	78.98	128.67	4.95	6.24	3.18	6.82	6.89	6.96	7.03	7.10	7.17
		14		43.296	33.987	4.47	1 048.36	234.53	90.95	147.17	4.92	6.20	3.16	6.85	6.92	6.99	7.06	7.14	7.21
		16		49.067	38.518	4.55	1 175.08	258.26	102.63	164.89	4.89	6.17	3.14	6.89	6.96	7.03	7.10	7.17	7.25
∠180×	180	12	16	42.241	33.159	4.89	1 321.35	270.21	100.82	165.00	5.59	7.05	3.58	7.63	7.70	7.77	7.84	7.91	7.98
		14		48.896	38.383	4.97	1 514.48	304.72	116.25	189.14	5.56	7.02	3.56	7.67	7.73	7.80	7.87	7.94	8.01
		16		55.467	43.542	5.05	1 700.99	336.83	131.13①	212.40	5.54	6.98	3.55	7.70	7.77	7.84	7.91	7.98	8.06
		18		61.955	48.635	5.13	1 875.12	365.52	145.64	234.78	5.50	6.94	3.51	7.73	7.80	7.87	7.94	8.01	8.09
∠200×	200	14	18	54.642	42.894	5.46	2 103.55	385.27	144.70	236.40	6.20	7.82	3.98	8.47	8.53	8.60	8.67	8.74	8.81
		16		62.013	48.680	5.54	2 366.15	427.10	163.65	265.93	6.18	7.79	3.96	8.50	8.57	8.64	8.71	8.78	8.85
		18		69.301	54.401	5.62	2 620.64	466.31	182.22	294.48	6.15	7.75	3.94	8.54	8.61	8.68	8.75	8.82	8.89
		20		76.505	60.056	5.69	2 867.30	503.92	200.42	322.06	6.12	7.72	3.93	8.56	8.63	8.70	8.78	8.85	8.92
		24		90.661	71.169	5.87	3 338.25	568.70	236.17	374.41	6.07	7.64	3.90	8.63	8.71	8.78	8.85	8.92	9.02

注：1.①$W_{x\min}$值是按 GB/T 706—2008 中所给相应的 I_x、b 和 y_0 计算求得 $\left(W_{x\min}=\dfrac{I_x}{b-y_0}\right)$，供参考。

2.等边角钢的通常长度：∠20~∠90，为 4~12 m；∠100~∠140，为 4~19 m；∠160~∠200，为 6~19 m。

附表 8.2　热轧不等边角钢的规格及截面特性（按 GB/T 706—2008 计算）

1. 趾尖圆弧半径 $r_1 \approx t/3$；
2. $I_u = I_x + I_y - I_v$。

规格	尺寸/mm				截面积/cm²	质量/(kg·m⁻¹)	重心距/cm		惯性矩/cm⁴			抵抗矩/cm³				回转半径/cm			$\tan\theta$
	B	b	t	r			x_0	y_0	I_x	I_y	I_v	$W_{x\max}$	$W_{x\min}$	$W_{y\max}$	$W_{y\min}$	i_x	i_y	i_v	（θ为y轴与v轴夹角）
∠25×16×3	25	16	3	3.5	1.162	0.912	0.42	0.86	0.70	0.22	0.14	0.81	0.43	0.52	0.19	0.78	0.44	0.34	0.392
∠25×16×4			4	3.5	1.499	1.176	0.46	0.90	0.88	0.27	0.17	0.98	0.55	0.59	0.24	0.77	0.43	0.34	0.381
∠32×20×3	32	20	3	3.5	1.492	1.171	0.49	1.08	1.53	0.46	0.28	1.42	0.72	0.94	0.30	1.01	0.55	0.43	0.382
∠32×20×4			4	3.5	1.939	1.522	0.53	1.12	1.93	0.57	0.35	1.72	0.93	1.08	0.39	1.00	0.54	0.42	0.374
∠40×25×3	40	25	3	4	1.890	1.484	0.59	1.32	3.08	0.93	0.56	2.33	1.15	1.58	0.49	1.28	0.70	0.54	0.386
∠40×25×4			4	4	2.467	1.936	0.63	1.37	3.93	1.18	0.71	2.87	1.49	1.87	0.63	1.26[1]	0.69	0.54	0.381
∠45×28×3	45	28	3	5	2.149	1.687	0.64	1.47	4.45	1.34	0.80	3.03	1.47	2.09	0.62	1.44	0.79	0.61	0.383
∠45×28×4			4	5	2.806	2.203	0.68	1.51	5.69	1.70	1.02	3.77	1.91	2.50	0.80	1.42	0.78	0.60	0.380
∠50×32×3	50	32	3	5.5	2.431	1.908	0.73	1.60	6.24	2.02	1.20	3.90	1.84	2.77	0.82	1.60	0.91	0.70	0.404
∠50×32×4			4	5.5	3.177	2.494	0.77	1.65	8.02	2.58	1.53	4.86	2.39	3.35	1.06	1.59	0.90	0.69	0.402
∠56×36×3	56	36	3	6	2.743	2.153	0.80	1.78	8.88	2.92	1.73	4.99	2.32	3.65	1.05	1.80	1.03	0.79	0.408
∠56×36×4			4	6	3.590	2.818	0.85	1.82	11.45	3.76	2.23	6.29	3.03	4.42	1.37	1.79	1.02	0.79	0.408
∠56×36×5			5	6	4.415	3.466	0.88	1.87	13.86	4.49	2.67	7.41	3.71	5.10	1.65	1.77	1.01	0.78	0.404
∠63×40×4	63	40	4	7	4.058	3.185	0.92	2.04	16.49	5.23	3.12	8.08	3.87	5.68	1.70	2.02	1.14	0.88	0.398
∠63×40×5			5	7	4.993	3.920	0.95	2.08	20.02	6.31	3.76	9.62	4.74	6.64	2.71[1]	2.00	1.12	0.87	0.396
∠63×40×6			6	7	5.908	4.638	0.99	2.12	23.36	7.29	4.34	11.02	5.59	7.36	2.43	1.96[2]	1.11	0.86	0.393
∠63×40×7			7	7	6.802	5.339	1.03	2.15	26.53	8.24	4.97	12.34	6.40	8.00	2.78	1.98	1.10	0.86	0.389

续表

规格	B	b	t	r	截面积/cm²	质量/(kg·m⁻¹)	x_0/cm	y_0/cm	I_x/cm⁴	I_y/cm⁴	I_v/cm⁴	W_{xmax}/cm³	W_{xmin}/cm³	W_{ymax}/cm³	W_{ymin}/cm³	i_x/cm	i_y/cm	i_v/cm	$\tan\theta$（θ为v轴与y轴夹角）
∠70×45×	70	45	4	7.5	4.547	3.570	1.02	2.24	23.17	7.55	4.40	10.34	4.86	7.40	2.17	2.26	1.29	0.98	0.410
			5		5.609	4.403	1.06	2.28	27.95	9.13	5.40	12.26	5.92	8.61	2.65	2.23	1.28	0.98	0.407
			6		6.647	5.218	1.09	2.32	32.54	10.62	6.35	14.03	6.95	9.74	3.12	2.21	1.26	0.98	0.404
			7		7.657	6.011	1.13	2.36	37.22	12.01	7.16	15.77	8.03	10.63	3.57	2.20	1.25	0.97	0.402
∠75×50×	75	50	5	8	6.125	4.808	1.17	2.40	34.86	12.61	7.41	14.53	6.83	10.78	3.30	2.39	1.44	1.10	0.435
			6		7.260	5.699	1.21	2.44	41.12	14.70	8.54	16.85	8.12	12.15	3.88	2.38	1.42	1.08	0.435
			8		9.467	7.431	1.29	2.52	52.39	18.53	10.87	20.79	10.52	14.36	4.99	2.35	1.40	1.07	0.429
			10		11.590	9.098	1.36	2.60	62.71	21.96	13.10	24.12	12.79	16.15	6.04	2.32	1.38	1.06	0.423
∠80×50×	80	50	5	8	6.375	5.005	1.14	2.60	41.96	12.82	7.66	16.14	7.78	11.25	3.32	2.56	1.42	1.10	0.388
			6		7.560	5.935	1.18	2.65	49.49	14.95	8.85	18.68	9.25	12.67	3.91	2.56	1.41	1.08	0.387
			7		8.724	6.848	1.21	2.69	56.16	16.96	10.18	20.88	10.58	14.02	4.45	2.54	1.39	1.08	0.384
			8		9.867	7.745	1.25	2.73	62.83	18.86	11.38	23.01	11.92	15.08	5.03	2.52	1.38	1.07	0.381
∠90×56×	90	56	5	9	7.212	5.661	1.25	2.91	60.45	18.32	10.93	20.77	9.92	14.66	4.21	2.90	1.59	1.23	0.385
			6		8.557	6.717	1.29	2.95	71.03	21.42	12.90	24.08	11.74	16.60	4.96	2.88	1.58	1.23	0.384
			7		9.880	7.756	1.33	3.00	81.01	24.36	14.67	27.00	13.49	18.32	5.70	2.86	1.57	1.22	0.382
			8		11.183	8.779	1.36	3.04	91.03	27.15	16.34	29.94	15.27	19.96	6.41	2.85	1.56	1.21	0.380
∠100×63×	100	63	6	10	9.617	7.550	1.43	3.24	99.06	30.94	18.42	30.57	14.64	21.64	6.35	3.21	1.79	1.38	0.394
			7		11.111	8.722	1.47	3.28	113.45	35.26	21.00	34.59	19.88	23.99	7.29	3.20	1.78	1.38	0.393
			8		12.584	9.878	1.50	3.32	127.37	39.39	23.50	38.36	19.08	26.26	8.21	3.18	1.77	1.37	0.391
			10		15.467	12.142	1.58	3.40	153.81	47.12	28.33	45.24	23.32	29.82	9.98	3.15	1.74	1.35	0.387
∠100×80×	100	80	6	10	10.637	8.350	1.97	2.95	107.04	61.24	31.65	36.28	15.19	31.09	10.16	3.17	2.40	1.72	0.627
			7		12.301	9.656	2.01	3.00	122.73	70.08	36.17	40.91	17.52	34.87	11.71	3.16	2.39	1.72	0.626
			8		13.944	10.946	2.05	3.04	137.92	78.58	40.58	45.37	19.81	38.33	13.21	3.14	2.37	1.71	0.625
			10		17.167	13.476	2.13	3.12	166.87	94.65	49.10	53.48	24.24	44.44	16.12	3.12	2.35	1.69	0.622

b×b₁	d	r	A (cm²)	理论重量 (kg/m)	X₀	Y₀	Ix	Iy	Ix₁	Iy₁	Iu	Wx	Wy	ix	iy	iu	tanα
∠110×70	6	10	10.637	8.350	1.57	3.53	133.37	42.92	25.36	37.78	17.85	27.34	7.90	3.54	2.01	1.54	0.403
	7		12.301	9.656	1.61	3.57	153.00	49.01	28.95	42.86	20.60	30.44	9.09	3.53	2.00	1.53	0.402
	8		13.944	10.946	1.65	3.62	172.04	54.87	32.45	47.52	23.30	33.25	10.25	3.51	1.98	1.53	0.401
	10		17.167	13.476	1.72	3.70	208.39	65.88	39.20	56.32	28.54	38.30	12.48	3.48	1.96	1.51	0.397
∠125×80	7	11	14.096	11.066	1.80	4.01	227.98	74.42	43.81	56.85	26.86	41.34	12.01	4.02	2.30	1.76	0.408
	8		15.989	12.551	1.84	4.06	256.77	83.49	49.15	63.24	30.41	45.38	13.56	4.01	2.28	1.75	0.407
	10		19.712	15.474	1.92	4.14	312.04	100.67	59.45	75.37	37.33	52.43	16.56	3.98	2.26	1.74	0.404
	12		23.351	18.330	2.00	4.22	364.41	116.67	69.35	86.35	44.01	58.34	19.43	3.95	2.24	1.72	0.400
∠140×90	8	12	18.038	14.160	2.04	4.50	365.64	120.69	70.83	81.25	38.48	59.16	17.34	4.50	2.59	1.98	0.411
	10		22.261	17.475	2.12	4.58	445.50	146.03	85.82	97.27	47.31	68.88	21.22	4.17	2.56	1.96	0.409
	12		26.400	20.724	2.19	4.66	521.59	169.79	100.21	111.93	55.87	77.53	24.95	4.44	2.54	1.95	0.406
	14		30.456	23.908	2.27	4.47	594.10	192.10	114.13	125.34	64.18	84.63	28.54	4.42	2.51	1.94	0.403
∠160×100	10	13	25.315	19.872	2.28	5.24	668.69	205.03	121.74	127.61	62.13	89.93	26.56	5.14	2.85	2.19	0.390
	12		30.054	23.592	2.36	5.32	784.91	239.06	142.33	147.54	73.49	101.30	31.28	5.11	2.82	2.17	0.388
	14		34.709	27.247	2.43	5.40	896.30	271.20	162.23	165.98	84.56	111.60	35.83	5.08	2.80	2.16	0.385
	16		39.281	30.835	2.51	5.48	1 003.04	301.60	182.57	183.04	95.33	120.16	40.24	5.05	2.77	2.16	0.382
∠180×110	10	14	28.373	22.273	2.44	5.89	956.25	278.11	166.50	162.35	78.96	113.98	32.49	5.80	3.13	2.42	0.376
	12		33.712	26.464	2.52	5.98	1 124.72	325.03	194.87	188.08	93.53	128.98	38.32	5.78	3.10	2.40	0.374
	14		38.967	30.589	2.59	6.06	1 286.91	369.55	222.30	212.36	107.76	142.68	43.97	5.75	3.08	2.39	0.372
	16		44.139	34.649	2.67	6.14	1 443.06	411.85	248.94	235.03	121.64	154.25	49.44	5.72	3.06	2.38	0.369
∠200×125	12	14	37.912	29.761	2.83	6.54	1 570.90	483.16	285.79	240.20	116.73	170.73	49.99	6.44	3.57	2.74	0.392
	14		43.867	34.436	2.91	6.62	1 800.97	550.83	326.58	272.05	134.65	189.29	57.44	6.41	3.54	2.73	0.390
	16		49.739	39.045	2.99	6.70	2 023.35	615.44	366.21	301.99	152.18	205.83	64.69	6.38	3.52	2.71	0.388
	18		55.526	43.588	3.06	6.78	2 238.30	677.19	404.83	330.13	169.33	221.30	71.74	6.35	3.49	2.70	0.385

注：1. i_x 值是按 GB/T 706—2008 中所给相应的 I_x 和 A 计算求得,供参考。

2. ①② $W_{y,\min}$ 和 i_y 值均为改正值,供参考。

3. 不等边角钢的通常长度：∠25×16～∠90×56,为 4～12 m,∠100×63～∠140×90,为 4～19 m,∠160×100～∠200×125,为 6～19 m。

附表 8.3 两个热轧不等边角钢的组合截面特性（按 GB/T 706—2008 计算）

长边相连图例：
y_0—重心矩；
I—惯性矩；
W—抵抗矩；
i—回转半径；
a—两角钢背间距离。

短边相连图例：
y_0—重心矩；
I—惯性矩；
W—抵抗矩；
i—回转半径；
a—两角钢背间距离。

规格	截面面积 A /cm²	质量 /(kg·m⁻¹)	长边相连 y_0/cm	I_x/cm⁴	W_{xmax}/cm³	W_{xmin}/cm³	i_x/cm	i_y/cm (a=6)	i_y (a=8)	i_y (a=10)	i_y (a=12)	i_y (a=14)	i_y (a=16)	短边相连 y_0/cm	I_x/cm⁴	W_{xmax}/cm³	W_{xmin}/cm³	i_x/cm	i_y/cm (a=6)	i_y (a=8)	i_y (a=10)	i_y (a=12)	i_y (a=14)	i_y (a=16)
2∟25×16×3	2.234	1.824	0.86	1.40	1.62	0.86	0.78	0.84	0.93	1.02	1.11	1.20	1.30	0.42	0.44	1.04	0.38	0.44	1.40	1.48	1.57	1.66	1.74	1.83
4	2.998	2.352	0.90	1.76	1.96	1.10	0.77	0.87	0.96	1.05	1.14	1.24	1.33	0.46	0.54	1.18	0.48	0.43	1.42	1.51	1.60	1.69	1.78	1.87
2∟32×20×3	2.984	2.342	1.08	3.06	2.84	1.44	1.01	0.97	1.05	1.14	1.22	1.31	1.40	0.49	0.92	1.88	0.60	0.55	1.71	1.79	1.88	1.96	2.05	2.13
4	3.878	3.044	1.12	3.86	3.44	1.86	1.00	0.99	1.08	1.16	1.25	1.34	1.44	0.53	1.14	2.16	0.78	0.54	1.74	1.82	1.90	1.99	2.08	2.16
2∟40×25×3	3.780	2.968	1.32	6.16	4.66	2.30	1.28	1.13	1.21	1.30	1.38	1.47	1.56	0.59	1.86	3.16	0.98	0.70	2.06	2.14	2.23	2.31	2.39	2.48
4	4.934	3.872	1.37	7.86	5.74	2.98	1.26	1.16	1.24	1.32	1.41	1.50	1.59	0.63	2.36	3.74	1.26	0.69	2.09	2.17	2.25	2.34	2.42	2.51
2∟45×28×3	4.298	3.374	1.47	8.90	6.06	2.94	1.44	1.23	1.31	1.39	1.47	1.56	1.64	0.64	2.68	4.18	1.24	0.79	2.28	2.36	2.44	2.52	2.60	2.69
4	5.612	4.406	1.50	11.38	7.54	3.82	1.42	1.25	1.33	1.41	1.50	1.59	1.67	0.68	3.40	5.00	1.60	0.78	2.31	2.38	2.46	2.54	2.63	2.71
2∟50×32×3	4.862	3.816	1.60	12.48	7.80	3.68	1.60	1.38	1.45	1.53	1.61	1.69	1.78	0.73	4.04	5.54	1.64	0.91	2.48	2.56	2.64	2.72	2.80	2.88
4	6.354	4.988	1.65	16.04	9.72	4.78	1.59	1.40	1.48	1.56	1.64	1.72	1.81	0.77	5.16	6.70	2.12	0.90	2.52	2.59	2.67	2.76	2.84	2.92
2∟56×36×3	5.486	4.306	1.78	17.76	9.98	4.64	1.80	1.51	1.58	1.66	1.74	1.82	1.90	0.80	5.84	7.30	2.10	1.03	2.75	2.83	2.90	2.98	3.06	3.15
4	7.180	5.636	1.82	22.90	12.58	6.06	1.79	1.54	1.61	1.69	1.77	1.86	1.94	0.85	7.52	8.84	2.74	1.02	2.77	2.85	2.93	3.01	3.09	3.17
5	8.830	6.932	1.87	27.72	14.82	7.42	1.77	1.55	1.63	1.71	1.79	1.88	1.96	0.88	8.98	10.20	3.30	1.01	2.80	2.88	2.96	3.04	3.12	3.20
2∟63×40×4	8.116	6.370	2.04	32.98	16.16	7.74	2.02	1.67	1.74	1.82	1.89	1.98	2.06	0.92	10.46	11.36	3.40	1.14	3.09	3.16	3.25	3.32	3.40	3.49
5	9.986	7.840	2.08	40.04	19.24	9.48	2.00	1.68	1.76	1.83	1.91	1.99	2.08	0.95	12.62	13.28	4.14	1.12	3.11	3.19	3.27	3.34	3.42	3.51
6	11.816	9.276	2.12	46.72	22.04	11.18	1.99	1.70	1.78	1.86	1.94	2.02	2.11	0.99	14.58	14.72	4.86	1.11	3.13	3.21	3.29	3.37	3.45	3.53
7	13.604	10.678	2.15	53.06	24.68	12.80	1.98	1.73	1.80	1.88	1.97	2.05	2.14	1.03	16.48	16.00	5.56	1.10	3.15	3.23	3.31	3.39	3.47	3.55
2∟70×45×4	9.094	7.140	2.24	46.34	20.68	9.72	2.26	1.85	1.92	1.99	2.07	2.15	2.23	1.02	15.10	14.80	4.34	1.29	3.39	3.48	3.55	3.63	3.71	3.79
5	11.218	8.806	2.28	55.90	24.52	11.84	2.23	1.87	1.94	2.01	2.09	2.18	2.26	1.06	18.26	17.22	5.30	1.28	3.41	3.49	3.56	3.64	3.72	3.80
6	13.294	10.436	2.32	65.08	28.06	13.90	2.21	1.88	1.95	2.03	2.11	2.19	2.27	1.09	21.24	19.48	6.24	1.26	3.43	3.50	3.58	3.66	3.74	3.82
7	15.314	12.022	2.36	74.44	31.54	16.06	2.20	1.90	1.98	2.05	2.13	2.22	2.30	1.13	24.02	21.26	7.14	1.25	3.45	3.53	3.61	3.69	3.77	3.85

型号	规格																								
2∠75×50×	5	12.250	9.616	2.40	69.72	29.06	13.66	2.39	2.06	2.13	2.20	2.28	2.36	2.44	1.17	25.22	21.56	6.60	1.44	3.61	3.68	3.76	3.84	3.91	3.99
	6	14.520	11.398	2.44	82.24	33.70	16.24	2.38	2.07	2.15	2.22	2.30	2.38	2.46	1.21	29.40	24.30	7.76	1.42	3.63	3.71	3.78	3.86	3.94	4.02
	8	18.934	14.862	2.52	104.78	41.58	21.04	2.35	2.12	2.19	2.27	2.35	2.43	2.52	1.29	37.06	28.72	9.98	1.40	3.67	3.75	3.83	3.91	3.99	4.07
	10	23.180	18.196	2.60	125.42	48.24	25.58	2.33	2.16	2.24	2.32	2.40	2.48	2.56	1.36	43.92	32.30	12.08	1.38	3.72	3.80	3.88	3.96	4.04	4.12
2∠80×50×	5	12.750	10.010	2.60	83.92	32.28	15.56	2.56	2.02	2.09	2.17	2.24	2.32	2.40	1.14	25.64	22.50	6.64	1.42	3.87	3.94	4.03	4.10	4.18	4.26
	6	15.120	11.870	2.65	98.98	37.36	18.50	2.56	2.04	2.12	2.19	2.27	2.35	2.43	1.18	29.90	25.34	7.82	1.41	3.91	3.98	4.05	4.14	4.22	4.30
	7	17.448	13.696	2.69	112.32	41.76	21.16	2.54	2.05	2.13	2.21	2.28	2.36	2.44	1.21	33.92	28.04	8.96	1.39	3.92	4.00	4.08	4.16	4.24	4.32
	8	19.734	15.490	2.73	125.66	46.02	23.84	2.52	2.08	2.15	2.23	2.31	2.39	2.47	1.25	37.70	30.16	10.06	1.38	3.94	4.02	4.10	4.18	4.26	4.34
2∠90×56×	5	14.424	11.322	2.91	120.90	41.54	19.84	2.90	2.22	2.29	2.36	2.44	2.52	2.59	1.25	36.66	29.32	8.42	1.59	4.32	4.39	4.48	4.55	4.63	4.71
	6	17.114	13.434	2.95	142.06	48.16	23.84	2.88	2.24	2.31	2.39	2.46	2.54	2.62	1.29	42.84	33.20	9.92	1.58	4.34	4.42	4.49	4.57	4.65	4.73
	7	19.760	15.512	3.00	162.02	54.00	26.98	2.86	2.26	2.34	2.41	2.49	2.57	2.65	1.33	48.72	36.64	11.40	1.57	4.37	4.44	4.52	4.60	4.68	4.76
	8	22.366	17.558	3.04	182.06	59.88	30.54	2.85	2.28	2.35	2.43	2.51	2.58	2.66	1.36	54.30	39.92	12.82	1.56	4.39	4.47	4.54	4.62	4.70	4.78
2∠100×63×	6	19.234	15.100	3.24	198.12	61.14	29.28	3.21	2.49	2.56	2.63	2.71	2.78	2.86	1.43	61.88	43.28	12.70	1.79	4.77	4.85	4.93	5.00	5.08	5.16
	7	22.222	17.444	3.28	226.90	69.18	33.76	3.20	2.51	2.58	2.66	2.73	2.81	2.88	1.47	70.52	47.98	14.58	1.78	4.80	4.88	4.95	5.03	5.11	5.19
	8	25.168	19.756	3.32	254.74	76.72	38.16	3.18	2.53	2.60	2.67	2.75	2.82	2.90	1.50	78.78	52.52	16.42	1.77	4.82	4.89	4.97	5.05	5.13	5.20
	10	30.934	24.284	3.40	307.62	90.48	46.64	3.15	2.56	2.64	2.71	2.79	2.87	2.95	1.58	94.24	59.64	19.96	1.74	4.86	4.94	5.01	5.09	5.17	5.25
2∠100×80×	6	21.274	16.700	2.95	214.08	72.56	30.38	3.17	2.75	3.30	3.44	3.52	3.59	3.67	1.97	122.48	62.18	20.32	2.40	4.54	4.62	4.69	4.76	4.83	4.91
	7	24.602	19.312	3.00	245.46	81.82	35.04	3.16	2.77	3.32	3.47	3.54	3.61	3.69	2.01	140.16	69.74	23.42	2.39	4.57	4.64	4.72	4.79	4.87	4.94
	8	27.888	21.892	3.04	275.84	90.74	39.62	3.14	2.78	3.34	3.48	3.56	3.63	3.71	2.05	157.16	76.66	26.42	2.37	4.58	4.66	4.73	4.81	4.88	4.96
	10	34.334	26.952	3.12	333.74	106.96	48.48	3.12	2.81	3.38	3.53	3.60	3.68	3.76	2.13	189.30	88.88	32.24	2.35	4.63	4.70	4.78	4.86	4.93	5.01
2∠110×70×	6	21.274	16.700	3.53	266.74	75.56	35.70	3.54	2.75	2.81	2.88	2.96	3.03	3.11	1.57	85.84	54.68	15.80	2.01	5.22	5.29	5.36	5.44	5.52	5.59
	7	24.602	19.312	3.57	306.00	85.72	41.20	3.53	2.77	2.84	2.91	2.98	3.06	3.13	1.61	98.02	60.88	18.18	2.00	5.24	5.31	5.39	5.46	5.54	5.62
	8	27.888	21.892	3.62	344.08	95.04	46.60	3.51	2.78	2.85	2.92	3.00	3.07	3.15	1.65	109.74	66.50	20.50	1.98	5.26	5.34	5.41	5.49	5.57	5.64
	10	34.334	26.952	3.70	416.78	112.64	57.08	3.48	2.81	2.89	2.96	3.04	3.11	3.19	1.72	131.76	76.60	24.96	1.96	5.30	5.38	5.45	5.53	5.61	5.69
2∠125×80×	7	28.192	22.132	4.01	455.96	113.70	53.72	4.02	3.11	3.18	3.25	3.33	3.40	3.47	1.80	148.84	82.68	24.02	2.30	5.89	5.97	6.04	6.12	6.19	6.27
	8	31.978	25.102	4.06	513.54	126.48	60.82	4.01	3.13	3.20	3.27	3.34	3.41	3.49	1.84	166.98	90.76	27.12	2.28	5.92	6.00	6.07	6.15	6.22	6.30
	10	39.424	30.948	4.14	624.08	150.74	74.66	3.98	3.17	3.24	3.31	3.38	3.46	3.54	1.92	201.34	104.86	33.12	2.26	5.96	6.04	6.11	6.19	6.27	6.34
	12	46.702	36.660	4.22	728.82	172.70	88.02	3.95	3.21	3.28	3.36	3.43	3.51	3.59	2.00	233.34	116.68	38.86	2.24	6.00	6.08	6.15	6.23	6.31	6.39

续表

规格	截面面积 A/cm²	每米质量/(kg·m⁻¹)	y_0/cm	I_x/cm⁴	W_{xmax}/cm³	W_{xmin}/cm³	i_x/cm	i_y/cm a=6	a=8	a=10	a=12	a=14	a=16	y_0/cm	I_x/cm⁴	W_{xmax}/cm³	W_{xmin}/cm³	i_x/cm	i_y/cm a=6	a=8	a=10	a=12	a=14	a=16
2∠140×90×8	36.076	28.320	4.50	731.28	162.50	76.96	4.50	3.49	3.56	3.63	3.70	3.77	3.84	2.04	241.38	118.32	34.68	2.59	6.58	6.65	6.73	6.80	6.88	6.95
2∠140×90×10	44.522	34.950	4.58	891.00	194.54	94.62	4.47	3.52	3.59	3.66	3.73	3.81	3.88	2.12	292.06	137.76	42.44	2.56	6.62	6.69	6.77	6.84	6.92	6.99
2∠140×90×12	52.800	41.448	4.66	1 043.18	223.86	111.74	4.44	3.56	3.63	3.70	3.77	3.85	3.92	2.19	339.58	155.06	49.90	2.54	6.66	6.74	6.81	6.88	6.96	7.04
2∠140×90×14	60.912	47.816	4.74	1 188.20	250.68	128.36	4.42	3.59	3.66	3.74	3.81	3.89	3.97	2.27	384.20	169.26	57.08	2.51	6.70	6.78	6.86	6.93	7.01	7.09
2∠160×100×10	50.630	39.744	5.24	1 337.38	255.22	124.26	5.14	3.84	3.91	3.98	4.05	4.12	4.20	2.28	410.06	179.86	53.12	2.85	7.55	7.63	7.71	7.78	7.86	7.93
2∠160×100×12	60.108	47.184	5.32	1 569.82	295.08	146.98	5.11	3.87	3.95	4.02	4.09	4.16	4.24	2.36	478.12	202.60	62.56	2.82	7.60	7.67	7.74	7.82	7.90	7.97
2∠160×100×14	68.418	54.494	5.40	1 792.60	331.96	169.12	5.08	3.91	3.98	4.05	4.13	4.20	4.27	2.43	542.40	223.20	71.66	2.80	7.64	7.71	7.79	7.86	7.94	8.02
2∠160×100×16	78.562	61.670	5.48	2 006.08	366.08	190.66	5.05	3.95	4.02	4.09	4.16	4.24	4.32	2.51	603.20	240.32	80.48	2.77	7.68	7.75	7.83	7.90	7.98	8.06
2∠180×110×10	56.746	44.546	5.89	1 912.50	324.70	157.92	5.80	4.16	4.23	4.29	4.36	4.43	4.50	2.44	556.22	227.96	64.98	3.13	8.48	8.56	8.63	8.70	8.78	8.85
2∠180×110×12	67.424	52.928	5.98	2 249.44	376.16	187.06	5.78	4.19	4.26	4.33	4.40	4.47	4.54	2.52	650.06	257.96	76.64	3.10	8.54	8.61	8.68	8.76	8.83	8.91
2∠180×110×14	77.934	61.178	6.06	2 573.82	424.72	215.52	5.75	4.22	4.29	4.36	4.43	4.51	4.58	2.59	739.10	285.36	87.94	3.08	8.57	8.65	8.72	8.80	8.87	8.95
2∠180×110×16	88.278	69.298	6.14	2 886.12	470.06	243.28	5.72	4.26	4.33	4.41	4.48	4.55	4.63	2.67	823.70	308.50	98.88	3.06	8.61	8.69	8.76	8.84	8.92	8.99
2∠200×125×12	75.824	59.522	6.54	3 141.80	480.40	233.46	6.44	4.75	4.81	4.88	4.95	5.02	5.09	2.83	966.32	341.46	99.98	3.57	9.39	9.47	9.54	9.62	9.69	9.76
2∠200×125×14	87.734	68.872	6.62	3 601.94	544.10	269.30	6.41	4.78	4.85	4.92	4.99	5.06	5.13	2.91	1 101.66	378.58	114.88	3.54	9.43	9.51	9.58	9.65	9.73	9.81
2∠200×125×16	99.478	78.090	6.70	4 046.70	603.98	304.36	6.38	4.82	4.88	4.95	5.03	5.10	5.17	2.99	1 230.88	411.66	129.38	3.52	9.47	9.55	9.62	9.70	9.77	9.85
2∠200×125×18	111.052	87.176	6.78	4 476.60	660.26	338.66	6.35	4.84	4.91	4.99	5.06	5.13	5.20	3.06	1 354.38	442.60	143.48	3.49	9.51	9.59	9.66	9.74	9.81	9.89

附表 8.4 热轧普通工字钢的规格及截面特性(按 GB 706—1988 计算)

I—截面惯性矩;
W—截面抵抗矩;
S—半截面面积矩;
i—截面回转半径。

通常长度:
型号 10~18, 为 5~19 m;
型号 20~63, 为 6~19 m。

型号	尺寸/mm						截面面积 A/cm²	质量 /(kg·m⁻¹)	x—x 轴				y—y 轴		
	h	b	t_w	t	r	r_1			I_x /cm⁴	W_x /cm³	S_x /cm³	i_x /cm	I_y /cm⁴	W_y /cm³	i_y /cm
10	100	68	4.5	7.6	6.5	3.3	14.345	11.261	245	49.0	28.5	4.14	33.0	9.72	1.52
12.6	126	74	5.0	8.4	7.0	3.5	18.118	14.223	488	77.5	45.2	5.20	46.9	12.7	1.61
14	140	80	5.5	9.1	7.5	3.8	21.516	16.890	712	102	59.3	5.76	64.4	16.1	1.73
16	160	88	6.0	9.9	8.0	4.0	26.131	20.513	1 130	141	81.9	6.58	93.1	21.2	1.89
18	180	94	6.5	10.7	8.5	4.3	30.756	24.113	1 660	185	108	7.36	122	26.0	2.00
20a	200	100	7.0	11.4	9.0	4.5	35.578	27.929	2 370	237	138	8.15	158	31.5	2.12
20b		102	9.0				39.578	31.069	2 500	250	148	7.96	169	33.1	2.06
22a	220	110	7.5	12.3	9.5	4.8	42.128	33.070	3 400	309	180	8.99	225	40.9	2.31
22b		112	9.5				46.528	36.524	3 570	325	191	8.78	239	42.7	2.27
25a	250	116	8.0	13.0	10.0	5.0	48.541	38.105	5 020	402	232	10.2	280	48.3	2.40
25b		118	10.0				53.541	42.030	5 280	423	248	9.94	309	52.4	2.40
28a	280	122	8.5	13.7	10.5	5.3	55.404	43.492	7 110	508	289	11.3	345	56.6	2.50
28b		124	10.5				61.004	47.888	7 480	534	309	11.1	379	61.2	2.49
32a	320	130	9.5	15.0	11.5	5.8	67.156	52.717	11 100	692	404	12.8	460	70.8	2.62
32b		132	11.5				73.556	57.741	11 600	726	428	12.6	502	76.0	2.61
32c		134	13.5				79.956	62.765	12 200	760	455	12.3	544	81.2	2.61

续表

型号	尺寸/mm						截面面积 A/cm²	质量 /(kg·m⁻¹)	x—x 轴				y—y 轴		
	h	b	t_w	t	r	r_1			I_x/cm⁴	W_x/cm³	S_x/cm³	i_x/cm	I_y/cm⁴	W_y/cm³	i_y/cm
a	360	136	10.0	15.8	12.0	6.0	76.480	60.037	15 800	875	515	14.4	552	81.2	2.69
36b		138	12.0	15.8	12.0	6.0	83.680	65.689	16 500	919	545	14.1	582	84.3	2.64
c		140	14.0	15.8	12.0	6.0	90.880	71.341	17 300	962	579	13.8	612	87.4	2.60
a	400	142	10.5	16.5	12.5	6.3	86.112	67.598	21 700	1 090	636	15.9	660	93.2	2.77
40b		144	12.5	16.5	12.5	6.3	94.112	73.878	22 800	1 140	679	15.6	692	96.2	2.71
c		146	14.5	16.5	12.5	6.3	102.112	80.158	23 900	1 190	720	15.2	727	99.6	2.65
a	450	150	11.5	18.0	13.5	6.8	102.446	80.420	32 200	1 430	834	17.7	855	114	2.89
45b		152	13.5	18.0	13.5	6.8	111.446	87.485	33 800	1 500	889	17.4	894	118	2.84
c		154	15.5	18.0	13.5	6.8	120.446	94.550	35 300	1 570	939	17.1	938	122	2.79
a	500	158	12.0	20.0	14.0	7.0	119.304	93.654	46 500	1 860	1 086	19.7	1 120	142	3.07
50b		160	14.0	20.0	14.0	7.0	129.304	101.504	48 600	1 940	1 146	19.4	1 170	146	3.01
c		162	16.0	20.0	14.0	7.0	139.304	109.354	50 600	2 020①	1 211	19.0	1 220	151	2.96
a	560	166	12.5	21.0	14.5	7.3	135.435	106.316	65 600	2 340	1 375	22.0	1 370	165	3.18
56b		168	14.5	21.0	14.5	7.3	146.635	115.108	68 500	2 450	1 451	21.6	1 490	174	3.16
c		170	16.5	21.0	14.5	7.3	157.835	123.900	71 400	2 550	1 529	21.3	1 560	183	3.16
a	630	176	13.0	22.0	15.0	7.5	154.658	121.407	93 900	2 980	1 732	24.6	1 700	193	3.31
63b		178	15.0	22.0	15.0	7.5	167.258	131.298	98 100	3 110②	1 834	24.2	1 810	204	3.29
c		180	17.0	22.0	15.0	7.5	179.858	141.189	102 000	3 240③	1 928	23.8	1 920	214	3.27

注：W_x 值分别是按 GB/T 706—2008 中所给相应的 I_x 和 h 计算求得（$W_x = 2I_x/h$），供参考。

附表 8.5　热轧普通槽钢的规格及截面特性（按 GB/T 706—2008 计算）

I—截面惯性矩；
W—截面抵抗矩；
S—半截面面积矩；
i—截面回转半径。

斜度1:10　$\frac{b-t_w}{2}$

| 型号 | 尺寸/mm | | | | | | 截面面积 A/cm^2 | 质量 $/(\text{kg}\cdot\text{m}^{-1})$ | x_0 /cm | 截面特性 | | | | | | | | |
| | h | b | t_w | t | r | r_1 | | | | x—x 轴 | | | | y—y 轴 | | | | y_1—y_1 轴 |
										I_x /cm^4	W_x /cm^3	S_x /cm^3	i_x /cm	I_y /cm^4	W_{ymax} /cm^3	W_{ymin} /cm^3	i_y /cm	I_{y1} /cm^4
🗌5	50	37	4.5	7.0	7.0	3.50	6.92	5.44	1.35	26.0	10.4	6.4	1.94	8.3	6.2	3.5	1.10	20.9
🗌6.3	63	40	4.8	7.5	7.5	3.75	8.45	6.63	1.39	51.2	16.3	9.8	2.46	11.9	8.5	4.6	1.19	28.3
🗌8	80	43	5.0	8.0	8.0	4.00	10.24	8.04	1.42	101.3	25.3	15.1	3.14	16.6	11.7	5.8	1.27	37.4
🗌10	100	48	5.3	8.5	8.5	4.25	12.74	10.00	1.52	198.3	39.7	23.5	3.94	25.6	16.9	7.8	1.42	54.9
🗌12.6	126	53	5.5	9.0	9.0	4.50	15.69	12.31	1.59	388.5	61.7	36.4	4.98	38.0	23.9	10.3	1.56	77.8
🗌14a	140	58	6.0	9.5	9.5	4.75	18.51	14.53	1.71	563.7	80.5	47.5	5.52	53.2	31.2	13.0	1.70	107.2
🗌14b	140	60	8.0	9.5	9.5	4.75	21.31	16.73	1.67	609.4	87.1	52.4	5.35	61.2	36.6	14.1	1.69	120.6
🗌16a	160	63	6.5	10.0	10.0	5.00	21.95	17.23	1.79	866.2	108.3	63.9	6.28	73.4	40.9	16.3	1.83	144.1
🗌16b	160	65	8.5	10.0	10.0	5.00	25.15	19.75	1.75	934.5	116.8	70.3	6.10	83.4	47.6	17.6	1.82	160.8
🗌18a	180	68	7.0	10.5	10.5	5.25	25.69	20.17	1.88	1 272.7	141.4	83.5	7.04	98.6	52.3	20.0	1.96	189.7
🗌18b	180	70	9.0	10.5	10.5	5.25	29.29	22.99	1.84	1 369.9	152.2	91.6	6.84	111.0	60.4	21.5	1.95	210.1
🗌20a	200	73	7.0	11.0	11.0	5.50	28.83	22.63	2.01	1 780.4	178.0	104.7	7.86	128.0	63.8	24.2	2.11	244.0

型号	尺寸/mm						截面面积 A/cm²	质量 /(kg·m⁻¹)	x_0 /cm	截面特性								
										x—x轴				y—y轴				y_1—y_1轴
	h	b	t_w	t	r	r_1				I_x /cm⁴	W_x /cm³	S_x /cm³	i_x /cm	I_y /cm⁴	$W_{y\max}$ /cm³	$W_{y\min}$ /cm³	i_y /cm	I_{y1} /cm⁴
[20b	200	75	9.0	11.0	11.0	5.50	32.83	25.77	1.95	1 913.7	191.4	114.7	7.64	143.6	73.7	25.9	2.09	268.4
[22a	220	77	7.0	11.5	11.5	5.75	31.84	24.99	2.10	2 393.9	217.6	127.6	8.67	157.8	75.1	28.2	2.23	298.2
[22b	220	79	9.0	11.5	11.5	5.75	36.24	28.45	2.03	2 571.3	233.8	139.7	8.42	176.5	86.8	30.1	2.21	326.3
[25a	250	78	7.0	12.0	12.0	6.00	34.91	27.40	2.07	3 359.1	268.7	157.8	9.81	175.9	85.1	30.7	2.24	324.8
[25b	250	80	9.0	12.0	12.0	6.00	39.91	31.33	1.99	3 619.5	289.6	173.5	9.52	196.4	98.5	32.7	2.22	355.1
[25c	250	82	11.0	12.0	12.0	6.00	44.91	35.25	1.96	3 880.0	310.4	189.1	9.30	215.9	110.1	34.6	2.19	388.6
[28a	280	82	7.5	12.5	12.5	6.25	40.02	31.42	2.09	4 752.5	339.5	200.2	10.90	217.9	104.1	35.7	2.33	393.3
[28b	280	84	9.5	12.5	12.5	6.25	45.62	35.81	2.02	5 118.4	365.6	219.8	10.59	241.5	119.3	37.9	2.30	428.5
[28c	280	86	11.5	12.5	12.5	6.25	51.22	40.21	1.99	5 484.3	391.7	239.4	10.35	264.1	132.6	40.0	2.27	467.3
[32a	320	88	8.0	14.0	14.0	7.00	48.50	38.07	2.24	7 510.6	469.4	276.9	12.44	304.7	136.2	46.4	2.51	547.5
[32b	320	90	10.0	14.0	14.0	7.00	54.90	43.10	2.16	8 056.8	503.5	302.5	12.11	335.6	155.0	49.1	2.47	592.9
[32c	320	92	12.0	14.0	14.0	7.00	61.30	48.12	2.13	8 602.9	537.7	328.1	11.85	365.0	171.5	51.6	2.44	642.7
[36a	360	96	9.0	16.0	16.0	8.00	60.89	47.80	2.44	11 874.1	659.7	389.9	13.96	455.0	186.2	63.6	2.73	818.5
[36b	360	98	11.0	16.0	16.0	8.00	68.09	53.45	2.37	12 651.7	702.9	422.3	13.63	496.7	209.2	66.9	2.70	880.5
[36c	360	100	13.0	16.0	16.0	8.00	75.29	59.10	2.34	13 429.3	746.1	454.7	13.36	536.6	229.5	70.0	2.67	948.0
[40a	400	100	10.5	18.0	18.0	9.00	75.04	58.91	2.49	17 577.7	878.9	524.4	15.30	592.0	237.6	78.8	2.81	1 057.9
[40b	400	102	12.5	18.0	18.0	9.00	83.04	65.19	2.44	18 644.4	932.2	564.4	14.98	640.6	262.4	82.6	2.78	1 135.8
[40c	400	104	14.5	18.0	18.0	9.00	91.04	71.47	2.42	19 711.0	985.6	604.4	14.71	687.8	284.4	86.2	2.75	1 220.3

注：普通槽钢的通常长度：[5~[8，为 5~12 m；[10~[18，为 5~19 m；[20~[40，为 6~19 m。

附表 8.6　宽、中、窄翼缘 H 型钢的规格及截面特性（按 GB/T 11263—2010 计算）

H—高度；
B—宽度；
t_1—腹板厚度；
t_2—翼缘厚度；
r—圆角半径。

类别	型号（高度×宽度）/(mm×mm)	截面尺寸/mm					截面面积/cm²	理论质量/(kg·m⁻¹)	惯性矩/cm⁴		惯性半径/cm		截面模数/cm³	
		H	B	t_1	t_2	r			I_x	I_y	i_x	i_y	W_x	W_y
HW	100×100	100	100	6	8	8	21.59	16.9	386	134	4.23	2.49	77.1	26.7
	125×125	125	125	6.5	9	8	30.00	23.6	843	293	5.30	3.13	135	46.9
	150×150	150	150	7	10	8	39.65	31.1	1 620	563	6.39	3.77	216	75.1
	175×175	175	175	7.5	11	13	51.43	40.4	2 918	983	7.53	4.37	334	112
	200×200	200	200	8	12	13	63.53	49.9	4 717	1 601	8.62	5.02	472	160
		200	204	12	12	13	71.53	56.2	4 984	1 701	8.35	4.88	498	167
	250×250	244	252	11	11	13	81.31	63.8	8 573	2 937	10.27	6.01	703	233
		250	250	9	14	13	91.43	71.9	10 689	3 648	10.81	6.32	855	292
		250	255	14	14	13	103.93	81.6	11 340	3 875	10.45	6.11	907	304
	300×300	294	302	12	12	13	106.33	83.5	16 384	5 513	12.41	7.20	1 115	365
		300	300	10	15	13	118.45	93.0	20 010	6 753	13.00	7.55	1 334	450
		300	305	15	15	13	133.45	104.8	21 135	7 102	12.58	7.29	1 409	466
	350×350	338	351	13	13	13	133.27	104.6	27 352	9 376	14.33	8.39	1 618	534
		344	348	10	16	13	144.01	113.0	32 545	11 242	15.03	8.84	1 892	646
		344	354	16	16	13	164.65	129.3	34 581	11 841	14.49	8.48	2 011	669
		350	350	12	19	13	171.89	134.9	39 637	13 582	15.19	8.89	2 265	776
		350	357	19	19	13	196.39	154.2	42 138	14 427	14.65	8.57	2 408	808
	400×400	388	402	15	15	22	178.45	140.1	48 040	16 255	16.41	9.54	2 476	809
		394	398	11	18	22	186.81	146.6	55 597	18 920	17.25	10.06	2 822	951
		394	405	18	18	22	214.39	168.3	59 165	19 951	16.61	9.65	3 003	985
		400	400	13	21	22	218.69	171.7	66 455	22 410	17.43	10.12	3 323	1 120
		400	408	21	21	22	250.69	196.8	70 722	23 804	16.80	9.74	3 536	1 167
		414	405	18	28	22	295.39	231.9	93 518	31 022	17.79	10.25	4 518	1 532
		428	407	20	35	22	360.65	283.1	12 089	39 357	18.31	10.45	5 649	1 934

续表

类别	型号(高度×宽度)/(mm×mm)	截面尺寸/mm					截面面积/cm²	理论质量/(kg·m⁻¹)	惯性矩/cm⁴		惯性半径/cm		截面模数/cm³	
		H	B	t_1	t_2	r			I_x	I_y	i_x	i_y	W_x	W_y
HW	400×400	458	417	30	50	22	528.55	414.9	19 093	60 516	19.01	10.70	8 338	2 902
		*498	432	45	70	22	770.05	604.5	30 473	94 346	19.89	11.07	12 238	4 368
	*500×500	492	465	15	20	22	257.95	202.5	115 559	33 531	21.17	11.40	4 698	1 442
		502	465	15	25	22	304.45	239.0	145 012	41 910	21.82	11.73	5 777	1 803
		502	470	20	25	22	329.55	258.7	150 283	43 295	21.35	11.46	5 987	1 842
HM	150×100	148	100	6	9	8	26.35	20.7	995.3	150.3	6.15	2.39	134.5	30.1
	200×150	194	150	6	9	8	38.11	29.9	2 586	506.6	8.24	3.65	266.6	67.6
	250×175	244	175	7	11	13	55.49	43.6	5 908	983.5	10.32	4.21	484.3	112.4
	300×200	294	200	8	12	13	71.05	55.8	10 858	1 602	12.36	4.75	738.6	160.2
	350×250	340	250	9	14	13	99.53	78.1	20 867	3 648	14.48	6.05	1 227	291.9
	400×300	390	300	10	16	13	133.25	104.6	37 363	7 203	16.75	7.35	1 916	480.2
	450×300	440	300	11	18	13	153.89	120.8	54 067	8 105	18.74	7.26	2 458	540.3
	500×300	482	300	11	15	13	141.17	110.8	57 212	6 756	20.13	6.92	2 374	450.4
		488	300	11	18	13	159.17	124.9	67 916	8 106	20.66	7.14	2 783	540.4
	550×300	544	300	11	15	13	147.99	116.2	74 874	6 756	22.49	6.76	2 753	450.4
		550	300	11	18	13	165.99	130.3	88 470	8 106	23.09	6.99	3 217	540.4
	600×300	582	300	12	17	13	169.21	132.8	97 287	7 659	23.98	6.73	3 343	510.6
		588	300	12	20	13	187.21	147.0	112 827	9 009	24.55	6.94	3 838	600.6
		594	302	14	23	13	217.09	170.4	132 179	10 572	24.68	6.98	4 450	700.1
HN	100×50	100	50	5	7	8	11.85	9.3	191.0	14.7	4.02	1.11	38.2	5.9
	125×60	125	60	6	8	8	16.69	13.1	407.7	29.1	4.94	1.32	65.2	9.7
	150×75	150	75	5	7	8	17.85	14.0	645.7	49.4	6.01	1.66	86.1	13.2
	175×90	175	90	5	8	8	22.90	18.0	1 174	97.4	7.16	2.06	134.2	21.6
	200×100	198	99	4.5	7	8	22.69	17.8	1 484	113.4	8.09	2.24	149.9	22.9
		200	100	5.5	8	8	26.67	20.9	1 753	133.7	8.11	2.24	175.3	26.7
	250×125	248	124	5	8	8	31.99	25.1	3 346	254.5	10.23	2.82	269.8	41.1
		250	125	6	9	8	36.97	29.0	3 868	293.5	10.23	2.82	309.4	47.0
	300×150	298	149	5.5	8	13	40.80	32.0	5 911	441.7	12.04	3.29	396.7	59.3
		300	150	6.5	9	13	46.78	36.7	6 829	507.2	12.08	3.29	455.3	67.6
	350×175	346	174	6	9	13	52.45	41.2	10 456	791.1	14.12	3.88	604.4	90.9
		350	175	7	11	13	62.91	49.4	12 980	983. 8	14.36	3.95	741.7	112.4
	400×150	400	150	8	13	13	70.37	55.2	17 906	733.2	15.95	3.23	895.3	97.8
	400×200	396	199	7	11	13	71.41	56.1	19 023	1 446	16.32	4.50	960.8	145.3
		400	200	8	13	13	83.37	65.4	22 775	1 735	16.53	4.56	1 139	173.5

类别	型号（高度×宽度）/（mm×mm）	截面尺寸/mm					截面面积/cm²	理论质量/（kg·m⁻¹）	惯性矩/cm⁴		惯性半径/cm		截面模数/cm³	
		H	B	t_1	t_2	r			I_x	I_y	i_x	i_y	W_x	W_y
HN	450×200	446	199	8	12	13	82.97	65.1	27 146	1 578	18.09	4.36	1 217	158.6
		450	200	9	14	13	95.43	74.9	31 973	1 870	18.30	4.43	1 421	187.0
	500×200	496	199	9	14	13	99.29	77.9	39 628	1 842	19.98	4.31	1 598	185.1
		500	200	10	16	13	112.25	88.1	45 685	2 138	20.17	4.36	1 827	213.8
		506	201	11	19	13	129.31	101.5	54 478	2 577	20.53	4.46	2 153	256.4
	550×200	546	199	9	14	13	103.79	81.5	49 245	1 842	21.78	4.21	1 804	185.2
		550	200	10	16	13	149.25	117.2	79 515	7 205	23.08	6.95	2 891	480.3
	600×200	596	199	10	15	13	117.75	92.4	64 739	1 975	23.45	4.10	2 172	198.5
		600	200	11	17	13	131.71	103.4	73 749	2 273	23.66	4.15	2 458	227.3
		606	201	12	20	13	149.77	117.6	86 656	2 716	24.05	4.26	2 860	270.2
	650×300	646	299	10	15	13	152.75	119.9	107 794	6 688	26.56	6.62	3 337	447.4
		650	300	11	17	13	171.21	134.4	122 739	7 657	26.77	6.69	3 777	510.5
		656	301	12	20	13	195.77	153.7	144 433	9 100	27.16	6.82	4 403	604.6
	700×300	692	300	13	20	18	207.54	162.9	164 101	9 014	28.12	6.59	4 743	600.9
		700	300	13	24	18	231.54	181.8	193 622	10 814	28.92	6.83	5 532	720.9
	750×300	734	299	12	16	18	182.70	143.4	155 539	7 140	29.18	6.25	4 238	477.6
		742	300	13	20	18	214.04	168.0	191 989	9 015	29.95	6.49	5 175	601.0
		750	300	13	24	18	238.04	186.9	225 863	10 815	30.80	6.74	6 023	721.0
		758	303	16	28	18	284.78	223.6	271 350	13 008	30.87	6.76	7 160	858.6
	800×300	792	300	14	22	18	239.50	188.0	242 399	9 919	31.81	6.44	6 121	661.3
		800	300	14	26	18	263.50	206.8	280 925	11 719	32.65	6.67	7 023	781.3
	850×300	834	298	14	19	18	227.46	178.6	243 858	8 400	32.74	6.08	5 848	563.8
		842	299	15	23	18	259.72	203.9	291 216	10 271	33.49	6.29	6 917	687.0
		850	300	16	27	18	292.14	229.3	339 670	12 179	34.10	6.46	7 992	812.0
		858	301	17	31	18	324.72	254.9	389 234	14 125	34.62	6.60	9 073	938.5
	900×300	890	299	15	23	18	266.92	209.5	330 588	10 273	35.19	6.20	7 419	687.1
		900	300	16	28	18	305.85	240.1	397 241	12 631	36.04	6.43	8 828	842.1
		912	302	18	34	18	360.06	282.6	484 615	15 652	36.69	6.59	10 628	1 037
	1 000×300	970	297	16	21	18	276.00	216.7	382 977	9 203	37.25	5.77	7 896	619.7
		980	298	17	26	18	315.50	247.7	462 157	11 508	38.27	6.04	9 432	772.3
		990	298	17	31	18	345.30	271.1	535 201	13 713	39.37	6.30	10 812	920.3
		1 000	300	19	36	18	395.10	310.2	626 396	16 256	39.82	6.41	12 528	1 084
		1 008	302	21	40	18	439.26	344.8	704 572	18 437	40.05	6.48	13 980	1 221

续表

类别	型号(高度×宽度)/(mm×mm)	截面尺寸/mm					截面面积/cm²	理论质量/(kg·m⁻¹)	惯性矩/cm⁴		惯性半径/cm		截面模数/cm³	
		H	B	t_1	t_2	r			I_x	I_y	i_x	i_y	W_x	W_y
HT	100×50	95	48	3.2	4.5	8	7.62	6.0	109.7	8.4	3.79	1.05	23.1	3.5
		97	49	4	5.5	8	9.38	7.4	141.8	10.9	3.89	1.08	29.2	4.4
	100×100	96	99	4.5	6	8	16.21	12.7	272.7	97.1	4.10	2.45	56.8	19.6
	125×60	118	58	3.2	4.5	8	9.26	7.3	202.4	14.7	4.68	1.26	34.3	5.1
		120	59	4	5.5	8	11.40	8.9	259.7	18.9	4.77	1.29	43.3	6.4
	125×125	119	123	4.5	6	8	20.12	15.8	523.6	186.2	5.10	3.04	88.0	30.3
	150×75	145	73	3.2	4.5	8	11.47	9.0	383.2	29.3	5.78	1.60	52.9	8.0
		147	74	4	5.5	8	14.13	11.1	488.0	37.3	5.88	1.62	66.4	10.1
	150×100	139	97	3.2	4.5	8	13.44	10.5	447.3	68.5	5.77	2.26	64.4	14.1
		142	99	4.5	6	8	18.28	14.3	632.7	97.2	5.88	2.31	89.1	19.6
	150×150	144	148	5	7	8	27.77	21.8	1 070	378.4	6.21	3.69	148.6	51.1
		147	149	6	8.5	8	33.68	26.4	1 338	468.9	6.30	3.73	182.1	62.9
	175×90	168	88	3.2	4.5	8	13.56	10.6	619.6	51.2	6.76	1.94	73.8	11.6
		171	89	4	6	8	17.59	13.8	852.1	70.6	6.96	2.00	99.7	15.9
	175×175	167	173	5	7	13	33.32	26.2	1 731	604.5	7.21	4.26	207.2	69.9
		172	175	6.5	9.5	13	44.65	35.0	2 466	849.2	7.43	4.36	286.8	97.1
	200×100	193	98	3.2	4.5	8	15.26	12.0	921.0	70.7	7.77	2.15	95.4	14.4
		196	99	4	6	8	19.79	15.5	1 260	97.2	7.98	2.22	128.6	19.6
	200×150	188	149	4.5	6	8	26.35	20.7	1 669	331.0	7.96	3.54	177.6	44.4
	200×200	192	198	6	8	13	43.69	34.3	2 984	1 036	8.26	4.87	310.8	104.6
	250×125	244	124	4.5	6	8	25.87	20.3	2 529	190.9	9.89	2.72	207.3	30.8
	250×175	238	173	4.5	6	13	39.12	30.7	4 045	690.8	10.17	4.20	339.9	79.9
	300×150	294	148	4.5	6	13	31.90	25.0	4 342	324.6	11.67	3.19	295.4	43.9
	300×200	286	198	6	8	13	49.33	38.7	7 000	1 036	11.91	4.58	489.5	104.6
	350×175	340	173	4.5	6	13	36.97	29.0	6 823	518.3	13.58	3.74	401.3	59.9
	400×150	390	148	6	8	13	47.57	37.3	10 900	433.2	15.14	3.02	559.0	58.5
	400×200	390	198	6	8	13	55.57	43.6	13 819	1 036	15.77	4.32	708.7	104.6

注:①同一型号的产品,其内侧尺寸高度一致。

②截面面积计算公式为:$t_1(H-2t_2)+2Bt_2+0.858r^2$。

③" * "所示规格表示国内暂不能生产。

附录9　螺栓和锚栓规格

附表9.1　螺栓螺纹处的有效截面面积

公称直径/mm	12	14	16	18	20	22	24	27	30
螺栓有效截面面积 A_e/cm²	0.84	1.15	1.57	1.92	2.45	3.03	3.53	4.59	5.61
公称直径/mm	33	36	39	42	45	48	52	56	60
螺栓有效截面面积 A_e/cm²	6.94	8.17	9.76	11.2	13.1	14.7	17.6	20.3	23.6
公称直径/mm	64	68	72	76	80	85	90	95	100
螺栓有效截面面积 A_e/cm²	26.8	30.6	34.6	38.9	43.4	49.5	55.9	62.7	70.0

附表9.2　锚栓规格

型　式	Ⅰ				Ⅱ			Ⅲ			
锚栓直径 d/mm	20	24	30	36	42	48	56	64	72	80	90
锚栓有效截面面积/cm²	2.45	3.53	5.61	8.17	11.20	14.70	20.30	26.80	34.60	43.44	55.91
锚栓设计拉力/kN(Q235钢)	34.3	49.4	78.5	114.1	156.9	206.2	284.2	375.2	484.4	608.2	782.7
Ⅲ型锚栓　锚板宽度 c/mm					140	200	200	240	280	350	400
Ⅲ型锚栓　锚板厚度 t/mm					20	20	20	25	30	40	40

参考文献

[1] 中华人民共和国建设部.GB 50017—2003 钢结构设计规范[S].北京：中国计划出版社，2006.

[2] 中华人民共和国建设部.GB 50068—2001 建筑结构可靠度设计统一标准[S].北京：中国建筑工业出版社，2001.

[3] 中华人民共和国住房和城乡建设部.GB 50009—2012 建筑结构荷载规范[S].北京：中国建筑工业出版社，2012.

[4] 中华人民共和国建设部.GB 50205—2001 钢结构工程施工质量验收规范[S].北京：中国计划出版社，2001.

[5] 中华人民共和国建设部.GB 50018—2002 冷弯薄壁型钢结构技术规范[S].北京：中国计划出版社，2002.

[6] 《钢结构设计规范》编制组.《钢结构设计规范》专题指南[M].北京：中国计划出版社，2003.

[7] 国家技术监督局.GB/T 50083—1997 建筑结构设计术语和符号标准[S].北京：中国建筑工业出版社，1998.

[8] 中国建筑金属结构协会及建筑钢结构委员会.CECS 102：2002(2012 年版)门式刚架轻型房屋钢结构技术规程[S].北京：中国计划出版社，2012.

[9] 中华人民共和国住房和城乡建设部.GB 50011—2010 建筑抗震设计规范[S].北京：中国建筑工业出版社，2010.

[10] 中华人民共和国住房和城乡建设部.GB 50661—2011 钢结构焊接规范[S].北京：中国建筑工业出版社，2013.

[11] 中华人民共和国住房和城乡建设部.GB 50010—2010 混凝土结构设计规范[S].北京：中

国建筑工业出版社,2010.

[12] 中华人民共和国国家质量监督检验检疫总局.GB/T 700—2006 碳素结构钢[S].北京：中国标准出版社，2006.

[13] 中华人民共和国国家质量监督检验检疫总局.GB/T 1591—2008 低合金高强度结构钢[S].北京：中国标准出版社，2008.

[14] 沈祖炎,陈扬骥,陈以一.钢结构基本原理[M].北京：中国建筑工业出版社,2005.

[15] 钟善桐.钢结构[M].北京：中国建筑工业出版社,1994.

[16] 欧阳可庆.钢结构[M].北京：中国建筑工业出版社,1991.

[17] 钢结构设计手册编辑委员会.钢结构设计手册[M].3版.北京：中国建筑工业出版社,2004.

[18] 魏明钟.钢结构[M].武汉：武汉理工大学出版社,2002.

[19] 魏明钟.钢结构设计新规范应用讲评[M].北京：中国建筑工业出版社,1991.

[20] 王国周,瞿履谦.钢结构[M].北京：清华大学出版社,2001.

[21] 陈绍蕃.钢结构稳定设计指南[M].北京：中国建筑工业出版社,1996.

[22] Е.И.别列尼亚.金属结构[M].颜景田,译.哈尔滨：哈尔滨工业大学出版社,1988.

[23] 周绥平.钢结构[M].武汉：武汉理工大学出版社,2003.

[24] 西安冶金建筑学院,等.钢结构[M].北京：中国建筑工业出版社,1980.

[25] 陈绍蕃,顾强.钢结构(上册)——钢结构基础[M].北京：中国建筑工业出版社,2003.

[26] 陈绍蕃.钢结构(下册)——房屋建筑钢结构设计[M].北京：中国建筑工业出版社,2003.

[27] 夏志斌,姚谏.钢结构原理与设计[M].北京：中国建筑业出版社,2004.

[28] 何敏娟.钢结构复习与习题[M].上海：同济大学出版社,2002.

[29] 刘声扬,王汝恒,王来.钢结构——原理与设计[M].武汉：武汉理工大学出版社,2005.

[30] 张耀春.钢结构设计原理[M].北京：高等教育出版社,2004.

[31] 张其林.钢结构设计系列丛书——轻型门式刚架[M].济南：山东科学技术出版社,2004.

[32] 赵风华.钢结构设计原理[M].北京：高等教育出版社,2005.

[33] 中国建筑标准设计研究院.钢结构设计手册[M].北京：中国建筑工业出版社,2004.

[34] 宋景华,柴昶.钢结构设计与计算[M].北京：机械工业出版社,2005.

[35] 罗邦富,魏明钟,沈祖炎,等.钢结构设计手册[M].北京：中国建筑工业出版社,2002.

[36] 施岚清.一、二级注册结构工程师专业考试应试指南[M].北京：中国建筑工业出版社,2008.